"十二五"职业教育国家规划教材

经全国职业教育教材审定委员会审定

ZHENGCHANG RENTI JIEGOU

正常人体结构

（第2版）

田菊霞 主编

高等教育出版社·北京

内容提要

本书为"十二五"职业教育国家规划教材,是在前一版普通高等教育"十一五"国家级规划教材基础上修订而成,涵盖了人体解剖学、组织胚胎学及部分临床应用人体结构的内容。

"正常人体结构"是医学领域中的一门重要基础课。按照全国职业教育教材审定委员会的要求,本书注重思想性、科学性、先进性和实用性,强调学生必须掌握基本理论、基础知识和基本技能的同时,重视与相关学科及临床实践之间的联系和呼应。遵循由浅入深、由表及里、循序渐进、理论联系实践的原则,针对职业教育的特点,以培养实用型人才为基本目标。

本书供全日制高职高专护理等相关医学类专业使用,也可作为成人教育大专护理等专业用书。

图书在版编目(CIP)数据

正常人体结构 / 田菊霞主编. --2版. -- 北京:高等教育出版社,2015.1
ISBN 978-7-04-041480-6

Ⅰ.①正… Ⅱ.①田… Ⅲ.①人体结构-高等职业教育-教材 Ⅳ.①Q983

中国版本图书馆CIP数据核字(2014)第261970号

策划编辑	夏 宇	责任编辑	夏 宇	封面设计	李小璐	版式设计	于 婕
责任校对	刁丽丽	责任印制	张泽业				

出版发行	高等教育出版社	网 址	http://www.hep.edu.cn
社 址	北京市西城区德外大街4号		http://www.hep.com.cn
邮政编码	100120	网上订购	http://www.landraco.com
印 刷	三河市华骏印务包装有限公司		http://www.landraco.com.cn
开 本	787mm×1092mm 1/16		
印 张	20.75	版 次	2009年4月第1版
字 数	490千字		2015年1月第2版
购书热线	010-58581118	印 次	2015年1月第1次印刷
咨询电话	400-810-0598	定 价	35.00元

本书如有缺页、倒页、脱页等质量问题,请到所购图书销售部门联系调换
版权所有 侵权必究
物 料 号 41480-00

《正常人体结构》(第2版)编写人员

主　编　田菊霞

副主编　丁国芳　余文富

编　者（以姓氏汉语拼音排序）

　　　　丁　炜　杭州师范大学附属医院
　　　　丁国芳　浙江海洋学院食品与医药学院
　　　　纪长伟　哈尔滨医科大学大庆校区
　　　　马　萍　哈尔滨医科大学大庆校区
　　　　沙佩林　江汉大学医学与生命科学学院
　　　　田菊霞　杭州师范大学医学院
　　　　王　辉　南阳医学高等专科学校
　　　　王文香　杭州师范大学附属萧山第一医院
　　　　王向东　江西护理职业技术学院
　　　　王晓静　济源职业技术学院
　　　　魏建宏　山西医科大学汾阳学院
　　　　武有祯　长治学院
　　　　杨　洋　济源职业技术学院
　　　　于　宁　山东省莱阳卫生学校
　　　　余文富　衢州职业技术学院医学院
　　　　张瑞锋　首都医科大学燕京医学院

绘　图　王　钰

出版说明

教材是教学过程的重要载体,加强教材建设是深化职业教育教学改革的有效途径,推进人才培养模式改革的重要条件,也是推动中高职协调发展的基础性工程,对促进现代职业教育体系建设、切实提高职业教育人才培养质量具有十分重要的作用。

为了认真贯彻《教育部关于"十二五"职业教育教材建设的若干意见》(教职成〔2012〕9号),2012年12月,教育部职业教育与成人教育司启动了"十二五"职业教育国家规划教材(高等职业教育部分)的选题立项工作。作为全国最大的职业教育教材出版基地,我社按照"统筹规划、优化结构、锤炼精品、鼓励创新"的原则,完成了立项选题的论证遴选与申报工作。在教育部职业教育与成人教育司随后组织的选题评审中,由我社申报的1 338种选题被确定为"十二五"职业教育国家规划教材立项选题。现在,这批选题相继完成了编写工作,并由全国职业教育教材审定委员会审定通过后,陆续出版。

这批规划教材中,部分为修订版,其前身多为普通高等教育"十一五"国家级规划教材(高职高专)或普通高等教育"十五"国家级规划教材(高职高专),在高等职业教育教学改革进程中不断吐故纳新,在长期的教学实践中接受检验并修改完善,是"锤炼精品"的基础与传承创新的硕果;部分为新编教材,反映了近年来高职院校教学内容与课程体系改革的成果,并对接新的职业标准和新的产业需求,反映新知识、新技术、新工艺和新方法,具有鲜明的时代特色和职教特色。无论是修订版,还是新编版,我社都将发挥自身在数字化教学资源建设方面的优势,为规划教材开发配备数字化教学资源,实现教材的一体化服务。

这批规划教材立项之时,也是国家职业教育专业教学资源库建设项目及国家精品资源共享课建设项目深入开展之际,而专业、课程、教材之间的紧密联系,无疑为融通教改项目、整合优质资源、打造精品力作奠定了基础。我社作为国家专业教学资源库平台建设和资源运营机构及国家精品开放课程项目组织实施单位,将建设成果以系列教材的形式成功申报立项,并在审定通过后陆续推出。这两个系列的规划教材,具有作者队伍强大、教改基础深厚、示范效应显著、配套资源丰富、纸质教材与在线资源一体化设计的鲜明特点,将是职业教育信息化条件下,扩展教学手段和范围,推动教学方式方法变革的重要媒介与典型代表。

教学改革无止境,精品教材永追求。我社将在今后一到两年内,集中优势力量,全力以赴,出版好、推广好这批规划教材,力促优质教材进校园、精品资源进课堂,从而更好地服务于高等职业教育教学改革,更好地服务于现代职教体系建设,更好地服务于青年成才。

高等教育出版社

2014年7月

前　言

贯彻落实全国职业教育工作会议精神和《国家中长期教育改革和发展规划纲要（2010—2020年）》，将高职高专学生培养成具有较高职业素质及专业实践能力、全面发展的高级实用型人才是我们的目标，教材是实现目标的重要媒体，也是教育改革中的重要环节。

随着科学技术的进步，现代医学学科高度分化，不断地纵向发展，学科间的相互渗透，又需要横向联系。医学科学体系既分化又综合的特点更体现在护理学科的发展之中。同时，需要在专业、综合、实用三方面加以认识和关注。三者既具有自身的内涵，又是相互联系密不可分的。

基础医学核心的部分是生命科学理论，是研究人体的生命和疾病现象、本质及其规律的基础学科，也是医学教育重要的专业基础必修课程，目的是让学生了解对生命现象和生命活动过程所必要的医学基础知识整体概貌。"正常人体结构"是基础医学的前线，是研究非常复杂的人体结构，包含不同的层次，从最小的细胞到最大的器官以及器官之间的关系。本教材编写本着尽可能承前启后、通俗易懂、实用、够用的原则，根据医学相关专业知识结构的要求，尽量考虑教学实际和学生学习的规律性，精选内容，力求科学性和先进性，加强知识的融通，避免知识的重复，而新知识又有所反映。本教材的编写打破了传统的解剖学和组织胚胎学的学科格局，从护理工作的实际需要出发，去除了"学"字，编写中淡化学科意识，将解剖学和组织胚胎学的内容有机融合为一体；教材突出护理专业特点，把"临床应用人体结构"作为独立章节，并邀请临床专家撰写。同时，把解剖、组织胚胎学与护理技术有机地结合起来，编写临床解剖应用重点，基础联系临床，不仅学有目标，学以致用，而且可以提高学生的兴趣，使基础知识得到充实和提高。

本教材学时建议：绪论1学时、第一章细胞2学时、第二章基本组织9学时、第三章运动系统9学时、第四章消化系统9学时、第五章呼吸系统3学时、第六章泌尿系统3学时、第七章生殖系统6学时、第八章腹膜2学时、第九章脉管系统11学时、第十章感觉器官4学时、第十一章神经系统13学时、第十二章内分泌系统1学时、第十三章人体胚胎学3学时、第十四章临床应用人体结构4学时。

全体编写人员统一认识，明确要求，认真撰写。本教材凝结着大家劳动的结晶，在此向他们表示衷心感谢。同时要特别感谢前一版参与编写的湖州师范学院医学院杨景武，南华大学医学院任家武，首都医科大学燕京学院苏海茜，以及哈尔滨医科大学大庆校区郭文广4位教授之前所做的贡献。

田菊霞

2014年10月

目　录

绪论 ………………………………………… 1
第一章　细胞 …………………………… 4
第一节　细胞的结构 …………………… 4
第二节　细胞增殖 ……………………… 8
第二章　基本组织 ……………………… 11
第一节　上皮组织 ……………………… 11
第二节　结缔组织 ……………………… 16
第三节　肌组织 ………………………… 27
第四节　神经组织 ……………………… 30
第三章　运动系统 ……………………… 39
第一节　骨学 …………………………… 40
第二节　骨连结 ………………………… 60
第三节　肌 ……………………………… 71
第四章　消化系统 ……………………… 85
第一节　概述 …………………………… 85
第二节　消化管 ………………………… 87
第三节　消化腺 ………………………… 101
第五章　呼吸系统 ……………………… 109
第一节　呼吸道 ………………………… 110
第二节　肺 ……………………………… 114
第三节　胸膜 …………………………… 117
第四节　纵隔 …………………………… 118
第六章　泌尿系统 ……………………… 121
第一节　肾 ……………………………… 122
第二节　输尿管、膀胱和尿道 ………… 126
第七章　生殖系统 ……………………… 131
第一节　男性生殖系统 ………………… 132
第二节　女性生殖系统 ………………… 138
第三节　会阴和乳房 …………………… 145
第八章　腹膜 …………………………… 149
第一节　概述 …………………………… 149
第二节　腹膜与脏器的关系 …………… 150
第三节　腹膜形成的结构 ……………… 150
第九章　脉管系统 ……………………… 155
第一节　心血管系统 …………………… 156
第二节　淋巴系统 ……………………… 188
第十章　感觉器官 ……………………… 199
第一节　视器 …………………………… 200
第二节　前庭蜗器 ……………………… 208
第十一章　神经系统 …………………… 217
第一节　概述 …………………………… 219
第二节　中枢神经系统 ………………… 220
第三节　周围神经系统 ………………… 246
第四节　神经传导通路 ………………… 263
第十二章　内分泌系统 ………………… 271
第一节　甲状腺 ………………………… 271
第二节　甲状旁腺 ……………………… 272
第三节　肾上腺 ………………………… 273
第四节　垂体 …………………………… 275
第十三章　人体胚胎学 ………………… 279
第一节　人胚的早期发育 ……………… 279
第二节　胎膜与胎盘 …………………… 285
第三节　双胎、多胎和联体双胎 ……… 288

第十四章 临床应用人体结构 ······ 291
- 第一节 表面结构 ······ 291
- 第二节 头、颈部应用结构 ······ 292
- 第三节 注射技术应用人体结构 ······ 294
- 第四节 穿刺技术应用人体结构 ······ 296
- 第五节 插管技术应用人体结构 ······ 299
- 第六节 常用急救技术应用人体结构 ······ 300
- 第七节 会阴部应用人体结构 ······ 303
- 第八节 病例分析 ······ 303
- 第九节 临床案例 ······ 306

英中文名词对照 ······ 310

参考文献 ······ 320

绪　　论

学习目标

1. 了解人体解剖学的任务和分科。
2. 掌握人体的轴、面和方位术语。

一、正常人体结构概念

正常人体结构学是研究人体正常形态结构的科学,它是生命科学领域中一门重要的医学基础学科,是学习其他医学基础课和医学临床课的先修课。学习本门课程的目的是为了理解和掌握人体各个系统器官正常的大体和微细形态结构、位置毗邻和生长发育规律。只有在掌握人体正常形态结构的基础上,才能准确理解人体的生理、病理发展过程,准确判断人体的正常与异常,区别生理与病理状态,从而对病人进行正确的观察、护理、诊断和治疗。

二、学习正常人体结构的观点和方法

要学好正常人体结构,必须以辩证唯物主义观点为指导,客观认识和正确理解进化发展中人体的形态结构及其功能意义。

1. 进化发展的观点　人类的祖先是灵长类动物古猿,经过长期进化发展才演变成现代人。不同人体器官的位置、形态结构基本相同,但也会出现畸形及返祖现象,如尾人、毛人等。随着社会的进步,人体自身也在不断优化组合,发挥潜能。尤其在高科技时代,人脑和手的进化将更为充分,因此一代比一代聪明、能干,这是历史的必然。

2. 人体与环境协调平衡的观点　当环境气温下降时,人体的皮下小血管收缩,血流量降低,散热减少;骨骼肌紧张性提高,内脏代谢增强,产热增多,使体温不致下降;人类还可通过增加衣着、安装取暖设备等,以达到御寒的目的,从而使人体与环境协调平衡。作为人类社会重要组成部分的人体,其结构和功能必然受社会、心理因素的影响。完满的社会适应、良好的心理素质是人体健康的重要组成部分。不良的社会环境和心理刺激均可损害健康,直接或间接引起疾病。所以,应从生物的、心理的、社会的角度去观察和理解人体的生命活动。

3. 结构与功能相互影响的观点　人的上、下肢与四足动物的前、后肢为同源器官,形态结构相仿,功能相似。人由于长期劳动,直立行走,使得前、后肢功能逐渐演变。上肢外形轻巧,运动灵活,手指细长适宜于握持工具,从支持体重、行走中解脱出来,成为劳动的器官;而下肢则变得粗壮,足长方形适宜于支持体重和行走。一定的形态结构决定一定的功能,而长期的功能改变,又可引起形态结构的变化。坚持体育锻炼,可使肌发达,骨粗壮;长期卧床,则导致肌萎缩,骨疏松。

4. 局部与整体相统一的观点　人体是由诸多器官所组成,通过神经调节和神经－体液的调节成为一个统一的有机的整体。人体各个器官的结构和功能互相联系,又互相影响。

5. **理论与实践相结合的观点** 学习正常人体结构应坚持理论联系实际的基本原则,把理论知识与科学实验、标本观察、临床应用等有机地结合起来,做到既能用理论知识指导实践,又能在实践中验证理论。学习时要注意平面形态和立体形态之间的关系。人体结构中有关细胞、组织、器官的图谱以及在显微镜下所观察到的组织图像都是平面的,但人的结构是立体的。同一结构由于切面的不同往往会出现形态上的差异,这就要求我们发挥抽象思维能力,将平面图像构筑成立体形象,从而建立对细胞、组织、器官整体结构的概念。因此,除了观看人体图谱、模型、组织切片外,还需要观察尸体标本,触摸活体体表标志,有条件的可解剖尸体。

6. **基础医学为临床医学服务的观点** 基础医学知识最终是为临床医学和护理学服务。为了具有针对性,本书特设临床应用,举一反三,学以致用。

三、人体的组成和分部

细胞是组成人体最基本的结构和功能单位。细胞之间存在一些不具细胞形态的物质,称为细胞间质。由许多形态和功能相近的细胞借细胞间质有机地组合在一起,形成具有一定功能的结构,称组织;人体有4种基本组织,即上皮组织、结缔组织、肌组织和神经组织。由几种组织结合在一起,构成具有一定形态和功能的结构,称为器官,如心、肺、肝、肾等。一些在结构和功能上具有密切联系的器官结合在一起,共同完成某一特定的生理功能,则构成系统;人体有运动、消化、呼吸、泌尿、生殖、内分泌、脉管、感觉器官和神经9个系统。各系统在神经系统和体液因素的调节下,进行正常的功能活动,构成一个完整的机体。

按照人体的形态可分为头、颈、躯干和四肢四大部分。头的前部称为面,颈的后部称为项。躯干又可分为胸、腹、背、腰四部。四肢包括上肢和下肢,上肢又可分为肩、臂、前臂和手四部,下肢亦可分四部,即臀、股、小腿和足。

四、正常人体结构的常用术语

为了正确描述和理解人体各部位、器官的位置关系,必须使用国际通用的统一标准和描述用的术语,避免混淆与误解。

（一）解剖学姿势

身体直立,两眼平视正前方,两臂自然下垂,手掌向前,两足并立,足尖向前。

（二）常用方位术语

1. **上**(superior)和**下**(inferior) 近头顶者为上,近足底者为下。
2. **前**(anterior)和**后**(posterior) 近腹者为前,也称**腹侧**(ventral),近背者为后,也称**背侧**(dorsal)。
3. **内**(interior)和**外**(exterior) 常用于对空腔器官的描述,近内腔者为内,远离内腔者为外。
4. **内侧**(medial)和**外侧**(lateral) 近正中矢状面者为内侧,远离正中矢状面者为外侧。
5. **近侧**(proximal)和**远侧**(sistal) 多用于四肢。距肢体附着部较近者为近侧,较远者为远侧。
6. **浅**(superficial)和**深**(profundal) 近皮肤或器官表面的为浅,远离皮肤或器官表面的为深。

(三) 轴

根据标准姿势,假设人体有3种互相垂直的轴。

1. **矢状轴**(sagittal axis) 前后方向,与身体的长轴相垂直的轴。
2. **冠状轴**(coronal axis) 左右方向,与矢状轴相垂直的轴,又称**额状轴**(frontal axis)。
3. **垂直轴**(vertical axis) 与人体的长轴平行,即与地平面相垂直的轴。

(四) 面

根据上述3种轴,人体可切得下列3个面(图绪-1)。

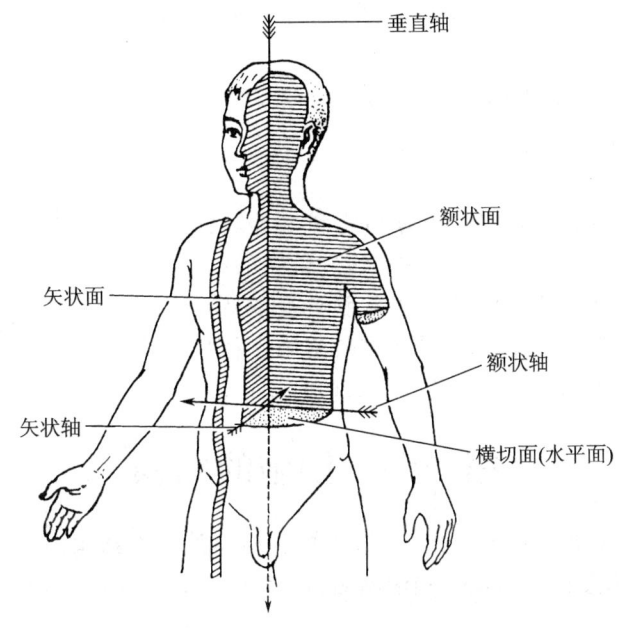

图绪-1 人体的切面

1. **矢状面**(sagittal plane) 按矢状轴方向,将人体纵切为左右两部的面为矢状面。通过人体正中线的矢状面为正中矢状面,其将人体分成左右对称的两半。
2. **冠状面**(coronal plane) 按冠状轴方向,将人体纵切为前后两部的面为冠状面,又称**额状面**(frontal plane)。
3. **水平面**(horizontal plane) 与矢状面和冠状面都互相垂直的面,将人体分为上下两部,又称**横切面**(transverse plane)。

器官的切面以器官本身的长轴为准,与器官长轴平行的切面称**纵切面**,与长轴垂直的切面称**横切面**。

(田菊霞)

第一章 细　胞

学习目标

1. 掌握细胞的基本结构。
2. 掌握细胞膜的结构及液态镶嵌模型学说。
3. 掌握细胞质内粗面内质网、滑面内质网、高尔基复合体、线粒体和溶酶体等细胞器的结构和功能。
4. 熟悉细胞核的核膜、染色质、核仁的结构和功能。
5. 了解细胞周期。

细胞（cell）是人体的形态结构、生理功能和生长发育的基本单位。细胞的形态随其所处环境和功能的不同而异（图1-1）。例如，输送氧气的红细胞为双面凹的圆盘状，有收缩功能的肌细胞为细长形，传导神经冲动的神经细胞具有多突起等，是由于适应有机体各种特定的功能演化而成。细胞的大小有很大差别，大多数细胞直径只有数微米，人体中较小的是红细胞，直径仅有 7 μm。人卵细胞较大，直径可达 120 μm。

第一节　细胞的结构

人体细胞的形态及大小虽各不相同，但均具有相同的基本结构，在光镜下可分为**细胞膜**（cell membrane）、**细胞质**（cytoplasm）和**细胞核**（nuclear）3部分（图1-1）。

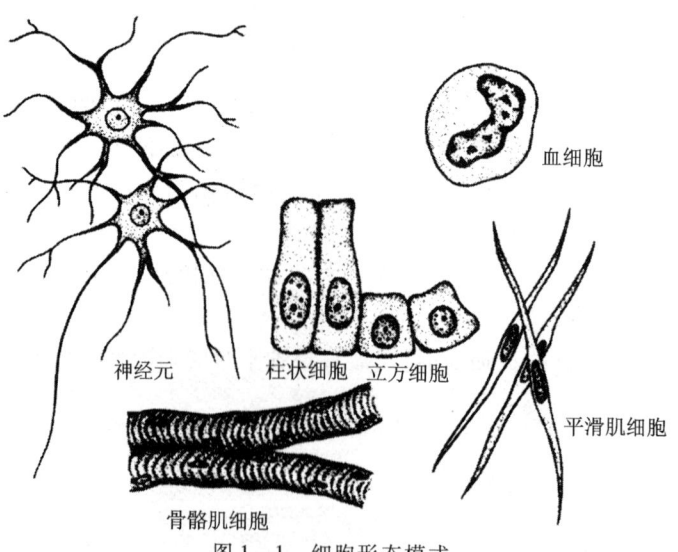

图1-1　细胞形态模式

一、细胞膜

1. **细胞膜的结构**　细胞膜是包裹于细胞外表面的一层薄膜,是细胞质的一部分,也称**质膜**。在电镜下观察可见细胞膜由3层结构组成:内、外两层电子密度高,较深暗;中间层电子密度低,为透明层。这3层膜结构是一般生物膜所具有的共同特征,又称**单位膜**(unit membrane)。生物膜分子结构模式见图1-2。

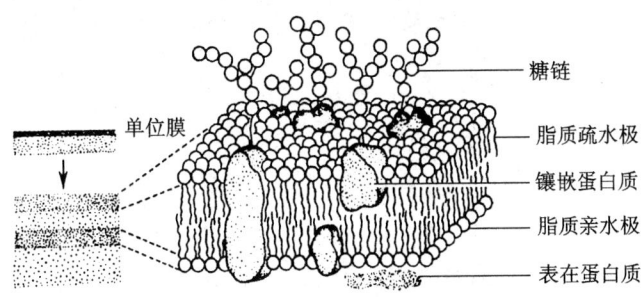

图1-2　生物膜分子结构模式

关于细胞膜的分子结构,目前公认的是"**液态镶嵌模型**"学说,又称"脂质球状蛋白镶嵌模型"。该学说认为,细胞膜的分子结构是以液态的脂质(类脂)双分子层为基架,其中镶嵌着各种不同生理功能的球状蛋白质,脂质分子的亲水极都位于细胞膜的内、外表面,疏水极朝向细胞膜的中央部;蛋白质分子不同程度地嵌入脂质分子之间,称为嵌入蛋白质(镶嵌蛋白质),附在脂质分子层内表面的蛋白质称表在蛋白质(附着蛋白质);多糖分子与细胞膜外表面的脂质分子和蛋白质结合,分别形成糖脂或糖蛋白,其糖链伸向细胞膜的外侧,称为细胞衣。

2. **细胞膜的功能**　细胞膜是细胞的界膜,使细胞具有一个相对稳定的内环境,维持细胞的完整性,并使细胞具有一定构型。细胞膜具有与外界进行物质交换的功能,对于物质的进出具有选择性通透,即通过被动扩散、主动转运和胞吞、胞吐作用等进行物质转运,以保持细胞内物质的稳定。细胞膜的另一重要功能是能将细胞外的各种信息转换为细胞内的化学或物理信号,启动一系列化学反应,产生生物学效应,在细胞与周围环境间进行能量转换及信息传递。

二、细胞质

细胞质位于细胞膜与细胞核之间,由**基质**、**细胞器**和**包涵物**等组成。

(一)基质

基质又称为细胞液,是细胞质的基本成分,生活状态下呈透明胶状物,填充于细胞质的有形结构之间,主要由可溶性的酶、糖和无机盐等构成。

(二)细胞器

细胞器悬浮于细胞基质内,具有一定形态结构和生理功能。细胞器包括核糖体、内质网、线粒体、高尔基复合体、中心体、溶酶体、微体、微丝、微管和中间丝等。细胞超微结构见图1-3。

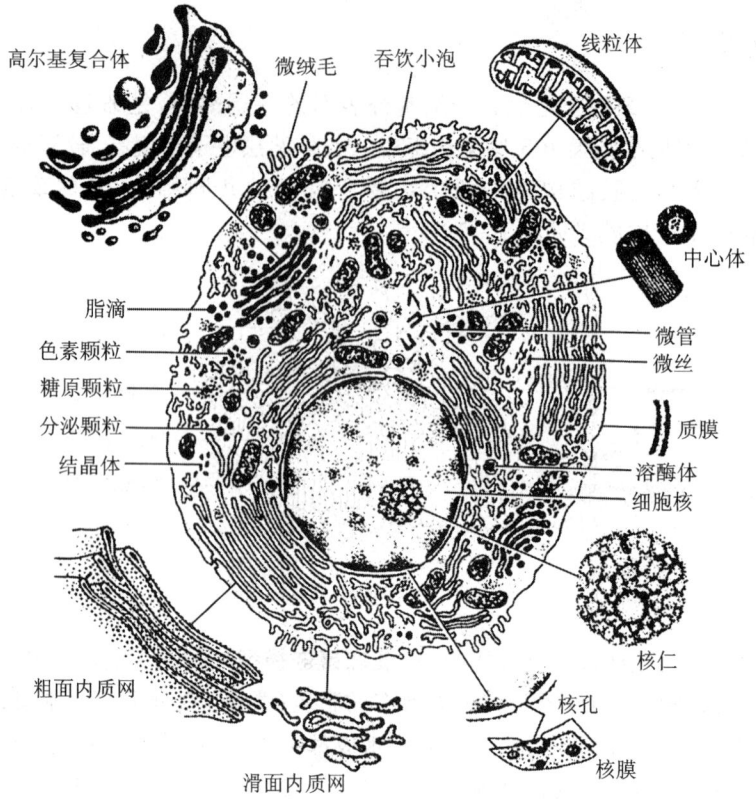

图 1-3 细胞超微结构

1. **核糖体**(ribosome) 又称核蛋白体,呈颗粒状结构,主要由核糖核酸(RNA)和蛋白质组成。它有两种存在形式,一种是单个游离于细胞质中,称游离核糖体;另一种是附着于内质网或细胞核的外核膜上,称附着核糖体,功能是合成蛋白质。

2. **内质网**(endoplasmic reticulum) 由一层单位膜形成的囊状和小管状结构,互相沟通,连接成网。根据其表面有无核糖体附着分为:① 粗面内质网(rough endoplasmic reticulum,RER),为平行的扁囊,少数为球形或管泡状,表面有核糖体附着,其功能是合成和分泌蛋白质、溶酶体蛋白和膜蛋白等。② 滑面内质网(smooth endoplasmic reticulum,SER),表面光滑,无核糖体附着,其功能复杂,主要参与糖代谢、脂肪代谢、固醇类激素合成以及参与解毒作用。

3. **线粒体**(mitocchondria) 散在分布于细胞质中,呈长椭圆形,由双层单位膜构成。线粒体进行氧化磷酸化,为细胞的"供能站"。细胞生命活动能量的95%来自线粒体的ATP。

4. **高尔基复合体**(golgi complex) 由多层扁平囊、小泡和大泡组成。扁平囊平行排列为高尔基复合体的主体结构。高尔基复合体与分泌活动和溶酶体的形成有关。

5. **中心体**(centrosome) 位于细胞中心附近,由一对互相垂直的中心粒和周围致密的细胞基质组成。中心粒呈圆筒状,每个中心粒由9组空心小管组成,每组包括3个微管,借微丝相连。中心体在细胞分裂中起重要作用。

6. **溶酶体**(lysosome) 由单位膜包裹,大小不等、形状多样。溶酶体可分为3种:① 初级溶酶体,不含底物。② 次级溶酶体,属于消化作用的功能阶段。③ 残余体,是消化作用的终末阶段。溶酶体含有60多种水解酶,是细胞内消化作用的主要场所。

7. **微体**(microbody)　是单位膜包被的卵圆形小体,主要含过氧化氢酶、过氧化物酶和氧化酶。微体与细胞内物质的氧化有关,具有保护细胞,防止细胞中毒的作用。

8. **细胞骨架**(cytoskeleton)　包括微丝、微管、中间丝等结构。除对细胞提供支持作用,维持细胞的各种形态外,细胞骨架与细胞的运动、吞噬、分泌物的排出和神经递质的释放等功能有关。

(三)包涵物

包涵物(inclusions)是细胞质中具有一定形态的各种代谢产物和贮存物质的总称。包涵物包括分泌颗粒、糖原、色素颗粒、脂滴等,它们不属于细胞器,并随细胞生理状态的不同而变化。

三、细胞核

人类除成熟的红细胞无细胞核外,其余所有种类的细胞都有**细胞核**(nucleus)。细胞核含有DNA遗传信息分子,通过DNA的复制和转录,控制细胞的增殖、分化、代谢等功能活动,因此细胞核是细胞遗传和代谢活动的控制中心,在细胞生命活动中起着重要的作用。多数细胞有一个细胞核,少数细胞有双核或多核。细胞核的形状常与细胞的形态相适应。细胞核由核膜、核仁、染色质和染色体及核基质组成。细胞核超微结构见图1-4。

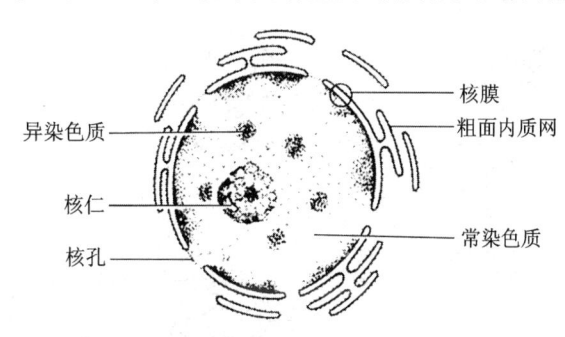

图1-4　细胞核超微结构

1. **核膜**(nuclear membrane)　又称核被膜,是细胞核表面的界膜。核膜由内、外两层单位膜构成,两层膜的厚度相同,两层膜间的腔隙称**核周隙**。内、外核膜常在某些部位融合形成环状开口,称**核孔**(nuclear pore),是细胞核与细胞质间进行物质交换的通道,并对物质交换具有调控作用。核膜还能保护核内DNA分子免受由于细胞骨架运动所产生的机械损伤。

2. **核仁**(nucleolus)　是细胞核内的细胞器,一般呈圆形小体(图1-4),无单位膜包裹。其中心为纤维状结构,周围是颗粒状结构,由核糖核蛋白颗粒组成。核仁的主要功能是合成rRNA和组装核糖体亚单位的前体颗粒。

3. **染色质**(chromatin)和**染色体**(chromosome)　是同一物质在细胞周期不同时期的两种表现形式,其主要化学成分是DNA和蛋白质。染色质出现于细胞分裂间期,易被碱性染料染成深蓝色,在光镜下呈粒状或块状,着色浅淡的部分,称**常染色质**,是核内有功能活性的部分,主要合成RNA;细胞核内染色很深的部分,呈现为强嗜碱性的特点,称**异染色质**,是核内功能静止的部分,无RNA转录活性(图1-4)。

当细胞进行有丝分裂时,染色质螺旋盘曲缠绕成为具有特色形态结构的短棒状的染色体。每条染色体由两条纵向排列的染色单位构成,两条染色单体连接处有纺锤丝附着,称着丝点。

每一种属动物体细胞的染色体数目、形态、大小和内部结构都是恒定的,人类体细胞的染色体数为双倍体,有 46 条,其中 44 条是常染色体,2 条是性染色体。在男性,体细胞核型是 46,XY,而女性是 46,XX。在生殖细胞,染色体数为单倍体,23 条。在男性生殖细胞核型为 23,X 或 23,Y,在女性生殖细胞核型为 23,X。

染色质或染色体中的 DNA 是生物遗传的物质基础,是遗传信息复制的模板和基因转录的模板。**基因**(gene)是指 DNA 分子上的某段碱基序列,经过复制可以遗传给子代,并能经过转录和翻译合成细胞生命活动所需的各种蛋白质。

4. **核基质** 由核液和核骨架组成。核液含水、离子和酶等无形成分。**核骨架**(nuclear-skeleton)是由多种蛋白质形成的三维纤维网架结构,对核的结构有支持作用。

第二节 细 胞 增 殖

细胞增殖是机体生长发育的基础,细胞以分裂的方式进行增殖。细胞增殖是一个复杂的周期性变化过程,连续分裂的细胞从上一次有丝分裂结束始至下一次有丝分裂结束所经历的全过程称为**细胞周期**(cell cycle)。细胞周期分为分裂间期和分裂期(图 1-5)。

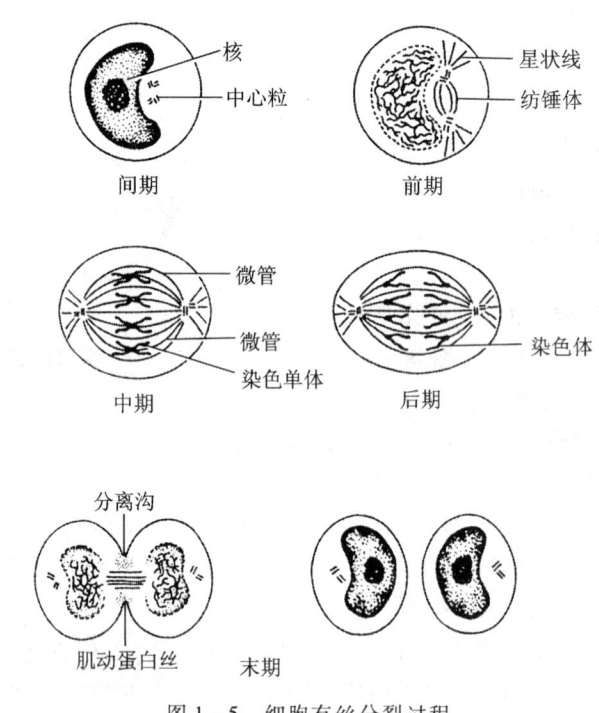

图 1-5 细胞有丝分裂过程

一、分裂间期

分裂间期(interphase)指从细胞上次有丝分裂结束至下次有丝分裂开始的一段时间,持续时间较长,约占整个细胞周期时长的 95%。在此时核内染色质处于最活跃的时期,除合成大量蛋白质、执行各种细胞功能之外,主要特点是染色体所含全部基因组的 DNA 进行复制。间期又分为 **DNA 合成前期(G_1)**、**DNA 合成期(S)** 和 **DNA 合成后期(G_2)**。

二、分裂期

分裂期又称 **M 期**,指细胞分裂开始至分裂结束的一段时期,所需时间短,约占整个细胞周期时长的 5%。分裂期的主要特点是将复制的遗传物质平均分给 2 个子细胞。细胞分裂能力强弱不等,分裂能力强的细胞通过细胞分裂,产生 2 个新的子细胞之后很快进入分裂间期,有的细胞则完全丧失分裂能力,称为**终末细胞**(end cell),如红细胞等。分裂是一个连续的动态变化过程,根据变化特征将细胞分裂方式分为 3 种,即**无丝分裂、有丝分裂**和**减数分裂**。

1. **无丝分裂**(amitosis) 又称**直接分裂**,是一种比较简单的细胞分裂方式。在无丝分裂开始时,细胞核变长,继之核膜出现缩窄,细胞核进一步拉长呈哑铃形,以后又逐渐分成 2 个细胞核,最后出现细胞质的分裂。

2. **有丝分裂**(mitosis) 又称**间接分裂**,是细胞主要的分裂方式,细胞分裂时在光镜下可见到细胞内的**细丝**,故称为有丝分裂。通常根据形态变化将其分为 4 期,即**前期、中期、后期**和**末期**(图 1-5)。各期之间没有截然的界限。

3. **减数分裂**(meiosis) 又称**成熟分裂**,是人体生殖细胞在成熟过程中所发生的一种特殊的分裂方式,只发生在生殖细胞形成过程的某个阶段。它的主要特点是细胞进行一次 DNA 的复制,而完成两次细胞分裂。两次分裂分别称**减数分裂期Ⅰ**和**减数分裂期Ⅱ**,结果子细胞中染色体数目比原来母细胞中染色体数目减少了一半。

Summary

The cell is the basic unit of the body's structure, function and growth. Although their shapes vary with the environments and functions, they all have the same basic structure. Under the optical microscope, they can be found to contain three parts: the cell membrane, the cytoplasm and the nucleus.

The cell membrane is an outer surface layer of film wrapped on the cell. As a part of the cytoplasm, it's also known as the plasma membrane. It's mainly composed of double arranged lipid molecules and embedded spherical protein, which is mobile in the liquid lipid molecules.

The cytoplasm is that part of the cell between the cell membrane and the nuclear envelope, consists of the stroma, organelles, and inclusions. The stroma is a kind of jelly-like substance. Organelles, suspended in the stroma, have a certain structure and physiological function. It contains ribosomes, the endoplasmic reticulum, mitochondria, Golgi complex, the centrosome and the lysosome.

The nucleus contains DNA molecules. Its major function is to control cellular activities such as metabolism, growth, and reproduction by regulating gene expression through DNA replication and transcription. It's the control centre of cell genetic and metabolic activities, and plays an important role in the activities of life. The main components include: the nuclear membrane, the nucleolus, the chromatin, the chromosome and the nuclear matrix.

思 考 题

1. 细胞的基本结构由哪几部分组成？
2. 试述内质网的分类、电镜结构和主要功能。
3. 试述线粒体的结构和主要功能。
4. 试述溶酶体的结构和主要功能。

（王　辉）

第二章 基本组织

学习目标

1. 掌握上皮组织的结构和特点,被覆上皮的分类、分布和功能。
2. 了解上皮的结构和腺上皮。
3. 掌握疏松结缔组织结构特点、组成和功能。
4. 熟悉结缔组织的分类、分布和各类固有结缔组织的结构特点。
5. 掌握肌组织的结构特点、分类和分布。
6. 掌握骨骼肌光镜及电镜下形态结构。
7. 了解心肌、平滑肌与骨骼肌光镜、电镜下主要不同点。
8. 掌握神经组织的特点和组成。
9. 掌握神经元、神经纤维和突触的光镜结构、超微结构及其功能。
10. 了解神经胶质细胞的分类、分布、形态结构和功能。
11. 了解神经末梢的分类、分布、形态结构和功能。

第一节 上皮组织

上皮组织(epithelial tissue)由大量细胞和少量细胞间质构成。上皮组织根据结构和功能分为3类,即**被覆上皮**、**腺上皮**和**特殊上皮**。被覆上皮分布在体表及器官的内表面;腺上皮和特殊上皮在胚胎时期由被覆上皮衍生。腺上皮具有分泌功能,构成腺体的主要成分;特殊上皮分布在某些器官,具有特殊的功能(如生殖、感觉等)。腺上皮和特殊上皮在胚胎时期由被覆上皮衍生。一般所说的上皮组织是指被覆上皮。

被覆上皮细胞多,细胞间质少,细胞排列紧密;细胞有极性,分游离面和基底面;有基膜;上皮组织内无血管及淋巴管,细胞所需营养由其深部结缔组织中的血管渗出。上皮组织内含丰富的游离神经末梢,具有保护、分泌、吸收和排泄等功能。

一、被覆上皮的类型及结构

根据构成上皮的细胞层数,分为**单层上皮**(simple epithelium)和**复层上皮**(stratified epithelium)。在单层上皮中,又可根据细胞的形态分为单层扁平、单层立方、单层柱状和假复层纤毛柱状4种。在复层上皮中,又可根据其表层细胞的形态分为复层扁平、复层柱状和变移上皮3种。被覆上皮的类型及分布见表2-1。

表 2-1 被覆上皮的类型及分布

细胞层数	上皮类型	分布
单层	单层扁平上皮	肺泡和肾小囊壁层等处
		内皮:衬贴于心脏、血管和淋巴管腔面
		间皮:分布于胸膜、腹膜、心包膜内表面
	单层立方上皮	肾小管、小叶间胆管、甲状腺滤泡上皮等处
	单层柱状上皮	胃、肠、子宫等器官
	假复层纤毛柱状上皮	呼吸道
复层	复层扁平上皮	角化:皮肤表皮
	复层柱状上皮	未角化:口腔、食管、阴道等处
		眼睑结膜、男性尿道等处
	变移上皮	肾盂、肾盏、输尿管、膀胱

(一) 单层上皮

1. 单层扁平上皮(simple squamous epithelium) 仅由一层扁平细胞构成。从表面观:细胞呈多边形,胞核扁圆形,位于细胞中央;从侧面观:细胞扁平,中央有核处较厚,其余部分胞质很薄。分布于肺泡和肾小囊壁层等处,其中衬贴于心脏、血管和淋巴管腔面的称为**内皮**(endothelium),分布于胸膜、腹膜、心包膜内表面的称为**间皮**(mesothelium)(图 2-1)。

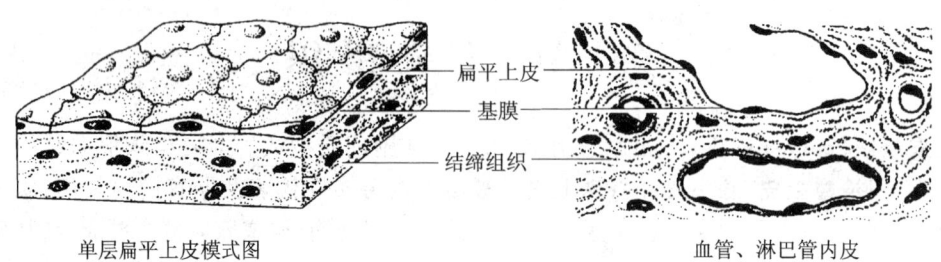

图 2-1 单层扁平上皮

2. 单层立方上皮(simple cuboidal epithelium) 由一层立方形细胞构成,薄而表面光滑。从表面观:细胞呈多边形,边缘呈锯齿状,核扁圆,位于细胞中央;从侧面观:细胞呈立方形,胞核圆形,位于细胞的中央(图 2-2)。分布在肾小管、小叶间胆管、甲状腺滤泡上皮等处。

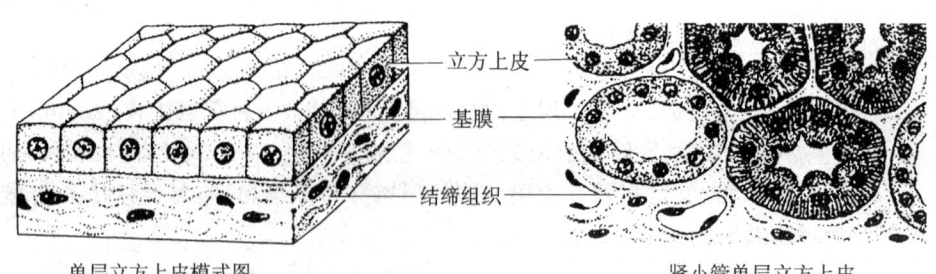

图 2-2 单层立方上皮

3. **单层柱状上皮**(simple columnar epithelium) 由一层棱柱状细胞构成。从表面观:细胞呈多边形;从垂直切面观:细胞呈柱状,核椭圆,位居细胞基底部(图2-3)。多分布于胃、肠和子宫等器官。

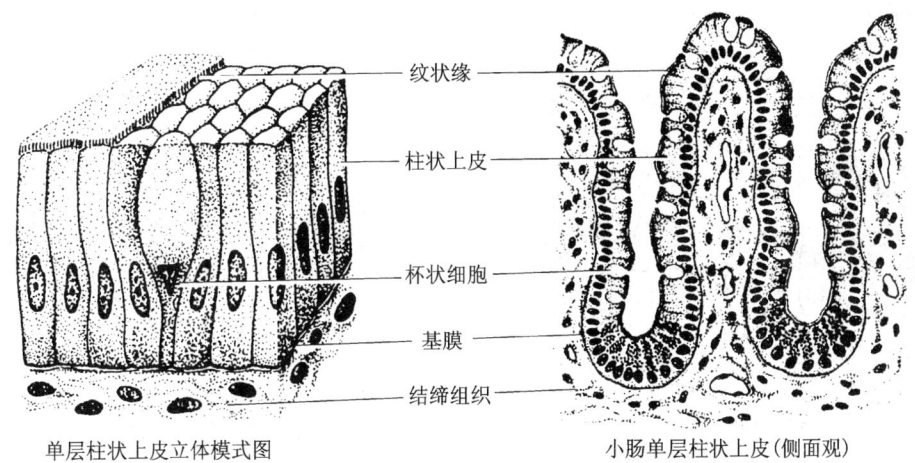

图2-3 单层柱状上皮

4. **假复层纤毛柱状上皮**(pseudostratified ciliated columnar epithelium) 由一层形态不同、大小不一的细胞紧密排列而成,以纤毛柱状细胞最多,杂以杯状、梭形、锥形细胞,游离面常见有纤毛。并非所有细胞的顶端都达上皮的游离面,细胞核也不在同一个平面上,但所有细胞的基底面坐落在基膜上,故显微镜下很像复层,实则单层(图2-4)。多分布于呼吸道。

(二)复层上皮

复层上皮由多层细胞构成,特点是表层细胞抵达游离面,基底层细胞与基膜接触,中间层既不抵达游离面,也不与基膜接触。

1. **复层扁平上皮**(stratified squamous epithelium) 又称复层鳞状上皮,是最厚的一类上皮,其表层细胞呈扁平鳞片形,其基底部与结缔组织的界面呈波浪形。从侧面观由多层细胞构成,由基底面向游离面依次是基底细胞、多边形细胞、扁平细胞(图2-5)。分布于皮肤表皮、口腔、食管和阴道等处。

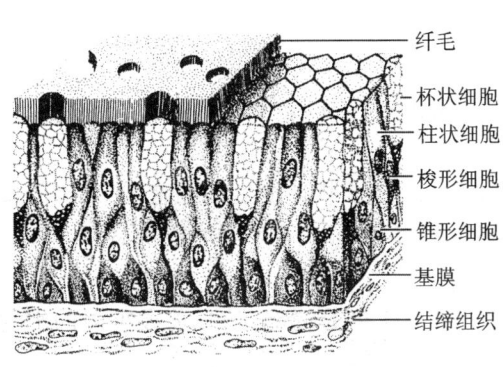

图2-4 假复层纤毛柱状上皮

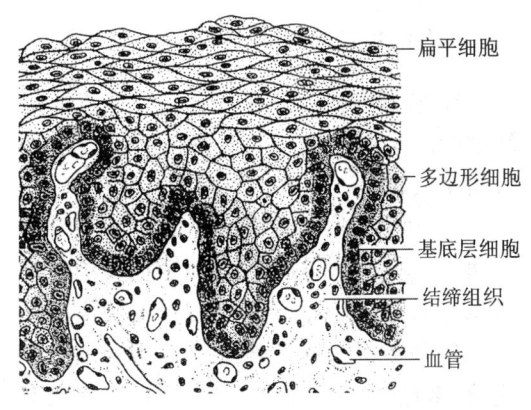

图2-5 复层扁平上皮

2. **变移上皮**(transitional epithelium) 上皮的层次和细胞形态随所在器官的收缩或舒张而改变,又称移行上皮。如膀胱在空虚时细胞层数变多,表层细胞变大,呈椭圆形;充盈时细胞层数变少,表层细胞变扁(图2-6)。由基底面向游离面依次是基底细胞、中间层细胞、表面细胞(盖细胞)。主要分布于肾盂、肾盏、输尿管和膀胱。

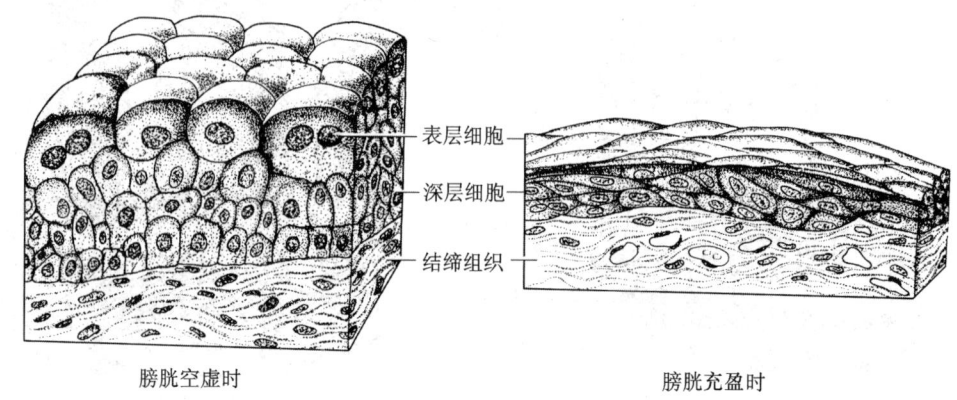

膀胱空虚时　　　　　　　膀胱充盈时

图2-6 变移上皮

二、上皮组织的特殊结构

在上皮细胞的游离面、侧面和基底面上有若干具有重要生理功能的特殊结构。

(一)上皮细胞的游离面

1. **微绒毛**(microvillus) 是上皮细胞游离面的细胞膜和细胞质伸出的细小指状突起,内有微丝。例如,小肠黏膜上皮组织的纹状缘、肾小管上皮的刷状缘。功能:扩大细胞的表面积,有利于细胞的吸收。

2. **纤毛**(cilium) 是细胞游离面的细胞膜和细胞质向腔面伸出的细长突起,具有朝一定方向节律性摆动的能力,胞质内有规则排列的微管,根部连于基体,基体的结构与中心粒相似。功能:由于纤毛可做节律性、单向摆动,从而将黏附于上皮表面的分泌物及有害物排放出去。

(二)上皮细胞的侧面

1. **紧密连接** 又称闭锁小带。多呈斑点状或带状,位于相邻细胞间隙的顶端,呈箍状环绕细胞。功能:除具有一定机械性的连接作用外,尚有闭锁作用,以防止外物通过细胞间隙进入组织内和组织液溢出组织之外。

2. **中间连接** 又称黏着小带,多位于紧密连接的下方,呈带状环绕上皮细胞,此处相邻细胞间有15~20 nm的间隙,间隙内充满细丝状物质横向连接相邻细胞膜。功能:除具黏着和连接相邻细胞外,还有保持细胞形态的作用。

3. **桥粒** 又称黏着斑,呈斑块状,大小不一,位于中间连接的深部,是一种最牢固的细胞连接,多见于易受机械刺激或摩擦较多的部位。

4. 缝隙连接 又称通讯连接,位于柱状上皮侧面深部,呈斑状。此处相邻细胞的间隙仅 2~3 nm,相邻细胞膜上有穿越细胞膜并相互对应的微小管,相互连通,成为贯通两相邻细胞膜的小管。作为化学信息的离子和小分子可以通过此小管从一个细胞进入另一个细胞,小管的电阻低,可很好地传递信息。功能:除具细胞间的连接作用外,更重要的是利于细胞之间小分子物质和离子的交换,协调各细胞的功能,利于细胞之间传递电冲动。

微绒毛与上皮细胞连接的超微结构见图 2-7。

(三) 上皮细胞的基底面

1. 基膜(basement membrane) 由上皮细胞基底面和深部结缔组织共同形成。由上皮细胞产生基板;由成纤维细胞产生网板。功能:支持、连接及半透膜作用。

2. 质膜内褶(plasma membrane infolding) 由上皮细胞基底面的细胞膜折叠形成的许多内褶。功能:扩大细胞基底部的表面积,有利于水和电解质的转运。

3. 半桥粒(hemidesmosome) 结构为桥粒的一半。功能:加强上皮细胞与基膜的连接。

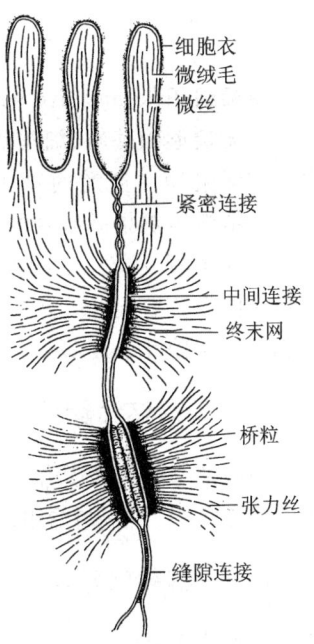

图 2-7 微绒毛与上皮细胞连接的超微结构

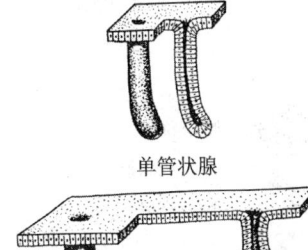

图 2-8 外分泌腺的形态

三、腺上皮和腺

以分泌功能为主的上皮称**腺上皮**。以腺上皮为主要成分的器官称为腺(体)。腺有两类,即外分泌腺(分泌的腺液由导管输出)和内分泌腺(分泌物经毛细血管或淋巴管进入血液循环),内分泌腺的分泌物称激素。

外分泌腺外包结缔组织被膜,腺实质由导管部和分泌部构成。导管部管壁由上皮细胞构成,与腺泡相连。分泌部又称腺泡,由腺上皮围成,中央有腺泡腔,具有分泌功能。根据腺泡形态不同可分为管状腺、泡状腺、管泡状腺(图 2-8)。根据腺泡分泌物性质不同又可分为浆液性腺、黏液性腺、混合性腺。

四、特殊上皮

上皮细胞在分化过程中形成具有特殊功能的上皮组织,称特殊上皮,包括能够感受特殊刺激的感觉上皮,如味觉、嗅觉、视觉和听觉器官内的感觉上皮;能够产生生殖细胞的生殖上皮,如睾丸内的曲精小管上皮。

第二节 结缔组织

结缔组织(connective tissue)由细胞和大量细胞外基质(又称细胞间质)构成。细胞外基质包括无定形的基质、细丝状的纤维和不断循环更新的组织液。细胞散在分布于细胞外基质内。结缔组织由胚胎时期的间充质发生而来。狭义的结缔组织指固有结缔组织,广义的结缔组织还包括血液、淋巴、软骨和骨(图2-9)。结缔组织在体内广泛分布,其功能是连接、支持、营养、运输、保护和修复等。

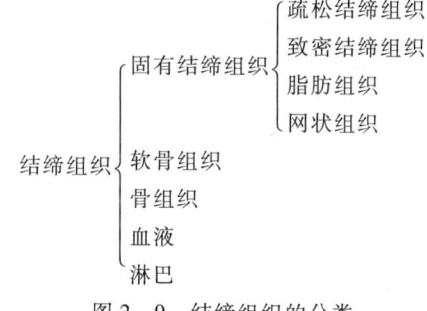

图2-9 结缔组织的分类

一、固有结缔组织

固有结缔组织按其结构和功能的不同分为疏松结缔组织、致密结缔组织、脂肪组织和网状组织。

(一)疏松结缔组织

疏松结缔组织(loose connective tissue)又称蜂窝组织,细胞数量少而种类多,细胞外基质多,其中纤维数量少,排列稀疏。它广泛分布于器官之间、组织之间和细胞之间,具有支持、连接、营养、防御、保护和修复等功能(图2-10)。

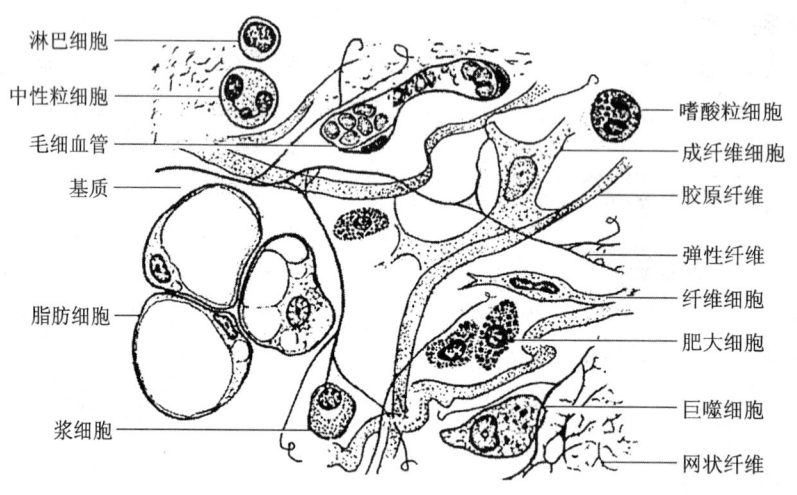

图2-10 疏松结缔组织

1. **细胞** 疏松结缔组织具有多种细胞成分,因而其功能亦具多样性。各类细胞的数量和分布随存在的部位和功能状态而不同。

(1)**成纤维细胞**(fibroblast) 是疏松结缔组织中的最主要的细胞。细胞较大,多突起,细胞核较大,扁卵圆形,染色浅,核仁明显,胞质较丰富,呈弱嗜碱性。电镜下,细胞表面有一些微绒毛和短突起,胞质内有丰富的粗面内质网、游离核糖体和发达的高尔基复合体,表明该细胞合成蛋白质的功能旺盛。成纤维细胞的功能是形成纤维和基质。成纤维细胞超微结构见图2-11。

（2）**巨噬细胞**（macrophage） 是体内广泛存在的具有强大吞噬功能的一种免疫细胞，又称**组织细胞**（histiocyte）。细胞形态多样，随功能状态而改变，通常有突起。胞质丰富，多呈嗜酸性，常含有空泡和颗粒。胞核较小，着色深。电镜下，细胞表面有许多微绒毛和皱褶。胞质内含有大量溶酶体、吞饮小泡、吞噬体和残余体。细胞膜附近有较多的微丝和微管，参与细胞的变形运动和吞噬活动。

巨噬细胞能做变形运动，具有趋化性；有强大的吞噬能力，包括特异性和非特异性吞噬作用；可捕捉、加工处理和呈递抗原物质，启动淋巴细胞发生免疫应答；其次，活化的巨噬细胞能杀伤病原体和肿瘤细胞；此外，巨噬细胞还能分泌多种生物活性物质，如溶菌酶、外体、干扰素、白细胞介素、肿瘤坏死因子等。巨噬细胞超微结构见图2-12。

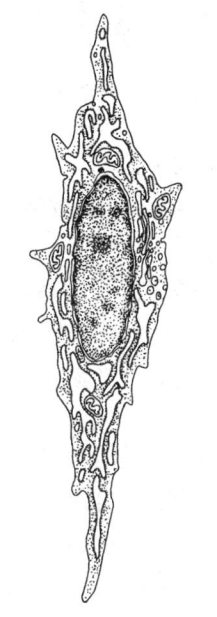

图2-11 成纤维细胞超微结构

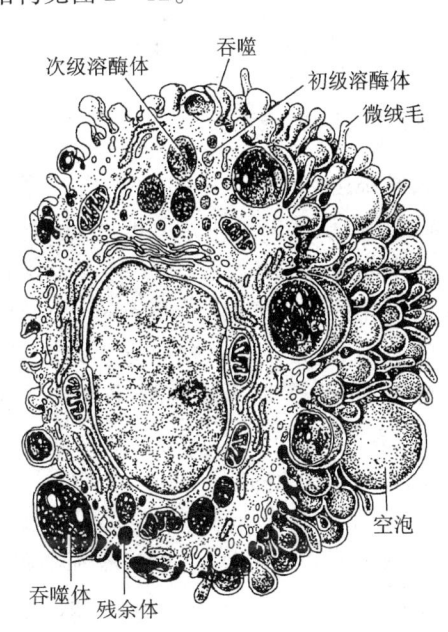

图2-12 巨噬细胞超微结构

（3）**浆细胞**（plasma cell） 呈圆形或卵圆形。核圆形，多偏居细胞一侧，染色质呈粗块状沿核膜内面呈辐射状排列。胞质呈嗜碱性，核旁有一浅染区。电镜下，胞质内含有大量平行排列的粗面内质网和游离核糖体，核旁有发达的高尔基复合体，中心体位于核旁浅染区。浆细胞具有合成和分泌**免疫球蛋白**（immunoglobulin，Ig）即**抗体**（antibody）的功能，参与体液免疫。浆细胞来源于B淋巴细胞，在抗原刺激下，B淋巴细胞激活、增殖，转变为浆细胞。浆细胞超微结构见图2-13。

（4）**肥大细胞**（mast cell） 细胞为圆形或卵圆形。胞核小，圆形或卵圆形，多位于中央。胞质内充满粗大的嗜碱性颗粒，呈异染性。电镜下，颗粒大小不一，内含螺旋状或网格状晶体，或颗粒状物质。肥大细胞颗粒内含有组胺、嗜酸粒细胞趋化因子和肝素等，胞质内还合成白三烯，在细胞受到刺激时可大量释放，导致过敏反应。释放的化学物质与抗凝血、扩张毛细血管、增强毛细血管通透性以及使支气管平滑肌收缩或痉挛有关。肥大细胞超微结构见图2-14。

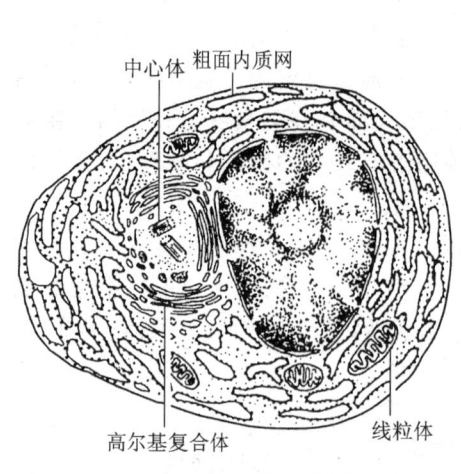
图 2-13 浆细胞超微结构

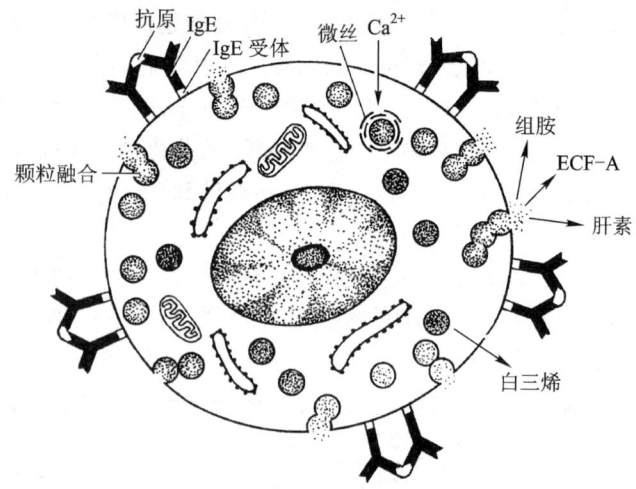
图 2-14 肥大细胞超微结构

(5) **脂肪细胞**(fat cell) 细胞体积大,常呈球形或互相挤压成多边形。胞质内含一个大脂滴,扁圆形细胞核及少量细胞质被挤到细胞周缘。HE 染色标本中,脂滴被溶解,细胞呈空泡状。脂肪细胞可合成和贮存脂肪,参与脂类代谢。

(6) **未分化间充质细胞**(undifferentiated mesenchymal cell) 是保留在成体结缔组织内的一些较原始的干细胞,保持着多向分化的潜能。常分布在小血管周围,形态与成纤维细胞相似。在炎症及创伤修复时可增殖分化为成纤维细胞、脂肪细胞、新生血管壁的平滑肌和内皮细胞。

(7) **白细胞** 血液内的白细胞,受趋化因子的吸引,常以变形运动穿出毛细血管和微静脉壁,游走到结缔组织内行使防御功能。以中性粒细胞、嗜酸粒细胞和淋巴细胞多见。

2. **纤维** 包括胶原纤维、弹性纤维和网状纤维三种。

(1) **胶原纤维**(collagenous fiber) 数量最多,新鲜时呈白色,故又名白纤维。HE 染色切片中胶原纤维呈嗜酸性,着淡红色,粗细不等,直径 1~20 μm。胶原纤维由更细的胶原原纤维借少量的黏合质黏结而成。它韧性大,抗拉力强。

(2) **弹性纤维**(elastic fiber) 含量较少,主要由弹性蛋白构成,新鲜时呈黄色,又名黄纤维。弹性纤维较细,直径 0.2~1.0 μm,有分支,互相交织成网。HE 染色切片中,着色淡红。弹性纤维在外力牵拉下,卷曲的蛋白分子伸展拉长,除去外力后,又可回复为卷曲状态。弹性纤维富有弹性,用醛复红或地衣红可将其染成紫色或棕褐色。

胶原纤维和弹性纤维交织在一起,使疏松结缔组织兼有弹性和韧性。

(3) **网状纤维**(reticular fiber) 较细,分支多,交织成网。HE 染色切片上不易显示,用银染法,网状纤维可染成棕黑色,故又名嗜银纤维。其化学成分亦为胶原蛋白。网状纤维主要存在于网状组织,也分布在结缔组织与其他组织的交界处。

3. **基质**(ground substance) 是由蛋白多糖、糖蛋白等生物大分子和水构成的无定形胶状物,无色透明,有一定黏性。多糖中以透明质酸含量最多。透明质酸的长分子链曲折盘绕在基质中,借蛋白质分子和其他糖胺多糖相连,其立体构型形成带有许多微小孔隙的分子筛。分子筛具有屏障作用,小于孔隙的营养物质、代谢产物、气体分子等可以通过,大于孔隙的物质、细菌等不能通过,这样可限制细菌等有害物质扩散。溶血性链球菌和癌细胞等能分泌透明质酸酶,破坏基质的屏障作用,因而可以浸润、扩散。

另外,基质中含有从毛细血管动脉端渗出的液体,称**组织液**(tissue fluid),经毛细血管静脉端或毛细淋巴管回流到血液中。组织液不断更新,有利于血液与组织细胞进行物质交换,成为组织和细胞赖以生存的内环境。

(二)致密结缔组织

致密结缔组织(dense connective tissue)是一种以纤维为主要成分的固有结缔组织,纤维粗大,排列致密。致密结缔组织包括以下 3 种。

1. 规则致密结缔组织　主要构成肌腱和腱膜(图 2-15)。大量胶原纤维密集平行排列成束,细胞很少,主要是成纤维细胞(又称腱细胞)。

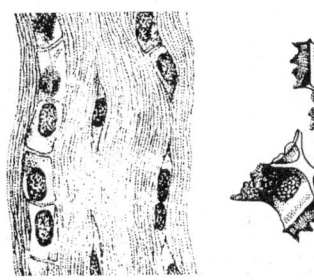
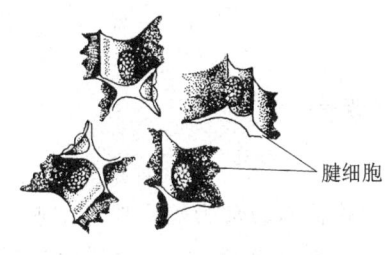

图 2-15　肌腱与腱细胞

2. 不规则致密结缔组织　粗大的胶原纤维相互交织排列,见于真皮、硬脑膜、巩膜及许多器官的被膜。

3. 弹性组织　是以弹性纤维为主的致密结缔组织,如项韧带和黄韧带。

体内许多部位的结缔组织结构并非典型的疏松结缔组织或致密结缔组织,而是介于两者之间,称为细密结缔组织。

(三)脂肪组织

脂肪组织(adipose tissue)主要由大量群集的脂肪细胞构成,被疏松结缔组织分隔成许多小叶。脂肪组织分两类:白(黄)色脂肪组织和棕色脂肪组织。分别由单泡脂肪细胞和多泡脂肪细胞构成。主要分布于皮下、网膜和系膜等处,具有贮存脂肪、产生热量、保护和维持体温等作用(图 2-16)。

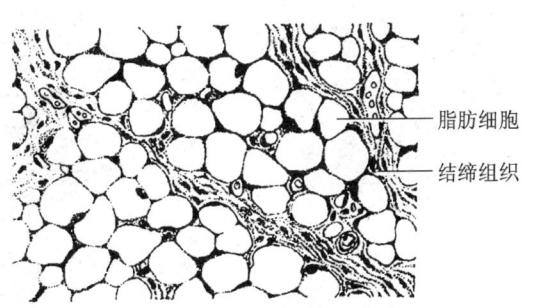

图 2-16　脂肪组织

(四)网状组织

网状组织(reticular tissue)由网状细胞、网状纤维和基质构成。网状细胞为星形多突起细胞,胞核较大,核仁明显。相邻细胞的突起相互连接成网。网状纤维细而多分支,交错连接成网,并可深陷于网状细胞的胞体和突起内。网状组织主要分布在造血器官和淋巴器官等处,构成支架(图2-17)。

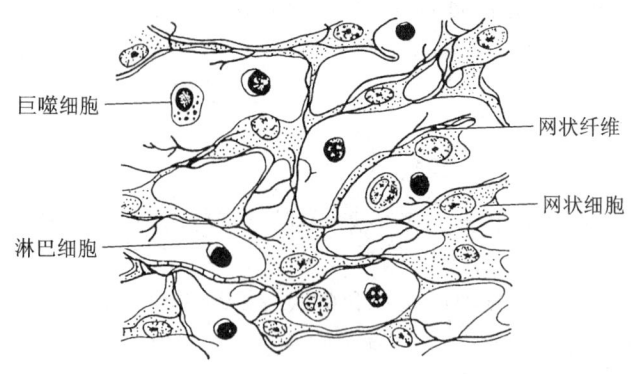

图2-17 网状组织

二、软骨组织与软骨

1. **软骨组织**(cartilage tissue) 由软骨细胞和软骨基质构成。软骨细胞的大小、形状和分布有一定的规律。在软骨周边部为幼稚软骨细胞,较小,呈扁圆形,常单个分布。越靠近软骨中央,细胞越成熟,体积逐渐增大,变为圆形或椭圆形。软骨基质呈均质状,由无定形基质和纤维构成,基质主要成分为蛋白多糖和水,其中水分占75%。软骨组织内无血管、淋巴管和神经,但由于基质富含水分,通透性强,故营养物质由软骨膜血管渗透进入软骨组织深部。

2. **软骨** 由软骨组织及周围的软骨膜构成。根据软骨基质内所含纤维的不同,软骨可分为3种,即**透明软骨**(hyaline cartilage):纤维成分为胶原原纤维;**纤维软骨**(fibrous cartilage):纤维成分为大量平行或交织排列的胶原纤维;**弹性软骨**(elastic cartilage):纤维成分为大量交织成网的弹性纤维(图2-18,表2-2)。

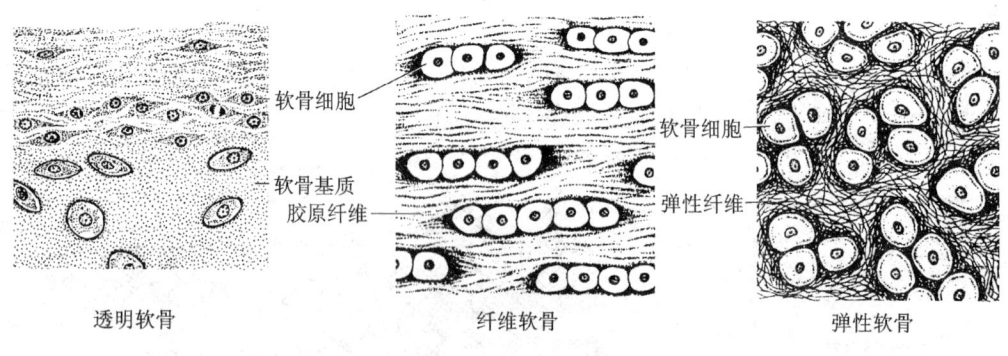

图2-18 3种软骨

表 2-2 三种软骨比较

类型	透明软骨	弹性软骨	纤维软骨
细胞	软骨细胞多,从软骨周边到中央	软骨细胞多,从软骨周边到中央	软骨细胞较小而少,成行分布于纤维束之间
间质	由胶原纤维和基质构成,纤维和基质折光率一致,故 HE 染色片上不易分辨	大量弹性纤维交织成网,基质和纤维折光率不一,故 HE 染色片上可看到纤维	大量平行或交叉排列的胶原纤维束
分布	鼻、喉、气管及支气管等处	耳郭、会厌等处	椎间盘、耻骨联合及关节盘等处

除关节软骨外,软骨组织周围均覆有薄层致密结缔组织,称**软骨膜**。它可分为两层,外层致密,起保护作用;内层疏松,富含细胞和血管。内层紧贴软骨组织处有一些梭形的小细胞,称**骨祖细胞**,能增殖分化为软骨细胞和成骨细胞。

三、骨组织与骨

(一)骨组织的结构

骨组织(osseous tissue)由细胞和大量钙化的细胞外基质构成,钙化的细胞外基质称**骨基质**(bone matrix)。细胞有骨祖细胞、成骨细胞、骨细胞和破骨细胞 4 种(图 2-19)。骨基质由有机质和无机质构成。骨的有机质含量少,主要为大量胶原纤维及少量无定形基质。基质呈凝胶状,分布在纤维之间,起黏合作用。骨的有机质使骨组织具有韧性。骨的无机质成分多,占成人骨重的 65%,又称骨盐,主要为羟磷灰石结晶,能使骨质坚硬。

胶原纤维平行排列,借基质黏合在一起,并有钙盐沉积,形成板层状结构,称**骨板**。骨板是骨基质的基本结构形式。同一层骨板内的纤维互相平行,相邻骨板的纤维相互垂直。在骨板间或骨板内有扁圆形小腔,称**骨陷窝**,与其相连的小管称**骨小管**,活体时容纳骨细胞胞体和突起。邻近的骨陷窝借骨小管相通连。

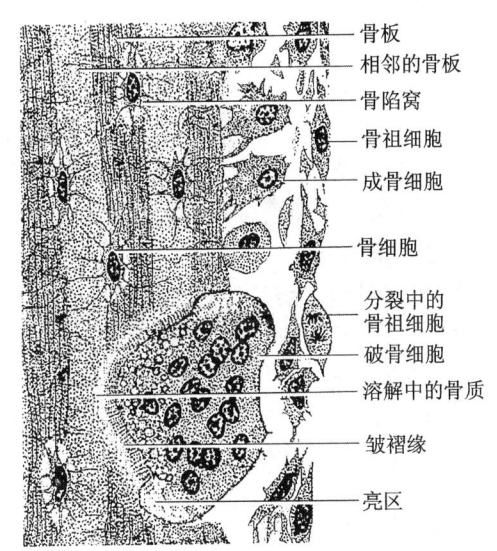

图 2-19 成骨细胞、骨细胞、破骨细胞超微结构

(二)长骨的结构

长骨由骨松质、骨密质、骨膜、关节软骨、骨髓及血管和神经等构成。

1. **骨松质**(spongy bone) 分布于长骨的骨骺和骨干的内侧面,是由许多片状或针状的骨小梁相互连接而成的多孔隙网架结构,网孔即为骨髓腔,充满红骨髓。

2. 骨密质(compact bone) 分布于长骨的骨干和骨骺外侧面,由不同排列方式的骨板构成(图2-20)。骨板的排列方式有以下几种。

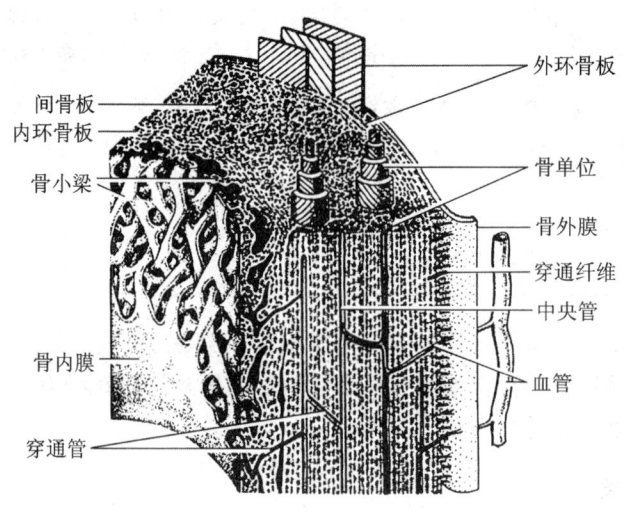

图2-20 长骨骨干结构

(1) 外环骨板 是环绕骨干外表面的骨板,较厚,数层到十多层,较整齐地环绕骨干表面平行排列。

(2) 内环骨板 是环绕骨干内表面的骨板,较薄,仅由几层骨板组成,排列不甚规则。

(3) 骨单位 又称**哈弗斯系统**(Haversian system),位于内、外环骨板之间,为骨密质的主要结构。也是长骨中起支持作用的主要结构。骨单位呈圆筒状,其长轴与骨干长轴平行。中轴是纵行的中央管(哈弗斯管),为血管及神经通道。中央管周围有4~20层同心圆排列的骨单位骨板,又称哈弗斯板。骨外膜的小血管、神经和骨膜组织,经横穿外环骨板的管道——穿通管,进入中央管。

(4) 间骨板 是位于骨单位之间或骨单位与环骨板之间的不规则骨板。是骨生长和改建过程中哈弗斯骨板或环骨板未被吸收的残留部分。

3. 骨膜 覆盖在骨内、外表面(除关节面)的一层致密结缔组织。骨膜贴近骨质表面的部分含有**骨祖细胞**,它是幼稚的梭形干细胞,当成骨活跃时,它可增殖分化为成骨细胞,形成骨基质。因此,骨膜对骨的营养、生长和修复起重要作用。

四、血液

血液(blood)是循环流动在心血管系统内的红色液态组织,约占体重的7%,成人循环血容量约5 L。血液由**血浆**(plasma)和**血细胞**(blood cell)(有形成分)组成。其中,血浆占血容积的55%,相当于结缔组织的细胞外基质。血细胞包括红细胞、白细胞和血小板。通常用Wright或Giemas染色的血液涂片标本观察血细胞的形态、数量与比例,称为血象。血细胞的分类与正常值见图2-21。各种血细胞的形态见图2-22。

$$\text{血细胞}\begin{cases}\text{红细胞}(3.5\sim5.5)\times10^{12}/L\\[4pt]\text{白细胞}(4\sim10)\times10^{9}/L\begin{cases}\text{粒细胞}\begin{cases}\text{中性粒细胞}\ 0.5\sim0.7\\\text{嗜酸粒细胞}\ 0.005\sim0.03\\\text{嗜碱粒细胞}\ 0\sim0.01\end{cases}\\[4pt]\text{无粒细胞}\begin{cases}\text{淋巴细胞}\ 0.2\sim0.3\\\text{单核细胞}\ 0.03\sim0.08\end{cases}\end{cases}\\[4pt]\text{血小板}(100\sim300)\times10^{9}/L\end{cases}$$

图 2-21 血细胞的分类及正常值

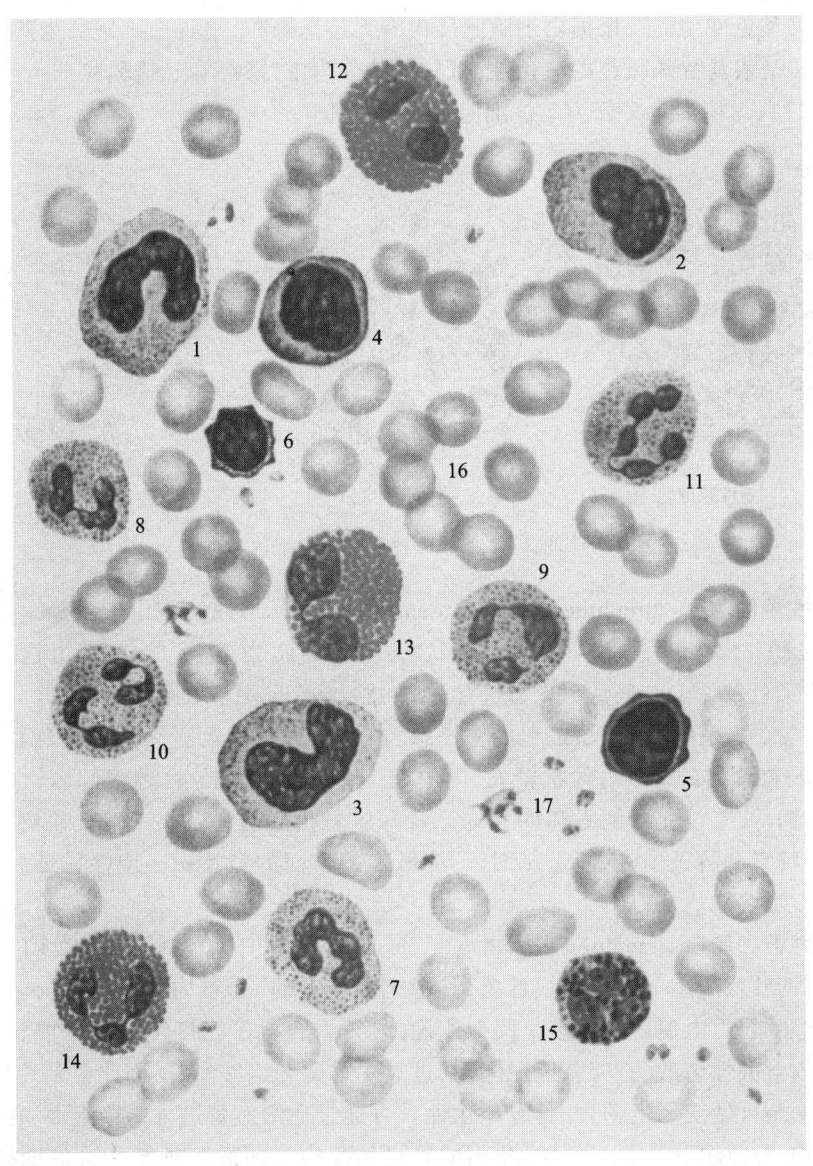

图 2-22 各种血细胞的形态

1,2,3. 单核细胞;4,5,6. 淋巴细胞;7,8,9,10,11. 中性粒细胞;
12,13,14. 嗜酸粒细胞;15. 嗜碱粒细胞;16. 红细胞;17. 血小板

(一) 血细胞

1. 红细胞(erythrocyte, red blood cell) 呈双凹圆盘形(图2-22),直径 7.5~8.5 μm,中央较薄,周边较厚。血涂片标本显示中央染色较浅,周边染色较深。

成熟的红细胞无细胞核,也无细胞器,胞质中充满大量的**血红蛋白**(hemoglobin, Hb),使血液呈红色。正常成人血液中血红蛋白的含量,男性为 120~150 g/L,女性为 110~140 g/L。血红蛋白是含铁的蛋白质,具有携带氧气和部分二氧化碳的功能。

2. 白细胞(leukocyte, white blood cell) 白细胞为无色有核的球形细胞,能做变形运动,参与机体的防御和免疫功能。根据白细胞胞质内有无特殊颗粒,可将白细胞分为两大类:粒细胞和无粒细胞。又依其特殊颗粒的嗜色性,将粒细胞分为中性粒细胞、嗜酸粒细胞和嗜碱粒细胞 3 种(图2-23);无粒细胞又分为单核细胞与淋巴细胞。

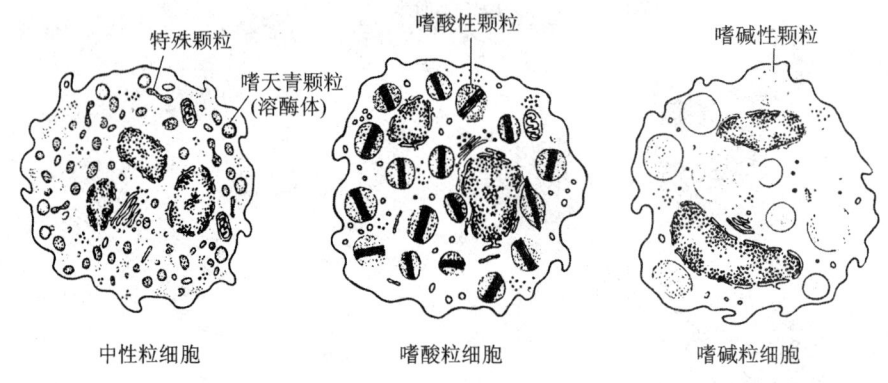

图 2-23 3 种粒细胞超微结构

(1) **中性粒细胞**(neutrophilic granulocyte, neutrophil) 是白细胞中数量最多的一种,细胞呈球形,直径 10~12 μm。核呈杆状或分叶状,分叶核通常为 2~5 叶,以 3 叶居多,叶之间有细丝相连,核染色较深。一般认为核分叶越多,细胞越接近衰老。胞质染成粉红色,含许多细小的、分布均匀、染成淡紫色或淡红色的中性颗粒;颗粒分为嗜天青颗粒和特殊颗粒两种。嗜天青颗粒占颗粒总数的 20%,颗粒较大,电子密度高,着色深,是一种溶酶体,含有酸性磷酸酶、过氧化物酶等,能消化分解吞噬的异物。特殊颗粒占颗粒总数的 80%,颗粒较小,内含碱性磷酸酶、吞噬素和溶菌酶等,能杀死细菌,溶解细菌表面的糖蛋白。中性粒细胞具有很强的趋化作用和吞噬功能。

(2) **嗜酸粒细胞**(eosinophilic granulocyte, eosinophil) 细胞呈球形,直径 10~15 μm。核为分叶状,以两叶核居多。胞质呈浅红色,其中充满粗大的、分布均匀的、染成橘红色、略带折光性的嗜酸性颗粒。电镜下颗粒多呈圆形或椭圆形,内含电子密度高的方形或长方形致密结晶体。颗粒内含酸性磷酸酶、芳基硫酸酯酶、过氧化物酶和组胺酶等,因此也是一种溶酶体。

嗜酸粒细胞可做变形运动,并具有趋化性。可穿过毛细血管进入结缔组织,吞噬异物或抗原抗体复合物,释放组胺酶灭活组胺,从而减轻过敏反应。嗜酸粒细胞还可借助抗体,与侵入体内的某些寄生虫结合,杀死虫体或虫卵。因此,在患过敏性疾病或寄生虫感染时,血中嗜酸粒细胞数增多。

（3）**嗜碱粒细胞**（basophilic granulocyte，basophil） 是白细胞中数量最少的，细胞呈球形，直径 10~12 μm。胞核分叶或呈 S 形。胞质内含大小不等、分布不均、染蓝紫色的嗜碱性颗粒，具有异染性。核常被颗粒遮盖，颗粒内含有肝素、组胺和嗜酸粒细胞趋化因子，细胞质中含有白三烯。这些物质可使平滑肌收缩、小血管通透性增高等，因此颗粒内容物释放，可导致过敏反应，这与肥大细胞很相似。

（4）**单核细胞**（monocyte） 是白细胞中体积最大的细胞，直径 14~20 μm，呈球形。细胞核呈肾形、马蹄形或卵圆形。核常偏位，染色质呈细网状，着色较浅。胞质丰富，呈灰蓝色，内含许多细小的嗜天青颗粒。颗粒内含过氧化物酶、酸性磷酸酶、非特异性酯酶和溶菌酶等，因而是溶酶体（图 2-24）。

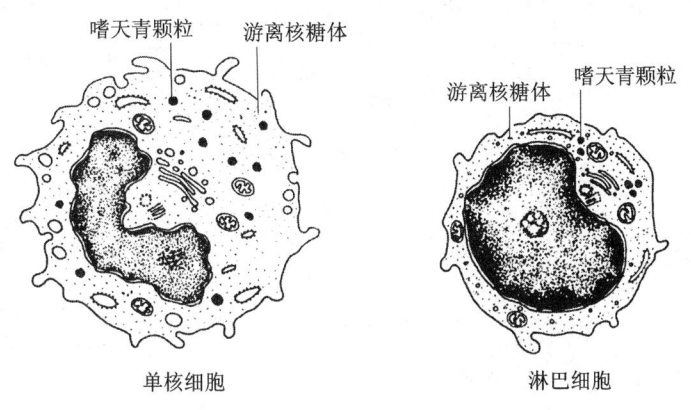

图 2-24 单核细胞与淋巴细胞超微结构

单核细胞具有活跃的变形运动和明显的趋化性。骨髓生成的单核细胞进入血循环，停留 1~5 天后穿出血管进入组织，分化成巨噬细胞。血液与骨髓中的单核细胞和器官组织内的巨噬细胞共同构成**单核-吞噬细胞系统**（mononuclear phagocyte system，MPS），能消灭病原微生物，吞噬异物，清除体内衰老病变的细胞，参与调节免疫应答，还能分泌多种活性物质。

（5）**淋巴细胞**（lymphocyte） 呈球形，细胞体积大小不一，有大、中、小 3 型，以小淋巴细胞数量最多。细胞核呈圆形，一侧常有一小凹陷，染色质致密呈块状，染色深。胞质很少，仅在核周围形成一窄缘，嗜碱性，染成蔚蓝色，内含少量嗜天青颗粒。电镜下，淋巴细胞的胞质内含大量游离核糖体及溶酶体、粗面内质网离子基复合体或线粒体等。

淋巴细胞是体内功能与分类最为复杂的细胞群。根据其发生过程、形态结构、细胞表面标志与功能等的不同，可分为 3 类：**胸腺依赖淋巴细胞**（thymus dependent lymphocyte），简称 **T 细胞**，产生于胸腺，参与细胞免疫；**骨髓依赖淋巴细胞**（bone marrow dependent lymphocyte），简称 **B 细胞**，产生于骨髓，受抗原刺激后增殖分化为浆细胞，产生抗体，参与体液免疫；**自然杀伤细胞**（nature killer cell）简称 **NK 细胞**，产生于骨髓，无需抗原提呈细胞中介，可不借助抗体，直接杀伤靶细胞。淋巴细胞是体内重要的免疫细胞。

3. **血小板**（blood platelet） 是由骨髓巨核细胞的胞质脱落的细胞质小片，直径 2~4 μm，其表面有完整的胞膜。血小板呈双凸圆盘状，静止时表面光滑，受到机械或化学刺激时可伸出小突起（图 2-25）。在血涂片标本上，血小板呈星形或多角形，成群分布于血细胞之间。血小板的中央部有嗜碱性血小板颗粒,称颗粒区;周围部呈均质的浅蓝色,称为透明区。血小板在止血和凝血过程中起重要作用,此外,还有保护修复血管内皮、防止动脉粥样硬化等作用。

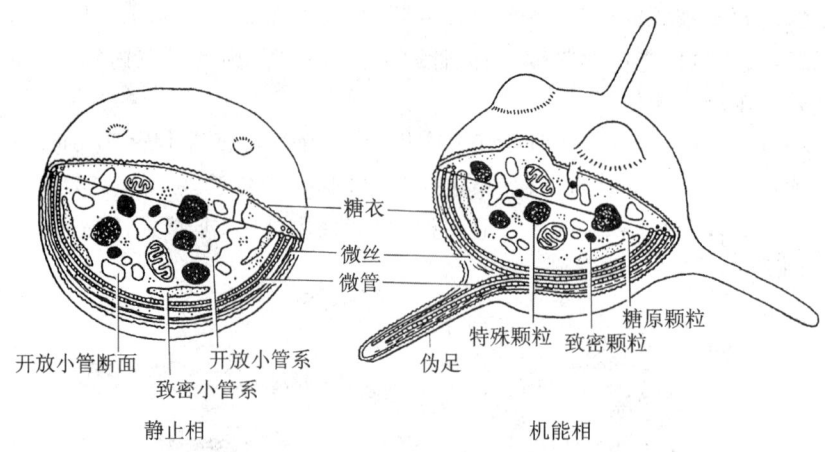

图 2-25 血小板超微结构

(二)血细胞发生概述

各种血细胞都有一定的寿命,每天都有一定数量的血细胞衰老和死亡,同时又有相应数量的血细胞在骨髓中生成并进入血液循环,使周围血中的各种血细胞数量、比例和质量保持动态平衡,维持生理功能。

1. **造血组织** 主要由网状组织和造血细胞组成。红骨髓是人体最大的造血组织,分布在成人的扁骨、不规则骨及长骨骺端的松质骨中。以网状组织构成支架,间隙中充满不同发育阶段的各种血细胞和巨噬细胞、成纤维细胞、骨髓基质干细胞等造血基质细胞。红骨髓含有丰富的血窦,其形态不规则,腔较大,内皮有孔,细胞间有间隙,内皮基膜不完整。网织红细胞及成熟的白细胞可穿越内皮间隙,进入血窦腔,随血流入血液循环。

2. **造血干细胞** 是生成各种血细胞的原始细胞,又称为多能干细胞,主要存在于红骨髓中。造血干细胞具有重要的生物学特性:① 可自我复制,即细胞分裂后的部分子细胞仍保持干细胞的全部特征,另一部分子细胞分化为祖细胞。② 有很强的增殖能力,受造血生长因子、细胞动员剂等的作用,造血干细胞能大量分裂增殖。③ 具有多向分化能力,造血干细胞能分化成各系造血祖细胞,并由此分化为各系血细胞。

3. **造血祖细胞** 也称定向干细胞,由造血干细胞增殖分化而来,失去了自我复制能力和多向分化能力,分化方向确定,但仍保持高度的增殖能力。在不同的集落刺激因子的作用下,分化为形态可辨认的各种血细胞。

4. **血细胞发生过程及形态演变规律** 一般将血细胞的发生过程分为原始阶段、幼稚阶段(又可分早、中、晚3期)和成熟阶段。各系血细胞发生过程中的形态演变有着共同的变化规律:① 胞体由大变小,但巨核细胞发生则由小变大。② 胞核由大变小,红细胞核最终消失。粒细胞核由圆形逐渐成为杆状,最终形成分叶核。核内染色质由稀疏变成粗密,核仁由有到无。③ 胞质由少变多,嗜碱性逐渐变弱,但单核细胞和淋巴细胞仍保持嗜碱性。胞质内特殊物质从无到有,并逐渐增加,如红细胞中的血红蛋白、粒细胞中的特殊颗粒等。④ 细胞分裂能力从有到无,但淋巴细胞仍有很强的潜在分裂能力。

第三节 肌 组 织

肌组织(muscle tissue)主要由肌细胞构成。肌细胞呈细长纤维状,又称肌纤维,肌细胞膜称肌膜,肌细胞质又称肌质,滑面内质网称肌质网,是贮存与释放 Ca^{2+} 的细胞器。肌组织根据结构和功能的特点分为骨骼肌、心肌和平滑肌3种。骨骼肌、心肌属横纹肌,平滑肌不属横纹肌,骨骼肌受躯体神经支配,属随意肌;心肌和平滑肌受自主神经支配,为不随意肌。

一、骨骼肌

骨骼肌附着于骨骼,基本成分是骨骼肌纤维,每条肌纤维的表面包着薄层结缔组织称**肌内膜**。数条肌纤维被薄层结缔组织包裹成**肌束**,外面的结缔组织称为**肌束膜**。数个肌束被结缔组织包裹形成**肌肉**,其结缔组织膜称为**肌外膜**(图2-26)。

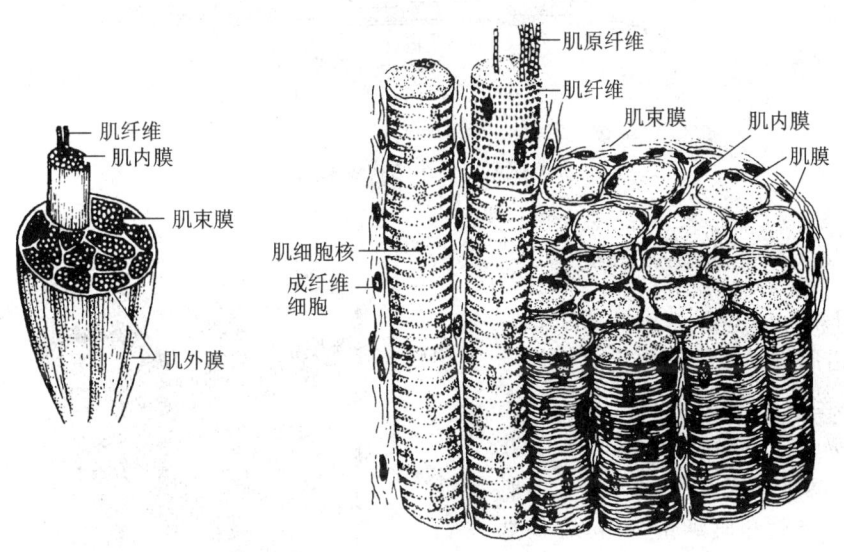

图 2-26 骨骼肌与周围结缔组织

(一) 骨骼肌纤维的光镜结构

光镜下观察骨骼肌纤维呈细长圆柱形,一条肌纤维内含有数十个甚至数百个核,呈扁椭圆形,位于肌膜下方。肌质中含有丰富的肌原纤维,呈细丝状,沿肌纤维长轴平行排列。每条肌原纤维上都有明暗相间的带,而且每条肌原纤维的明暗带都排列在同一平面上,故骨骼肌纤维呈现出明暗相间的横纹。明带又称I带,暗带又称A带,暗带中央有一条浅色窄带称H带,H带中央有一条深色的M线,明带中央有一条深色的Z线。相邻两条Z线之间的一段肌原纤维称**肌节**,每个肌节由1/2 I带+A带+1/2 I带构成。肌节是肌原纤维结构和功能的基本单位(图2-27)。

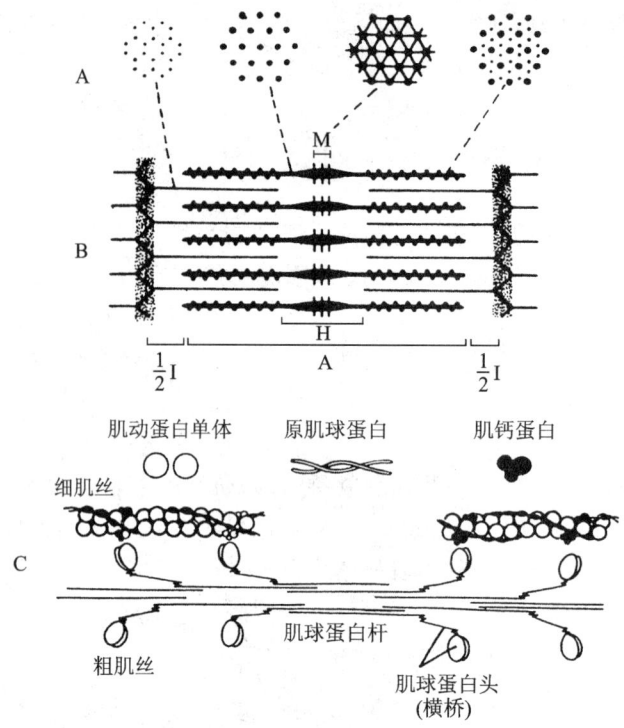

图 2-27　骨骼肌肌原纤维结构及其功能单位

(二) 骨骼肌纤维的超微结构

1. **肌原纤维**（myfibril）　由许多细而密的粗、细肌丝沿肌纤维长轴有规律地平行排列组成。粗肌丝由肌球蛋白分子组成，位于暗带，固定于 M 线，两端游离，朝向 Z 线并突出于粗肌丝表面形成横桥。细肌丝由肌动蛋白、原肌球蛋白和肌钙蛋白组成，一端固定于 Z 线，另一端伸至粗肌丝之间，直达 H 带外侧。当肌球蛋白分子头与肌动蛋白接触时，横桥发生屈伸运动，牵拉细肌丝向 M 线方向滑动，此时明带变窄，肌节缩短（图 2-28）。

2. **横小管**（transverse tubule）　是肌膜向肌质内凹陷形成的小管，又称 T 小管，其走向与肌纤维长轴垂直。人和哺乳动物的 T 小管位于 A 带和 I 带交界处，同一水平的 T 小管分支吻合并环绕每条肌原纤维。横小管可将肌膜的兴奋迅速传至每个肌节

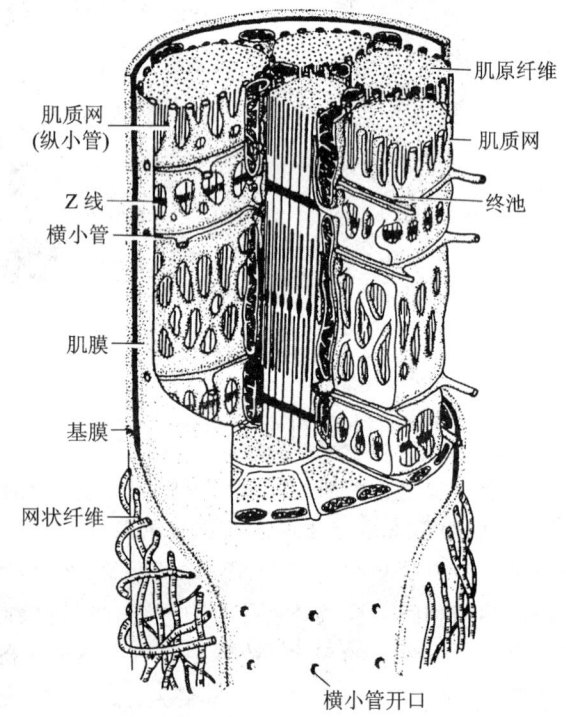

图 2-28　骨骼肌肌原纤维超微结构

(图 2 - 28)。

3. **肌浆网**(sarcoplasmic reticulum) 是肌纤维内特化的滑面内质网,位于横小管之间,肌质网沿肌纤维长轴纵行排列并包绕每条肌原纤维,形成管状系统,又称纵小管(longitudinal tubule,lt 管)。横小管两侧的肌质网扩大呈扁囊状,称终池,每条横小管与其两侧的终池组成三联体。肌质网膜上有钙泵蛋白(一种 ATP 酶),有调节肌质中钙离子浓缩的作用(图 2 - 28)。

二、心肌

心肌分布于心壁,主要由心肌纤维构成。

1. **心肌纤维的光镜结构** 心肌纤维呈短柱状,常有分支,彼此吻合成网。心肌纤维有一个核,呈卵圆形,位于细胞中央,少数为双核。心肌纤维连接处称闰盘,在 HE 染色标本中,闰盘呈深色的阶梯状或横线状。心肌纤维也有横纹,但不如骨骼肌纤维明显(图 2 - 29)。

2. **心肌纤维的超微结构** 心肌纤维也有粗、细肌丝,它们在肌节内的排列分布与骨骼肌纤维相同,也含横小管和肌质网等结构,但有以下特点:① 粗、细肌丝形成粗细不等的肌丝束,肌原纤维不规则,横纹不明显。② 横小管较粗,位于 Z 线水平,肌质网稀疏,终池扁而小,常见横小管与一侧的终池紧贴形成二联体,储钙能力不如骨骼肌。③ 闰盘位于 Z 线水平,闰盘的横位部分有中间连接和桥粒,纵位部分有缝隙连接,能传递冲动,使心肌产生同步收缩(图 2 - 30)。

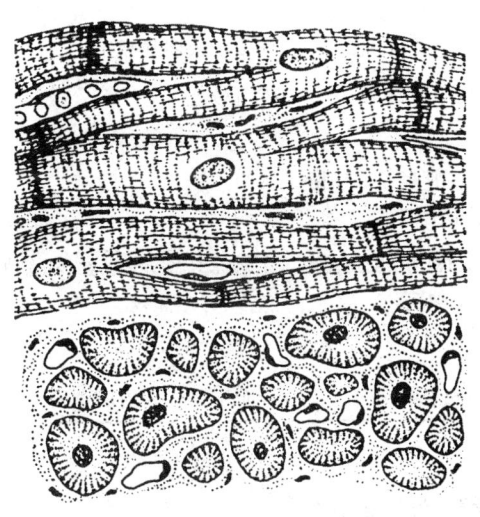

图 2 - 29 心肌纤维纵、横切面

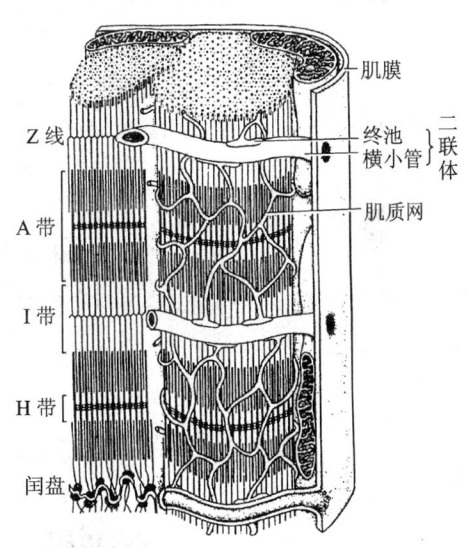

图 2 - 30 心肌纤维超微结构

三、平滑肌

平滑肌主要分布在内脏和血管等中空器官的管壁内。

平滑肌主要由平滑肌纤维构成,成束或成层排列,纤维间有少量结缔组织、血管及神经。平滑肌纤维呈长梭形,长短不一,无横纹,一个细胞核,呈椭圆形或杆状,位于细胞中央

(图2-31)。平滑肌纤维内无肌原纤维,也不形成肌带,有粗、细丝形成肌丝单位,横小管发育不良,肌浆网不发达。

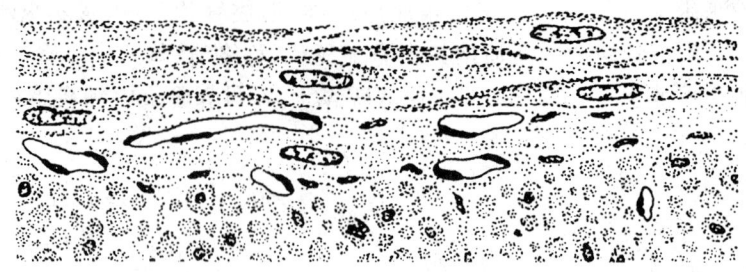

图2-31 平滑肌纵、横切面

四、3种肌组织的结构与分布

3种肌组织的结构及分布比较见表2-3。

表2-3 3种肌组织的结构及分布比较

	结构与分布	骨骼肌	心肌	平滑肌
光镜结构	形态	长圆柱状	短圆柱状	长梭形
	细胞核	几十至几百,位于周边	一个,卵圆形,位于中央	一个,椭圆形或杆状,位于中央
	肌原纤维	有横纹,明显	横纹不明显,有闰盘	无横纹及明显肌节
电镜结构	横小管	位于明暗带交界处,管径较大	较粗,位于Z线处	发育较差
	肌质网	较密,终池扁囊状,与横小管形成三联体	较稀,终池扁小,与横小管形成二联体	稀疏
	肌原纤维	有许多,由细密的粗、细肌丝组成	不明显,由粗、细肌丝组成粗细不等的肌丝束	无肌原纤维,粗肌丝少,细肌丝多,有中间丝
分布范围		附着于骨骼	构成心的主要成分	分布于血管和内脏器官

第四节 神 经 组 织

神经组织(nervous tissue)由神经细胞和神经胶质细胞组成,它们都是高度分化的细胞,都具有突起。神经细胞又称**神经元**(neuron),是神经系统的结构和功能的基本单位,具有接受刺激、整合信息和传导冲动的能力。有一些神经元还具有内分泌功能。神经胶质细胞无传导神经冲动的功能,而对神经元起着支持、营养、保护、分隔等作用。

一、神经元

(一) 神经元的结构

神经元的形态多样,常见的形态为星形、锥体形、梭形、梨形和圆形等,大小差异很大。神经元都具有胞体和突起两部分,突起又可分为树突和轴突两种。神经元之间借突触相互连接(图2-32)。

1. **胞体** 神经元的胞体表面有细胞膜,内为细胞质和细胞核,是神经元的营养和代谢中心。胞体位于中枢神经系统的灰质和周围神经系统的神经节内。神经元的细胞膜为单位膜,有接受刺激和传导冲动的功能。神经元的核大而圆,位于胞体中央,异染色质少,故着色浅,核仁明显。核周的胞质又称**核周质**(perikaryon),除含一般的细胞器和发达的高尔基复合体外,还含有丰富的**尼氏体**(Nissl body)和**神经原纤维**(neurofibril)。尼氏体又称嗜染质,呈嗜碱性颗粒状或斑块状,电镜下可见由许多粗面内质网和游离核糖体构成,表明神经元具有旺盛的蛋白质合成功能,可合成神经元的结构蛋白和产生与神经递质有关的酶。神经原纤维是胞质内交错分布的嗜银性的棕黑色细长原纤维,并伸入树突和轴突。电镜下可见神经原纤维由排列成束的神经丝和微管组成,构成了神经元的细胞骨架,参与物质的运输。

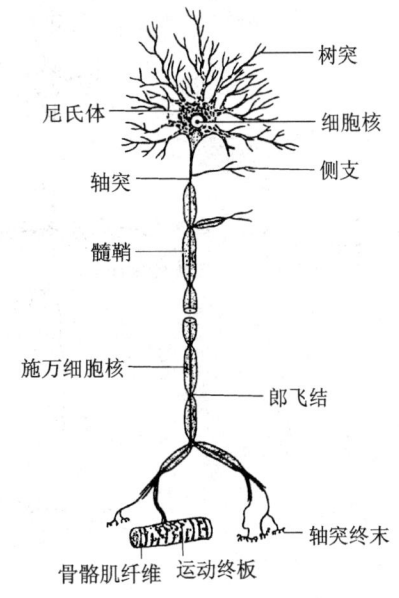

图2-32 躯体运动神经元

2. **突起** 分为树突和轴突。

(1) **树突**(dendrite) 是从胞体发出的一至多个突起,起始的部分较粗,经反复分支而变细,形如树枝状。树突的内部结构和核周部基本相似。树突外周的细胞膜上有受体,可接受刺激并将冲动传向胞体。在树突分支表面常有许多棘状的小突起,称树突棘,是神经元之间形成突触的主要部位。树突棘和树突大大增加了神经元的接受面。

(2) **轴突**(axon) 每个神经元只有一个轴突,胞体发出轴突的部位多呈圆锥形,称**轴丘**(axon hillock)。轴突的长短不一,短的仅数微米,长的可达1 m以上。轴突分支较少,末端分支形成轴突终末。轴突表面的细胞膜称**轴膜**(axolemma),轴突内的胞质称**轴质**(axoplasm),内有微管、神经丝和微丝,构成网架;另外还有线粒体、滑面内质网等。轴丘与轴突内没有尼氏体。

神经元的轴突和胞体是一整体,轴突内的轴浆是流动的。神经元胞体把新合成的网架缓慢地移向轴突终末,为**慢速运输**,还有快速双向的运输。胞体合成的酶、轴膜更新所需的蛋白质、含神经递质的小泡等,由胞体输向终末,称**快速顺向轴突运输**。轴突终末内的代谢产物或由轴突终末摄取的物质,逆行输向胞体,称**快速逆向轴突运输**。某些病毒或毒素(如狂犬病毒、破伤风毒素)也可通过逆向轴突运输迅速侵犯神经元胞体。

(二) 神经元的分类

神经元有几种分类方法。根据突起多少可分为3种：假单极神经元、双极神经元和多极神经。根据神经元的功能又可分为：感觉神经元、运动神经元、中间神经元。按神经元释放的神经递质还可分为胆碱能神经元、胺能神经元、肽能神经元及氨基酸能神经元（图2-33）。

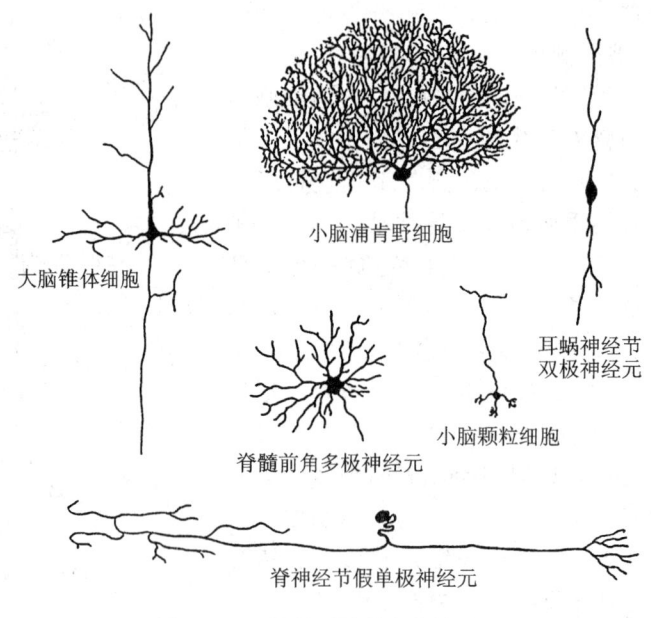

图2-33 几种不同形态的神经元

(三) 突触

突触（synapse）是神经元传递信息的重要结构，它是神经元与神经元之间，或神经元与非神经细胞之间的一种特化的细胞连接。通过它的传递作用实现细胞与细胞之间的通讯。突触分为电突触和化学突触两大类。电突触亦即缝隙连接。化学突触是以化学物质（神经递质）作为通讯的媒介。大多数突触是化学突触，其形态多样，常见于轴突末端膨大成球状、杆状或纽扣状，贴附于另一细胞的细胞膜表面。在神经元之间的连接中，最常见的是一个神经元的轴突终末与另一个神经元的树突、树突棘或胞体连接，分别构成轴—树、轴—棘和轴—体突触。

化学突触由突触前成分、突触间隙和突触后成分三部分构成。突触前、后成分是彼此相对的胞膜，分别称突触前膜和突触后膜，两者之间为宽15~30 nm的突触间隙（图2-34）。

突触前成分内含许多突触小泡，还有少量线粒体、微丝与微管等。突触小泡的大小和形状不一，多为圆形。突触小泡内含神经递质或神经调质。神经调质一般为肽类，它能增强或减弱神经元对神经递质的反应，起调节作用。

突触前膜通过出胞作用释放突触小泡内的神经递质到突触间隙，作用于突触后膜上相应的受体，改变突触后膜两侧离子的分布状况，进而改变突触后神经元或非神经细胞的活动。

二、神经胶质细胞

神经胶质细胞(glial cell)广泛分布于中枢和周围神经系统的神经组织中,数量多,无传导神经冲动的功能,主要起支持、营养、保护、修复和绝缘等作用。

(一) 中枢神经系统的神经胶质细胞

中枢神经系统的神经胶质细胞主要有星形胶质细胞、少突胶质细胞、小胶质细胞(图 2-35),此外,还有室管膜细胞。

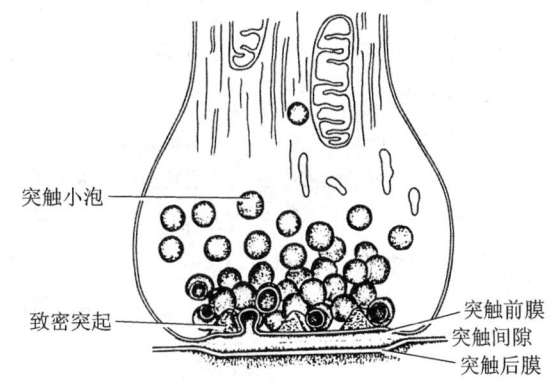

图 2-34 化学突触超微结构

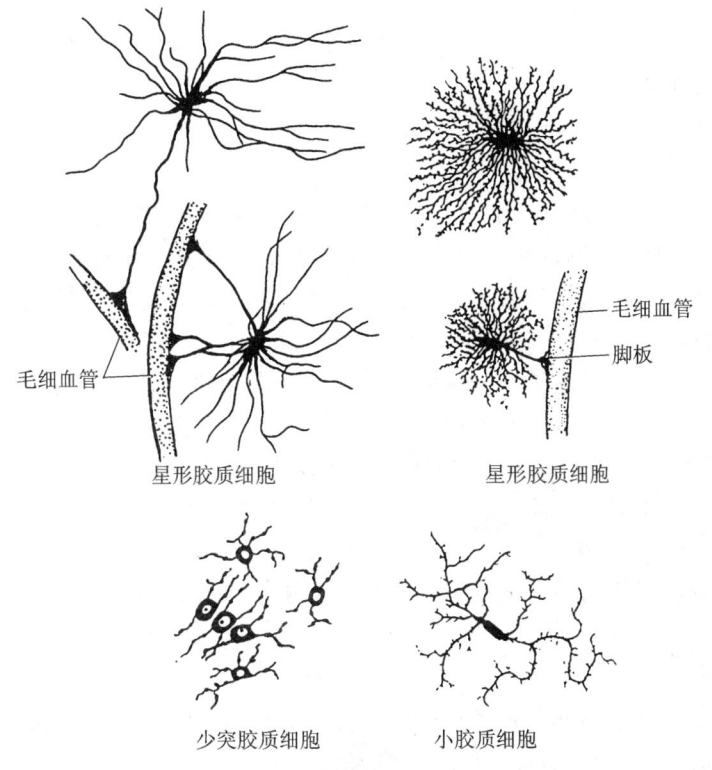

图 2-35 中枢神经系统的几种神经胶质细胞

1. **星形胶质细胞**(astrocyte) 是体积最大、数量最多的一种胶质细胞,胞体呈星形,核大而圆,染色浅。胞体伸出许多突起,其中有的突起覆盖在神经元胞体及突起周围,起支持和分隔神经元的作用;有的突起末端扩大形成脚板,贴附于毛细血管壁上。脑内毛细血管周围约80%以上的面积被神经胶质细胞的脚板所覆盖,形成胶质界膜。因此,血液与神经元之间主要有毛细血管内皮、基膜和星形胶质细胞突起形成的胶质界膜3层结构,构成了**血-脑屏障**,它能限制血液中某些大分子物质进入脑内。星形胶质细胞能分泌神经营养因子,维持神经元的存活和功能活动。在脑和脊髓损伤时,星形胶质细胞可增生,形成胶质瘢痕,填补缺损处。

2. 少突胶质细胞(oligodendrocyte)　胞体为椭圆形,突起少,分支也少,它是中枢神经系统的髓鞘形成细胞。

3. 小胶质细胞(microglia)　胞体小,细长或椭圆形,核小,呈卵圆形或三角形,染色深。中枢神经系统受损伤时,小胶质细胞可转变为具有吞噬能力的小胶质细胞,吞噬细胞碎屑和退化变性的髓鞘。血循环中的单核细胞也侵入损伤区,转变为巨噬细胞,参与吞噬活动。

4. 室管膜细胞(ependymal cell)　立方或柱形,分布在脑室与脊髓中央管的腔面,形成单层上皮,上皮表面可见微绒毛和纤毛。室管膜细胞可产生脑脊液。

(二) 周围神经系统的胶质细胞

1. 卫星细胞(satellite cell)　又称被囊细胞,是神经节内包裹神经元胞体的一层扁平或立方形细胞。

2. 施万细胞(Schwann cell)　参与神经纤维的构成,是周围神经系统的髓鞘形成细胞,在神经纤维的再生中起重要作用。

三、神经纤维

神经纤维(nerve fiber)由神经元的长轴突外包神经胶质细胞组成。根据包裹轴突的胶质细胞是否形成髓鞘,神经纤维可分为有髓神经纤维和无髓神经纤维两类。周围神经系统有髓神经纤维的髓鞘由施万细胞呈同心圆状包卷轴突而形成。髓鞘呈节段性,段与段之间的较窄部位称**郎飞结**(Ranvier node)。相邻两个郎飞结之间的一段称节间体,每个节间体由一个施万细胞包裹。中枢神经系统有髓神经纤维的结构基本与周围神经系统有髓神经纤维相同,不同的是髓鞘由少突胶质细胞形成。有髓神经纤维的轴膜兴奋是呈跳跃式传导,故传导速度快,因而节间体越长,跳跃的距离就越大,传导速度也就越快。无髓神经纤维的轴突由胶质细胞包裹,但不形成髓鞘,若干条轴索陷入胶质细胞内,被胶质细胞包围。无髓神经纤维的神经冲动沿轴膜连续传导,其传导速度慢。

有髓和无髓神经纤维的髓鞘形成过程及其超微结构见图 2-36。

四、神经末梢

周围神经纤维的终末部分终止于其他组织或器官内,形成一定结构,即**神经末梢**。根据其功能,可分为感觉神经末梢和运动神经末梢两大类。

(一) 感觉神经末梢

感觉神经末梢是感觉神经元周围突的终末部分,该终末与其他结构共同组成感受器。感觉神经末梢按其结构可分为游离神经末梢和有被囊神经末梢两类,后者由结缔组织被囊包裹(图 2-37)。

1. 游离神经末梢　感觉神经元周围突在接近末梢处,失去施万细胞,裸露的末段分成细支,广泛分布于表皮、角膜和毛囊的上皮细胞之间,或分布在各型结缔组织内,如骨膜、脑膜、关节囊、肌腱、韧带、筋膜和牙髓等处。游离神经末梢能感受痛、冷、热和轻触的刺激。

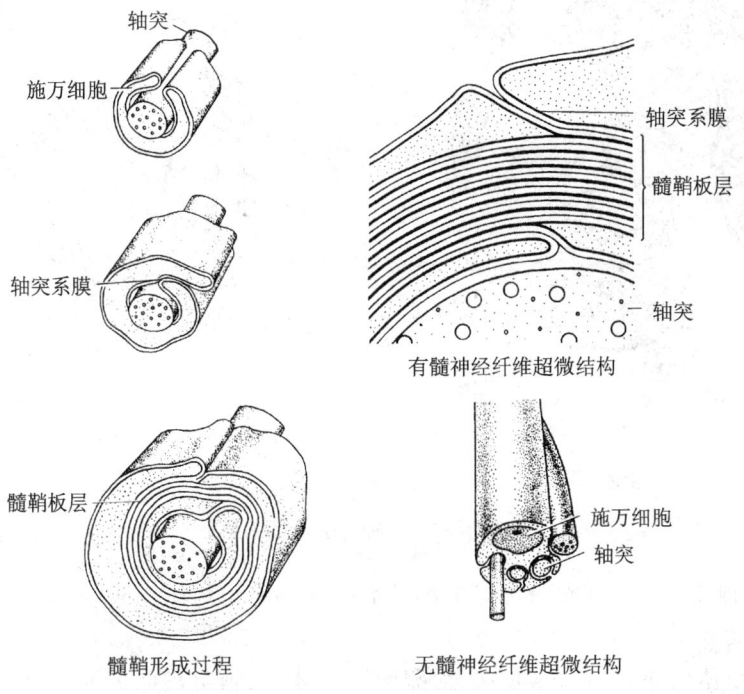

图 2-36 有髓和无髓神经纤维的髓鞘形成过程及其超微结构

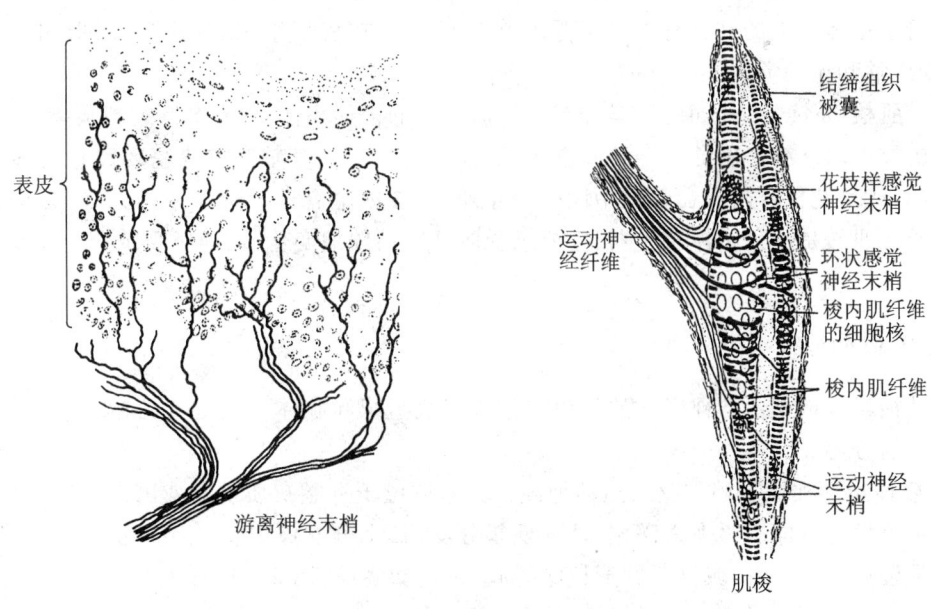

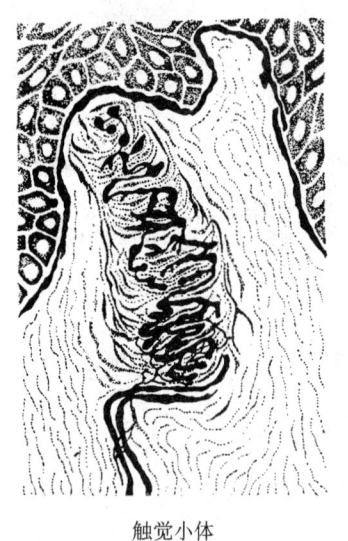 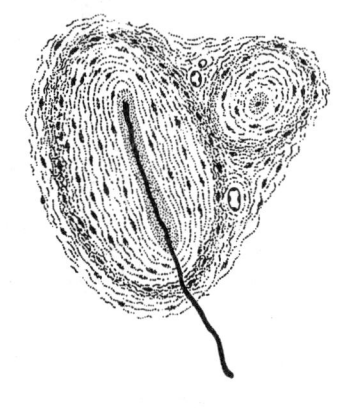

触觉小体　　　　　　　　　　　环层小体

图 2-37　各种感觉神经末梢

2. 有被囊神经末梢　有被囊神经末梢外面均包裹有结缔组织被囊,它们的种类很多,常见有如下几种。

（1）**触觉小体**(tactile corpuscle)　为卵圆形小体,长轴与皮肤表面垂直。在结缔组织被囊内有许多横列的扁平细胞。有髓神经纤维进入小体时失去髓鞘,在小体内分成细支盘绕在扁平细胞间。触觉小体分布在真皮乳头内,以手指、足趾的掌侧的皮肤居多,感受触觉。

（2）**环层小体**(lamellar corpuscle)　体积较大,呈卵圆形或球形。小体中央有一根均质状的圆柱体,周围有数十层呈同心圆排列的扁平细胞。有髓神经纤维进入小体时失去髓鞘,裸露轴突穿行于小体中央的圆柱体内。环层小体广泛分布在皮下组织、肠系膜、韧带和关节囊等处,感受压觉和振动觉。

（3）**肌梭**(muscle spindle)　是分布在骨骼肌内的梭形小体,外有结缔组织被囊,内有若干条细小的梭内肌纤维。感觉神经纤维进入肌梭时失去髓鞘,其轴突细支呈环状包绕梭内肌纤维的中段,或呈花枝样附着在邻近中段处。此外,肌梭内也有运动神经末梢,分布在梭内肌纤维的两端。肌梭是一种本体感受器,主要感受肌纤维的伸缩变化,从而感受肌肉运动及肢体位置的改变。

（二）运动神经末梢

运动神经末梢是运动神经元的长轴突分布于肌组织和腺体内的终末结构,支配肌纤维的收缩和腺的分泌。

1. **躯体运动神经末梢**　躯体运动神经元的胞体位于脊髓灰质前角或脑干,其轴突离开中枢神经系统抵达骨骼肌时失去髓鞘,轴突反复分支,每个分支终末呈纽扣状膨大,与骨骼肌纤维建立突触连接,连接区域呈椭圆形板状隆起,称运动终板(图 2-38)。

2. **内脏运动神经末梢**　属自主神经系统的一部分,节后神经元的节后纤维较细,无髓鞘,分支末段呈串珠状,贴附于平滑肌、心肌和腺细胞表面,建立突触连接。

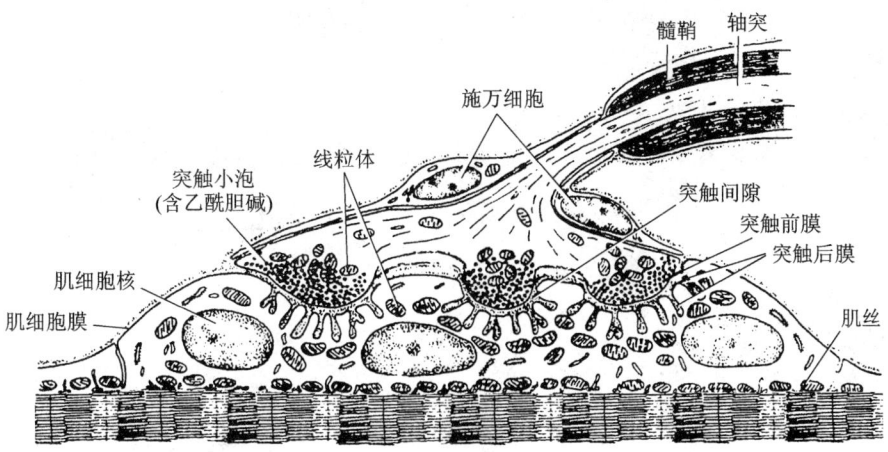

图 2-38 运动终板超微结构

Summary

Tissues

Histology is a branch of biology concerned with the microscopic study of the tissues of the body and of how these tissues are arranged to constitute organs.

Tissues are made of cells and extracellular matrix which form a continuum that functions together and reacts to stimuli and inhibitors together.

There are four fundamental tissues: muscle tissue, nervous tissue, connective tissue, and epithelial tissue. All tissue types are subtypes of these four basic tissue types (for example, blood cells are classified as connective tissue, since they generally originate inside bone marrow). Each of the fundamental tissues is formed by several kinds of cells and typically by specific associations of cells and extracellular matrix. Most organs are formed yanorderly combination of several tissues, except the central nervous system which is formed almost solely by nervous tissue.

思 考 题

1. 上皮组织的结构特点有哪些？
2. 试述被覆上皮的分类、分布、结构特点和功能。
3. 结缔组织的共同特点是什么？
4. 比较3种软骨的结构特点。
5. 简述长骨的构成及密质骨的骨板排列方式。
6. 试述红细胞、中性粒细胞的形态结构特点和功能。

7. 比较3种肌纤维在光镜、电镜下的形态结构特点。
8. 以多极神经元为例，简述神经元的结构特点及功能。
9. 试述神经元的分类。
10. 试述突触的定义、分类及电镜下的结构。
11. 试述神经末梢的分类及功能。

（王向东　沙佩林　王　辉）

第三章 运动系统

学习目标

1. 掌握运动系统的组成。
2. 掌握骨的形态、结构。
3. 掌握躯干骨和四肢骨的名称、数目和位置。
4. 掌握颅骨的名称。
5. 掌握关节的基本结构。
6. 掌握斜方肌、背阔肌、胸大肌和腹前外侧群肌的名称、位置和主要作用。
7. 掌握三角肌、肱二头肌、肱三头肌的名称、位置和主要作用。
8. 掌握臀大肌、股四头肌的名称、位置和主要作用。
9. 熟悉关节的辅助装置。
10. 熟悉表情肌、胸锁乳突肌的名称、位置和主要作用。
11. 熟悉膈的位置和主要作用。
12. 了解骨的理化特性。
13. 了解新生儿颅的特征。
14. 了解下颌关节及肩、肘、腕、髋、膝、踝关节的组成和运动。
15. 了解脊柱的组成和作用。了解胸廓的组成、形态和功能。
16. 了解肌的形态、作用和辅助装置。
17. 了解四肢肌的分群及其位置。

运动系统(locomotor system)由骨、骨连结和骨骼肌3部分组成,构成了人体的支架,并赋予人体基本形态,它在神经系统的调节和其他系统的密切配合下,对人体起运动、支持和保护作用。

骨与骨之间的连结称骨连结,全部的骨借骨连结构成**骨骼**。各部骨都有其功能,如颅支持、保护脑,胸廓支持、保护心、肺、肝和脾等器官。附着于骨骼上的肌称**骨骼肌**,骨骼肌附着于骨并跨过关节。骨骼肌收缩,以关节为枢纽,牵动骨改变位置而产生运动。在运动中,骨起杠杆作用,关节是运动的枢纽,而骨骼肌是运动器官。所以说,骨和骨连结是运动系统的被动部分,而骨骼肌则是运动系统的主动部分。

成人的骨和骨骼肌占体重的60%,并构成人体的基本轮廓。在全身体表能看到或摸到的骨和骨骼肌的突起、凹陷部分,分别称为**骨性标志**和**肌性标志**,这些标志对确定内脏器官的位置、大小、范围,确定血管、神经的路径,确定手术切口和针灸穴位具有一定的实用价值。

第一节 骨 学

一、概述

骨(bone)是一个器官,具有一定的形态、构造和功能,坚硬而有弹性。每块骨都有丰富的血管、淋巴管及神经分布,并不断地进行新陈代谢,在其生长发育过程中,具有修复、再生和改建的功能,除上述功能外,骨还具有造血、储备钙和磷、参与钙磷代谢的作用。

(一)骨的分类

骨的数目众多,在成人共有 206 块,约占体重的 20%。按其在体内的部位,可分为颅骨、躯干骨和四肢骨 3 部分(图 3-1)。按骨的基本形态,可分为 4 类,即长骨、短骨、扁骨和不规则骨。

1. **长骨**(long bone) 呈长管状,多位于四肢,如肱骨、股骨等。长骨分一体两端。体又称**骨干**,内有空腔,称为**骨髓腔**,容纳骨髓,体两端膨大称**骺**,骺表面有由软骨构成的光滑的关节面,骨干与骨骺连结处称干骺端。

2. **短骨**(short bone) 一般呈立方形,多成群连结。位于连结牢固、运动灵活的部位,如手的腕骨和足的跗骨等。

3. **扁骨**(flat bone) 扁宽呈板状,主要构成能容纳重要器官的腔壁,对腔内器官起保护作用。如颅盖骨、胸骨和肋骨等。

4. **不规则骨**(irregular bone) 形态不规则,如椎骨和某些颅骨。有些不规则骨内有含气的腔,称含气骨,如上颌骨。

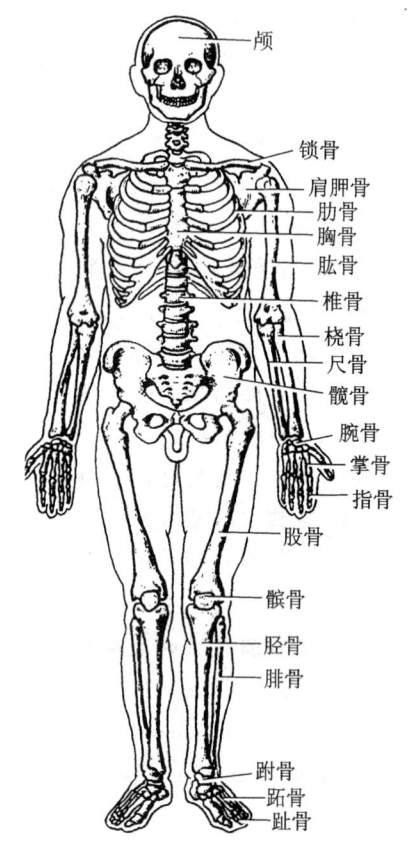

图 3-1 全身骨骼

(二)骨的构造

骨由骨质、骨膜和骨髓构成(图 3-2)。

1. **骨质**(bone substance) 是骨的主要成分,由骨组织构成,分骨密质和骨松质两种。**骨密质**致密坚硬,耐压性强,是由成层紧密排列的骨板构成,分布于长骨的骨干和其他类型骨及骺的外层。**骨松质**由许多片状的**骨小梁**交织排列而成,呈海绵状,弹性较大,位于骨的内部。骨小梁的排列与骨所承受的压力和张力的方向是一致的,这两种排列可使力向各方分散,因而能承受较大的压力。骨松质分布于骺及其他类型骨的内部。在颅盖骨,密质构成外板与内板,内、外板之间夹有一层薄的松质称**板障**。

2. **骨膜**(periosteum) 是一层致密的纤维结缔组织膜,薄而坚韧,呈淡红色,包裹除关节面以外的整个骨的外表面及内表面,分别称为骨外膜及骨内膜。骨膜含有丰富的血管、淋巴

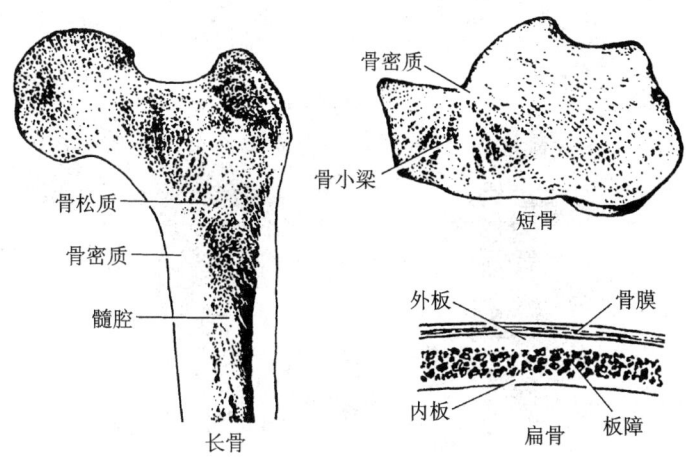

图 3-2 骨的构造

管、神经,可分为内、外两层,其内层有一些细胞能分化为成骨细胞和破骨细胞。成骨细胞和破骨细胞分别具有产生新骨和破坏骨质的功能,它对骨的营养、生长、改造和修复具有重要作用。幼年时期骨膜内层的成骨细胞直接参与骨的生长,使骨不断长粗,成年后处于相对静止状态,但它终生保持分化能力,骨损伤后,又可重新分化为成骨细胞,形成骨痂,使骨折愈合。当骨膜剥离后,骨不易修复,甚至可能坏死。

3. **骨髓**(bone marrow) 骨髓为柔软而富有血液的组织,充填于长骨骨髓腔及骨松质腔隙内,分为红骨髓和黄骨髓。**红骨髓**具有造血功能,胎儿和幼儿骨髓都是红骨髓,随着年龄的增长,骨髓腔内的红骨髓逐渐演变为黄骨髓,失去造血功能。**黄骨髓**含大量脂肪组织,无造血功能,在严重失血或重度贫血时仍可以转化为红骨髓,重新造血。红骨髓仍保留于各种类型的骨松质内继续造血(图3-3)。

图 3-3 骨膜和骨髓

(三)骨的化学成分和物理性质

骨由有机质和无机质构成。有机质主要是骨胶原纤维和黏多糖蛋白等,使骨具有韧性和弹性。无机质主要是碱性磷酸钙为主的钙盐类,如磷酸钙和碳酸钙等,使骨具有硬度和脆性。有机质和无机质的结合,使骨既坚硬而又具有一定的弹性与韧性。骨的有机质与无机质的比例,随年龄不同而变化。老年人有机质相对较少,无机质相对较多,脆性强因而较易发生骨折。儿童有机质较多,无机质尚少,所以弹性较大,硬度较小,较柔软,易变形,在外力作用下不易骨折或折而不断。成年人骨有机质和无机质的比例约为3∶7,最为合适,因而骨具有很大的硬度和一定的弹性,较坚韧。

二、躯干骨

躯干骨包括24块椎骨、1块骶骨、1块尾骨、1块胸骨和12对肋骨,它们分别参与脊柱、骨性胸廓和骨盆的构成。

（一）椎骨

椎骨(vertebrae)在幼年期有 32～34 块，分为颈椎 7 块，胸椎 12 块，腰椎 5 块，骶椎 5 块及尾椎 3～5 块。到成年后，5 块骶椎和 3～5 块尾椎分别融合成 1 块骶骨和 1 块尾骨（图 3-4）。

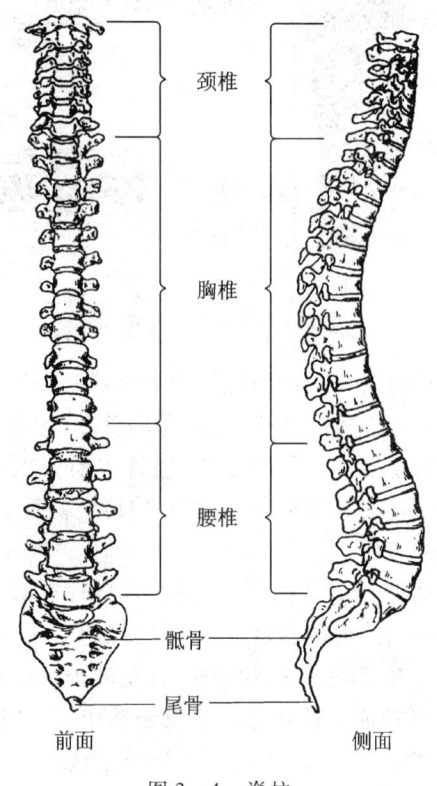

图 3-4 脊柱

1. 椎骨的一般形态 每块椎骨由椎体、椎弓构成，两者围成椎孔（图 3-5）。各部椎骨互相连结时，椎孔连成椎管，容纳脊髓。

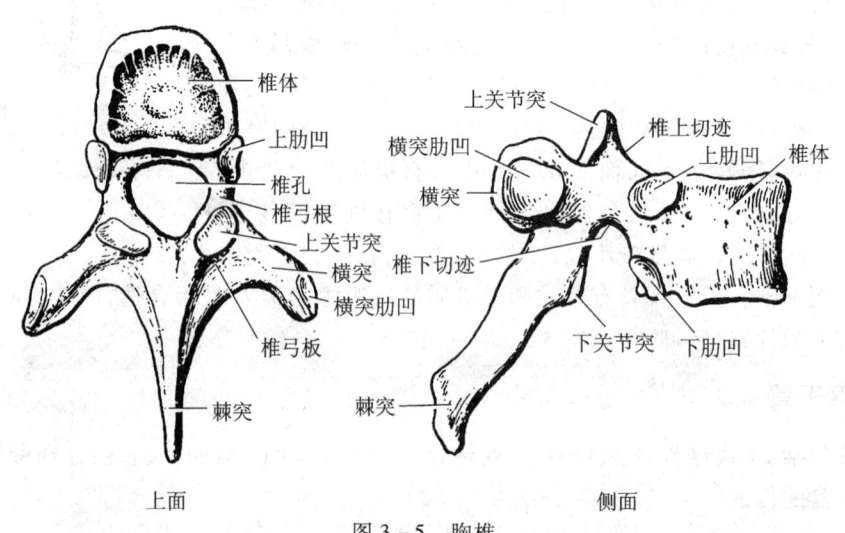

图 3-5 胸椎

(1) **椎体**(vertebral body) 位于椎骨的前方呈短圆柱形的部分,表面为薄层密质,内部为骨松质,它是椎骨负重的主要部分。

(2) **椎弓**(vertebral arch) 位于椎体的后方,是弓形的骨板,由**椎弓根**和**椎弓板**构成。椎弓与锥体相连的部分较狭窄,称**椎弓根**,其上、下缘各有一切迹,上方较浅的称**椎上切迹**,下方较深的称**椎下切迹**。相邻两个椎骨的椎上、下切迹合成一孔,称**椎间孔**,有脊神经及血管通过。椎弓的后部较宽阔,呈板状,称**椎弓板**。自椎弓板发出 7 个突起,向后方突的称**棘突**,向两侧伸出的称**横突**,还有向上的 2 个**上关节突**和向下的 2 个**下关节突**。关节突均有较平的关节面,与相邻椎骨关节突构成关节突关节。

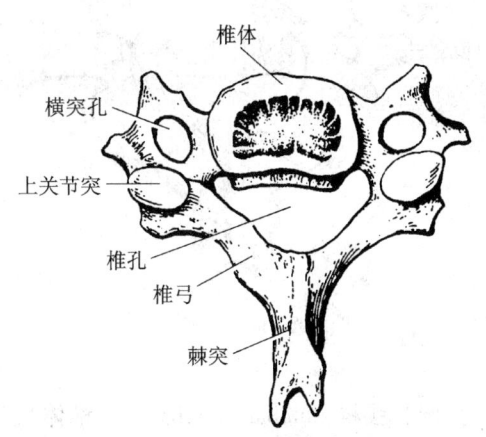

图 3-6 颈椎

2. 各部椎骨的主要特征

(1) **颈椎**(cervical vertebrae) 椎体较小,横断面呈横椭圆形,椎孔大,呈三角形。横突上有孔称**横突孔**(图 3-6),有椎动脉通过。

第 1 颈椎又名**寰椎**,呈环状,无椎体、棘突和关节突,由**前弓**、**后弓**及左、右两个**侧块**组成,上关节面较大,呈椭圆形,与枕髁形成寰枕关节。下面有圆形关节面与枢椎上关节面形成寰枢关节。此外,前弓的正中后部有一小关节面称**齿突凹**(图 3-7)。

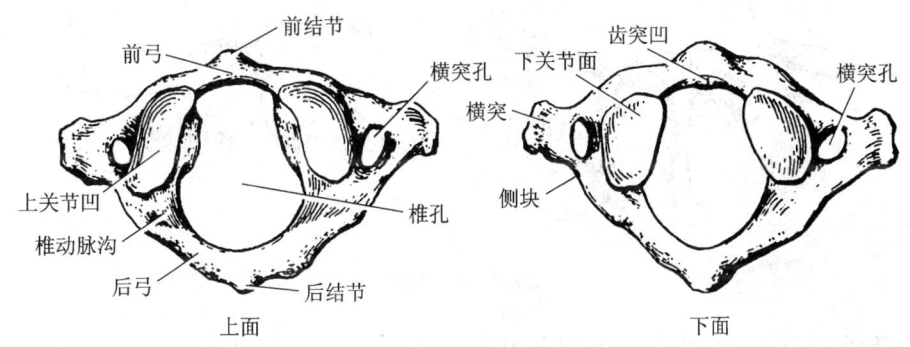

图 3-7 寰椎

第 2 颈椎又称**枢椎**,特点是在椎体上方向上伸出一个突起称**齿突**,与寰椎齿突凹相关节(图 3-8)。

第 7 颈椎又名**隆椎**,棘突特长,且水平伸向后方,末端不分叉,活体易于触及,其下方凹陷处即"大椎穴"。临床上常作为计数椎体序数的标志(图 3-9)。

(2) **胸椎**(thoracic vertebrae) 椎体横断面呈心形,椎体从上向下逐渐增大(图 3-5),由于胸椎两侧与肋骨相接,故椎体两侧面后部的上、下缘,各有一半圆形浅凹,分别称**上肋凹**和**下肋凹**,横突末端也有与肋骨相关节的关节面,称**横突肋凹**。椎孔小,呈圆形,棘突较长,斜向后下方,呈叠瓦状排列。

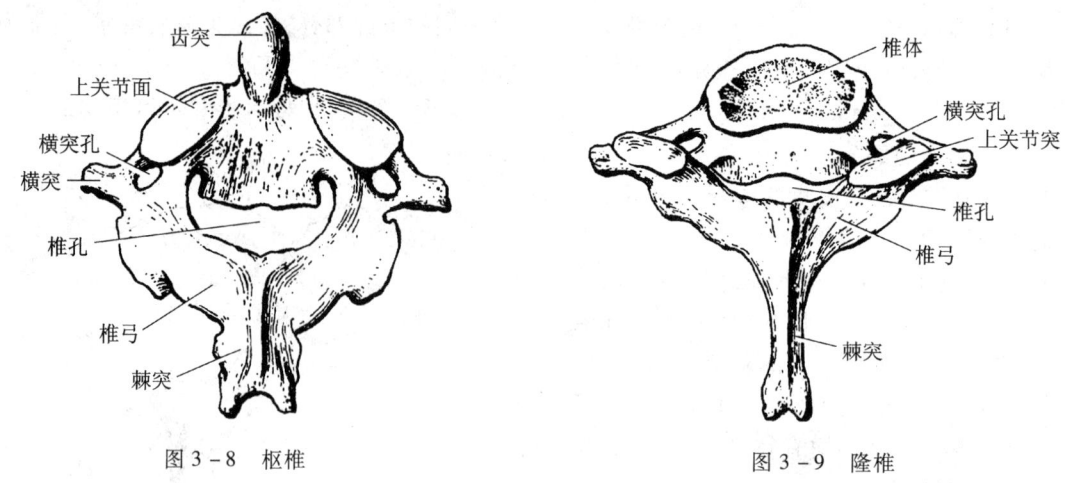

图 3-8 枢椎　　　　　　图 3-9 隆椎

(3) **腰椎**(lumbar vertebrae)　椎体最大，椎弓发达，椎孔较大，呈三角形（图 3-10）。棘突宽而短，呈板状矢状位水平伸向后方，末端圆钝，且棘突间隙较宽，临床上可于此处做腰椎穿刺术。

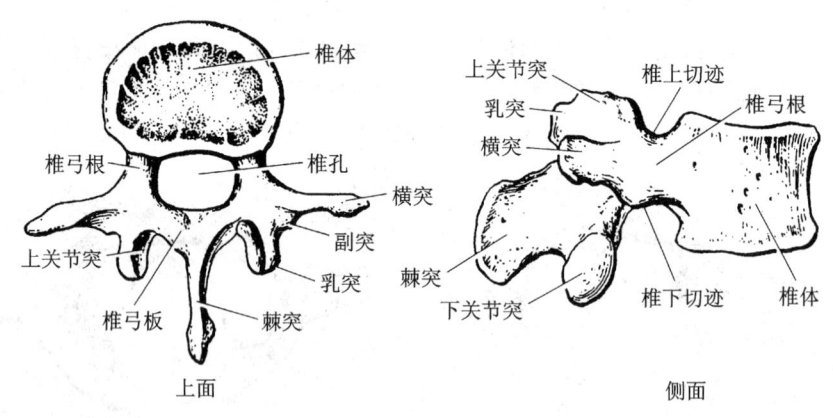

图 3-10 腰椎

(4) **骶骨**(sacrum)　骶骨分骶骨底、侧部、骶骨尖、盆面和背侧面（图 3-11，图 3-12）。骶骨由 5 块骶椎融合而成，略成三角形，底朝上，接第 5 腰椎，其前缘向前突出，称为**骶骨岬**。尖向下，与尾骨相接。女性骶骨岬是产科测量骨盆入口大小的重要标志之一。骶骨外侧部上份有**耳状面**，与髋骨的耳状面构成骶髂关节。盆面（前面）凹陷，可见明显的四对孔，称为**骶前孔**。背侧面凹凸不平，在正中线上的骨嵴称**骶正中嵴**，嵴的外侧有四对**骶后孔**，骶前、后孔均与骶管相通。骶椎的椎孔合成**骶管**贯穿骶骨，骶管具有上、下两口，骶管上口通连椎管，骶管下端的裂孔，称为**骶管裂孔**。骶管裂孔两侧有向下突出的**骶角**，临床以它为标志进行椎管麻醉。

(5) **尾骨**(coccyx)　由 3～5 块退化的尾椎融合而成（图 3-11，图 3-12），上接骶骨，下端游离为**尾骨尖**。

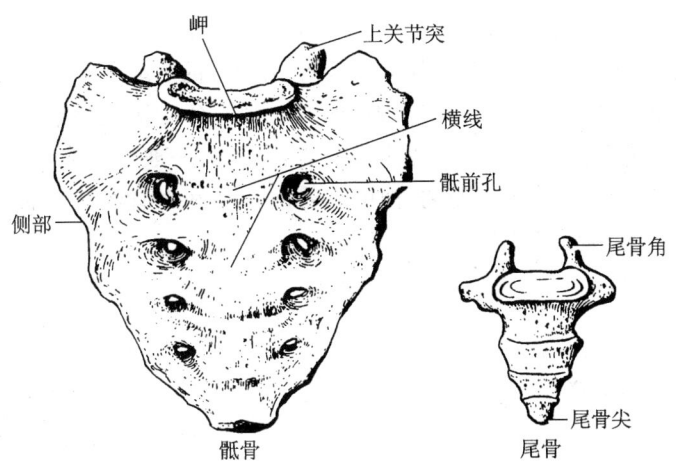

图 3-11 骶骨和尾骨（前面）

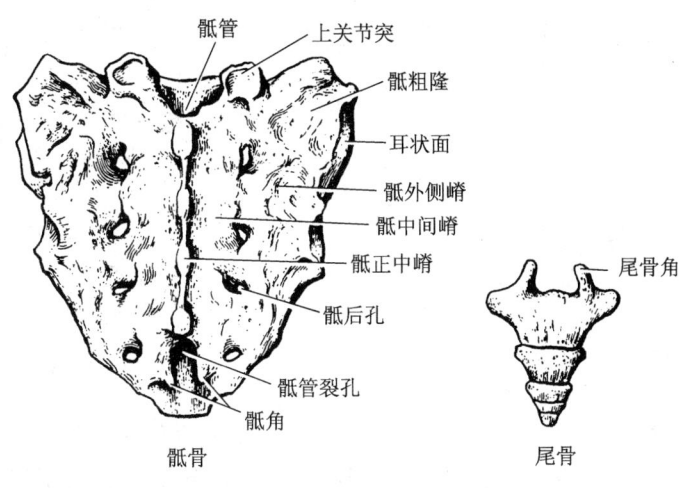

图 3-12 骶骨和尾骨（后面）

（二）胸骨

胸骨（sternum）为长形扁骨，位于胸前壁正中，由上向下分为**胸骨柄**、**胸骨体**和**剑突**3部分（图 3-13）。胸骨柄上部较宽厚，下部较窄薄。其上缘中份凹陷，称**颈静脉切迹**，其两侧份有朝向后外方的卵圆形凹陷，称为**锁切迹**，与锁骨相接。胸骨柄与胸骨体相接处形成一个稍向前突的钝角，称**胸骨角**。其两侧接第2肋软骨，可在体表扪到。临床上以此作为计数肋骨的骨性标志。柄和体两侧自上而下有与第1~7肋软骨相接的肋切迹。剑突扁薄而狭窄，末端游离，为重要的骨性标志。

（三）肋

1. **肋**（ribs） 共12对，包括肋骨和肋软骨2部分（图 3-1）。第1~7对肋骨前端与胸骨连结，称为**真肋**。第8~10对肋前端借肋软骨与上位肋软骨依次连结形成**肋弓**，称为**假肋**。第

11～12对肋前端游离,称为**浮肋**。

2. **肋骨**(costal bone) 属扁骨,分为体和前后两端,肋骨的后端稍膨大,称为**肋头**(图3-14),有关节面与胸椎肋凹相关节。肋头外侧稍细,称为**肋颈**。颈与体交界处后外侧有突出的**肋结节**,有关节面与胸椎横突肋凹相关节。肋体居中份长而扁,一般可分内、外两面和上、下两缘,上缘圆钝,下缘薄,内侧面下缘处有**肋沟**,沟中有肋间神经和血管经过。肋骨体的后份急转处称**肋角**。前端稍宽与肋软骨相连接。

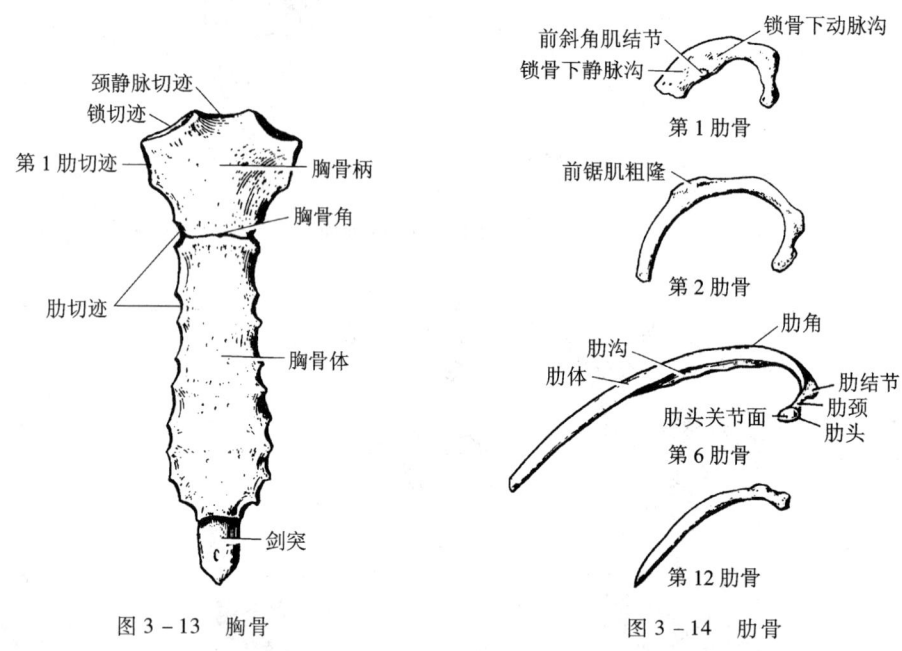

图3-13 胸骨　　　　　　图3-14 肋骨

第1肋骨扁宽而短,近水平位,分上、下面和内、外缘,无肋角和肋沟,其内缘上面前份有**前斜角肌结节**,为前斜角肌附着之处,其前、后各有一浅沟,分别有锁骨下静脉及锁骨下动脉跨过。

三、四肢骨

四肢骨包括上肢骨和下肢骨。

(一) 上肢骨

上肢骨包括**上肢带骨**(肩胛骨、锁骨)和**自由上肢骨**(肱骨、尺骨、桡骨和手骨)。

1. 上肢带骨

(1) **锁骨**(clavicle) 呈"～"形弯曲,架于胸廓前上方,上面平滑,下面粗糙(图3-15)。内侧端粗大为**胸骨端**,有关节面与胸骨柄的锁切迹相连,形成胸锁关节,外侧端扁平,为**肩峰端**,由小关节面与肩胛骨的肩峰相连形成肩锁关节。锁骨内侧2/3凸向前,外侧1/3凸向后,全长可在体表扪到。锁骨是上肢骨唯一与躯干骨构成关节的骨,它对固定上肢、支持肩胛骨、便于上肢灵活运动起重要作用。

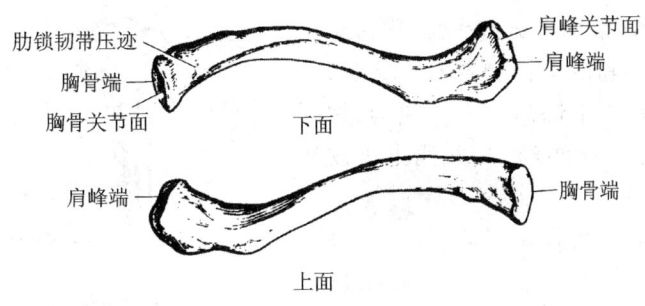

图 3 – 15　锁骨

(2) **肩胛骨**(scapula)　为三角形扁骨,贴附于胸廓的后外侧,介于第 2～7 肋,有三个角、三个缘和两个面(图 3 – 16)。三个角是上角(内侧角)、下角和外侧角。上角在内上方,与第 2 肋相对应,下角对应第 7 肋或第 7 肋间隙,易于摸到,它是确定肋骨序数的体表标志。外侧角肥厚,有朝向外的浅凹,称为**关节盂**,与肱骨头构成肩关节。关节盂的上、下分别有**盂上结节**和**盂下结节**。三个缘是内侧缘、外侧缘和上缘。上缘薄而短,其外侧有一向前弯曲的指状突起,称为**喙突**。外侧缘厚,内侧缘薄。肩胛骨前面微凹陷,称为**肩胛下窝**,后面有斜向外上高起的骨嵴,称为**肩胛冈**,肩胛冈把后面分成上、下两个窝,分别称为**冈上窝**和**冈下窝**,肩胛冈外侧端向前外侧伸展的一扁平突起,称为**肩峰**,是重要的骨性标志。

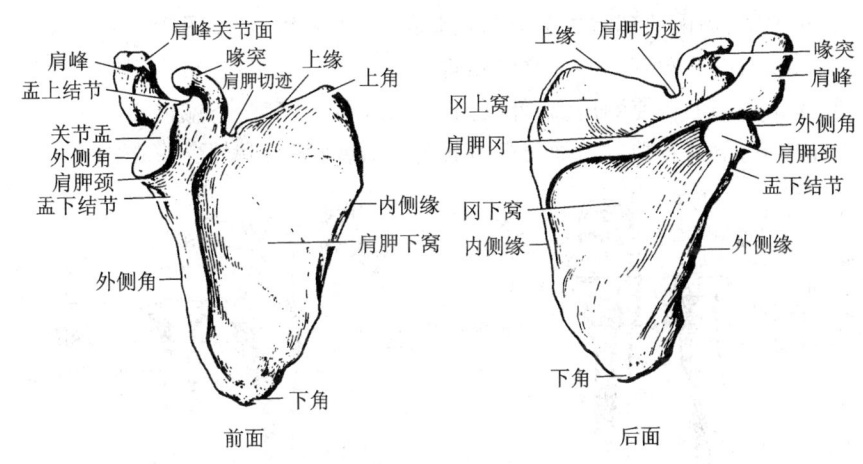

图 3 – 16　肩胛骨

2. 自由上肢骨

(1) **肱骨**(humerus)　分一体及上、下两端。上端有朝向上后内方呈半球形的**肱骨头**,肱骨头的外侧和前方有隆起的**大结节**和**小结节**,向下各延伸为一嵴,称为**大结节嵴**和**小结节嵴**,两结节之间有一纵沟称为**结节间沟**(图 3 – 17)。上端与体交界处稍细,称为**外科颈**,容易发生骨折。肱骨体上半部呈圆柱形,下半部呈三棱柱形,中部外侧面有粗糙的**三角肌粗隆**。后面中部有一自内上斜向外下的浅沟,称为**桡神经沟**,桡神经紧贴沟中经过,因而此段骨折时易损伤桡神经。下端较扁,外侧部前面有半球状的**肱骨小头**,与桡骨相关节。内侧部有滑车状的**肱骨滑车**,肱骨滑车与尺骨形成关节。滑车前面上方有一窝称为**冠突窝**,肱骨小头前面上方有一浅窝称为**桡窝**，肱骨滑车后面上方有一窝，称为**鹰嘴窝**。肱骨小头外侧和滑车内侧各有一突起，分别称为**内、外上髁**，内上髁后方有一浅沟，称为**尺神经沟**，尺神经由此沟经过，并浅出于皮下，容易损伤。

（2）**尺骨**（ulna） 尺骨位于前臂内侧，分一体两端（图3-18）。上端粗大，下端细小，体为三棱柱状，上端前面有一半圆形深凹，称为**滑车切迹**，与肱骨滑车相关节，滑车切迹上方的突起称为**鹰嘴**，前下方的突起称为**冠突**，冠突外侧面有**桡切迹**，其下方的粗糙隆起，称为**尺骨粗隆**。尺骨体外缘锐利，为**骨间缘**。下端为圆形的尺骨头，其前、外、后有环状关节面，其后内侧有向下的突起，称为**尺骨茎突**，为一骨性标志。鹰嘴、尺骨头和茎突都可在体表扪到。

（3）**桡骨**（radius） 位于前臂外侧，分一体两端，上端膨大，称为**桡骨头**，头上面的**关节凹**与肱骨小头相关节，周围的**环状关节面**与尺骨的桡切迹相关节（图3-18）。桡骨头下方略细，称为**桡骨颈**，颈的内下侧有突起的**桡骨粗隆**。桡骨体呈三棱柱形，内侧缘为薄锐的**骨间缘**，与尺骨的骨间缘相对。下端前凹后凸，外侧向下突出，称为**茎突**，下端内面有关节面，称为**尺切迹**，与尺骨头相关节，下面有腕关节面与腕骨相关节，桡骨茎突和桡骨头在体表均可扪到。

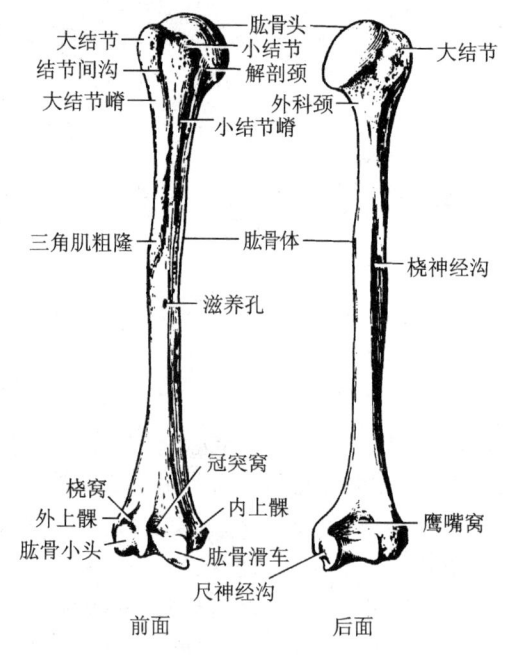

图3-17 肱骨

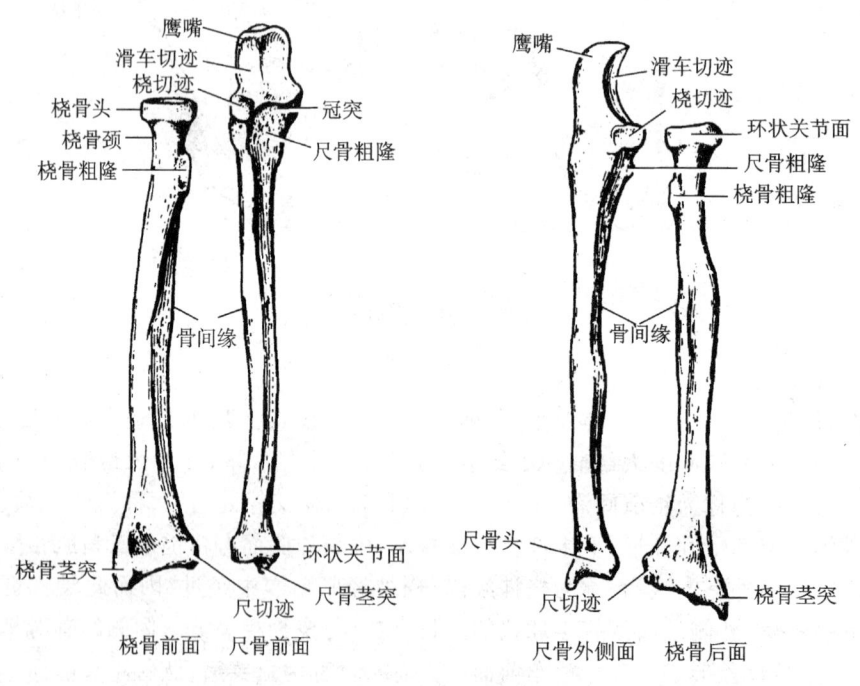

图3-18 尺骨和桡骨

（4）**手骨** 手骨分为**腕骨**、**掌骨**和**指骨**（图3-19）。

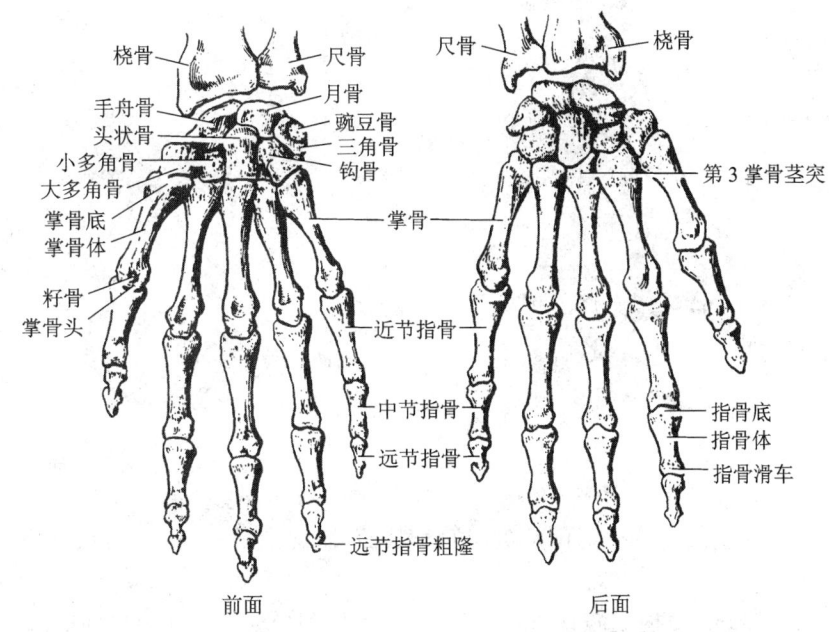

图3-19 手骨

1）**腕骨**（carpal bones）：共8块，属短骨，排列成近侧和远侧两列。每列有4块，近侧列由外向内依次为**手舟骨**、**月骨**、**三角骨**和**豌豆骨**。远侧列由外向内依次为**大多角骨**、**小多角骨**、**头状骨**和**钩骨**。

2）**掌骨**（metacarpal bones）：有5块由外侧向内侧依次称第1～5掌骨。每块掌骨都可以分为**底**、**体**、**头**三部分。底与腕骨相关节，头接指骨。

3）**指骨**（phalanges of fingers）：共14块，除拇指为两节外，其余各节均为三节指骨。由近侧到远侧分别称为**近节**、**中节**和**远节**指骨。每节指骨的近端为**底**，中间部为**体**，远端为**滑车**，远节指骨末端的掌面粗糙，称**指骨粗隆**。

（二）下肢骨

下肢骨包括**下肢带骨**（髋骨）和**自由下肢骨**（股骨、髌骨、胫骨、腓骨和足骨）。

1. 下肢带骨 **髋骨**（hip bone）是不规则骨，上部扁阔，中部窄厚，下部有一大孔，称为**闭孔**。左、右髋骨与骶、尾骨组成**盆骨**。髋骨由髂骨、耻骨和坐骨组成，三骨会合于**髋臼**（图3-20，图3-21）。一般在15岁之前三骨之间由软骨结合，15岁以后软骨逐渐骨化，才融合为一骨。三骨的体融合处为一大而深的窝，称为**髋臼**，髋臼是三块骨的体。髋臼内有一半月形的关节面，与股骨头形成髋关节，髋臼下缘缺损处称为**髋臼切迹**。

（1）**髂骨**（ilium） 可分为髂骨体和髂骨翼。髂骨体构成髋臼上方的2/5，髂骨翼是从体向后外扩展的扇样骨板，翼的上缘厚，称为**髂嵴**。髂嵴的前端突出为**髂前上棘**，其下方的另一突起称为**髂前下棘**，在髂前上棘的上后方5～7 cm处，髂嵴外唇有向外的突起，称为**髂结节**。髂嵴后端亦有两个突起，称为**髂后上棘**及**髂后下棘**。髂骨翼内面的凹陷称为**髂窝**，窝的下界是

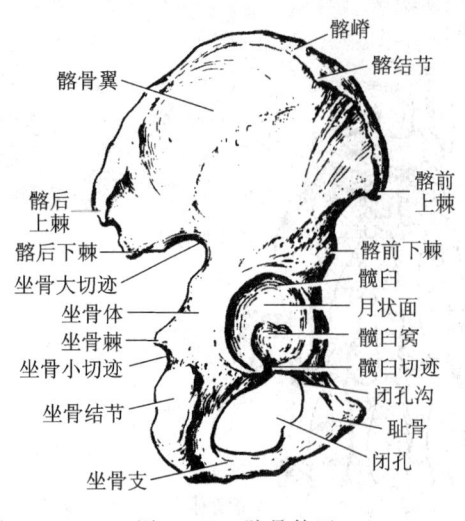

图 3-20　髋骨外面　　　　图 3-21　髋骨内面

钝圆的骨嵴,称为**弓状线**。翼后下份是粗糙的**耳状面**,髂前上棘和髂后上棘、髂嵴及髂结节都可在体表扪到。

(2) **坐骨**(ischium)　构成髋骨的后下部,分坐骨体和坐骨支。体组成髋臼的后下 2/5,后缘有三角形的突起称**坐骨棘**,坐骨棘下方有**坐骨小切迹**。坐骨棘与髂后下棘之间为**坐骨大切迹**。坐骨体下后部向前、上、内延续为较细的**坐骨支**,其末端与耻骨下支结合。坐骨体与坐骨支移行处的后部是粗糙的隆起,称为**坐骨结节**,是坐骨最低部,可在体表扪到。

(3) **耻骨**(pubis)　位于髋骨前下部,分体和上、下两支。耻骨体构成髋臼的前下 1/5,较肥厚。它与髂骨融合处的上缘骨面形成的粗糙隆起称为**髂耻隆起**。从体向前下延伸为耻骨上支,其末端转折向下形成耻骨下支,两支转弯处内侧有一椭圆形的粗糙面,称为**耻骨联合面**,此面具有性别和年龄的差异。耻骨上支的前端有一突起,称为**耻骨结节**。自结节向后上延伸到髂耻隆起为一条较锐利的嵴,称为**耻骨梳**,向后移行于**弓状线**。自耻骨结节向内侧延伸到耻骨联合面上缘也有一嵴,称为**耻骨嵴**。耻骨与坐骨围成的大孔为**闭孔**。

2. 自由下肢骨

(1) **股骨**(femur)　是人体最长、最结实的长骨,长度约为身高的 1/4,分一体两端。上端有朝向内上的**股骨头**,与髋臼相关节(图 3-22)。头中央稍下有小的**股骨头**

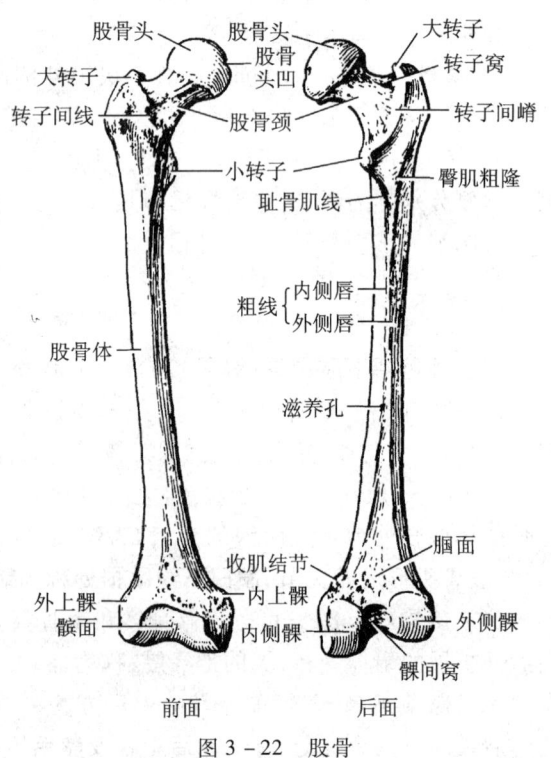

图 3-22　股骨

凹。头下外侧的狭细部称为**股骨颈**。股骨颈与体连接处上外侧的方形隆起,称为**大转子**,内下方隆起,称为**小转子**,均有肌肉附着。大、小转子之间前面有**转子间线**,后面有**转子间嵴**相连。大转子是重要的体表标志,可在体表扪到。股骨体略弓凸向前,后方有纵行的骨嵴,称为**粗线**。向上外延续为粗糙的突起,称为**臀肌粗隆**。下端左、右膨大并向后卷曲,形成**内侧髁**和**外侧髁**,两髁之间的深窝为**髁间窝**。两髁的关节面在前方合成一个**髌面**。两髁侧面的上方有粗糙的隆起,分别称为**内上髁**和**外上髁**,是下肢的骨性标志。

(2)**髌骨**(patella) 是人体最大的籽骨,位于股骨下端前面,在股四头肌腱内,上宽下尖,前面粗糙,后面为关节面,与股骨髌面相关节(图 3-23)。髌骨可在体表扪到。

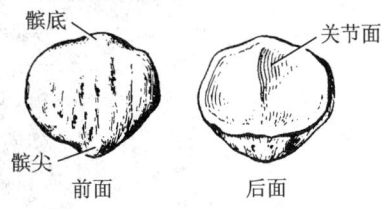

图 3-23 髌骨

(3)**胫骨**(tibia) 分一体两端。胫骨上端膨大,向内侧和外侧突出的部分称为**内侧髁**和**外侧髁**,每髁上面有微凹的关节面,与股骨相关节。两髁之间有向上的隆起,称为**髁间隆起**(图 3-24)。上端前面有一粗糙的隆起,称为**胫骨粗隆**,外侧髁的后下面有小的**腓关节面**,胫骨体呈三棱柱形。胫骨下端稍膨大,下端下面有下关节面,与距骨相关节,内侧向下有一突起,称为**内踝**,是重要的体表标志。下端外侧有**腓切迹**,与腓骨相连。胫骨的两髁、胫骨粗隆、胫骨前缘与内侧面以及内踝都可在体表扪到。

(4)**腓骨**(fibula) 细长,位于胫骨外后方,分一体两端(图 3-24)。上端稍膨大,称为**腓骨头**,有腓骨头关节面与胫骨的腓关节面相关节,是下肢的重要骨性标志。腓骨头下方缩窄,称为**腓骨颈**。腓骨下端膨大,形成**外踝**,其内侧面有外踝关节面,与距骨相关节。腓骨头和外踝都可在体表扪到。胫、腓骨下端均参与踝关节组成。

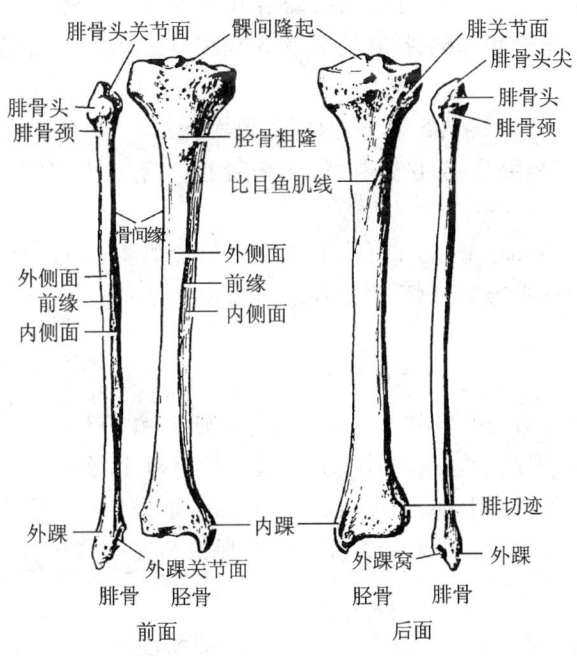

图 3-24 胫骨和腓骨

（5）**足骨**（bones of foot） 包括跗骨、跖骨和趾骨（图 3-25）。

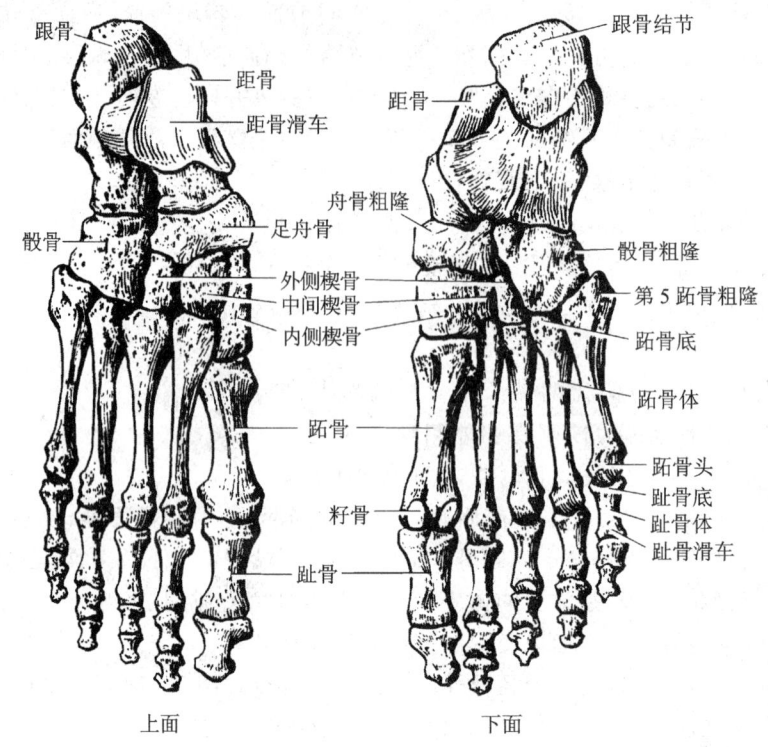

图 3-25　足骨

1）**跗骨**（tarsal bones）：共 7 块，近侧列有**距骨**和其下方的**跟骨**。远侧列由内向外依次为**内侧楔骨、中间楔骨、外侧楔骨**和**骰骨**，在距骨和 3 块楔骨之间有一块**足舟骨**。距骨与小腿骨下端构成踝关节。

2）**跖骨**（metatarsal bones）：共 5 块，由内向外依次为第 1～5 跖骨。每块跖骨都可以分为**底、体、头** 3 部，底与跗骨相关节，头接趾骨，第 5 跖骨底向后突出，称**第 5 跖骨粗隆**，在体表可摸到。

3）**趾骨**（phalanges of toes，bones of toes）：共 14 节，除𧿹趾 2 节趾骨外，其余四趾均为 3 节趾骨，分别称为**近节、中节**和**远节趾骨**，形态和命名与指骨相同。

四、颅骨

颅（skull）位于脊柱上方，由 23 块骨（扁骨和不规则骨）组成（中耳的 3 对听小骨未计入）。除了下颌骨和舌骨以外，彼此借缝或软骨牢固连接。颅以眶上缘和外耳门上缘的连线为界分为**脑颅**和**面颅**两部分。脑颅居上部，围成颅腔，容纳脑；面颅位于下部，构成颜面的基本轮廓，是眼眶、鼻腔和口腔的骨性支架，颅对头部器官起着保护和支持的作用。

（一）脑颅骨

脑颅骨有 8 块，其中单一的有**额骨、筛骨、蝶骨**和**枕骨**，成对的有**顶骨**和**颞骨**。脑颅骨主要围成颅腔,颅腔的顶部(称颅盖)自前向后由额骨、顶骨和枕骨构成,颅腔的底由前方的额骨和筛骨、中部的蝶骨和颞骨以及后方的枕骨构成。

脑颅中筛骨、蝶骨和颞骨的形态较为复杂。

1. **筛骨**(ethmoid bone) 为骨质菲薄的含气骨(图3-26),位于颅底前部两眶之间,呈"巾"字形,分**筛板**、**垂直板**和**筛骨迷路**3部分。筛板呈水平位,分隔颅腔与鼻腔;垂直板居正中矢状位,构成鼻中隔的上部,筛骨迷路位于垂直板的两侧,由许多菲薄的骨片围成蜂窝状的含气小腔,称为**筛窦**。迷路内侧壁有上、下两个卷曲的骨片,分别称为**上鼻甲**和**中鼻甲**。迷路的外侧壁参与构成眶的内侧壁。

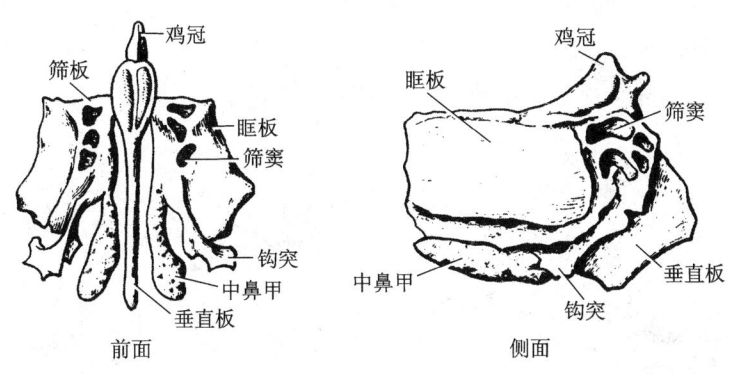

图3-26 筛骨

2. **蝶骨**(sphenoid bone) 形如蝴蝶,位于颅底中央,分**体部**、**大翼**、**小翼**和**翼突**4部分(图3-27)。蝶骨体位于中央,呈立方形,内有空腔,称蝶窦。自蝶骨体伸出一对小翼和一对大翼,在体与大翼结合处向下伸出一对翼突,每侧翼突由**内侧板**和**外侧板**构成。

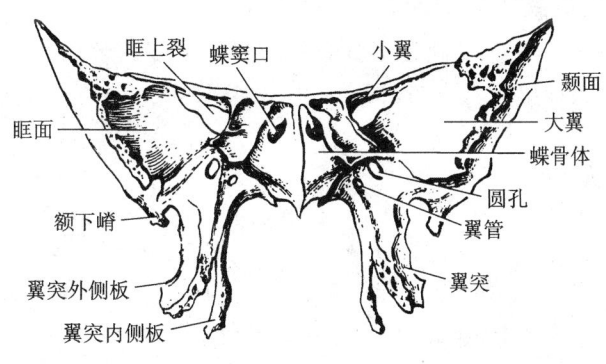

图3-27 蝶骨

3. **颞骨**(temporal bone) 位于颅两侧,成对,形状不规则,以外耳门为中心,分为**鳞部**、**鼓部**、**乳突部**和**岩部**四部分(图3-28)。鳞部为位于外耳门前上方的鳞状骨片。鼓部为围在外耳道前、下、后方的卷曲骨片。乳突部位于外耳门后方,向下的突起叫**乳突**。岩部(锥体)呈三棱锥体形,伸向前内侧,岩部内藏有前庭蜗器。

（二）面颅骨

面颅骨共15块，构成面部支架，包括成对的**上颌骨**、**腭骨**、**颧骨**、**鼻骨**、**泪骨**和**下鼻甲**；不成对的**犁骨**、**下颌骨**和**舌骨**。面颅骨围成骨性眶腔、鼻腔和口腔。

1. **下颌骨**（mandible） 为面颅骨中最大的一个，呈马蹄铁形，分中部有牙齿的下颌体和两侧的下颌支，两者相交处为**下颌角**。下颌体呈弓状，有上、下两缘及内、外两面，下缘称**下颌底**，上缘为牙槽弓，有容纳下颌牙齿的牙槽。下颌体的前外面有一对**颏孔**，体的内面正中有**颏棘**，内面后部有一三角形浅窝称**下颌下腺凹**。下颌支是体的后方向上突出的方形骨板，下颌角外面有**咬肌粗隆**。下颌支内面中央有下颌孔，向下通入下颌管开口于颏孔。下颌支上缘有两个突起，前方尖锐的称**冠突**，后方宽大的称**髁突**，两突之间的凹陷为**下颌切迹**。髁突上端膨大为下颌头，头下方缩细的部分称为**下颌颈**（图3-29）。

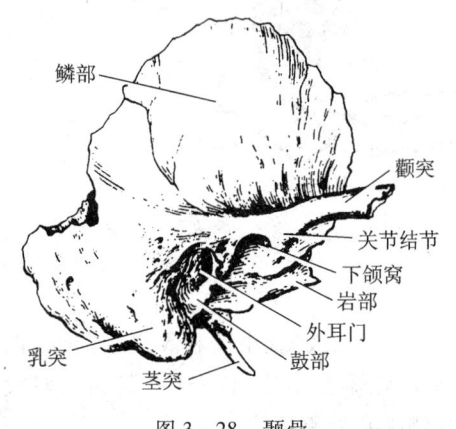

图3-28 颞骨

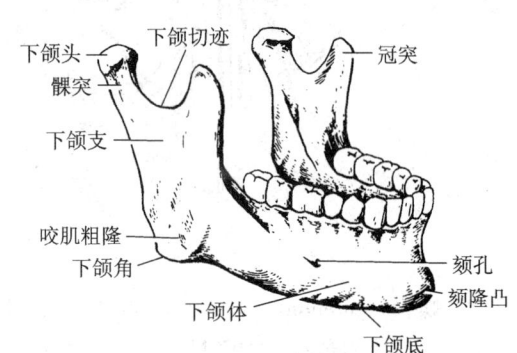

图3-29 下颌骨

2. **舌骨**（hyoid bone） 位于下颌骨下方，呈马蹄形，中部为**舌骨体**，自体向后伸出一对**大角**，体与大角结合处向上伸出一对**小角**（图3-30）。

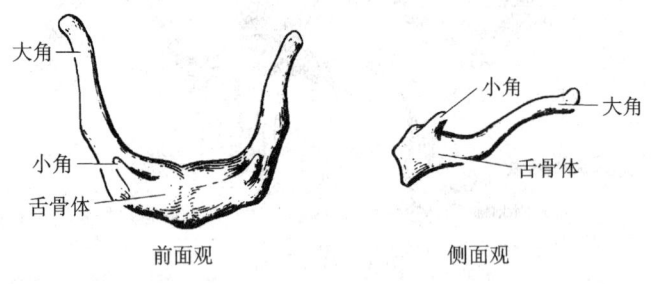

图3-30 舌骨

（三）颅的整体观

1. **颅的上面观** 颅的上面称**颅顶**或**颅盖**，略成卵圆形，由**额骨**、**顶骨**、**颞骨**和**枕骨**构成。额骨与顶骨之间有**冠状缝**；左、右两顶骨之间有**矢状缝**；顶骨与枕骨之间有**人字缝**。

2. 颅底内面观 颅底承托脑,内面凹凸不平,与脑底面的形态相适应,由前向后形成明显的3个阶梯状的窝,分别称为**颅前窝、颅中窝**和**颅后窝**(图3-31)。

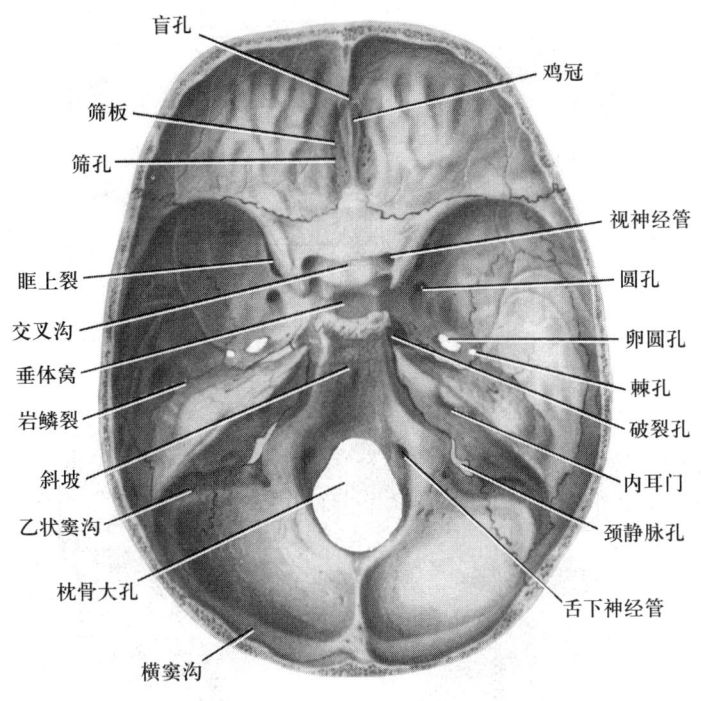

图3-31 颅底内面观

(1) 颅前窝 位置最高,由额骨眶部、筛骨筛板和蝶骨小翼构成,承托大脑半球额叶,蝶骨小翼后缘和交叉前沟前缘是颅前窝的后界。窝的正中有一向上的突起称**鸡冠**,其两侧的水平骨板称**筛板**,筛板有许多小孔称**筛孔**,由于筛板和额骨眶部骨质甚薄,颅前窝骨折多发生于此。

(2) 颅中窝 由蝶骨体、蝶骨大翼、颞骨岩部前面和颞鳞构成。以颞骨岩部上缘和蝶骨鞍背与颅后窝分界,颅中窝容纳大脑半球颞叶和脑垂体等,中间部分是**蝶鞍**,其中央凹陷为**垂体窝**,窝前方为交叉前沟,向两侧为**视神经管**,通眶腔。蝶鞍两侧各有一颈动脉沟,沟后端有孔称**破裂孔**,两侧部低凹,由前内向后外依次有**眶上裂、圆孔、卵圆孔**和**棘孔**。卵圆孔和棘孔的后方有一三棱锥状骨突为颞骨岩部,其外侧鼓室上方有一层薄骨片称**鼓室盖**。颞骨岩部前面近尖端处有微凹的**三叉神经压迹**,是三叉神经节所在位置。

(3) 颅后窝 最深,由枕骨和颞骨岩部后面构成,容纳小脑、脑桥和延髓。窝的中央有**枕骨大孔**,孔的前方为**斜坡**,孔后方有矢状位的**枕内嵴**,直达**枕内隆凸**,其两侧有**横窦沟**,并延续为颞骨乳突内面的**乙状窦沟**,终于**颈静脉孔**,枕骨大孔两侧前部有**舌下神经管内口**。颞骨岩部后面近中部有**内耳门**,向外通入**内耳道**。

3. 颅底外面观 颅底外面高低不平,前部由面颅骨组成,中央有骨腭,由上颌骨和腭骨的水平板组成。其后方是**鼻后孔**和分隔鼻后孔的**犁骨**。鼻后孔以后的颅底中央的大孔即**枕骨大孔**。骨腭前方和外侧的弓状隆起称**牙槽弓**,上有容纳上颌各牙的牙槽;骨腭前方的正中有**切牙孔**,骨腭后外侧有**腭大孔**。邻近蝶骨大翼后缘外侧有较大的**卵圆孔**和较小的**棘孔**。位于颧弓后方的深窝是**下颌窝**,与下颌头相关节;窝前缘的隆起称为**关节结节**,颞骨岩部尖端前内侧有不规则的**破裂孔**。枕骨大孔两侧各有一向下突起,称为**枕髁**,枕髁的前外上方有**舌下神经管外口**,后方有时有髁管的开口。枕髁前外侧有一孔,称为**颈静脉孔**,在颈静脉孔前方有**颈动脉管外口**,此口的后外侧有伸向下方的细长突起,为**茎突**。茎突根部与乳突之间有**茎乳孔**(图3-32)。

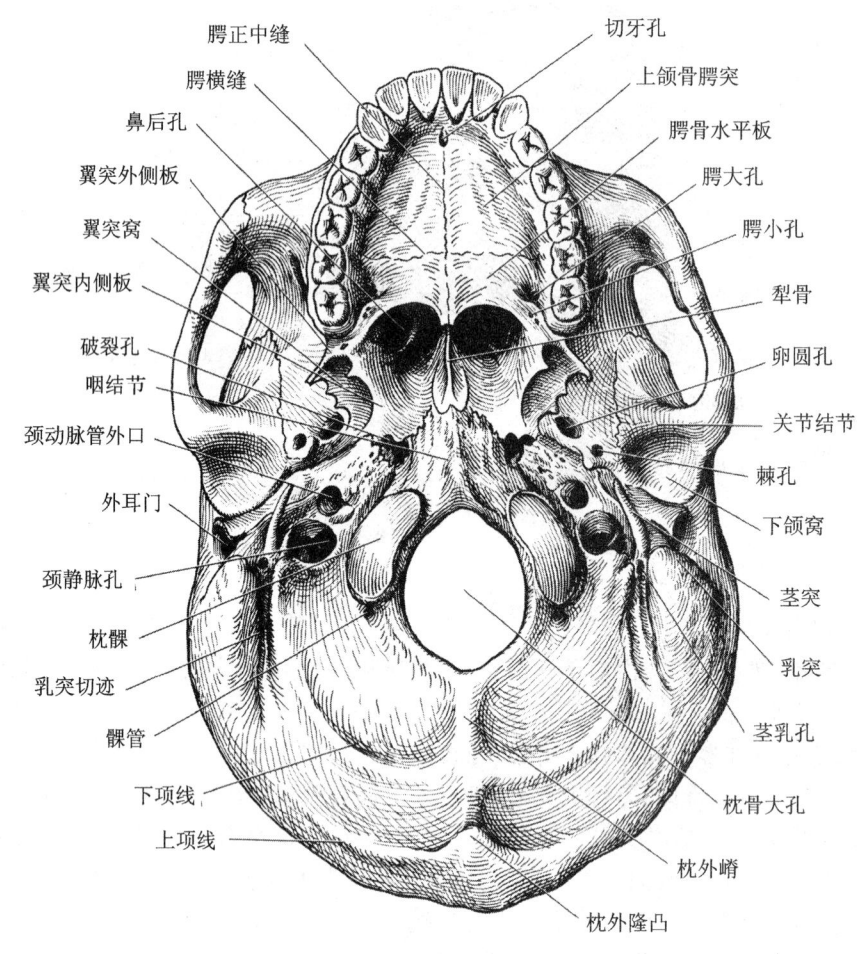

图3-32 颅底外面观

4. 颅的侧面观 颅的侧面中部有**外耳门**,向内通外耳道,自外耳门向前有一骨梁,称**颧弓**,外耳门后下方的突起称**乳突**(图3-33)。颧弓上方的凹窝称**颞窝**,颞窝的内侧壁前下部是额骨、顶骨、颞骨和蝶骨大翼相交处称**翼点**,此处常构成"H"形的缝,为骨质薄弱区,内有脑膜中动脉沟,有脑膜中动脉和静脉通过,此区的外伤或骨折,容易损伤该血管引起颅内出血,造成硬脑膜外血肿。颞窝的下方(以颧弓为界)为**颞下窝**,在颞下窝的内侧蝶骨翼突和上颌骨之间有**翼上颌裂**,该裂向内通**翼腭窝**(图3-34),翼腭窝是通向颅腔、眶腔、鼻腔和口腔的交通要道。

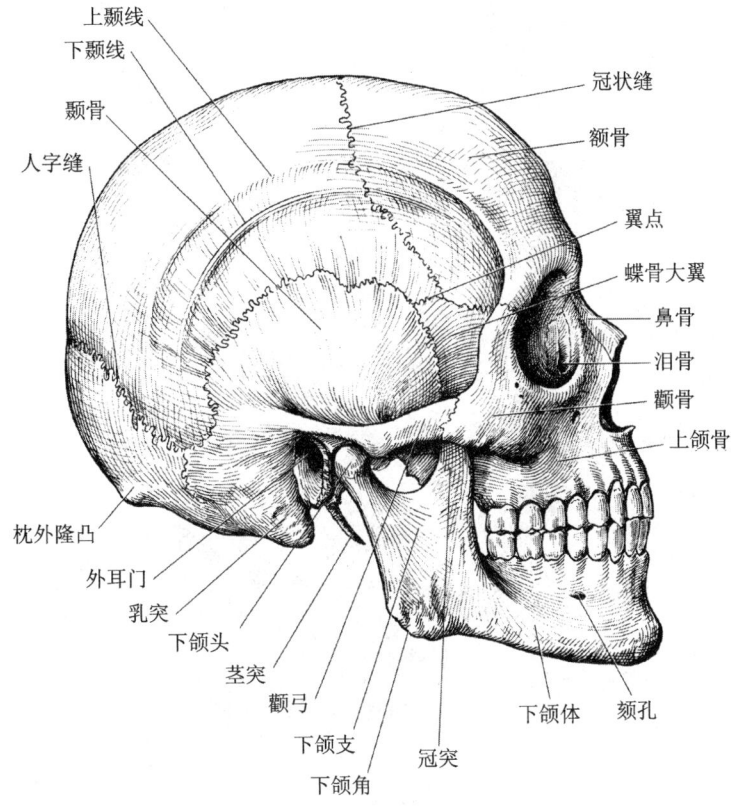

图 3-33 颅骨侧面观

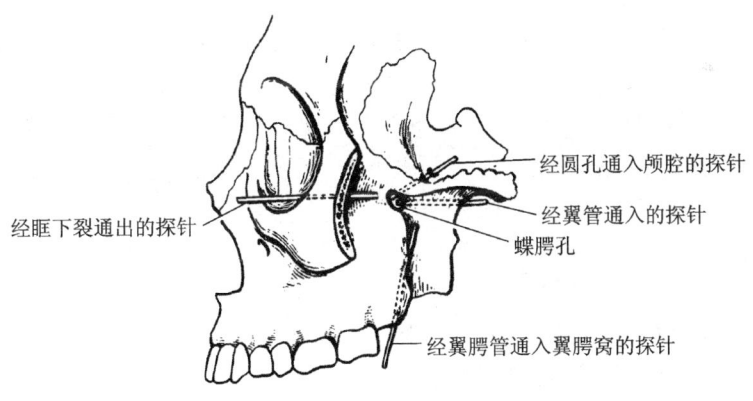

图 3-34 翼腭窝

5. 颅的前面观　颅的前面主要有容纳视器的眶腔和构成鼻的骨性鼻腔(图 3-35)。

(1) 眶　为一对四面锥体形的腔，底朝向前外，尖向后内，容纳眼球及附属结构，可分上、下、内侧和外侧 4 壁。

1) 底：即**眶口**，略呈四边形，口的上、下缘分别称为**眶上缘**和**眶下缘**，在眶上缘中内 1/3 交界处有**眶上孔**或**眶上切迹**，眶下缘中份下方有**眶下孔**。

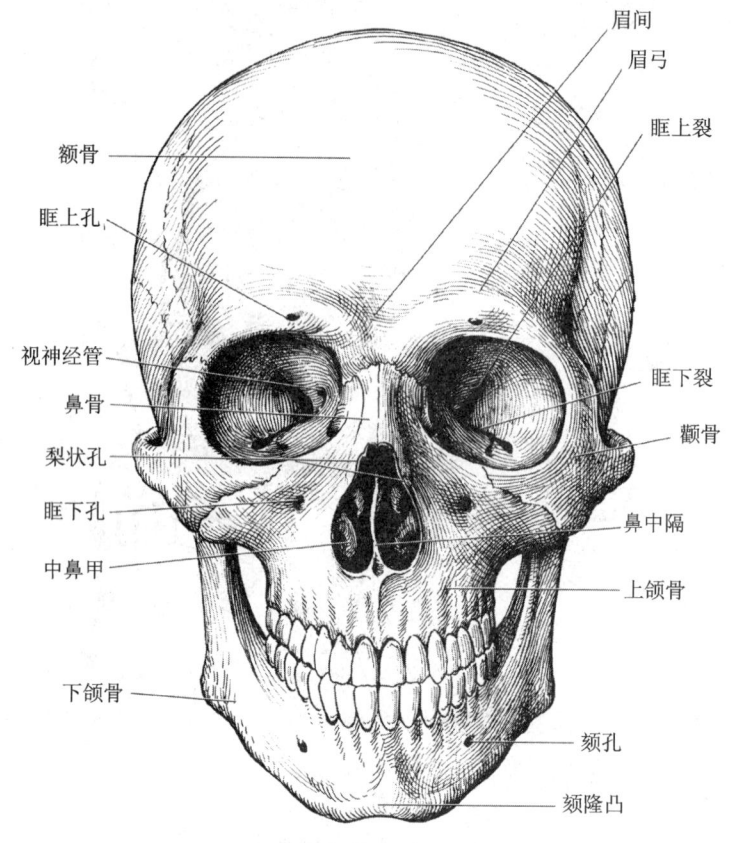

图 3-35 颅骨前面观

2) 眶尖:指向后内,尖端有一圆孔,即视神经管通入颅中窝。

3) 眶有四壁:① 上壁:与颅前窝相邻,前外侧份有一深凹,称为**泪腺窝**,容纳泪腺。② 下壁:主要由上颌骨构成,壁下方为**上颌窦**。下壁和外侧壁交界处后份有**眶下裂**,向后通入**翼腭窝**和**颞下窝**,眶下裂中部沿眶下壁有前行的**眶下沟**,眶下沟向前导入**眶下管**,该管开口于**眶下孔**。③ 内侧壁:最薄,与筛窦和鼻腔相邻,其前下份有**泪囊窝**,此窝向下经鼻泪管通向鼻腔的下鼻道。④ 外侧壁:为最厚的壁,外侧壁与上壁交界处的后方为**眶上裂**。眶上裂、眶下裂均有血管和神经通过。

(2) 骨性鼻腔　位于面颅中央,介于两眶和上颌骨之间,由犁骨和筛骨垂直板构成的骨性鼻中隔将其分为左、右两半。骨性鼻腔的前方开口为**梨状孔**,后方开口为**鼻后孔**(图 3-36)。鼻腔顶主要由筛骨筛板构成,有筛孔通颅前窝。底由骨腭构成。外侧壁自上而下有 3 个向下弯曲的骨片,称**上、中、下鼻甲**,每个鼻甲下方形成一鼻道,分别称**上、中、下鼻道**,上鼻甲后上方与蝶骨之间的凹陷称**蝶筛隐窝**。

(3) 鼻旁窦　是上颌骨、额骨、蝶骨及筛骨内含气的空腔,位于鼻腔周围,且开口于鼻腔,它们对发音共鸣和减轻颅骨重量起一定的作用(图 3-37)。鼻旁窦共 4 对,位于同名骨内,包括**额窦、筛窦、上颌窦和蝶窦**,额窦位于额骨内,开口于中鼻道;上颌窦最大,位于鼻腔两侧的上颌骨内,开口于中鼻道;筛窦位于筛骨内,由筛骨迷路内许多蜂窝状小房组成,按其所在部位,可分为前、中、后3群筛小房。前、中筛小房开口于中鼻道,后筛小房开口于上鼻道;蝶窦位于蝶骨体内,开口于上鼻甲后方的蝶筛隐窝。

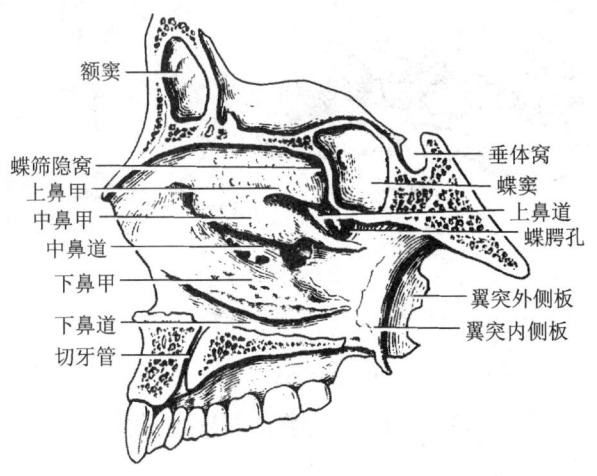

图 3-36 鼻腔外侧壁

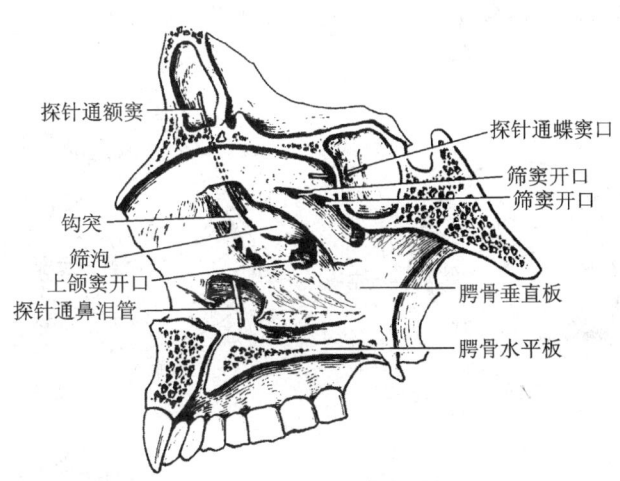

图 3-37 鼻腔外侧壁(切除部分鼻甲)

新生儿颅的特征及生后的变化:新生儿由于脑和感觉器官比咀嚼器发育得早而快,因而脑颅大于面颅(8∶1),眶间距较宽,且额结节与顶结节最为显著(颅顶可呈"五角形")。因颅盖各头骨之间仍以清楚的结缔组织膜充填而出现**囟**。最大的囟在矢状缝的前端,呈菱形,称**前囟**。矢状缝后端有三角形的**后囟**。另外,在顶骨前下角处有**蝶囟**,后下角处有**乳突囟**。前囟于生后1、2岁时闭合,其余各囟都在生后不久即闭合(图3-38)。

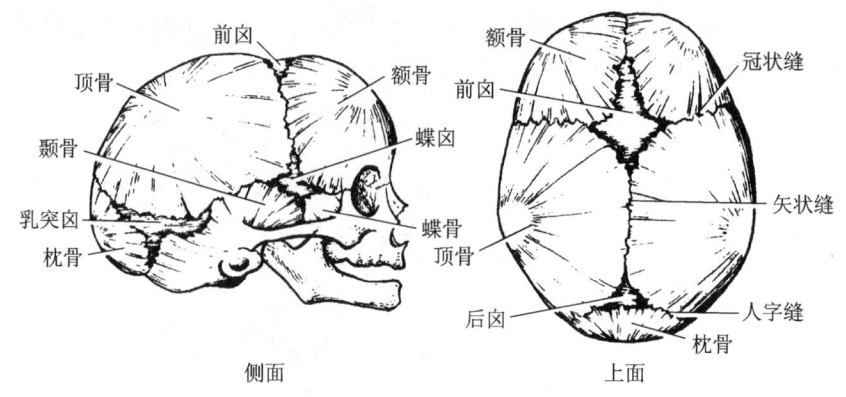

图 3-38 新生儿颅骨

第二节 骨 连 结

一、概述

骨与骨之间的连结装置称**骨连结**。骨按连结形式及连接组织不同,可分为**直接连结**和**间接连结**(图 3-39)。

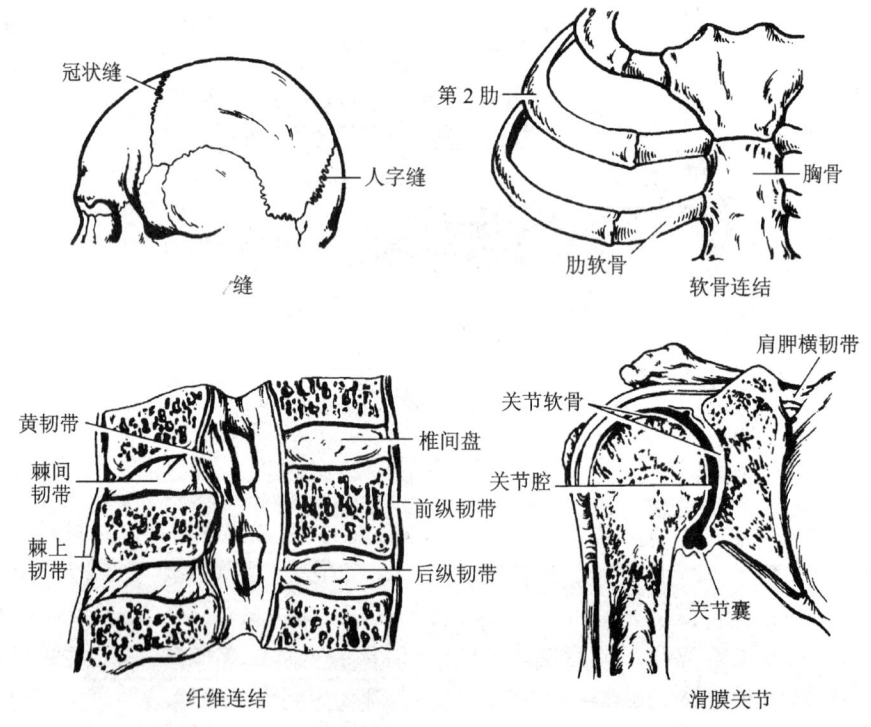

图 3-39 骨连结的分类与构造

（一）直接连结

直接连结可分为**纤维连结**、**软骨连结**和**骨性结合**3种。

1. 纤维连结　骨与骨之间借纤维组织相连形成纤维连结。纤维连结常见以下2种形式。

（1）韧带连结　两骨相对面之间,借短距离的韧带或膜相连,允许两骨之间有少量的运动。如椎骨棘突间的棘间韧带,桡、尺骨之间的骨间膜或胫腓骨下端的胫腓骨间膜等。

（2）缝　见于颅骨,两骨的相对缘借少量结缔组织相连,无活动性。这种连接往往随年龄的增长,可出现结缔组织骨化。如颅盖骨之间的冠状缝、矢状缝等(图3-38)。

2. 软骨连结　两骨之间借软骨相连。软骨具有弹性和韧性,有缓冲震荡的作用,如椎体之间的椎间盘,第1肋骨与胸骨之间的软骨结合等。

3. 骨性结合　两骨之间借骨组织相连,一般由纤维结缔组织或暂时性的软骨经过骨化而成,比较坚固,无活动性,如各骶椎之间的骨性结合以及髂、耻、坐骨之间在髋臼处的骨性结合等。

（二）间接连结（滑膜关节）

骨与骨之间借结缔组织相连,可做不同程度的运动,这种连结称**滑膜关节**。滑膜关节一般具有较大的活动性,是骨连结的主要形式。

1. 滑膜关节的结构　包括基本结构和辅助结构两部分(图3-40)。

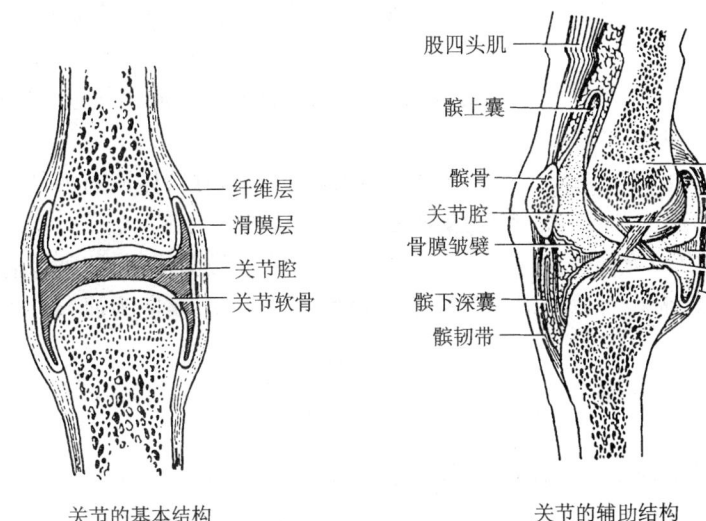

图3-40　滑膜关节

（1）滑膜关节的基本结构　包括**关节面**、**关节囊**和**关节腔**。这是每个关节必有的基本结构。

1) **关节面**(articular surface)：是两骨互相接触的面。一般多为一凹一凸,即所谓的关节窝和关节头,其表面覆盖一层关节软骨,具有减少运动摩擦、减缓冲击及吸收振荡的作用。

2) **关节囊**(articular capsule)：是由结缔组织构成的膜性囊,附着于关节面周缘及其附近的骨面上,结构上分内、外两层,外层为**纤维膜**,由致密结缔组织构成,厚而坚韧,有丰富的血管和神经。纤维膜在某些部位局部增厚形成韧带,以加强骨与骨之间的连接,并限制关节的过度运动。关节囊的厚薄以及韧带的强弱与该关节的功能有关。内层为**滑膜层**,为薄层结缔组织膜,光滑而柔润,紧贴于纤维膜的内面。在关节腔内所有结构中,除关节软骨、关节内软骨外,均被滑膜层所包被。滑膜富有血管,能分泌滑液,以减少摩擦,滑液还有营养关节软骨的作用。

3)**关节腔**(articular cavity):是关节囊的滑膜层与关节软骨之间所围成的密闭腔隙,内含有少量滑液,有润滑关节、减少摩擦的作用。腔内为负压,对维持关节的稳定性起一定作用。

(2)滑膜关节的辅助结构 包括韧带、关节盘和关节唇三部分。

1)**韧带**(ligament):由致密结缔组织构成,位于关节囊外面或关节囊内,分别称为**囊外韧带**和**囊内韧带**。韧带可加强关节的稳定性,并且对关节的运动有限定作用。

2)**关节盘**(articular disc)和**半月板**(menisci):关节盘是位于两个关节面之间的纤维软骨板,有的关节盘周缘附于关节囊内面,将关节腔分成两部分。半月板为位于膝关节内呈半月形的纤维软骨,对关节腔分隔不完全。关节盘和关节半月板可使两关节面更为适合,减少冲击和振荡,有增加运动形式和扩大运动范围的作用。

3)**关节唇**(articular labrum):附着于关节窝周缘的纤维软骨环,有加深关节窝、增加关节稳固性的作用。

2. 滑膜关节的运动 一般都是围绕一定的运动轴而转动,可产生两种方向相反的运动形式。根据关节运动轴的方位不同,滑膜关节的运动形式可分为以下几种。

(1)屈和伸 是关节沿冠状轴进行的运动,运动时两骨骨干相互接近,角度减小为屈,相反则为伸。如肘关节的屈、伸运动。

(2)内收和外展 是关节沿矢状轴进行的运动,运动时骨向正中矢状面接近为**内收**,相反则为**外展**。如上肢肩关节的内收和外展。

(3)旋内和旋外 关节沿垂直轴进行的运动,统称**旋转**。运动时肢体的前面转向内侧为**旋内**,反之为**旋外**。如臂的旋内和旋外。前臂的旋内称旋前,旋外称为旋后。

(4)环转 以关节的中心为轴心,骨的近端在原位转动,远端做圆周运动,整个骨的运动轨迹可描绘成一圆锥形。能做两种以上运动的关节均可做环转运动,实际为屈、伸、内收和外展的综合运动。

二、躯干骨的连结

所有椎骨互相连结,构成脊柱。所有胸椎、肋及胸骨互相连结,构成胸廓。

(一)脊柱的连结

1. 椎骨间的连结 包括椎体间的连结、椎弓间的连结及突起之间的连结(图 3-41)。

(1)椎体间的连结 椎体之间借**椎间盘**、**前纵韧带**和**后纵韧带**相连。

1)**椎间盘**(intervertebral disc):是连结相邻两个椎体的纤维软骨盘,由内、外两部构成。其外部为**纤维环**,由多层纤维软骨环按同心圆排列组成,它牢固地连结各椎体,中央部为**髓核**,是柔软而富有弹性的半固态的胶状物质(图 3-42)。整个椎间盘既坚韧又富有弹性,除对椎体起连结作用外,还可缓冲振荡,起"弹性垫"作用,并保证脊柱能向各个方向运动。脊柱向前

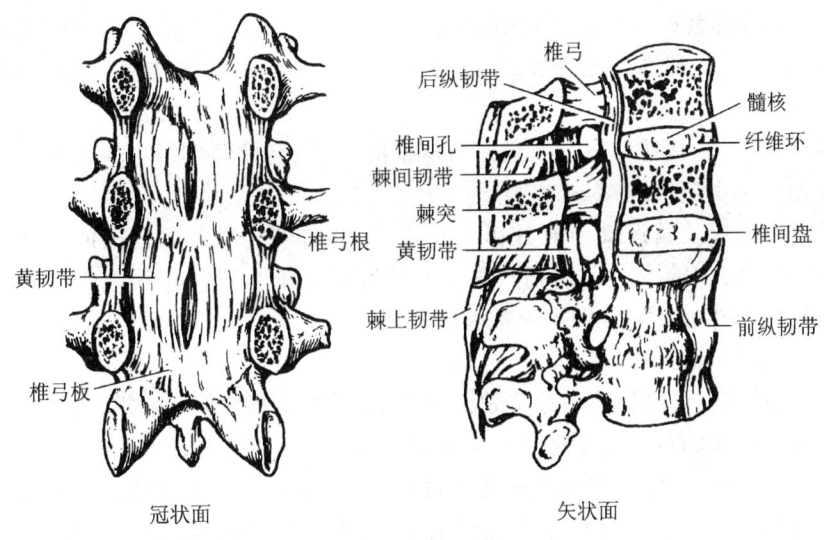

冠状面　　　　　　　　矢状面

图 3-41　椎骨间的连结

弯曲时,椎间盘前部受压变薄,后部因弹性而增厚。各部椎间盘的厚薄不同,腰部最厚,因此在腰部脊柱活动度较大,由于腰部椎间盘承受的压力大,活动也较多,当做剧烈活动或突然弯腰时容易损伤纤维环,致使髓核向后外侧突出,突入椎管或椎间孔,压迫脊髓或脊神经,引起腰、腿等疼痛,临床上称为椎间盘突出症。

2）**前纵韧带**（anterior longitudinal ligament）：为全身最长的韧带,上起枕骨,下至第2骶椎,紧贴各椎体前面并与椎间盘及椎体前缘牢固连结。前纵韧带宽而坚韧,有防止脊柱过度后伸的作用。

3）**后纵韧带**（posterior longitudinal ligament）：位于各椎体的后面,几乎纵贯脊柱全长,细而坚韧,与椎间盘纤维环紧密连结,可限制脊柱过度前屈。

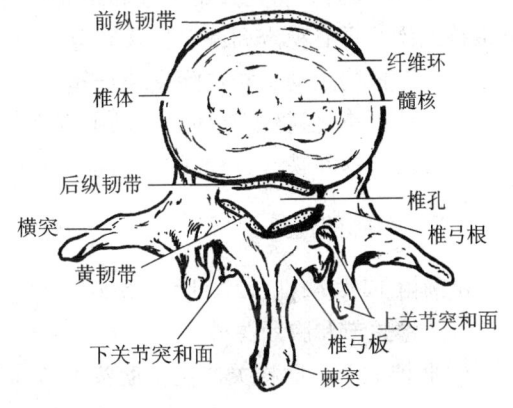

图 3-42　椎间盘

（2）椎弓间的连结

1）**黄韧带**（ligamenta flava）：为连结相邻两椎弓板间的韧带,亦称**弓间韧带**。由黄色的弹力纤维构成,坚韧而富有弹性,与椎弓板共同围成椎管的后壁（图3-41）。

2）**棘间韧带**（interspinal ligament）：为连于相邻棘突之间的短韧带。

3）**棘上韧带**（supraspinal ligaments）：为附着于各棘突尖端的纵长韧带。

黄韧带、棘间韧带和棘上韧带都有限制脊柱过度前屈的作用。此外,相邻椎骨的横突之间还有**横突间韧带**。

（3）关节突关节　由相邻椎骨的上、下关节突构成,关节面曲度很小,属微动关节,仅能做微小运动。

2. 寰椎与枕骨及寰椎与枢椎之间的连结

(1) 寰枕关节　由寰椎的上关节面与枕髁构成,属联合关节,能使头部做前俯、后仰和侧屈运动。

(2) 寰枢关节　由寰椎前弓的齿突凹与枢椎的齿突、寰椎两侧的下关节面与枢椎的上关节面构成,可使头部做旋转运动。

3. 脊柱的整体观及其运动　脊柱由全部椎骨、骶骨和尾骨及其之间的连结装置共同构成。脊柱形成躯干的中轴,并参与胸腔、腹腔和盆腔后壁的构成。脊柱内有**椎管**,容纳脊髓。其侧面有**椎间孔**,为脊神经和血管出入椎管的通道。

(1) 脊柱的整体观

1) 脊柱的前面观:可见椎体从第 2 颈椎向下逐渐增大,直至第 2 骶椎,自骶骨耳状面以下又逐渐缩小,这与椎体的负重逐渐增加和减少有关,参见图 3-4。

2) 脊柱的后面观:可见所有椎骨棘突连贯而形成纵嵴,位于正中线上。颈部棘突短而分叉,近水平位;胸部棘突长,斜向下后方,呈叠瓦状;腰部棘突呈板状,水平位伸向后方。

3) 脊柱的侧面观:可见脊柱有**颈、胸、腰和骶** 4 个生理性弯曲,其中胸曲和骶曲凹向前方,在胚胎时已形成,生后继续存在;颈曲和腰曲凸向前方,为出生后所获得。出生后,当婴儿开始抬头时,出现颈曲。幼儿开始坐起和站立时,出现腰曲。脊柱的这些弯曲增大了脊柱的弹性,对维持人体的重心稳定和减轻振荡有重要意义。

(2) 脊柱的运动　脊柱除支持身体,保护脊髓和内脏外,还有很大的运动性。相邻两椎骨之间的活动很小,但整个脊柱的活动范围则较大,可做屈、伸、侧屈、旋转和环转运动。这些运动主要通过颈部和腰部进行,故损伤也多见于这两个部位。

(二) 胸廓的连结

胸廓由 12 块胸椎、12 对肋、1 块胸骨和它们之间的连结装置共同构成。构成胸廓的主要关节有**肋椎关节**和**胸肋关节**。

1. 肋椎关节　肋椎关节包括**肋头关节**和**肋横突关节**(图 3-43)。

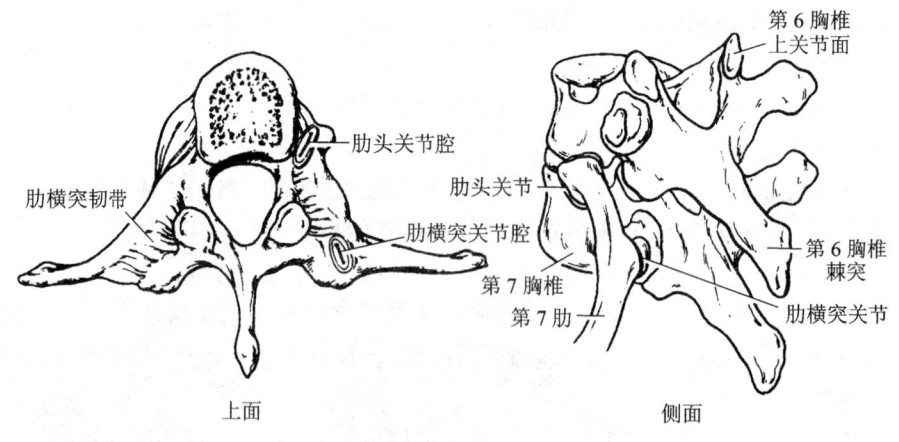

图 3-43　肋椎关节

（1）肋头关节　由肋头的关节面与相应的胸椎体侧面的肋凹构成肋头关节,属微动关节。

（2）肋横突关节　由肋结节关节面与相应横突肋凹构成,属微动关节。

这两个关节在功能上是联合关节,运动轴为由肋头至肋结节的连线,运动时,肋骨绕此轴转动,使肋的前部升降,以改变胸腔容积。

2. 胸肋关节　由第 2~7 肋软骨与胸骨相应的肋切迹连结构成(图 3-44)。第 1 肋与胸骨柄之间借软骨形成**胸肋结合**,第 8~10 肋软骨依次与上位肋软骨相连结,形成**肋弓**。

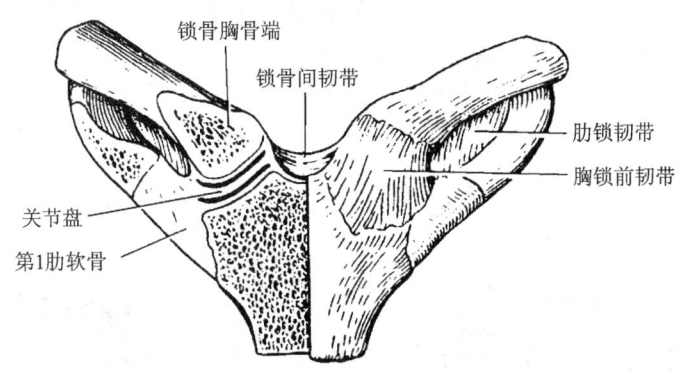

图 3-44　胸肋关节和胸锁关节

3. 胸廓的形态　成人胸廓呈前后略扁的圆锥形(图 3-45),胸廓上口较小,自后上向前下方倾斜,呈肾形,由第 1 胸椎体、第 1 肋和胸骨柄上缘围成,是颈部与胸腔之间的通道。胸廓下口较大,由第 12 胸椎体、第 12 肋、第 11 肋前端、肋弓和剑突围成。两侧肋弓之间的夹角称**胸骨下角**。相邻两肋之间的间隙称**肋间隙**,共有 11 对。

胸廓的形状和大小与年龄、性别、健康状况等因素有关。新生儿胸廓横径与前后径近似,呈桶状;老年人胸廓则扁而长;佝偻病患儿的胸廓前后径大,胸骨向前突出,形成"鸡胸"。肺气肿患者的胸廓各径线都增大,形成"桶状胸"。胸廓除具有保护和支持功能外,主要参与呼吸运动。吸气时,在肌的作用下,肋的前部抬高,伴以胸骨上升,从而加大了胸廓的前后径;肋上提时,肋体向外扩展,加大胸廓横径,使胸腔容积增大。呼气时,在重力和肌的作用下,胸廓做相反的运动,使胸腔容积减小,胸腔容积的改变促成了肺呼吸。

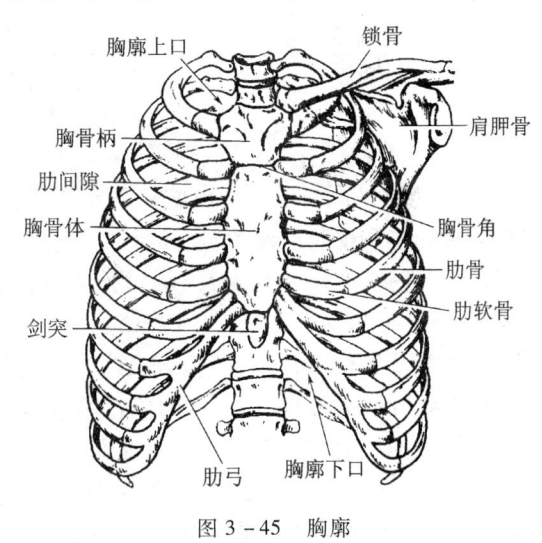

图 3-45　胸廓

三、四肢骨的连结

四肢的主要功能是支持和运动,故其连结以滑膜关节为主。因上、下肢功能不同,其骨连结在形态、结构和功能上也各有特点:上肢骨连结以运动的灵活性为主;下肢骨连结以运动的稳定性为主。

（一）上肢骨的连结

1. **锁骨的连结** 包括**胸锁关节**和**肩锁关节**。前者由胸骨的锁切迹与锁骨的胸骨端构成，是上肢骨与躯干骨之间唯一的关节；后者由肩胛骨的肩峰与锁骨的肩峰端构成。两个关节同时运动，可使锁骨肩峰端做小幅度的上、下、前、后和环转运动。

2. **肩关节**（shoulder joint） 由肱骨头与肩胛骨的关节盂构成（图 3-46）。其结构特点是：关节头大，关节盂小而浅，关节囊薄而松弛，内有肱二头肌长头腱通过。肩关节囊的上部有喙肱韧带和喙肩韧带加强，前、后和外侧部有肌加强，唯其下部最为薄弱，故肩关节脱位时肱骨头常向下方脱出。肩关节的运动幅度大，运动形式多，可做前屈、后伸、内收、外展、旋内、旋外及环转运动，是全身最灵活的关节。

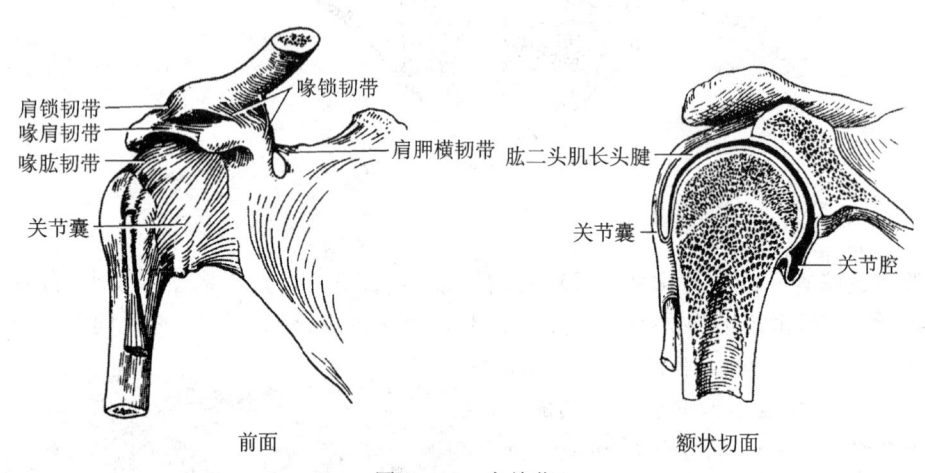

图 3-46 肩关节

3. **肘关节**（elbow joint） 由肱骨下端与尺、桡骨上端构成（图 3-47），包括 3 个关节：**肱尺关节、肱桡关节和桡尺近侧关节**。3 个关节包在一个关节囊内，关节囊的内、外侧有韧带加强，前后部薄而松弛，尤以后部为甚，故肘关节脱位时常向后脱出。肘关节的运动以肱尺关节为主，仅能做屈、伸运动。在正常情况下，肘关节伸直时，肱骨内、外上髁与尺骨鹰嘴三点在一条直线上；肘关节屈至 90°时，该三点的连线呈等腰三角形。当肘关节脱位时三点的位置关系发生变化，而肱骨髁上骨折时，三点的位置关系不变。

4. **桡、尺骨的连接** 桡骨与尺骨借桡尺近侧关节、前臂骨间膜和桡尺远侧关节相连。

5. **手关节** 包括以下关节：**桡腕关节、腕骨间关节、腕掌关节、掌指关节和指骨间关节**（图 3-48）。其中重要的有桡腕关节（通常称腕关节），由桡骨的腕关节面和尺骨头下方的关节盘与舟骨、月骨、三角骨组成。桡腕关节可做屈、伸、收、展和环转运动。

（二）下肢骨的连结

1. **髋骨的连结及骨盆**

（1）**骶髂关节** 由骶骨与髂骨的耳状面构成（图 3-49），关节面对合紧密，关节囊紧张，周围有韧带加强，非常稳固，几乎不能活动。

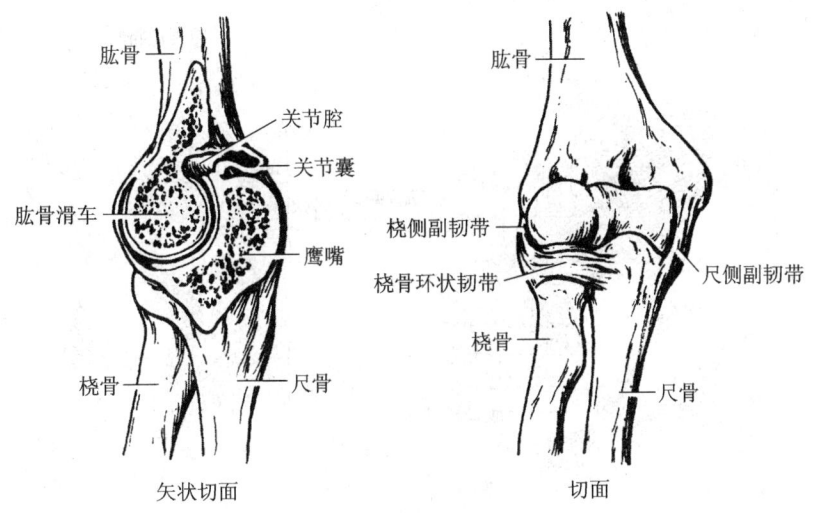

图 3-47 肘关节

(2) 髋骨与脊柱间的韧带连结 主要有附着于骶骨、尾骨与坐骨结节之间的**骶结节韧带**和骶骨、尾骨与坐骨棘之间的**骶棘韧带**,这两条韧带与坐骨大、小切迹围成坐骨大孔和坐骨小孔,两孔内均有血管、神经和肌通过。

(3) 耻骨联合 由两侧的耻骨联合面借纤维软骨构成的耻骨间盘连结而成(图 3-50),内有一矢状位裂隙,通常活动甚微,但在分娩时可有轻度分离,以增大骨盆的径线。

(4) **骨盆**(pelvis) 由骶骨、尾骨与左、右髋骨及其间的骨连结构成(图 3-50)。从骶骨岬经两侧的弓状线、耻骨梳、耻骨结节、耻骨嵴至耻骨联合上缘连成的环形线称为**界线**。骨盆以界线为界分为上部的**大骨盆**和下部的**小骨盆**。小骨盆的上口由界线组成;小骨盆下口由尾骨尖、骶结节韧带、坐骨结节、坐骨支、耻骨下支和耻骨联合下缘围成。两侧耻骨下支之间的夹角称耻骨下角。骨盆上、下口之间的腔称为**骨盆腔**。

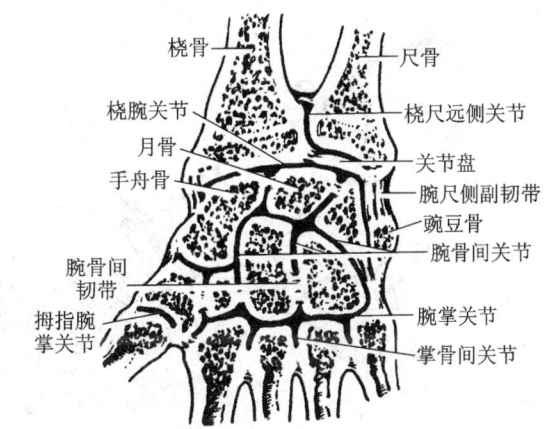

图 3-48 手关节

骨盆除具有承受、传递重力和保护盆腔内器官的作用之外,在女性还是胎儿娩出的通道。男女性骨盆有明显的性别差异(表 3-1)。

2. **髋关节**(hip joint) 由髋臼与股骨头构成(图 3-51)。关节囊厚而坚韧,包绕股骨颈的前面全部和后面内侧 2/3,而股骨颈的后面外侧 1/3 露于囊外,故股骨颈骨折有囊内骨折和囊外骨折之分。关节囊周围有韧带加强,但后下部较薄弱,故髋关节脱位时,股骨头易向下方脱出。其运动形式与肩关节基本相同,可做屈、伸、收、展、旋内、旋外和环转运动,但运动幅度小于肩关节。

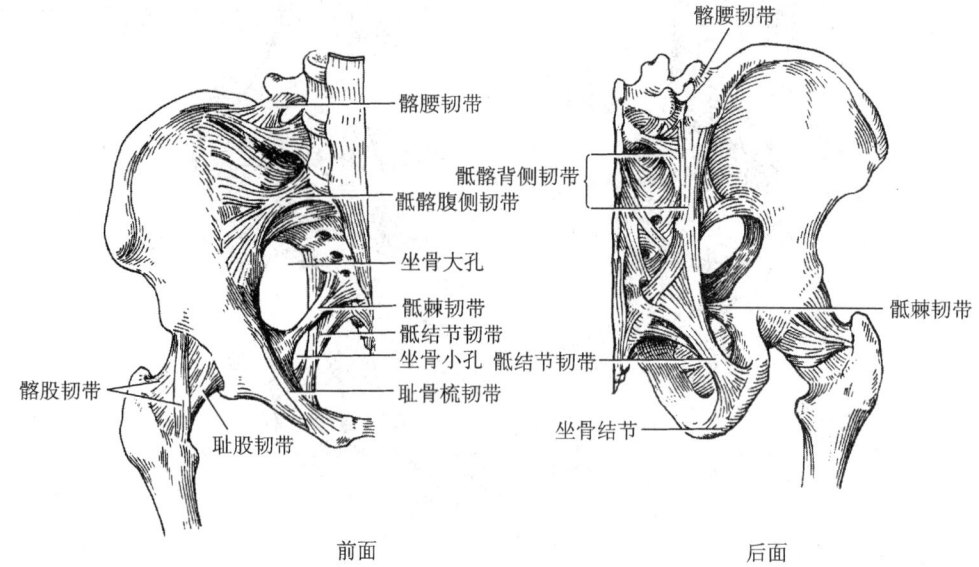

图 3-49 骶髂关节

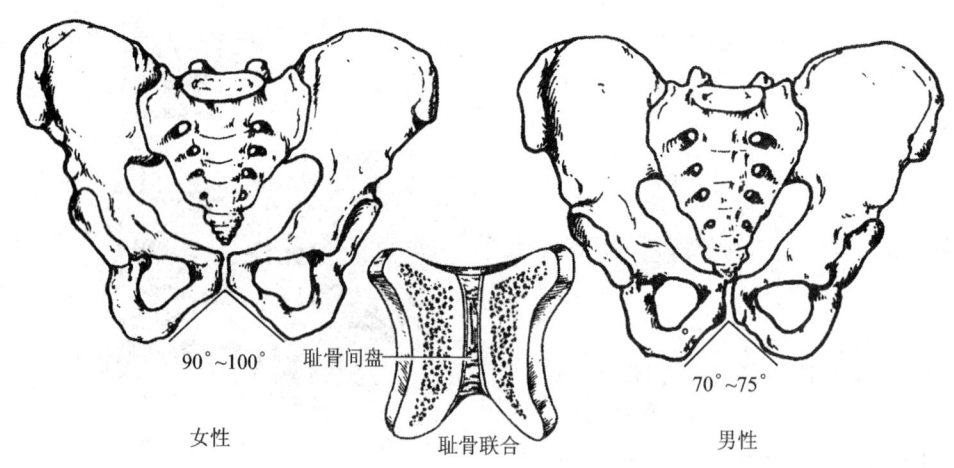

图 3-50 骨盆和耻骨联合

表 3-1 骨盆的性别差异

部位	男性	女性
骨盆形状	窄而长	宽而短
骨盆上口	心形	椭圆形
骨盆下口	狭小	较宽大
骨盆腔	漏斗形	圆桶形
骶骨	窄长,曲度大	宽短,曲度小
骶骨岬	突出明显	突出不明显
耻骨下角	70°~75°	90°~100°

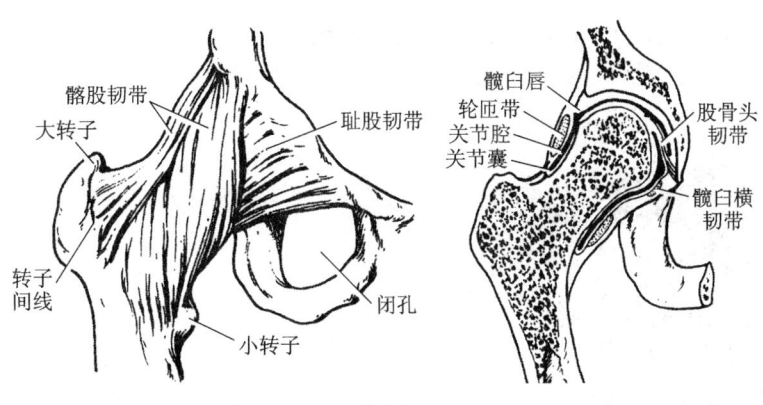

图 3-51 髋关节

3. **膝关节**(knee joint) 是人体最大、最复杂的关节,由股骨下端、胫骨上端和髌骨构成(图 3-52)。关节囊薄而松弛,周围有韧带加强,以增加关节的稳定性。膝关节内、外侧分别有胫侧副韧带和腓侧副韧带,前方有强大的髌韧带;囊内有**前交叉韧带**、**后交叉韧带**,可分别防止胫骨向前、向后移位。在股骨与胫骨的关节面之间垫有两块半月形纤维软骨板,内侧的较大呈"C"形,称内侧半月板;外侧的较小呈"O"形,称外侧半月板。半月板的周缘厚、中央薄,增加了关节的稳固性,并可起缓冲作用。膝关节主要做屈、伸运动,在半屈位时,还可做小幅度的旋内、旋外运动。

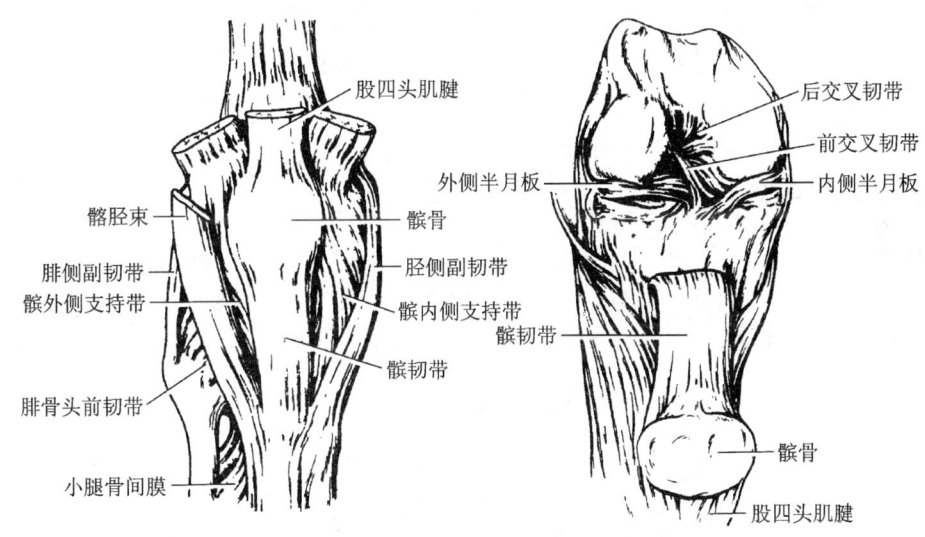

图 3-52 膝关节

4. **小腿骨的连结** 包括胫腓关节、骨间膜和韧带连结 3 部分。

5. **足关节**(joints of foot) 包括如下关节:**距小腿关节**、**跗骨间关节**、**跗跖关节**、**跖趾关节**和**趾骨间关节**(图 3-53)。其中重要的是距小腿关节,通常称踝关节,由胫、腓骨下端与距骨构成,关节囊前、后部松弛,两侧有韧带加强。踝关节可做屈、伸运动,足尖向下称屈(跖屈),足尖向上称伸(背屈),屈时还可做轻微的侧方运动,此时关节不够稳固,较易发生扭伤。

6. 足弓(arches of foot) 由跗骨与跖骨借其连结构成凸向上的弓形结构。足弓增加了足的弹性,并具有保护足底血管、神经免受压迫和缓冲作用。如果足底的韧带和肌腱发育不良,可造成足弓塌陷,形成"扁平足"(图 3-54)。

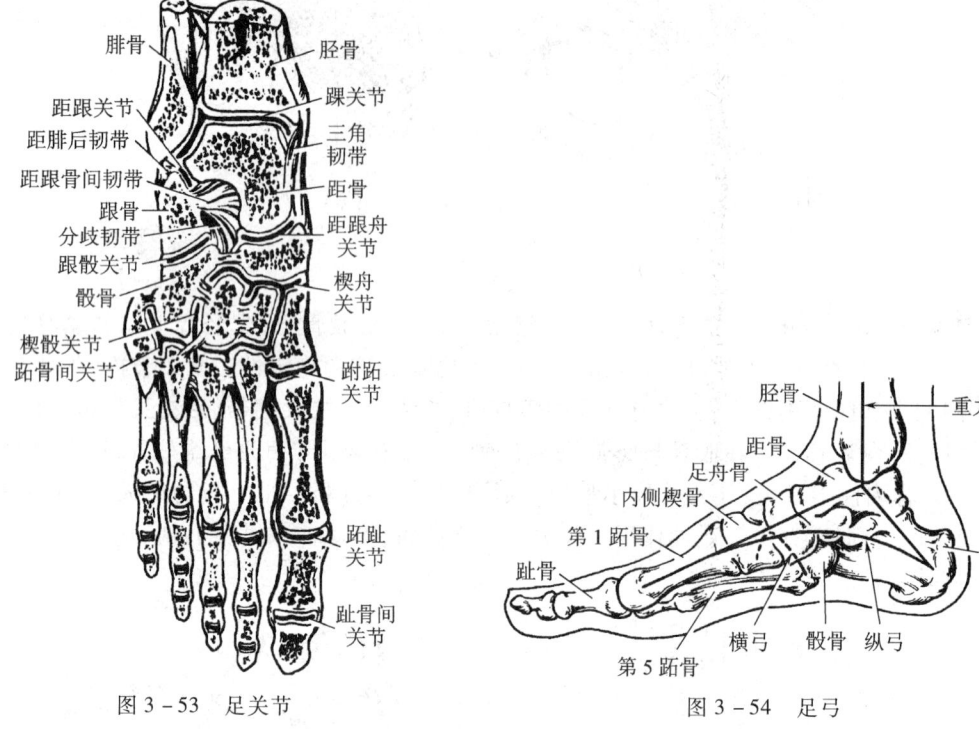

图 3-53 足关节

图 3-54 足弓

四、颅骨的连结

各颅骨之间多为直接连结,如颅顶的缝、颅底各骨间的软骨连结和骨性结合;仅有一对颞下颌关节为间接连结。**颞下颌关节**(图 3-55)通常称下颌关节,由颞骨的下颌窝、关节结节与下颌头构成,关节囊松弛,内有关节盘,将关节腔分为上、下两部分。两侧颞下颌关节联合运

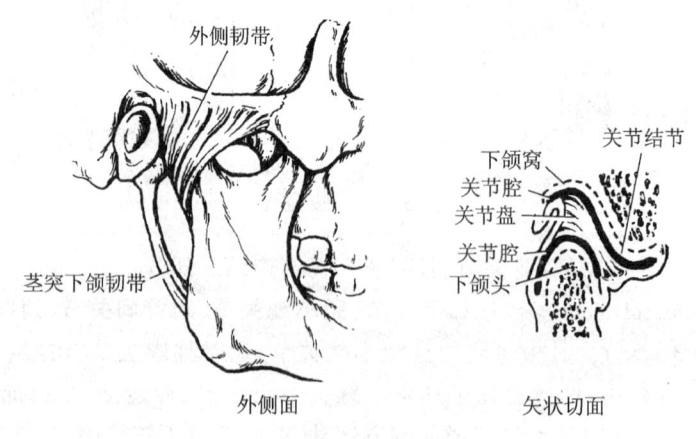

图 3-55 颞下颌关节

动,可使下颌骨上提(闭口)、下降(张口)、向前、向后和侧方运动。当张口过大时,下颌头可滑至关节结节前方,不能退回关节窝,造成颞下颌关节脱位。

第三节　肌

一、概述

肌按其构造、功能和分布不同,可分为**平滑肌**、**心肌**和**骨骼肌**。运动系统的肌都是骨骼肌,它们一般附着于骨,收缩时可带动骨骼产生运动,是运动系统的动力部分。骨骼肌在神经系统的支配下,可按人的意志收缩和舒张,故称**随意肌**。心肌与平滑肌不受人的意识支配,属于不随意肌。

人体骨骼肌数量多,分布广。全身约有600多块肌,约占体重的40%。每块肌都具有一定的形态和构造,并有丰富的血管、神经和淋巴管分布,所以每块肌都是一个器官。

(一) 肌的形态和构造

肌的形态各异,大致可分为长肌、短肌、扁肌和轮匝肌4类(图3-56)。**长肌**多分布于四肢,收缩时能产生大幅度运动;**短肌**多分布于躯干深层,运动幅度小,具有明显的节段性;**扁肌**扁薄宽阔,又称阔肌,多分布于胸、腹壁,除有运动功能外,还有支持和保护体腔内器官的作用;**轮匝肌**呈环形,位于孔裂周围,收缩时使孔裂关闭。

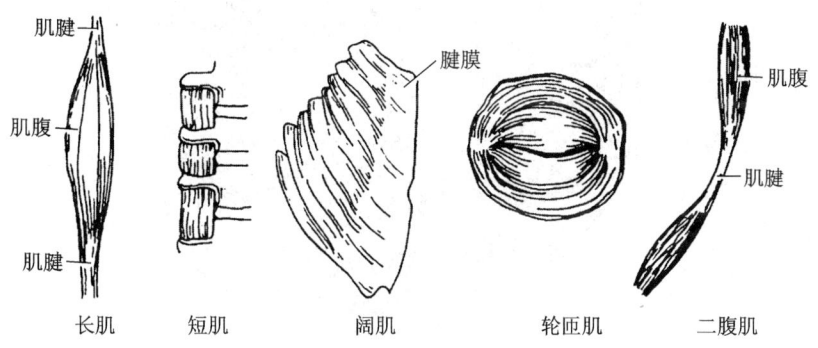

图3-56　肌的形态

每块骨骼肌都由中间的**肌腹**和两端的**肌腱**构成。肌腹由肌纤维组成,色红质软,具有收缩和舒张能力;肌腱由致密结缔组织构成,色白坚韧,不能收缩。长肌的肌腱多呈条索状,扁肌的肌腱呈膜片状,故称**腱膜**。肌借肌腱附着于骨,肌腹收缩时通过肌腱牵拉骨而产生运动。

(二) 肌的起止和配布

肌通常以两端附着于两块或两块以上的骨上,中间跨过一个或多个关节。肌收缩时,两块骨彼此靠近而产生运动,其中一骨的位置相对固定,另一骨相对移动,肌在固定骨上的附着点称为**起点**或**定点**，而在移动骨上的附着点则称为**止点**或**动点**。通常把靠近身体正中面或四肢近侧端上的附着点称为肌的**起点**，反之则称为**止点**。肌的定点和动点是相对的，在一定条件下可以互换（图3-57）。

肌的配布与关节的运动轴密切相关，其规律是位于一个关节运动轴的相对两侧配有两组作用相反的肌或肌群，这两组肌或肌群称为**拮抗肌**，如肘关节前方的屈肌群和后方的伸肌群；位于关节运动轴的同一侧作用相同的肌，称为**协同肌**，如肘关节前面的各屈肌。

（三）肌的辅助结构

肌的辅助结构包括筋膜、滑膜囊和腱鞘，它们具有保护和协助肌活动的作用。

1. **筋膜**(fascia) 分浅筋膜和深筋膜两类（图3-58）。

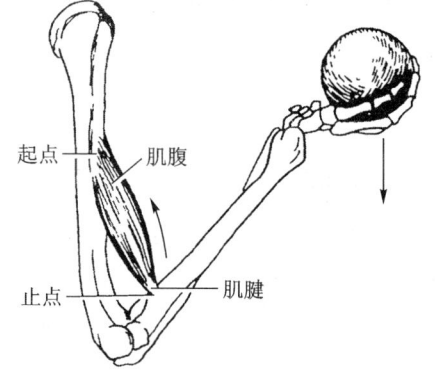

图3-57 肌的起止点

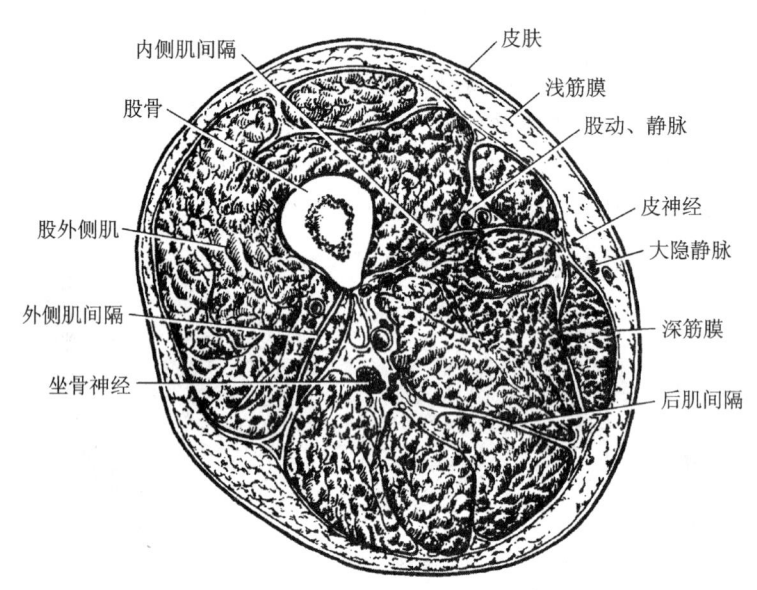

图3-58 筋膜

（1）浅筋膜 又称**皮下筋膜**，位于真皮之下，由疏松结缔组织构成，内含皮神经、浅血管、淋巴管和脂肪组织等。脂肪组织的多少因部位、性别和营养状况的差别而不同。浅筋膜包被身体各部，具有维持体温和保护深部结构的作用。皮下注射时药物即注入此层。

（2）深筋膜 又称**固有筋膜**，位于浅筋膜深面，由致密结缔组织构成，包裹肌、肌群、血管及神经等。深筋膜包绕肌群形成筋膜鞘，包绕血管、神经形成血管神经鞘，在四肢，它深入肌群并附于骨上形成肌间隔。

2. **滑膜囊**(synovial bursa) 为密闭的结缔组织囊，形扁壁薄，内含少量滑液，多位于肌腱与骨面相接触处,以减少两者的摩擦。有的滑膜囊邻近关节,可与关节腔相通。滑膜囊发生炎症时可致局部疼痛和功能障碍。

3. **腱鞘**(tendinous sheath) 是包被在某些长肌腱表面的鞘管,可保持肌腱的位置和减少运动时与骨面的摩擦,多位于手、足摩擦较大的部位。腱鞘由纤维层和滑膜层构成。纤维层由深筋膜增厚形成;滑膜层为双层套管状,其外层紧贴在纤维层内面称为**壁层**,内层包被在肌腱表面称为**脏层**,两层之间含有少量滑液,以减少运动时肌腱与骨面的摩擦。滑膜鞘的脏、壁层移行处称为**腱系膜**,内有供应肌腱的血管、神经通过(图3-59)。

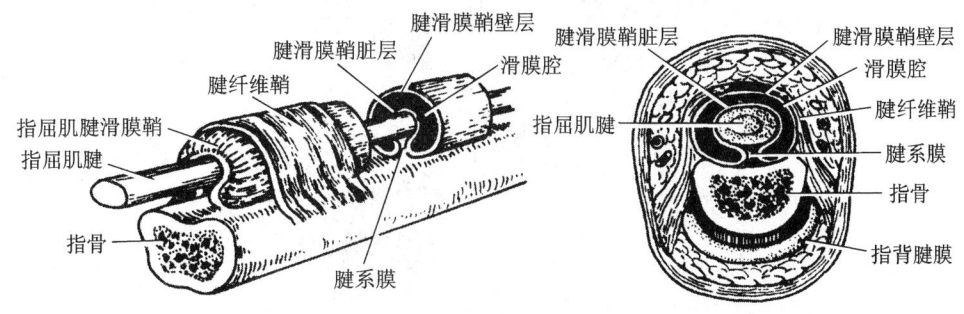

图 3-59 腱鞘

二、躯干肌

躯干肌包括背肌、胸肌、膈、腹肌和盆底肌。

(一) 背肌

背肌分浅、深两群。浅群多为扁肌,主要有斜方肌、背阔肌;深群主要有竖脊肌(图3-60)。

1. **斜方肌**(trapezius) 位于项部和背上部浅层。一侧呈三角形,左、右侧结合形成斜方形。起自枕外隆凸、颈椎和胸椎的棘突,止于肩胛冈、肩峰和锁骨外侧份。收缩时使肩胛骨向上、向下和向内运动,如肩胛骨固定,两侧同时收缩可使头后仰。

2. **背阔肌**(latissimus dorsi) 为全身最大的扁肌,位于背下部、腰部和胸侧壁。起自下部胸椎及腰椎的棘突和髂嵴后份,肌束向外上方汇集,止于肱骨小结节嵴。收缩时使臂内收、旋内和后伸,上肢固定时可上提躯干。

3. **竖脊肌**(erector spinae) 为两条强大的纵行肌,位于椎骨棘突两侧的深沟内。起自骶骨背面及髂嵴后份,向上分别止于椎骨、肋骨及颅骨乳突。双侧同时收缩时使脊柱后伸和头后仰,一侧收缩可使脊柱侧屈。竖脊肌对维持人体的直立起重要作用。

(二) 胸肌

胸肌按起止不同可分为胸上肢肌和胸固有肌(图3-61)。

1. **胸上肢肌** 起自胸廓,止于上肢骨,收缩时运动上肢,包括胸大肌、胸小肌和前锯肌。

(1) **胸大肌**(pectoralis major) 覆盖于胸部前壁的大部,位置表浅。起自锁骨内侧份、胸骨和第1~6肋软骨,肌束向外汇集,止于肱骨大结节嵴。收缩时使肩关节内收、旋内和前屈。

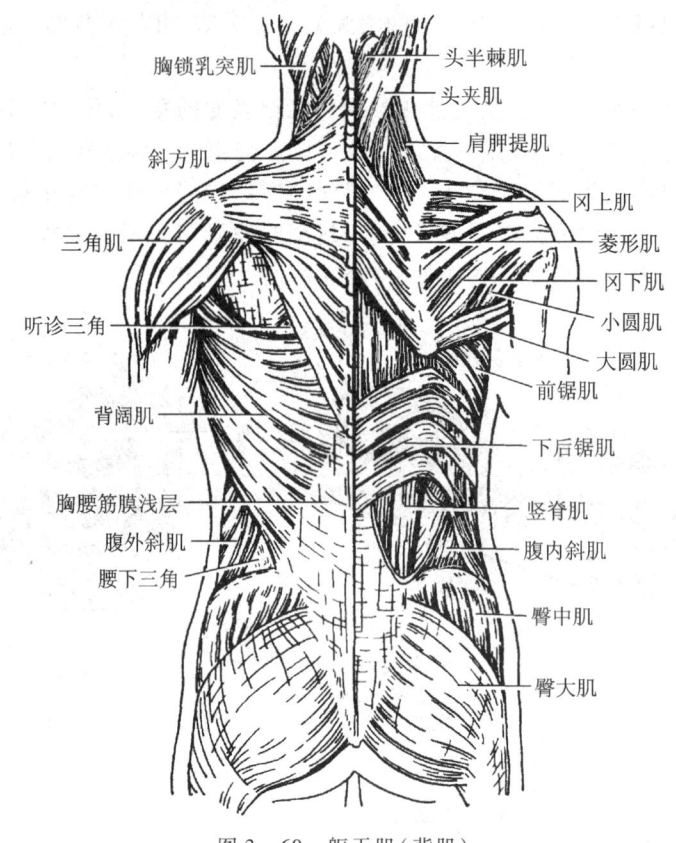

图 3-60　躯干肌(背肌)

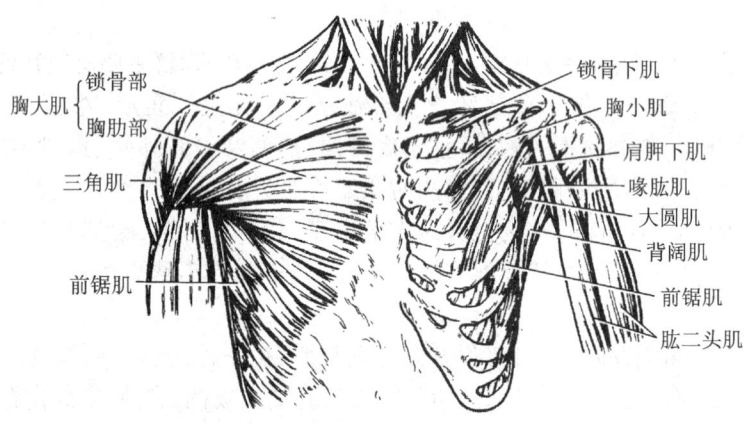

图 3-61　胸肌

如上肢固定亦可上提躯干。

(2) **胸小肌**(pectoralis minor)　位于胸大肌深面,作用是拉肩胛骨向前下。如肩胛骨固定不动,可提肋助呼气。

(3) **前锯肌**(serratus anterior)　为贴附于胸廓侧壁的扁肌,作用是拉肩胛骨向前并使其紧贴胸廓;下部肌束使肩胛骨下角旋外,助臂上举。肩胛骨固定,亦可提力助吸气。

2. **胸固有肌** 位于肋间隙,起止均在胸廓上,主要包括**肋间外肌**(intercostales externi)和**肋间内肌**(intercostales interni)。肋间外肌位于肋间隙浅层,起自上位肋下缘,肌束斜向前下,止于下位肋上缘,收缩时提肋助吸气;肋间内肌位于肋间外肌深面,起止和肌束方向均与肋间外肌相反,收缩时降肋助呼气(图3-62)。

(三)膈

膈(diaphragm)为分隔胸、腹腔的一块凸向上的穹隆状扁肌,其周围部为肌性部分,附于胸廓下口周缘;中央部为腱膜,称为**中心腱**(图3-63)。膈上有3个裂孔:在第12胸椎前方有**主动脉裂孔**,内有主动脉和胸导管通过;在主动脉裂孔的左前上方,约平第10胸椎水平有**食管裂孔**,内有食管和迷走神经通过;在主动脉裂孔的右前上方,约平第8胸椎水平有**腔静脉孔**,内有下腔静脉通过。膈是主要的呼吸肌,收缩时,膈穹隆下降,胸腔容积扩大,以助吸气;舒张时,膈穹隆上升,恢复原位,胸腔容积缩小,以助呼气。此外,膈与腹肌共同收缩时,可增加腹压,具有协助排便、分娩、呕吐和咳嗽等功能。

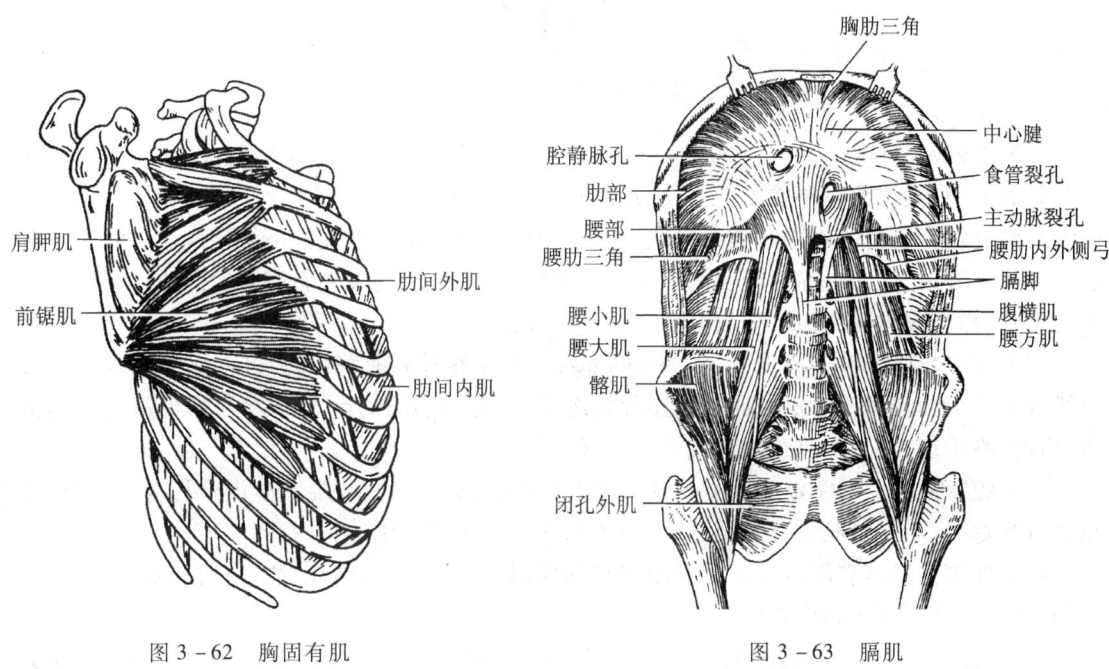

图3-62 胸固有肌　　　　　图3-63 膈肌

(四)腹肌

腹肌位于胸廓下部与骨盆之间,参与组成腹腔的前外侧壁和后壁,按其部位可分为前外侧群和后群。

1. **腹肌前外侧群** 包括腹直肌、腹外斜肌、腹内斜肌和腹横肌(图3-64,图3-65)。

(1) **腹直肌**(rectus abdominis) 位于腹前壁正中线两侧的纵行扁肌,起自耻骨嵴。向上止于剑突和第5~7肋软骨,表面被腹直肌鞘包裹,该肌被3~4条横行的腱划分隔成多个肌腹。

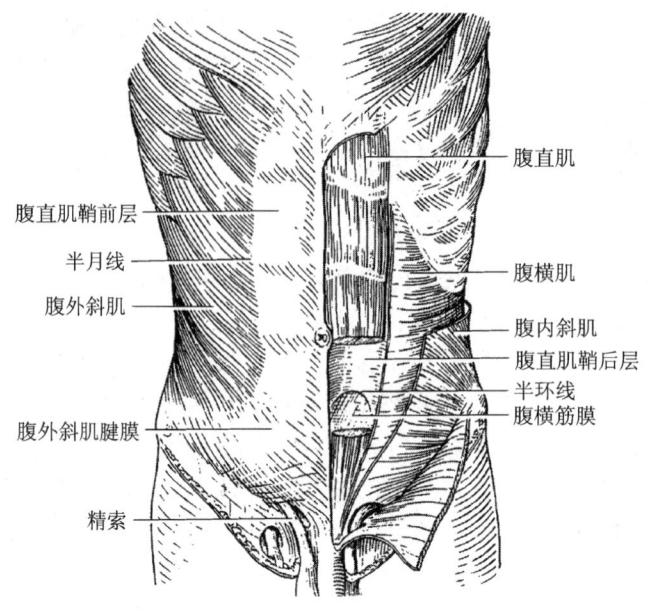

图 3-64　腹前外侧壁肌

（2）**腹外斜肌**（obliquus externus abdominis）　位于腹前外侧壁浅层的斜行扁肌。起自下 8 位肋骨的外面,肌纤维斜向前内下方,在近腹直肌外侧缘及髂前上棘平面以下移动为腱膜,向内参与构成腹直肌鞘的前层并在正中线上止于**白线**。腹外斜肌腱膜的下缘增厚、卷曲,连于髂前上棘与耻骨结节之间,称为**腹股沟韧带**。在耻骨结节外上方,腹外斜肌腱膜形成一略似三角形的裂隙,称**腹股沟管浅（皮下）环**。

（3）**腹内斜肌**（obliquus internus abdominis）　位于腹外斜肌深面,上部肌纤维斜向内上方与腹外斜肌纤维交叉,在腹直肌外缘移行为腱膜,并分前、后两层,分别参与构成腹直肌鞘的前、后层,终于白线,下部肌纤维形成弓状下缘。

（4）**腹横肌**（transversus abdominis）　位于腹内斜肌深面,肌纤维向前内横行,在腹直肌外缘移行为腱膜,参与构成腹直肌鞘后层,止于白线。其下部纤维亦作弓形。

腹前外侧群肌具有固定和保护腹腔器官的作用,收缩时增加腹压,协助排便、呕吐和分娩,还能使脊柱前屈、侧屈和旋转。

2. 腹肌后群　位于腹后壁脊柱两侧,有腰大肌和腰方肌,前者见髋肌（图 3-63）。**腰方肌**起于髂嵴,止于第 12 肋和腰椎横突,收缩时下降第 12 肋并使脊柱侧屈。

3. 腹肌的肌间结构

（1）**腹直肌鞘**（sheath of rectus abdominis）　是腹前外侧群三块扁肌的腱膜包裹腹直肌形成的腱膜鞘。其前层由腹外斜肌腱膜与腹内斜肌腱膜前层构成,后层由腹横肌腱膜与腹内斜肌腱膜后层构成。前层完整,并与腱划紧连。后层在脐下 4~5 cm 以下缺如,其下缘游离,呈弧形,称为**弓状线（半环线）**。

（2）**白线**（linea alba）　位于腹前壁正中,剑突与耻骨联合之间,由腹前外侧群三对扁肌的腱膜在前正中线交织而成,色白、质韧、血管少。在白线的中点处有**脐环**,是腹壁的薄弱处,脐疝的好发处。

（3）**腹股沟管**（inguinal canal） 位于腹股沟韧带内侧半的上方，是腹前外侧壁三块扁肌之间的一个斜行裂隙，长4～5 cm，管内男性有精索通过，女性有子宫圆韧带通过，为腹壁的薄弱区，是疝的好发部位（图3-65）。

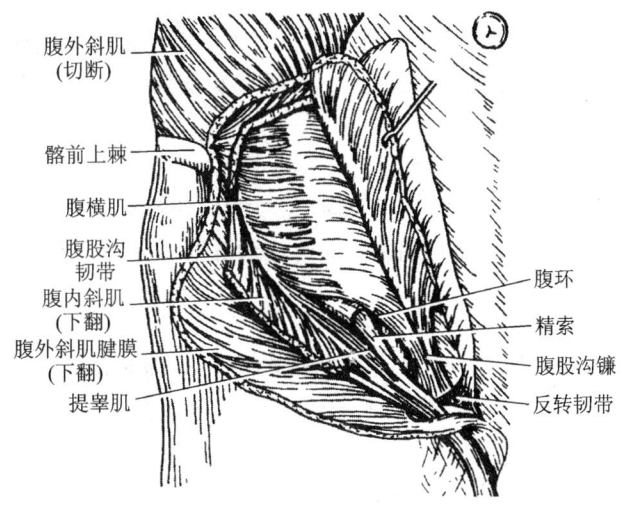

图3-65　腹股沟管

（五）盆底肌

盆底肌指的是封闭小骨盆下口的诸肌，主要有肛提肌，会阴浅、深横肌和尿道括约肌等。

三、头肌

头肌分为面肌和咀嚼肌两部分（图3-66）。

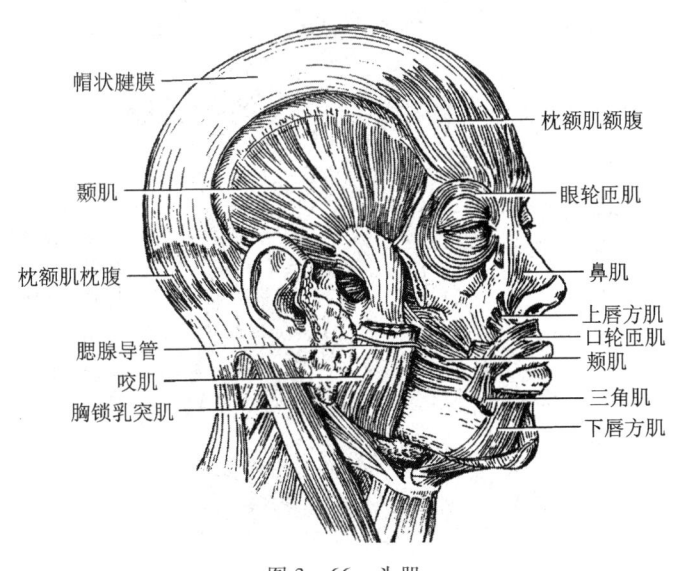

图3-66　头肌

（一）面肌

面肌（facial muscles）多起自颅骨，止于面部皮肤，位置表浅，主要分布于口裂、眼裂和鼻孔周围，舒缩时可使孔裂开大或关闭，同时牵动皮肤，显示出各种不同的表情，故又称**表情肌**。面肌包括：

1. **枕额肌**（occipitofrontalis） 位于颅盖中线的两侧，它由前、后两个肌腹和中间的帽状腱膜构成。两个肌腹分别为位于额部和枕部皮下的额腹和枕腹，收缩时提睑扬眉，形成额纹，并紧张帽状腱膜。
2. **眼轮匝肌**（orbicularis oculi） 环绕于睑裂周围，收缩时可使睑裂闭合。
3. **口轮匝肌**（orbicularisoris） 位于口裂周围，收缩时使口裂闭合。
4. **颊肌**（buccinator） 位于面颊深部，收缩时使颊部紧贴牙和牙龈，协助咀嚼和吸吮。

（二）咀嚼肌

咀嚼肌（masticatory muscles） 位于颞下颌关节周围，收缩时使其运动。
1. **颞肌**（temporalis） 呈扇形起自颞窝，止于下颌支的冠突。
2. **咬肌**（masseter） 起自颧弓，止于下颌角外侧面。

此二肌收缩，均可上提下颌骨，使牙咬合。

此外，还有翼内肌和翼外肌。两侧翼内、外肌交替收缩，使下颌向左、右移动，做研磨动作。

四、颈肌

颈肌分成浅、深两群（图3-67）。

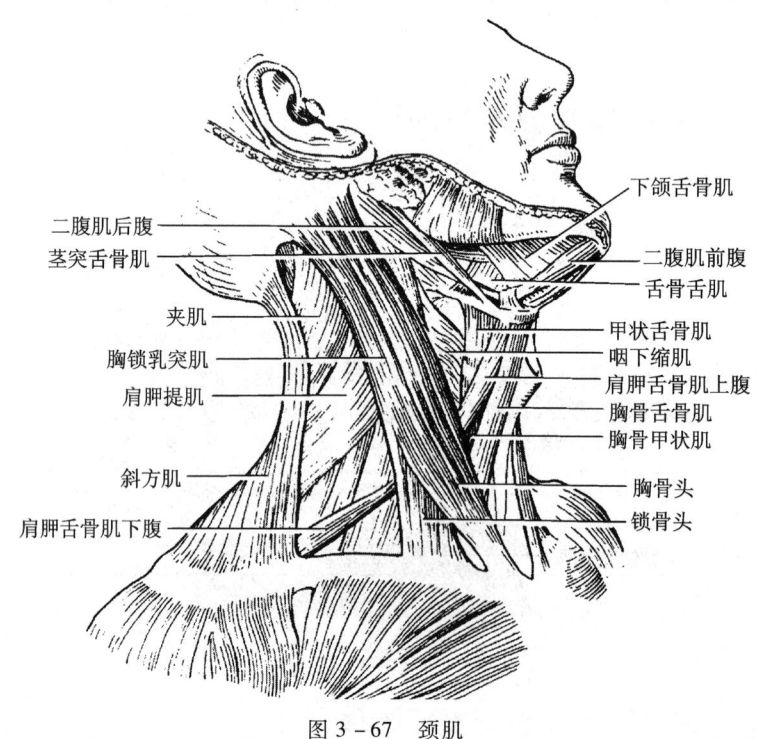

图3-67 颈肌

1. 浅群

（1）**颈阔肌**（platysma） 位于颈前部两侧的浅筋膜内，薄而宽阔，收缩时降口角，并使颈部皮肤出现皱纹。

（2）**胸锁乳突肌**（sternocleidomastoid） 起于胸骨柄和锁骨的胸骨端，止于颞骨乳突，位置表浅，是重要的肌性标志。一侧收缩时，头偏向同侧，面部转向对侧；双侧同时收缩使头后仰。

（3）**舌骨上、下肌群** 舌骨上肌群位于舌骨与下颌骨和颅底之间，收缩时下降下颌骨（张口），并可上提舌骨，协助吞咽；舌骨下肌群位于舌骨下方，颈前正中线两侧，覆于喉、气管及甲状腺的前方，收缩时使舌骨和喉下降，并能提喉向上以配合吞咽和发音。

2. 深群 颈肌深群主要有前、中、后斜角肌，均起自颈椎横突。其中，前、中斜角肌止于第1肋，前、中斜角肌与第1肋之间的间隙构成**斜角肌间隙**，内有臂丛和锁骨下动脉通过。后斜角肌止于第2肋。它们收缩时上提第1肋和第2肋，协助深吸气。

五、四肢肌

（一）上肢肌

上肢肌按部位分为肩肌、臂肌、前臂肌和手肌（图3-68）。

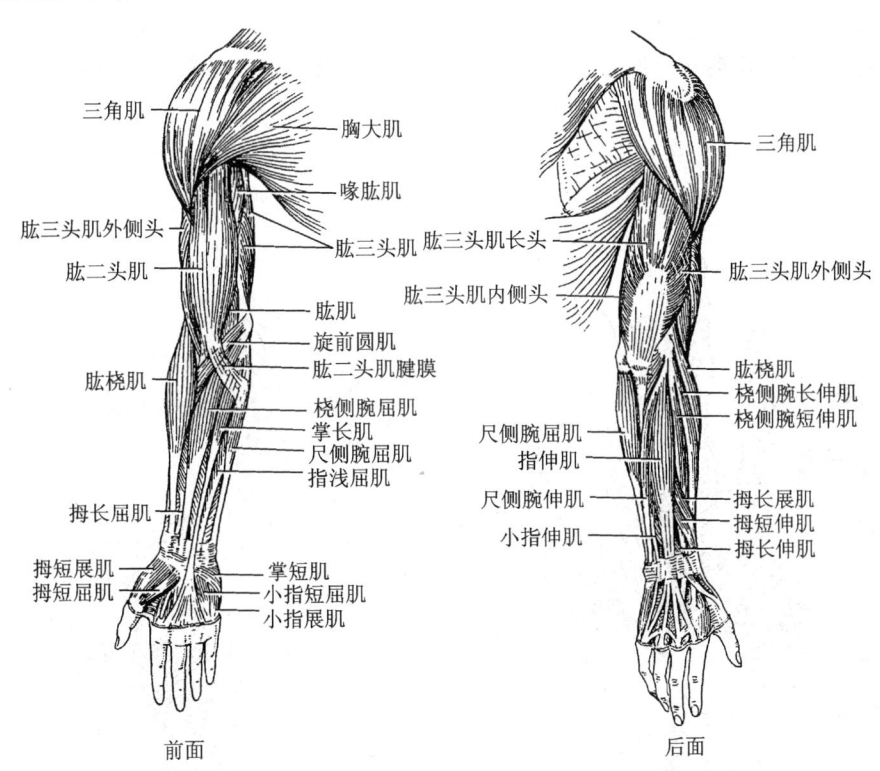

图3-68 上肢肌

1. 肩肌 分布于肩关节周围，包括**三角肌**、冈上肌、冈下肌、小圆肌、大圆肌和**肩胛下肌**。它们起于锁骨和肩胛骨，止于肱骨，能运动肩关节，并增强肩关节的稳固性。**三角肌**

包盖在肩关节,除下内侧的各方面,形成肩部圆隆的外形,起自锁骨外侧段、肩峰和肩胛冈,止于肱骨的三角肌粗隆。收缩时使肩关节外展。三角肌的上 1/3 部分肌较厚,深部无大的神经和血管通过,为肌内注射的常用部位。若在其下后部进针易伤及其深面的桡神经。

2. **臂肌**　分布于肱骨周围,分前、后两群。前群有**肱二头肌**、**肱肌**和**喙肱肌**;后群即**肱三头肌**(图 3 - 68)。

(1) **肱二头肌**(biceps brachii)　呈梭形,以长、短两个头分别起自肩胛骨关节盂上方和喙突,两个头合成一个肌腹,经肘关节前方,止于桡骨粗隆,该肌在臂前方呈现一明显的肌性隆起。其作用是屈肘关节,并可协助屈肩关节,前臂处于旋前位时,还可使前臂旋后。

(2) **肱三头肌**(triceps brachii)　起端有 3 个头,长头起自肩胛骨关节盂下方,内侧头和外侧头均起自肱骨背面,三头合成肌腹后,以肌腱止于尺骨鹰嘴。肱三头肌收缩时伸肘关节,长头还能使肩关节伸和内收。

3. **前臂肌**　位于尺、桡骨周围,分前、后两群。

(1) **前群**　共 9 块,其中浅层 6 块,自桡侧至尺侧依次为**肱桡肌**、**旋前圆肌**、**桡侧腕屈肌**、**掌长肌**、**指浅屈肌**和**尺侧腕屈肌**;深层 3 块,桡侧有**拇长屈肌**,尺侧有**指深屈肌**和位于尺、桡骨远段前面的**旋前方肌**。它们收缩时可屈腕、屈指,并使前臂旋前。

(2) **后群**　共 10 块,其中浅层 5 块,自桡侧向尺侧依次为**桡侧腕长伸肌**、**桡侧腕短伸肌**、**指伸肌**、**小指伸肌**和**尺侧腕伸肌**;深层 5 块,自上而下,由桡侧向尺侧依次为**旋后肌**、**拇长展肌**、**拇短伸肌**、**拇长伸肌**和**示指伸肌**。后群肌收缩时伸腕、伸指,并使前臂旋后。

4. **手肌**　手肌短小,集中分布于手的掌面,主要运动手指,分外侧、内侧和中间 3 群(图 3 - 69)。

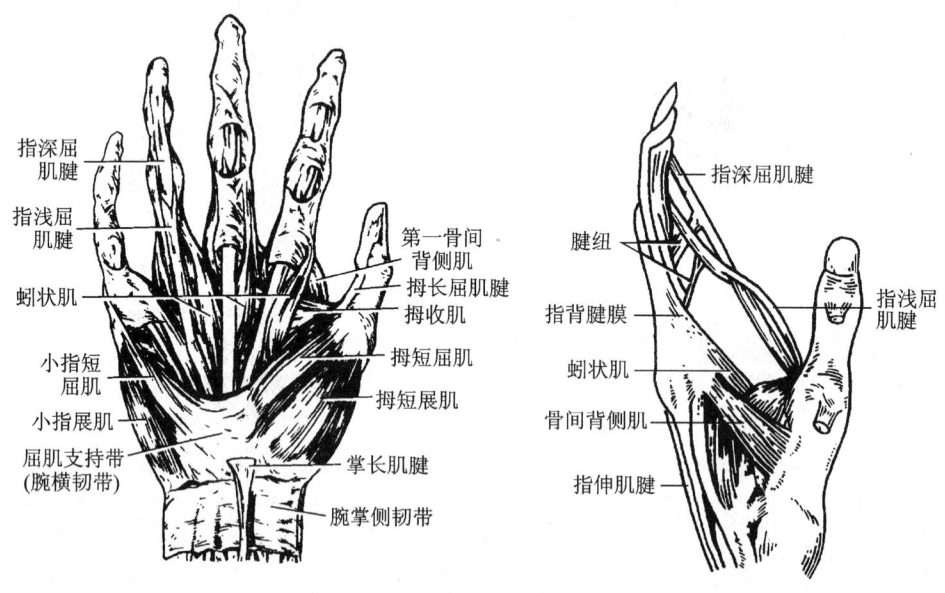

图 3 - 69　手肌

(1) 外侧群 共4块,形成手掌外侧丰满的隆起称为**鱼际**,能使拇指做屈、收、展和对掌等运动。

(2) 内侧群 共3块,形成手掌内侧丰满的隆起称为**小鱼际**,能使小指做屈、展和对掌运动。

(3) 中间群 共11块,位于掌心及掌骨间。其中,**蚓状肌**4块,可屈掌指关节、伸指骨间关节;**骨间肌**7块,具有内收和外展手指的作用。

(二) 下肢肌

下肢肌较上肢肌粗大,这与维持直立姿势、支持体重和行走相适应。下肢肌按部位分为髋肌、大腿肌、小腿肌和足肌四部分。

1. 髋肌 分布于髋关节周围,分前、后两群,主要运动髋关节。

(1) 前群 主要有**髂腰肌**(iliopsoas),它由**腰大肌**和**髂肌**组成。**腰大肌**(psoas major)起自腰椎体侧面和横突,**髂肌**(iliacus)起自髂窝,两肌汇合向下,经腹股沟韧带深面止于股骨小转子。收缩时可使髋关节前屈和旋外,当下肢固定时,可使躯干前屈。

(2) 后群 又称**臀肌**,主要有臀大、中、小肌和梨状肌(图3-70)。**臀大肌**(gluteus maximus)为臀部最大的一块肌,位置表浅,形成臀部隆起。该肌起自骶骨背面和髂骨翼外面,肌束平行斜向外下,止于股骨的臀肌粗隆。收缩时使髋关节后伸和旋外,在人体直立时可防止躯干前倾。臀大肌的外上部为肌内注射的常用部位。**臀中肌**(gluteus medius)位于臀部外上方,大部分被臀大肌覆盖;**臀小肌**(gluteus minimus)位于臀中肌深面。两肌收缩使髋关节外展。**梨状肌**(piriformis)位于臀中肌内下方,起自骶骨前面,穿坐骨大孔出盆腔,止于股骨大转子,收缩时使髋关节旋外。坐骨大孔被梨状肌分隔成梨状肌上孔和梨状肌下孔,孔内有血管和神经通过。

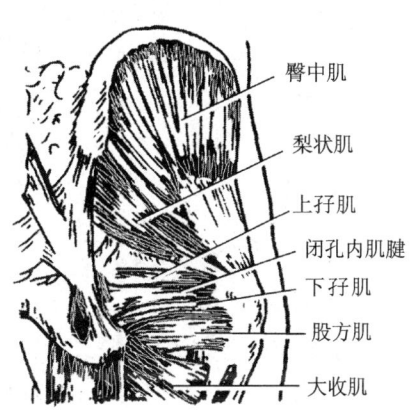

图3-70 臀肌

2. 大腿肌 位于股骨周围,分前、后和内侧3群(图3-71)。

(1) 前群 位于大腿前面,有缝匠肌和股四头肌。**缝匠肌**(sartorius)是人体最长的肌,呈扁带状,起自髂前上棘,斜向内下方,止于胫骨上端内侧面,具有屈髋、膝关节的作用。**股四头肌**(quadriceps femoris)是全身最大的肌,共有4个头,即股直肌、股内侧肌、股外侧肌和股中间肌,其中股直肌起自髂前下棘,余三肌均起自股骨粗线,它们共同向下移行为股四头肌腱,包绕髌骨后续为髌韧带,止于胫骨粗隆。股四头肌收缩时可伸膝关节,是维持人体直立及行走的重要肌肉。髌韧带是检查腱反射的常用部位。

(2) 内侧群 位于大腿内侧,有**耻骨肌**、**长收肌**、**股薄肌**、**短收肌**和**大收肌**。该群肌收缩时使髋关节内收。

(3) 后群 位于大腿后面,自外侧向内侧依次为**股二头肌**、**半腱肌**和**半膜肌**,收缩时可屈膝关节、伸髋关节。

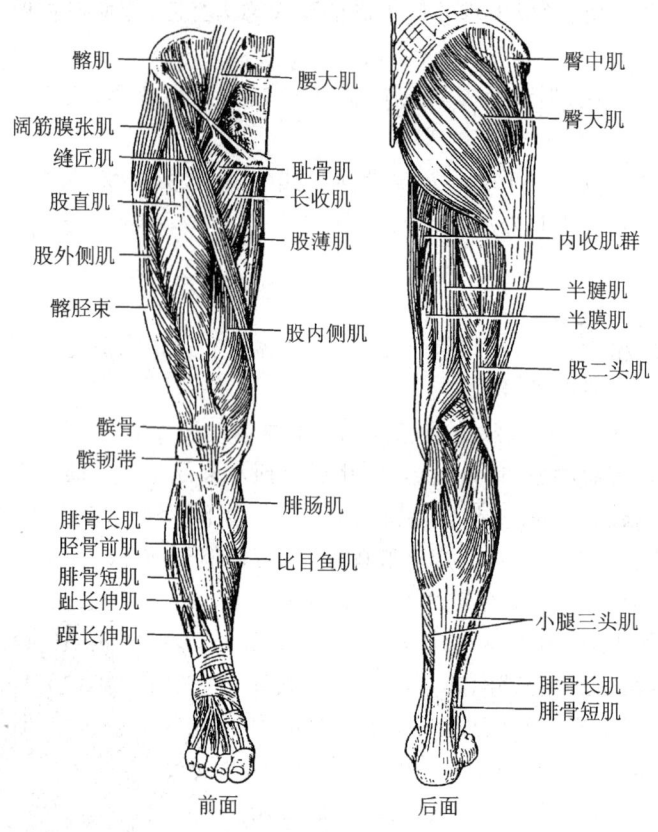

图 3-71 下肢肌

3. **小腿肌** 分布于胫、腓骨周围,分前、后和外侧3群(图3-71)。

(1)前群 位于小腿前面,自胫侧向腓侧依次有**胫骨前肌**、**姆长伸肌**(extensor hallucis longus)和**趾长伸肌**(extensor digitorum longus),它们都有伸踝关节的作用。姆长伸肌伸姆趾,趾长伸肌可伸2~5趾,胫骨前肌还可使足内翻。

(2)外侧群 位于小腿外侧,有**腓骨长肌**和**腓骨短肌**,具有屈踝关节和使足外翻的作用。

(3)后群 位于小腿后方,分浅、深两层,浅层有由**腓肠肌**和**比目鱼肌**组成的**小腿三头肌**。腓肠肌的2个头起自股骨内、外侧髁,比目鱼肌在其深面起自胫、腓骨上端的后面,两肌向下汇合成粗大的跟腱,止于跟骨结节。小腿三头肌收缩时屈踝关节(跖屈)、屈膝关节和上提足跟。在站立时,能固定踝关节和膝关节,以防止身体向前倾斜。深层有3块肌,由胫侧向腓侧依次为**趾长屈肌**、**胫骨后肌**和**姆长伸肌**,作用是屈趾、屈踝关节和使足内翻。

4. **足肌** 足肌分为足背肌和足底肌。足背肌协助伸趾,足底肌协助屈趾和维持足弓(图3-72)。

(三)四肢的局部结构

1. **腋窝**(axillary fossa) 为位于胸外侧壁与臂上部之间的锥形腔隙,上肢的血管、神经由此通过,此外,还有脂肪、淋巴结和淋巴管等。

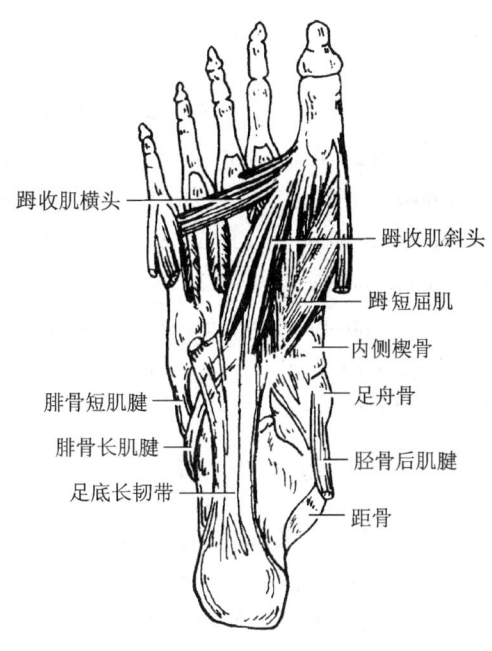

图 3-72 足肌

2. **肘窝**(cubital fossa) 为位于肘关节前方的三角形浅窝,窝内主要结构有肱二头肌腱、肱动脉、肱静脉和正中神经。

3. **股三角**(femoral triangle) 位于大腿前上部,由腹股沟韧带、缝匠肌内侧缘和长收肌内侧缘围成的三角形区域,内有股血管、股神经和股管通过。

4. **腘窝**(popliteal fossa) 位于膝关节后方,呈菱形,内有腘血管、胫神经和腓总神经通过。

六、全身主要肌性标志

全身主要肌性标志有:斜方肌、背阔肌、竖脊肌、腹直肌、咬肌、胸锁乳突肌、三角肌、肱二头肌、肱三头肌、肱二头肌肌腱、桡侧腕屈肌肌腱、掌长肌腱、尺侧腕屈肌腱、臀大肌、股四头肌、小腿三头肌、髌韧带和肌腱。

The purpose of learning surface anatomy is to determine the position and relationship of different organs by observing or touching bone and muscle markers, as well as drawing lines on body surface. Surface anatomy is profit for checking, treatment and the location, direction, angle and depth of nursing technology. It is important to perform nursing operation safely, accurately and quickly understanding surface anatomy skilled. The best learning method of surface anatomy is to combine theory, living body and specimens, while the best learning tool is own fingers and eyes for touching and observing.

Anatomy deals with structure and no description or illustration can surpass individual observations of the three dimensional structure. The capacity to be observant is essential to clinical diagnosis. Studying anatomy should be aimed at discovering the logic and architectural necessities that eliminate the need for rote memorization. Because anatomy is structural, it is a visual science. The dissection of the cadaver and repeated observation of living body become the major mechanism of learning, the goal and reward. To determine the position and relationship of different organs, this preparation is much like studying a road map before taking a trip. The next step is the reading about the relevant region in the textbook to answer any questions that arise. In general, the overview was intended to prepare the nursing student for the basal theory and technique to be covered in the nursing technology, where the surface anatomy is really learned.

思 考 题

1. 围成颅腔的骨有哪几块？颅底内面有哪些主要的孔裂？
2. 什么是鼻旁窦？有哪几对？分别位于何处？开口于何部位？
3. 肩关节是怎样构成的？有哪些结构特点？可做哪些运动？
4. 骨盆是怎样构成的？什么叫界限？骨盆有什么作用？
5. 膝关节是怎样构成的？有哪些辅助结构？分别起什么作用？
6. 躯干骨和肢带骨（锁骨、肩胛骨和髋骨）均位于躯干，你能摸到哪些骨性标志？
7. 浅筋膜位于何处？是怎样构成的？浅筋膜内含哪些结构？
8. 深呼吸有哪些肌参与？
9. 膈的裂孔和位置，膈裂孔有什么结构通过？
10. 腹直肌鞘是怎样构成的？
11. 分别经脐下 3 cm 和 7 cm 处腹直肌打开腹壁各经过哪些结构？
12. 张口和闭口及研磨运动有哪些肌参与？
13. 肩关节向前下方脱位的形态学原因有哪些？
14. 肩关节运动的肌肉主要有哪些？
15. 使膝关节屈、伸的肌肉有哪些？
16. 小腿前群和外侧群肌瘫痪，为什么足呈"马蹄内翻足"？

（纪长伟　马　萍　于　宁）

第四章 消化系统

学习目标

1. 掌握内脏的概念,胸、腹部的标志线和腹部分区。
2. 掌握消化系统的组成和主要功能。
3. 掌握咽峡的组成,腭扁桃体的位置,舌的主要形态。
4. 掌握咽的形态、分部、结构及各部的交通。
5. 掌握食管的位置和3处生理狭窄。
6. 掌握胃的形态、分部和位置。
7. 掌握小肠的分部和主要形态。
8. 掌握大肠的形态特点、分部和位置,阑尾的位置及其根部的体表投影。
9. 掌握肝的主要形态和位置。
10. 掌握输胆管道的组成及开口部位。
11. 掌握胰的形态、位置和胰管的开口部位。
12. 熟悉直肠的位置、形态结构及肛管结构。
13. 熟悉胆囊的形态、分部、位置及胆囊底的体表投影。
14. 了解口腔的分部,牙的形态、结构和牙式。
15. 了解大唾液腺的位置及腺管开口。
16. 了解消化管的一般构造。
17. 了解腹膜及腹膜腔的概念。

第一节 概　　述

消化系统(alimentary system)由消化管和消化腺两部分组成(图4-1),主要功能是消化食物,吸收营养,排出食物残渣。咽和口腔还参与呼吸和语言的活动。

消化管是从口腔到肛门粗细不等的连续性管道,包括口腔、咽、食管、胃、小肠(十二指肠、空肠、回肠)和大肠(盲肠、阑尾、结肠、直肠、肛管)。

临床上通常把口腔到十二指肠的这一段消化管称为**上消化道**,把空肠以下消化管称为**下消化道**。

消化腺有两种:大消化腺包括3对大唾液腺、肝脏和胰腺,小消化腺是消化管壁内的许多小腺体,如小唾液腺、胃腺和肠腺等。其分泌的消化液排入消化管腔内,对食物进行化学性消化。

消化系统大部分器官位于胸腔和腹腔内,为了便于描述内脏器官的正常位置和体表投影,常在胸、腹部体表确定若干标志线和分区(图4-2)。

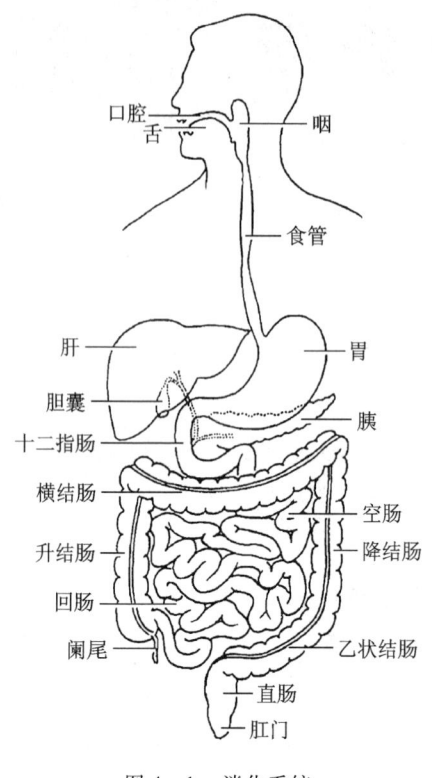

图4-1 消化系统

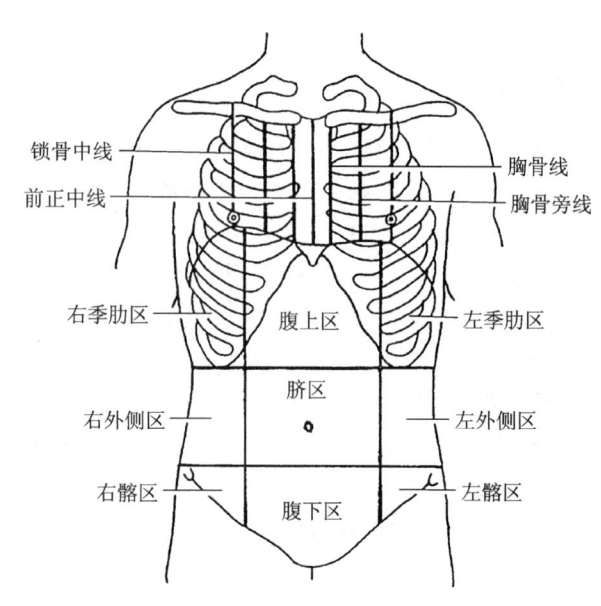

图4-2 腹部的分区

一、胸部的标志线

1. 前正中线　沿身体前面正中所作的垂直线。
2. 胸骨线　沿胸骨外侧缘所作的垂直线。
3. 锁骨中线　通过锁骨中点所作的垂直线,通过男性乳头。
4. 胸骨旁线　在胸骨线与锁骨中线之间连线中点所作的垂直线。
5. 腋前线　通过腋前(皱)襞中点所作的垂直线。
6. 腋后线　通过腋后(皱)襞中点所作的垂直线。
7. 腋中线　通过腋前、后线之间连线中点所作的垂直线。
8. 肩胛线　通过肩胛骨下角所作的垂直线。
9. 后正中线　沿身体后面正中所作的垂直线。

二、腹部的分区

为了便于描述腹腔脏器的位置及疼痛或肿块的部位,将腹部划分为若干个区,常用的分区法有"九分法"和"四分法"。

1. 九分法　在腹部前面,用两条横线和两条纵线将腹部分成3部9个区。上横线一般采用通过两侧肋弓最低点的连线,下横线多采用通过两侧髂结节的连线;两条纵线为通过两侧腹股沟韧带中点所作的垂直线。上述 4 条线相交将腹部分为 9 个区:将上腹部分为中间的**腹上区**和两侧的**左、右季肋区**;中腹部分为中间的**脐区**和两侧的**左、右腹外侧区(腰区)**;下腹部分为中间的**腹下区(耻区)**和两侧的**左、右腹股沟区(髂区)**(图 4-2)。

2. **四分法** 通过脐作横线和垂直线,将腹部分为**右上腹、左上腹、右下腹、左下腹** 4 个区。

第二节 消 化 管

一、消化管壁的微细结构

消化管除口腔与咽外,其管壁结构一般均可分为 4 层,由内到外分别为黏膜、黏膜下层、肌层和外膜(图 4-3)。

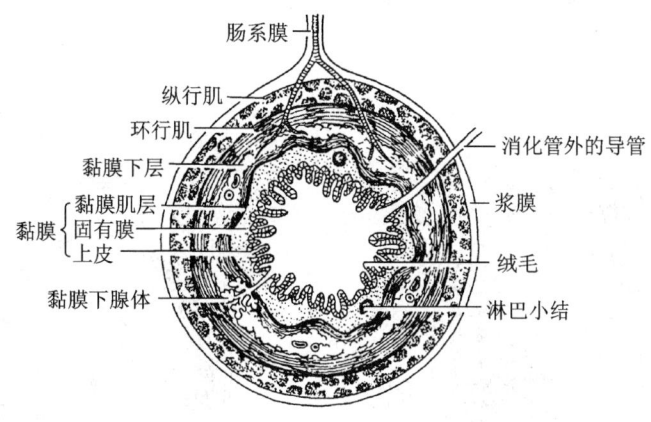

图 4-3 消化管壁的微细结构

1. **黏膜** 位于管壁的最内层,是进行消化吸收活动的重要部位。黏膜可分为上皮、固有层和黏膜肌层。

(1) **上皮** 上皮衬在消化管腔的内表面。消化管的两端(口腔、咽、食管及大肠末端等)为复层扁平上皮,能耐受食物和残渣的摩擦;胃、肠道的上皮均为单层柱状上皮,以消化、吸收功能为主。

(2) **固有层** 固有层由疏松结缔组织构成,内有小腺体、血管、神经、淋巴管和淋巴组织。

(3) **黏膜肌层** 黏膜肌层由薄层平滑肌构成,黏膜肌层收缩时,使黏膜微弱地运动,有助于血液运行、腺分泌物的排出和营养物质的吸收。

2. **黏膜下层** 由较致密的结缔组织构成,含有较大的血管、淋巴管和黏膜下神经丛。由于黏膜下层结构疏松,有利于黏膜和肌层的活动。

黏膜和黏膜下层共同突入管腔内,形成环行或纵行的皱襞,扩大了黏膜的表面积。在食管及十二指肠的黏膜下层分别有食管腺和十二指肠腺。

3. **肌层** 消化管除口腔、咽、食管上段和大肠末端(肛门)的肌层为骨骼肌外,其余均为平滑肌。肌层一般分内、外两层,内层的肌纤维呈环行排列,外层的肌纤维呈纵行排列。某些部位的环行肌增厚,构成括约肌。两层间有肌间神经丛,调节肌层的运动。肌层的收缩与舒张,使消化管产生多种形式的运动,将消化管中的内容物向下推进,并与消化液充分混合,促进消化和吸收。

4. 外膜　咽、食管、直肠下段的外膜由薄层结缔组织构成,称为纤维膜。胃、小肠和部分大肠的外膜由结缔组织和间皮共同构成,称为浆膜。浆膜表面光滑,可减少器官运动时相互之间的摩擦。

二、口腔

口腔(oral cavity)是消化管的起始部,向前经口裂通外界,向后经咽峡与咽相连。口腔前壁为上、下唇,两侧壁为颊,上壁为腭,下壁为口腔底。口腔内有牙、舌等器官。口腔以上、下牙弓(包括牙槽突、牙列)和牙龈分为**口腔前庭**和**固有口腔**两部分(图4-4)。当上、下牙列咬合时,口腔前庭仅可经第3磨牙后方的间隙相通,临床上患者牙关紧闭时可经此插管或注入营养物质。

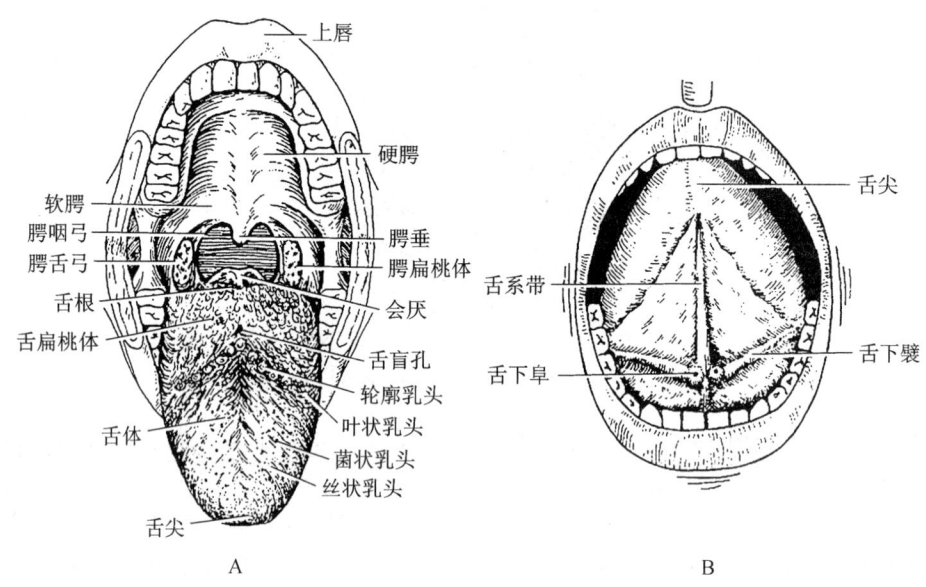

图4-4　口腔
A. 口腔及咽峡;B. 口腔底及舌下面

(一)唇和颊

口唇(oral lips)和**颊**(cheek)均由皮肤、皮下组织、肌(口轮匝肌、颊肌等)及黏膜组成。上、下唇间的裂隙称为**口裂**,其结合处称为**口角**。口唇的游离缘是皮肤与黏膜的移行部,称为唇红,唇红是体表毛细血管最丰富的部位之一,呈红色,当缺氧时则成绛紫色,临床上称为发绀。上唇两侧以弧形的鼻唇沟与颊分界。面神经麻痹的病人,鼻唇沟变浅或消失。在上唇表面正中线处有一纵行浅沟,称为**人中**(philtrum)。人中是人类特有的结构,昏迷患者急救时常在此处进行指压或针刺。

(二)腭

腭(palate)构成口腔的上壁,分隔鼻腔和口腔。腭分前2/3的硬腭及后1/3的软腭。**硬腭**以骨腭为基础,表面覆以黏膜,黏膜与骨紧密结合。**软腭**由骨骼肌和黏膜构成,其后部斜向后下,称为**腭帆**。腭帆后缘游离,中央有一向下突起,称为**腭垂**(又称悬雍垂)。自腭帆向两侧各有两条弓形皱襞,前方一对向下延续与舌根,称**腭舌弓**,后方一对向下延至咽侧壁,称**腭咽弓**。腭垂、腭帆游离缘、左右腭舌弓及舌根共同围成**咽峡**(isthmus offauces),咽峡是口腔和咽的分界。

(三)牙

牙(teeth)嵌于上、下颌骨的牙槽内,是人体最坚硬的器官,具有咀嚼食物和辅助发音等作用。

1. 牙的形态 每个牙在外形上可分为牙冠、牙颈和牙根三部分(图4-5)。暴露在口腔内的称为**牙冠**,嵌于牙槽内的称为**牙根**,介于牙冠与牙根交界部分称为**牙颈**。每个牙根有**牙根尖孔**通过**牙根管**与牙冠内较大的**牙冠腔**相通,牙根管与牙冠腔合称为**牙腔**或**髓腔**,其内容纳牙髓。

2. 牙的分类 根据形态和功能,成人牙可分为切牙、尖牙、前磨牙和磨牙。**切牙**(incisor)牙冠呈凿形,**尖牙**(canine teeth)牙冠呈锥形,它们都只有1个牙根。**前磨牙**(premolar)牙冠呈方圆形,一般也只有1个牙根。**磨牙**(molar)牙冠最大,呈方形,上颌磨牙有3个牙根,而下颌磨牙只有2个牙根。

人的一生换一次牙。第一套牙称为**乳牙**(deciduous teeth),一般在出生后6~7个月开始萌出,3岁左右出全,共20个。第二套牙称**恒牙**(permanent teeth),6~7岁时乳牙开始脱落,恒牙中的第1磨牙首先长出,12~14岁逐步出全并替换全部乳牙。而第3磨牙萌出最迟,称为迟牙,到成年后才长出,有的甚至终身不出,因此,恒牙数28~32个均属正常。

3. 牙的排列 乳牙在上、下颌的左、右半侧各5个,共20个。恒牙在上、下颌的左、右半侧各7~8个,共28~32个。临床上为了记录牙的位置,常以人的方位为准,以"十"记号划分4区,表示左、右侧及上、下颌的牙位,并以罗马数字Ⅰ~Ⅴ表示乳牙,用阿拉伯数字1~8表示恒牙。如十^{Ⅳ}表示左上颌第1乳磨牙。$_6$十表示右下颌第1恒磨牙(图4-6,图4-7)。

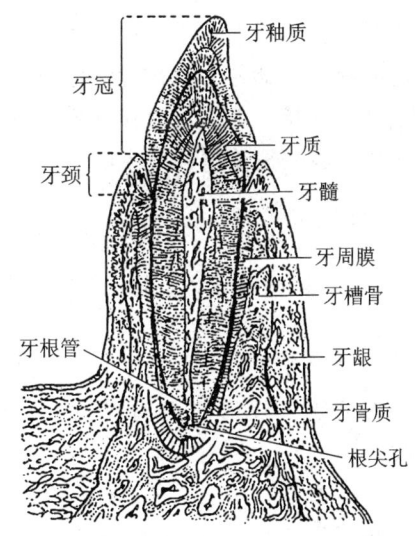

图4-5 下颌切牙矢状切面

4. 牙组织 牙由**牙本质**、**牙釉质**、**牙骨质**和**牙髓**组成。牙本质构成牙的大部分。在牙冠部的牙本质表面覆有坚硬洁白的釉质。在牙颈和牙根部的牙本质外面包有牙骨质。牙腔内有牙髓,由神经、血管和结缔组织共同构成。牙髓发炎时常可引起剧烈疼痛。

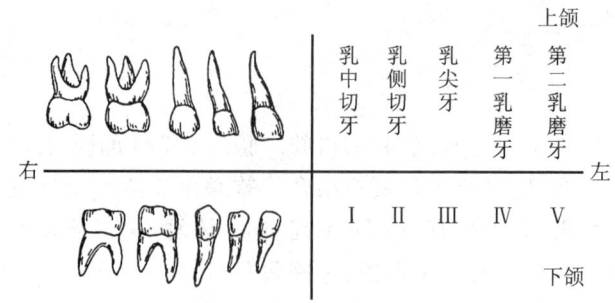

图 4-6 乳牙的名称和符号

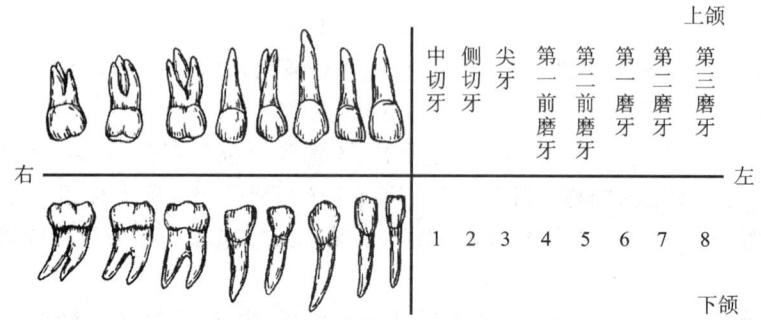

图 4-7 恒牙的名称和符号

5. **牙周组织** 包括**牙周膜**、**牙槽骨骨膜**和**牙龈**3部分，对牙起保护、固定和支持的作用。牙周膜是介于牙根和牙槽骨之间的致密结缔组织，固定牙根，并可缓冲咀嚼时的压力。牙龈是口腔黏膜的一部分，血管丰富，包被牙颈，与牙槽骨的骨膜紧密相连。如果牙周组织发炎，易使牙松动。老年人由于牙龈和骨膜的血管萎缩，营养降低，牙根萎缩，牙逐渐松动，以致脱落，随后牙槽骨也逐渐萎缩和被吸收。

（四）舌

舌(tongue)位于口腔底，是肌性器官，表面覆有黏膜。舌具有协助咀嚼、吞咽食物，感受味觉和辅助发音的功能。

1. **舌的形态** 舌分舌尖、舌体和舌根3部分（图4-4），并有上、下两面。舌上面称**舌背**，其后部可见"∧"形的**界沟**，其将舌分为前2/3的**舌体**和后1/3的**舌根**。舌体的前端称为**舌尖**。

2. **舌黏膜** 呈淡红色，覆于舌的表面。在舌背黏膜上有许多小突起，称为**舌乳头**（图4-4），按形状可分为四种：① **丝状乳头**，数量最多，分布于舌背前2/3，呈白色。② **菌状乳头**，形体较大，呈鲜红色，位于舌尖及舌体两侧缘。③ **轮廓乳头**，最大，排列于界沟前方，有7~11个，乳头中央隆起，周围有环状沟。④ **叶状乳头**，位于舌外侧缘后部，人类不发达。除丝状乳头具有一般感觉功能外，其他舌乳头均含有味觉感受器，称味蕾，能感受甜、酸、苦、咸等味觉。在舌背根部的黏膜内，有许多由淋巴组织集聚而成的突起，称为**舌扁桃体**。

舌下面的黏膜在舌的中线处有连于口腔底的黏膜皱襞,称为**舌系带**。在舌系带根部的两侧有一对小圆形隆起,称为**舌下阜**,是下颌下腺管和舌下腺大管的开口处。舌下阜向后外侧延续成舌下襞,舌下腺位于舌下襞深面,舌下腺小管开口于舌下襞表面。

3. **舌肌** 为骨骼肌,可分为舌内肌和舌外肌。**舌内肌**起止均在舌内,其肌纤维分纵行、横行和垂直3种,其收缩时,分别可使舌缩短、变窄或变薄。**舌外肌**起自舌外止于舌根,共有4对,包括颏舌肌、颏舌骨肌、舌骨舌肌和茎突舌肌等。其中**颏舌肌**(图4-8)在临床上较重要,起自下颌骨的颏棘,肌纤维呈扇状进入舌内,止于舌中线两侧。两侧颏舌肌同时收缩,拉舌变薄,使舌伸向前下方(伸舌);一侧颏舌肌收缩,使舌尖伸向对侧。如一侧颏舌肌瘫痪,伸舌时健侧颏舌肌收缩使舌尖歪向瘫痪侧。

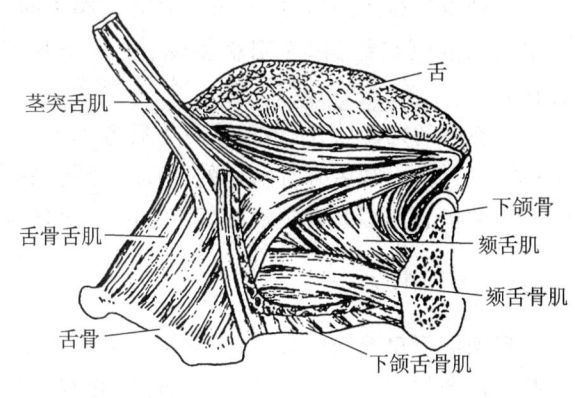

图4-8 舌外肌

三、咽

咽(pharynx)是一个前后略扁的漏斗形肌性管道,位于第1～6颈椎的前方,上起颅底,下达第6颈椎下缘,移行于食管。咽的后壁及侧壁完整,其前壁分别与鼻腔、口腔和喉腔相通。咽是消化道与呼吸道的共同通道,以软腭与会厌上缘为界,咽分为鼻咽、口咽和喉咽(图4-9)。

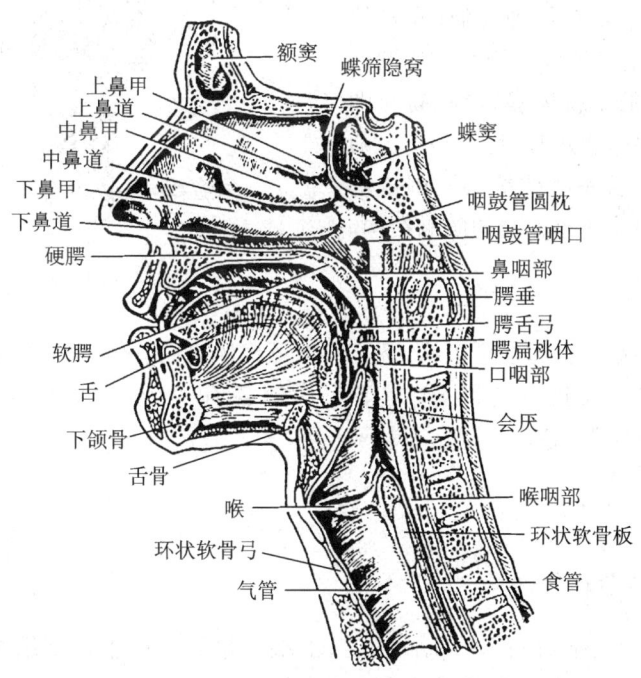

图4-9 头颈部(正中矢状切面)

(一) 鼻咽

鼻咽位于鼻腔的后方,介于颅底与软腭之间,向前经鼻后孔与鼻腔相通。顶壁后部黏膜下有丰富的淋巴组织,称为**咽扁桃体**,在婴幼儿较发达,6~7 岁开始萎缩,至 10 岁基本完全退化。

在鼻咽的两侧壁,相当于下鼻甲后方 1.5 cm 处各有一个**咽鼓管咽口**,借咽鼓管通中耳鼓室;该口的前、上和后方有明显的半环形隆起,称为**咽鼓管圆枕**,它是咽鼓管吹张术时寻找咽鼓管咽口的标志。咽鼓管圆枕的后上方有一凹陷,称为**咽隐窝**,是鼻咽癌的好发部位。

(二) 口咽

口咽位于口腔的后方,介于软腭与会厌上缘之间,向上通鼻咽,向下通喉咽,向前经咽峡通口腔。口咽的前壁主要为舌根后部,在此有一黏膜皱襞与会厌相连,称为**舌会厌正中襞**,襞两侧的凹陷称为**会厌谷**,异物常可停留此处。口咽外侧壁在腭舌弓与腭咽弓之间的凹陷称为**扁桃体窝**,容纳腭扁桃体(图 4-10)。

腭扁桃体(palatine tonsil) 是由淋巴组织与上皮紧密连接构成的淋巴上皮器官。腭扁桃体内侧面朝向咽腔,表面有黏膜被覆,黏膜内陷形成 10~20 个小凹,称**扁桃体小窝**。

腭扁桃体发炎时常有红肿疼痛,扁桃体小窝可有脓液。腭扁桃体外侧面和前后两面均被结缔组织构成的扁桃体囊包绕,囊与咽壁连结疏松,故扁桃体切除时,易于剥离。咽扁桃体、腭扁桃体和舌扁桃体等共同围成**咽淋巴环**,是呼吸道和消化道上端的防御结构。

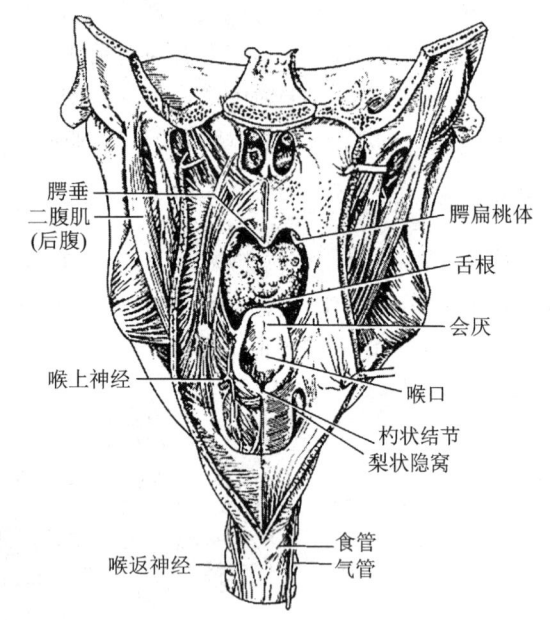

图 4-10 咽的后面观

(三) 喉咽

喉咽位于喉的后方,上起会厌上缘,下至第 6 颈椎体下缘,平面移行于食管,向前经喉口通喉腔。喉咽是咽腔中最狭窄的部分,在喉口两侧各有一个深凹,称为**梨状隐窝**(piriform recess),为异物滞留的常见部位。

四、食管

(一) 食管的位置和分部

食管(esophagus)为前后扁窄的肌性管道,上端于第 6 颈椎椎体下缘平面续咽,下行穿过膈的食管裂孔,下端约于第 11 胸椎体左侧与胃的贲门相连,全长约 25 cm。按其行程可分为颈部、胸部和腹部 3 部(图 4-11)。**颈部食管**较短,长约 5 cm,自始端至胸骨颈静脉切迹平面。

胸部食管最长,达 18～20 cm,自颈静脉切迹平面至膈的食管裂孔。**腹部食管**最短,长 1～2 cm,自食管裂孔至贲门。

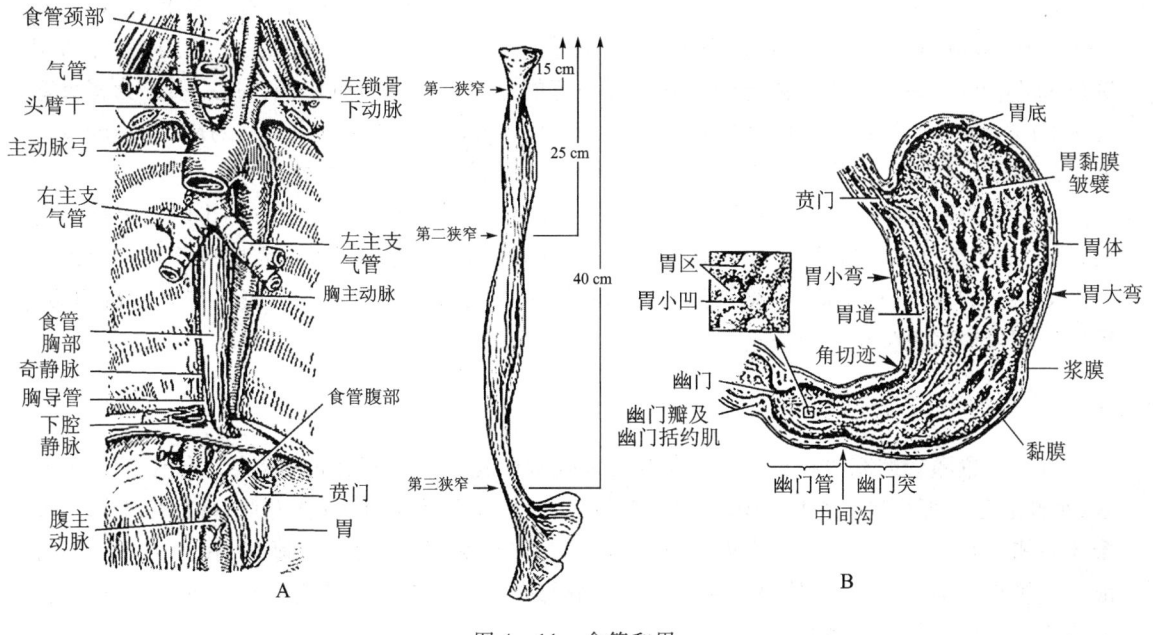

图 4-11 食管和胃
A. 食管(前面观及3处狭窄);B. 胃

(二)食管的狭窄

食管全长有 3 处生理性狭窄(图 4-11A):第一处狭窄在食管的起始处,距切牙约 15 cm。第二处狭窄在食管与左主支气管交叉处,距切牙约 25 cm。第三处狭窄为食管穿过膈的食管裂孔处,距切牙约 40 cm。这些狭窄尤其是第二处狭窄为异物滞留和食管癌的好发部位。当进行食管内插管时,要注意这三处狭窄。

(三)食管的微细结构

食管腔面有 7～10 条纵行的皱襞,食物通过时消失。食管黏膜的上皮为复层扁平上皮,耐摩擦,具有保护作用。黏膜下层含有食管腺,分泌的黏液经导管排入食管腔,起润滑作用。食管的肌层,上段为骨骼肌,中段由平滑肌和骨骼肌混合构成,下段为平滑肌。食管外膜为纤维膜。

五、胃

胃(stomach)是消化管中最膨大的部分,上接食管,下续十二指肠。胃有容纳食物、分泌胃液和初步消化食物,吸收部分水、无机盐等功能。成人胃的容量约为 1 500 ml,新生儿的胃容量约为 30 ml。

(一)胃的形态和分部

胃(图4-11B)有前、后两壁,大、小两弯和入、出两口。上缘凹而短,朝向右上,称**胃小弯**(lesser curvature of stomach),胃钡剂造影时,在胃小弯的最低处可明显见到一切迹,称为**角切迹**(angular incisure),它是胃体与幽门部在胃小弯的分界。下缘凸而长,朝向左下,称为**胃大弯**(greater curvature of stomach)。胃的入口称为**贲门**(cardia),接食管。出口称为**幽门**(pylorus),通十二指肠。在幽门的表面常有缩窄的环形沟,为幽门括约肌所在之处。

胃可分为4部:在贲门附近的部分称为**贲门部**;位于贲门平面向左上方凸出的部分称为**胃底**;胃的中间部分称为**胃体**;位于角切迹与幽门之间的部分称为**幽门部**。在幽门部胃大弯侧有一不太明显的浅沟,称**中间沟**,将幽门部分为右侧呈管状的**幽门管**和左侧较为扩大的**幽门窦**。胃溃疡和胃癌多发生于幽门窦近胃小弯的角切迹处。

(二)胃的位置和毗邻

胃的位置随胃的充盈程度、体位等不同而有所变化。中等充盈时,胃大部分位于左季肋区,小部分位于腹上区。贲门和幽门位置较恒定,贲门位于第11胸椎体左侧,幽门位于第1腰椎体右侧。胃前壁在右侧与肝左叶靠近;在左侧与膈相邻,为左肋弓所遮盖;在剑突下方的胃前壁直接与腹前壁相贴,该处是临床上进行胃触诊的部位。胃后壁与胰、横结肠、左肾和左肾上腺相邻。胃底与膈和脾相邻。

(三)胃壁的构造

胃壁4层结构中的肌层由3层平滑肌构成,外层纵行,中层环行,内层斜行。在幽门处环行肌增厚,形成**幽门括约肌**,有延缓胃内容物排空和防止肠内容物逆流至胃的作用。在婴儿,如果幽门括约肌肥厚,可造成先天性幽门梗阻。

活体胃黏膜柔软,血供丰富,呈淡红色,空虚时形成许多网络状的皱襞。但在胃小弯处有4~5条较为恒定的纵行皱襞。幽门括约肌表面覆有胃黏膜,突入管腔内形成环形皱襞,称为**幽门瓣**。

(四)胃的微细结构

1. **黏膜** 胃空虚时黏膜形成许多皱襞,充盈时皱襞减少、变低。幽门的黏膜突入管腔形成环形皱襞,称幽门瓣。幽门瓣有节制胃内容物进入小肠和防止小肠内容物逆流入胃的作用。胃黏膜表面有许多小窝,称为胃小凹,胃小凹的底部是胃腺的开口处(图4-12)。

(1) **上皮** 为单层柱状上皮,能分泌黏液。黏液覆盖在胃黏膜表面,可防止胃酸损伤胃黏膜和胃蛋白酶对胃的自身消化。

(2) **固有层** 含有大量管状的胃腺。胃腺能分泌胃液,按其分布部位不同,分为贲门腺、胃底腺和幽门腺3种。贲门腺和幽门腺以分泌黏液为主;胃底腺位于胃体和胃底,主要由主细胞和壁细胞构成。

1) **主细胞**:又称胃酶细胞,数量较多。细胞呈柱状,细胞核圆形,位于细胞的基底部。细胞质嗜碱性,内含酶原颗粒。主细胞分泌胃蛋白酶原,胃蛋白酶原经盐酸激活转变成有活性的

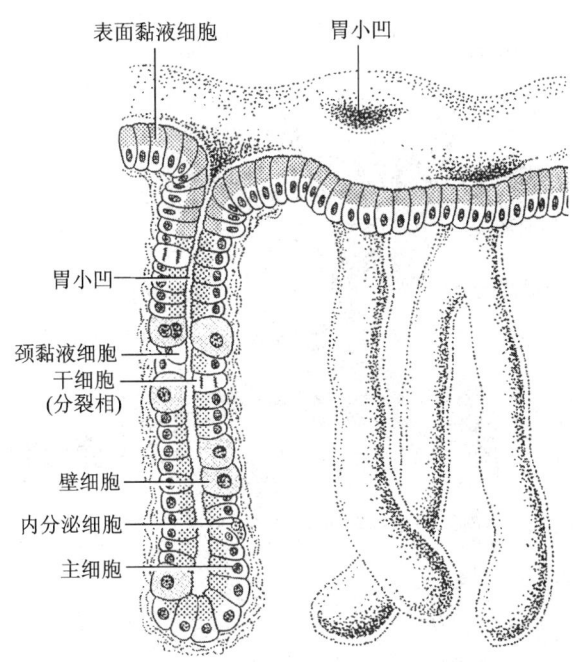

图 4-12 胃的微细结构

胃蛋白酶,参与蛋白质的分解。

2) **壁细胞**:又称泌酸细胞,数量较少。细胞较大,呈圆锥形或圆形,细胞质嗜酸性,细胞核圆形,可有双核,位于细胞的中央。壁细胞能分泌盐酸及内因子。盐酸有激活胃蛋白酶原和杀死胃内细菌等作用。内因子有助于肠上皮对维生素 B_{12} 的吸收。

(3) 黏膜肌层　黏膜肌层较厚,其收缩有助于胃液排出。

2. 肌层　厚而发达,分内斜、中环和外纵 3 层。环行肌在幽门处增厚,形成幽门括约肌。

六、小肠

小肠(small intestine)是消化管中最长的一段,也是进行消化吸收最主要的部分。小肠上接幽门,下续盲肠,成年人全长 5~7 m,分十二指肠、空肠和回肠 3 部分。

(一) 十二指肠

十二指肠(duodenum)为小肠的起始段,介于胃与空肠之间,成人全长约 25 cm,呈"C"形包绕胰头。按其位置不同可分为上部、降部、水平部和升部 4 部(图 4-13)。

1. 上部　起自胃的幽门,行向右后方,至肝门下方急转向下,移行为降部,转折处为**十二指肠上曲**。上部与幽门相接处约 2.5 cm 一段肠管,壁较薄,黏膜面较光滑无环状襞,称为**十二指肠球**,是十二指肠溃疡及穿孔的好发部位。

2. 降部　起自十二指肠上曲,沿右肾内侧缘下降,至第 3 腰椎水平、弯向左侧,移动为水平部,折转处称为**十二指肠下曲**。降部内面黏膜环状皱襞发达,在其后内侧壁上有一纵行皱襞,纵襞下端有一突起,称为**十二指肠大乳头**,肝胰壶腹开口于此,距切牙约 75 cm。有时在大

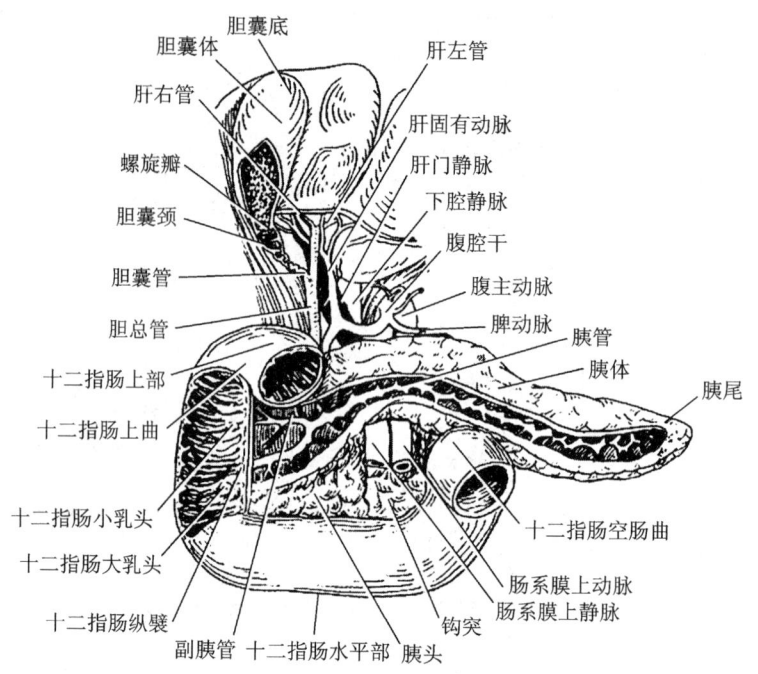

图 4-13 胆管、十二指肠和胰（前面观）

乳头稍上方，可见**十二指肠小乳头**，是副胰管的开口处。

3. 水平部　又称**下部**，自十二指肠下曲起始，向左横行达第 3 腰椎左侧续于升部。肠系膜上动脉与肠系膜上静脉紧贴此部前面下行。

4. 升部　最短，自第 3 腰椎左侧斜向左上方，达第 2 腰椎左侧急转向前下方，形成**十二指肠空肠曲**，移行于空肠。

十二指肠空肠曲被**十二指肠悬肌**连于膈右脚，它由肌纤维和结缔组织构成，表面有称为十二指肠空肠襞的腹膜覆盖。十二指肠悬肌和包绕于其下段表面的腹膜皱襞共同构成**十二指肠悬韧带**，临床上又称为 Treitz 韧带，是手术中确认空肠起始部的重要标志。

（二）空肠和回肠

空肠（jejunum）和**回肠**（ileum）全部为腹膜包被，空、回肠在腹腔内迂曲盘旋，形成肠袢。由肠系膜连于腹后壁，是活动度最大的肠管。空肠与回肠的黏膜形成许多环状襞，襞表面有大量肠绒毛，因而极大地增加了小肠的吸收面积。

空肠上端起自十二指肠空肠曲，回肠下端接盲肠。空、回肠之间无明显界线，一般空肠占空、回肠全长近侧的 2/5，占据腹腔的左上部；外观上，空肠管径较粗，肠壁较厚；肠系膜内血管弓少，直血管长，血供多，活体颜色较红；黏膜环状襞密而高，绒毛较多；有散在的**孤立淋巴滤泡**。而回肠占空、回肠全长的远侧 3/5，位于腹腔右下部，部分位于盆腔内；回肠管径较细，肠壁较薄，环状襞少，绒毛疏而低，肠系膜内血管弓多，直血管短，血供少，活体颜色较淡；除有孤立淋巴滤泡外，还有**集合淋巴滤泡**，尤其在回肠下部多见。肠伤寒的病变多侵犯集合淋巴滤泡，可并发肠穿孔或肠出血。空肠与回肠比较见表 4-1。

表 4-1　空肠与回肠比较

项　目	空　肠	回　肠
位置	腹腔的左上部	腹腔的右下部
长度	占空、回肠全长的 2/5	占空、回肠全长的 3/5
管径	较粗	较细
管壁	较厚	较薄
血管	丰富	较少
环状襞	密而高	疏而低
淋巴小结	孤立	集合、孤立

约 2% 的成人，在回肠末端距回盲瓣 0.3~1 m 范围的回肠壁上，可见一囊状突起，称 **Meckel 憩室**，是胚胎时期卵黄囊管未完全消失的遗迹，此处易发炎或合并溃疡穿孔，发炎时易误诊为阑尾炎。

（三）小肠的微细结构

1. 环状襞　小肠黏膜有许多环行皱襞，称为环状襞。空肠的环状襞高而密，回肠的环状襞逐渐变得低而稀疏。

2. 肠绒毛　小肠黏膜表面有许多细小的指状突起，称为肠绒毛。肠绒毛表面为单层柱状上皮，其间夹有杯状细胞。柱状上皮细胞的游离面有许多排列整齐而紧密的微绒毛，光镜下称为纹状缘。肠绒毛的中轴为固有层，其内 1~2 条纵行的毛细淋巴管称为中央乳糜管，中央乳糜管周围有丰富的毛细血管网和散在的平滑肌纤维。平滑肌纤维舒缩可推动淋巴和血液的运行，促进营养物质的吸收和运输（图 4-14，图 4-15）。

环状襞、肠绒毛和微绒毛极大地增加了小肠黏膜的表面积（约增大 600 倍），有利于小肠的消化吸收。

3. 肠腺　肠绒毛基部的上皮向固有层凹陷，形成肠腺。肠腺的细胞有柱状细胞、杯状细胞、帕内特（Paneth）细胞和内分泌细胞等。柱状细胞为肠腺中最多的一种细胞，能分泌多种消化酶；腺底部的帕内特细胞能分泌溶菌酶。肠腺开口于相邻的绒毛基部之间（图 4-14）。

4. 淋巴组织　固有层中有大量分散的淋巴细胞或孤立淋巴小结。在十二指肠和空肠多为孤立淋巴小结，回肠壁内的淋巴滤泡比较发达，多聚集成群，称为集合淋巴小结。小肠淋巴组织具有产生淋巴细胞、吞噬病菌、免疫等防御功能。

七、大肠

大肠（large intestine）全长约 1.5 m，分盲肠、阑尾、结肠、直肠和肛管 5 部分。大肠的主要功能是吸收水分、维生素和无机盐，分泌黏液，使食物残渣形成粪便并排出体外。

大肠管口径较粗，除直肠、肛管及阑尾外，结肠和盲肠具有 3 种特征性结构，即结肠带、结肠袋和肠脂垂（图 4-16）。**结肠带**有 3 条，由肠壁的纵行肌增厚而成，沿肠的纵轴排列，3 条结

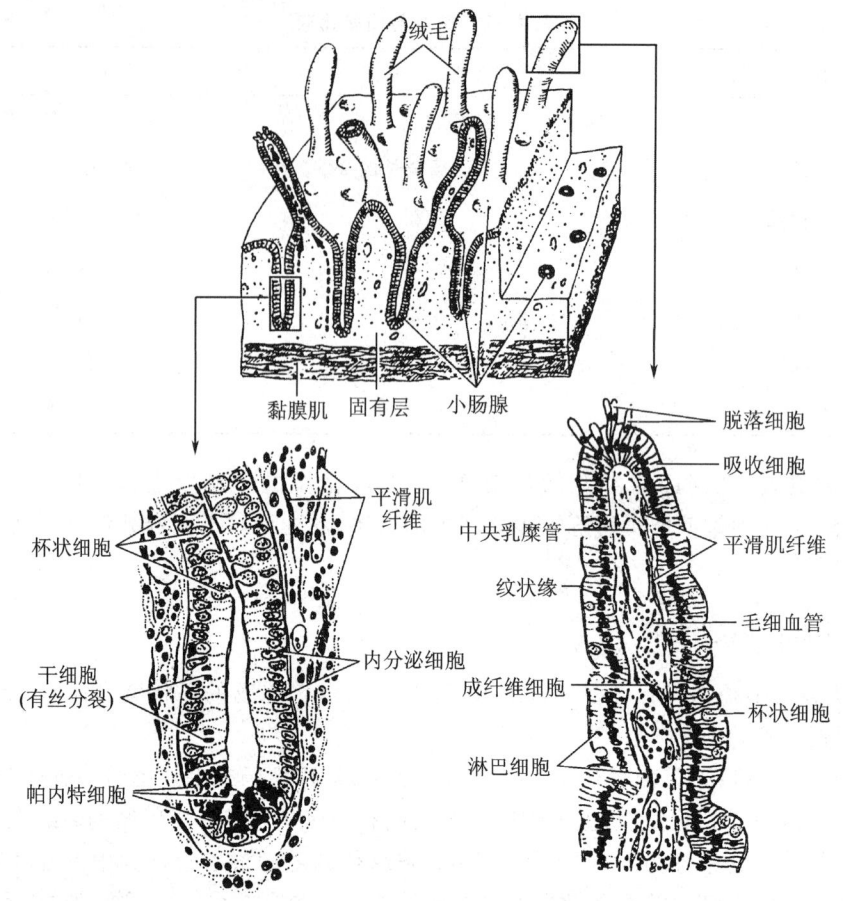

图 4-14 回肠的微细结构(纵切面)

肠带均汇集于阑尾根部。**结肠袋**的形成是由于结肠带较肠管短,使肠管形成许多由横沟隔开的囊状突出。**肠脂垂**为沿结肠带两侧分布的许多脂肪突起。在结肠内面,相当于结肠袋之间横沟处环行肌增厚,肠黏膜皱襞成**结肠半月襞**。

(一)盲肠

盲肠(cecum)位于右髂窝内,是大肠的起始部,下端呈盲囊状,左接回肠,长 6~8 cm,向上与升结肠相续。回肠末端开口于盲肠,开口处有上、下两片唇状黏膜皱襞,称**回盲瓣**,回盲瓣既可控制小肠内容物进入盲肠的速度,使食物在小肠内充分消化吸收,又可防止大肠内容物逆流到回肠。在回盲瓣下方约 2 cm 处,有阑尾的开口。

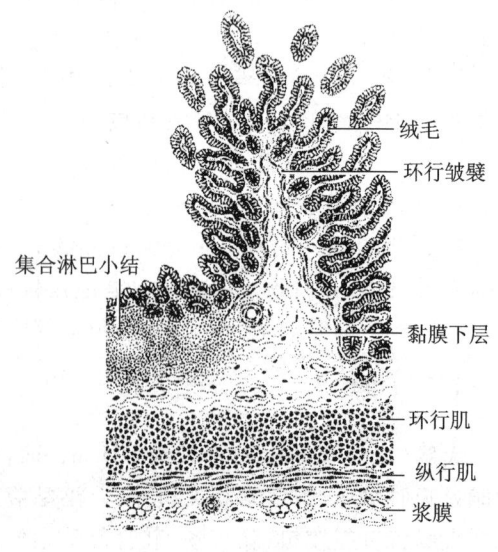

图 4-15 小肠绒毛

（二）阑尾

阑尾（vermiform appendix）（图4-16）为一蚓状盲管，根部连于盲肠的后内侧壁，远端游离，一般长6~8 cm。

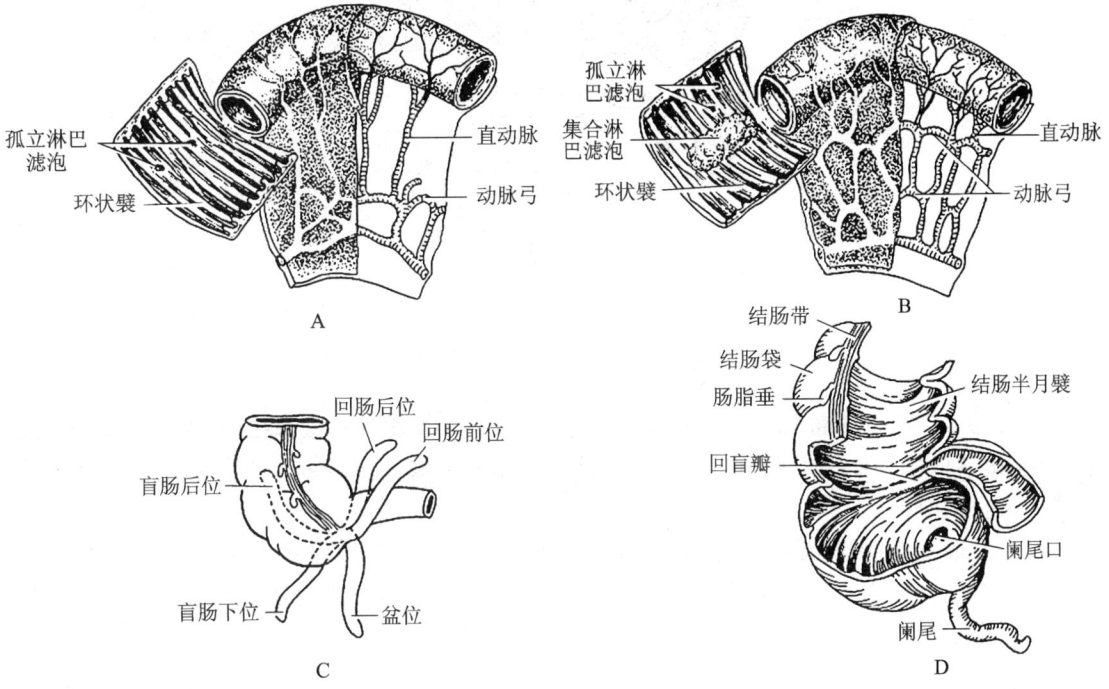

图4-16 空肠、回肠、盲肠和阑尾
A. 空肠；B. 回肠；C. 阑尾末端在腹腔中的常见位置；D. 盲肠和阑尾

阑尾的位置变化很大，以回肠后位和盲肠后位为多。3条结肠带汇集于阑尾根部，临床做阑尾手术时，可沿结肠带向下寻找阑尾。

阑尾根部的体表投影在脐与右髂前上棘连线的外、中1/3交接处，称表氏（McBurney）点。急性阑尾炎时，此点附近有明显压痛，具有一定的诊断价值。

（三）结肠

结肠（colon）围绕在空、回肠周围，始于盲肠，终于直肠，可分为升结肠、横结肠、降结肠和乙状结肠4部分（图4-1，图4-17）。

1. **升结肠**（ascending colon） 在右髂窝起于盲肠，沿右侧腹后壁上升，至肝右叶下方，转向左形成**结肠右曲**（或称**肝曲**），移行于横结肠。

2. **横结肠**（transverse colon） 起自结肠右曲，向左横行至脾下方，转折向下形成**结肠左曲**（或称**脾曲**），续于降结肠。横结肠由横结肠系膜连于腹后壁，活动度大，常形成一下垂的弓形弯曲。

3. **降结肠**（descending colon） 起自结肠左曲，沿左侧腹后壁向下，至左髂嵴处移行于乙

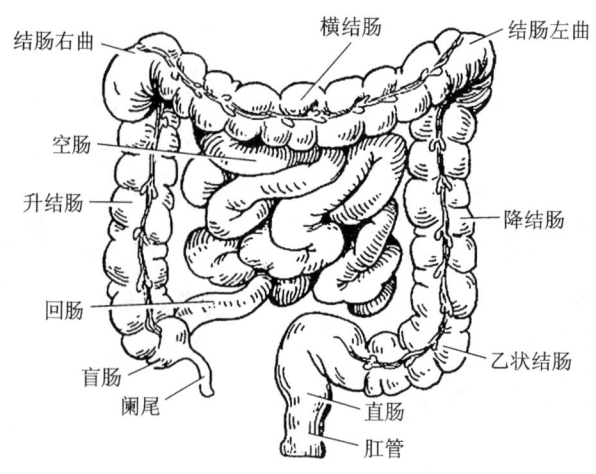

图 4-17 小肠和大肠

状结肠。

4. 乙状结肠(sigmoid colon) 呈"乙"字形弯曲,于左髂嵴处上接降结肠,沿左髂窝转入盆腔内,至第 3 骶椎平面续于直肠。乙状结肠借乙状结肠系膜连于骨盆侧壁,系膜较长,活动度较大,可造成扭转。

结肠黏膜表面光滑,无肠绒毛,有半月形的皱襞。上皮为单层柱状上皮,内有较多的杯状细胞。固有层内有丰富的肠腺,腺上皮内有大量杯状细胞。固有层内还有较多的弥散淋巴组织和孤立淋巴小结。

(四)直肠

直肠(rectum)长 10~14 cm,位于小骨盆腔的后部、骶骨的前方。其上端在第 3 骶椎前方续乙状结肠,沿骶骨和尾骨前面下行穿过盆膈,移行于肛管。直肠并非笔直,在矢状面上有两个弯曲,即骶曲和会阴曲(图 4-18A)。**骶曲**由于直肠在骶、尾骨前面下降,形成凸向后的弯曲;**会阴曲**是直肠绕过尾骨尖形成凸向前的弯曲。临床上进行直肠镜或乙状结肠镜检查时,必须注意这些弯曲,以免损伤肠壁。

直肠下段肠腔膨大,称**直肠壶腹**(ampulla of rectum)。直肠壶腹内面常有 3 个**直肠横襞**,由黏膜和环行肌构成。其中最大而且恒定的一个横襞在壶腹上份,位于直肠右前壁,距肛门约 7 cm,可作为直肠镜检查的定位标志。

男、女性直肠的毗邻不同,男性直肠的前方有膀胱、前列腺和精囊腺,女性直肠的前方有子宫及阴道。通过直肠指诊可触及上述器官。

(五)肛管

肛管(anal canal)(图 4-18B)是盆膈以下的消化管,长约 4 cm,上续直肠,末端终于**肛门**(anus)。肛管内面有 6~10 条纵行的黏膜皱襞,称**肛柱**(anal column)。肛柱下端之间有半月状的黏膜皱襞相连,称为**肛瓣**(anal valve)。肛瓣与相邻肛柱下端共同围成的小隐窝,称**肛窦**(analsinuse),粪屑易积存在窦内,如发生感染可引起肛窦炎。

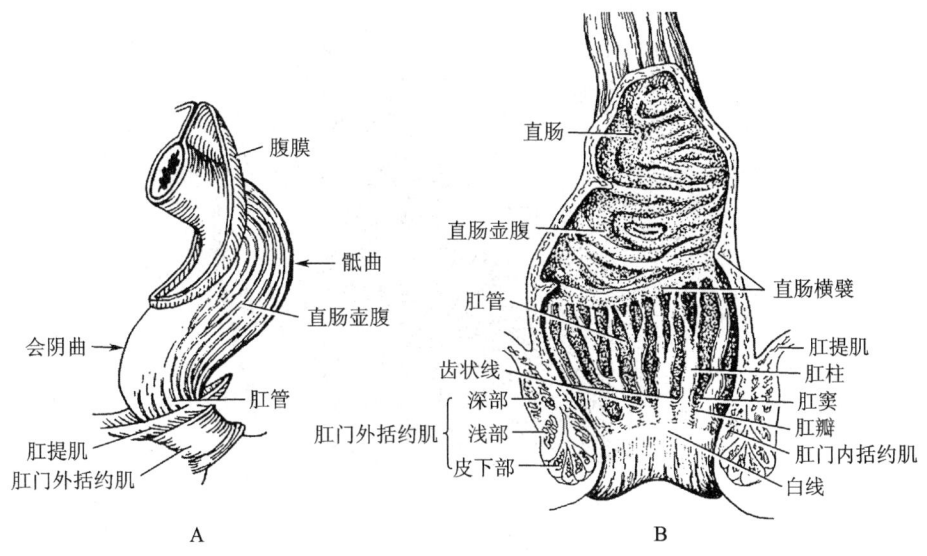

图 4-18 直肠和肛管
A. 直肠的位置和外形；B. 直肠和肛管内面观

肛瓣与肛柱下端共同连成锯齿状的环形线，称为**齿状线**（dentate line），此线以上为黏膜，以下为皮肤。在齿状线的下方，肛管内面由于肛门内括约肌紧缩，形成略微凸起的环形带，称为**肛梳**，深部为静脉丛。在肛门上方 1~1.5 cm 处，活体可见皮肤上有浅蓝色的环形线，称为**白线**，此处恰为肛门内、外括约肌的分界处，肛门指诊时可触得一环形浅沟。在肛管的黏膜下和皮下有丰富的静脉丛，在病理情况下静脉曲张而突起，称为痔。发生在齿状线以上的为内痔，齿状线以下的为外痔。

肛管周围有内、外两括约肌环绕。**肛门内括约肌**属平滑肌，由肠壁环行肌增厚而成，有协助排便的作用。**肛门外括约肌**为骨骼肌，围绕在肛门内括约肌周围，可分为皮下部、浅部和深部 3 部，其中浅部与深部可随意括约肛门，控制排便。手术时应防止损伤浅部和深部，以免造成大便失禁。

第三节 消 化 腺

一、唾液腺

唾液腺（oral glands）又称口腔腺，分泌涎液，有湿润口腔和帮助消化的功能。唾液可分大、小两种。小涎腺数目多，如唇腺、颊腺、腭腺等。大唾液腺有 3 对（图 4-19）。

1. **腮腺**（parotid gland） 是最大的一对唾液腺，呈不规则的三角形，位于耳郭的前下方，上达颧弓，下至下颌角附近。**腮腺管**自腮腺前缘穿出，在颧弓下方一横指处，沿咬肌表面水平前行，穿颊肌，开口于平对上颌第 2 磨牙的颊黏膜处。

2. **下颌下腺**（submandibular gland） 呈卵圆形，位于下颌骨体内面的下颌下腺凹处，其导管沿腺内侧前行，开口于舌下阜。

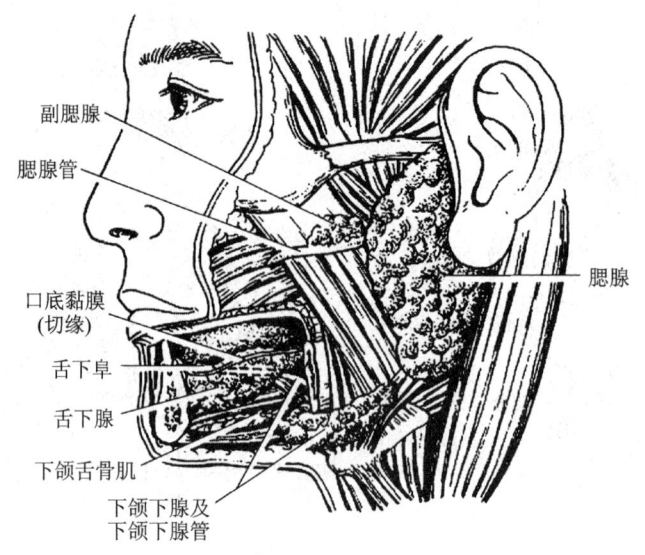

图 4-19 口腔腺

3. 舌下腺（sublingual gland） 为最小的一对唾液腺,位于口腔底舌下襞深面。腺管分大、小两种。舌下腺小管约有 10 条,开口于舌下襞;舌下腺大管有 1 条,与下颌下腺管共同开口于舌下阜。

二、肝

肝（liver）是人体内最大的消化腺,血管极为丰富,呈红褐色,质软而脆。肝接受双重的血液供应,即除接受肝固有动脉外,还接受肝门静脉的注入。

肝的功能极为复杂和重要,具有分泌胆汁、参与代谢、贮存糖原、解毒和防御等功能,在胚胎时期还有造血功能。我国成人肝重男性平均为 1 300 g,女性平均为 1 220 g。

（一）肝的形态

肝（图 4-20,图 4-21）呈楔形,可分为膈面和脏面两个面及前、后、左、右 4 个缘。

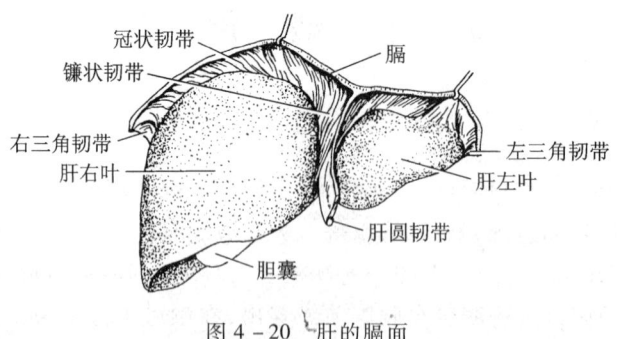

图 4-20 肝的膈面

膈面隆凸,贴于膈下,膈面的前部由镰状韧带将肝分为大而厚的**肝右叶**和小而薄的**肝左叶**。膈面的后部没有腹膜被覆的部分称为**裸区**,裸区的左侧有一较宽的沟,称为腔静脉沟,有

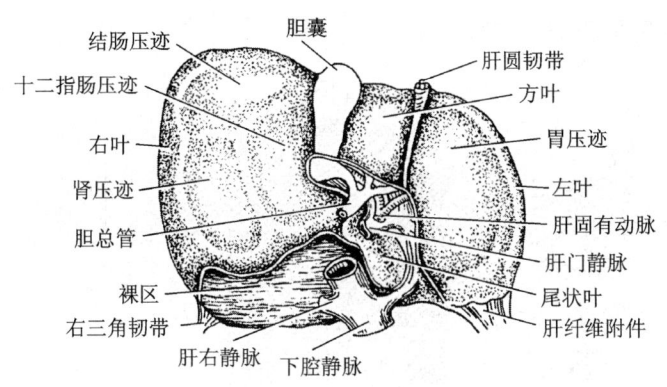

图 4-21 肝的脏面

下腔静脉通过。

脏面朝向下后方,与腹腔器官邻接,凹凸不平。脏面有一近似"H"形的沟,左纵沟的前部有连于脐的**肝圆韧带**,是胎儿时期脐静脉闭锁后的遗迹。肝圆韧带离开此沟后即被包于镰状韧带的游离缘中;左纵沟的后部有**静脉韧带**,是胎儿时期静脉导管的遗迹。右纵沟的前部为一凹窝,称**胆囊窝**,容纳胆囊;右纵沟的后部为腔静脉沟,有下腔静脉经过。在腔静脉沟上端有肝左、中、右静脉注入下腔静脉,此处称为第二肝门。横沟称为**肝门**(porta hepatis),是肝固有动脉左、右支,肝门静脉左、右支,左、右肝管以及神经和淋巴管出入之处,这些结构被结缔组织包绕,共同构成**肝蒂**,肝的脏面借"H"形沟分为 4 叶,右纵沟右侧为**右叶**,左纵沟左侧为**左叶**,左、右纵沟之间在横沟前方为**方叶**,在横沟后方为**尾状叶**。

肝的前缘(也称下缘)是肝的脏面与膈面之间的分界线,薄而锐利。在胆囊窝处,肝前缘上有一胆囊切迹,胆囊底常在此处露出于肝前缘;在肝圆韧带通过处,肝前缘上有一肝圆韧带切迹,或称脐切迹。肝后缘钝圆,朝向脊柱。肝的右缘是肝右叶的右下缘,亦钝圆。肝的左缘即肝左叶的左缘,薄而锐利。

(二)肝的位置和毗邻

肝大部分位于右季肋区及腹上区,小部分位于左季肋区。肝大部分被肋弓所掩盖,仅在腹上区左、右肋弓之间直接与腹前壁接触。

肝的上界与膈穹隆一致,在右侧锁骨中线平第 5 肋或第 5 肋间隙,在前正中线平胸骨体下端,向左至左锁骨中线平第 5 肋间隙。肝下界即肝下缘,在右锁骨中线右侧与右肋弓一致,但在腹上区左、右肋弓间,肝下缘居剑突下约 3 cm。3 岁以下健康幼儿,由于腹腔的容积较小,而肝体积相对较大,肝下缘常比成人低 1~2 cm。

肝的脏面在右叶从前向后分别邻接结肠右曲、十二指肠、右肾和右肾上腺;在左叶与胃前壁相邻,后上部邻接食管的腹部。

(三)肝的微细结构

肝是实质性器官,表面被覆一层由致密结缔组织构成的被膜。被膜在肝门处随出入肝的肝管、血管等伸入肝内,将肝实质分隔成许多棱柱状的肝小叶,人的肝小叶之间结缔组织较少,所以肝小叶的界限不明显(图4-22)。

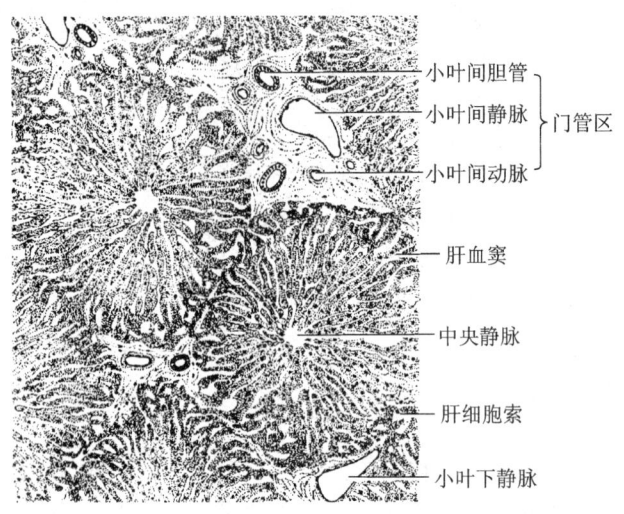

图4-22 肝的微细结构(低倍)

1. **肝小叶**(hepatic lobule)　是肝的基本结构单位,呈多面棱柱状,中央有一条纵贯小叶的中央静脉。中央静脉的周围有呈放射状排列的**肝板**,在切片上肝板呈索状又称**肝索**。肝板之间有互相连通的肝血窦(图4-23)。

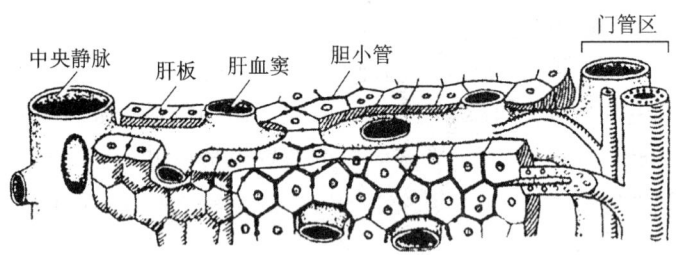

图4-23 肝小叶

(1)肝细胞　肝细胞呈多面体形,体积较大,有1~2个圆形的细胞核,位于细胞中央,核仁明显。肝细胞内含有多种细胞器,线粒体供给肝细胞能量;粗面内质网能合成多种血浆蛋白;滑面内质网与胆汁的合成、糖原和固醇类物质的代谢以及解毒功能有关;高尔基复合体参与肝细胞的分泌活动;溶酶体是细胞的消化器。此外,肝细胞还富含糖原颗粒、脂滴和色素颗粒等内含物(图4-24)。细胞器和内含物的含量随生理状况的不同而有变化。

(2)肝血窦　肝血窦位于肝板之间,为扩大的毛细血管。肝血窦管壁主要由一层不连续的内皮细胞构成,因此肝血窦壁的通透性较大,有利于肝细胞从血液中摄取物质和排出其分泌物。肝血窦内有定居的肝巨噬细胞和大颗粒淋巴细胞,这种细胞具有变形运动和吞噬能力。在清除抗原及衰老细胞,监视预防肿瘤方面有重要作用。肝血窦中的血液来自肝固有动脉和肝门静脉,最后汇入中央静脉(图4-25)。电镜下观察,肝血窦的内皮细胞和肝细胞之间有一狭窄的间隙,称**窦周隙**,为肝细胞与血浆进行物质交换的场所。此外,窦周隙内有贮脂细胞,有贮存维生素 A 的功能。

（3）胆小管　胆小管是肝板内相邻肝细胞之间微小的管道，其管壁就是肝细胞的细胞膜。因此，肝细胞分泌的胆汁，直接渗入胆小管，由胆小管将胆汁输送到小叶间胆管。

2. **门管区**（portal area）　指几个肝小叶之间的邻接区，此区有少量结缔组织，内有小叶间动脉、小叶间静脉和小叶间胆管通过。

（四）肝的分叶与分段

肝内有 4 套管道，形成 2 个系统。肝门静脉、肝固有动脉及肝管的各级分支均伴行，三者在肝内的分布基本一致，并由结缔组织鞘包裹，此三者组成 Glisson 系统，另一个是肝静脉系统。

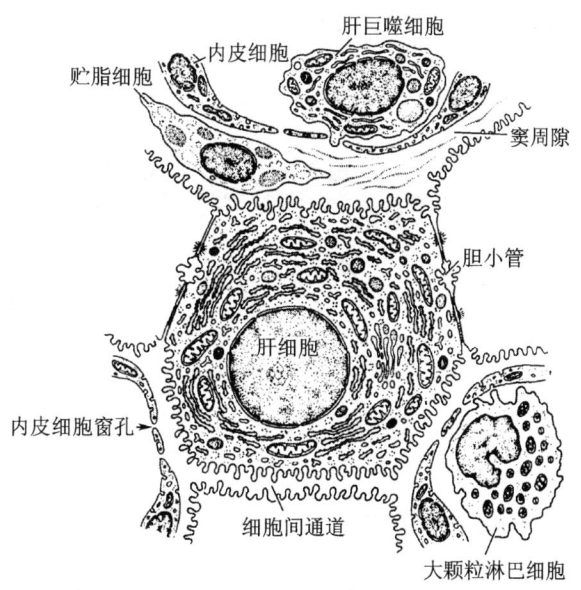

图 4-24　肝细胞和肝血窦（高倍）

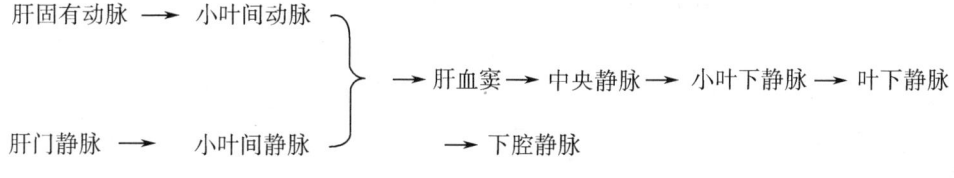

图 4-25　肝的血液循环途径

按照 Glisson 系统在肝内的分支和分布情况，将肝分成左、右两半和五叶、六段。肝外科就是根据分叶、分段来进行定位诊断和肝段、肝叶或半肝的切除术。

（五）肝外胆道

肝外胆道包括肝左管、肝右管、肝总管、胆囊管、胆囊与胆总管等。

1. **肝总管**（common hepatic duct）　长约 3 cm，由肝左管和肝右管汇合而成，肝总管下端与胆囊管汇合成胆总管。

2. **胆囊**（gall bladder）　位于肝的胆囊窝内，似长茄子形（图 4-26），为贮存和浓缩胆汁的器官。容量 40~60 ml，其上面借结缔组织与肝相连。胆囊分底、体、颈和管 4 部分，前端钝圆，称为**胆囊底**，胆囊底露出于肝下缘，并与腹前壁相贴，其体表投影在右锁骨中线与右肋弓相交处，当胆囊病变时，此处常出现明显压痛。中间膨大部分称为**胆囊体**，后端变细的是**胆囊颈**。胆囊颈移行于**胆囊管**（cystic duct），胆囊管长 3~4 cm，直径约 0.3 cm。胆囊内面衬有黏膜，其中胆囊底和体的黏膜呈蜂窝状，而胆囊颈和胆囊管的黏膜形成**螺旋襞**，可控制胆汁的进出，胆囊结石易嵌顿于此处。胆囊管、肝总管和肝的脏面围成的三角形区域称为**胆囊三角**（Calot 三角),胆囊手术时常在此三角内寻找胆囊动脉。

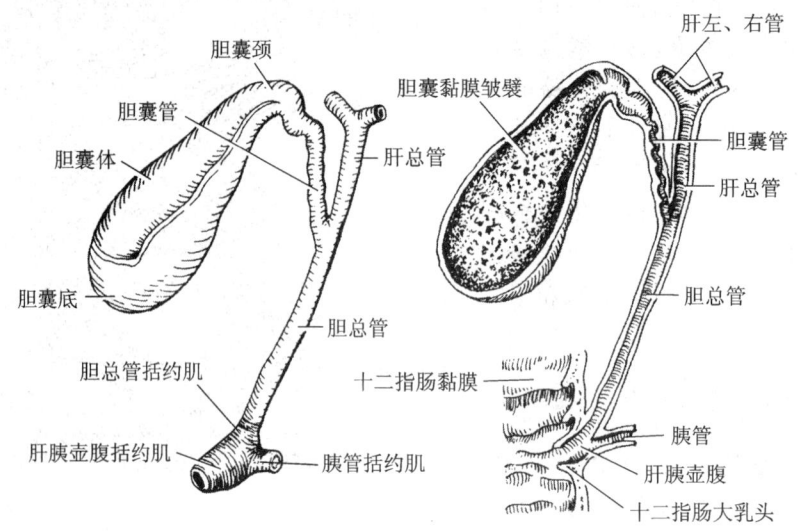

图 4-26 输胆管道

3. **胆总管**(common bile duct) 起自肝总管与胆囊管的汇合处,向下与胰管汇合(图 4-26),长 4~8 cm,直径 0.6~0.8 cm。胆总管在肝十二指肠韧带内下降,经十二指肠上部的后方,至胰头与十二指肠降部之间与胰管汇合,共同斜穿十二指肠降部的后内侧壁,汇合处形成略膨大的**肝胰壶腹**,开口于十二指肠大乳头。肝胰壶腹周围有增厚的环行平滑肌环绕,称为**肝胰壶腹括约肌**。在胆总管和胰管末段的周围也均有少量平滑肌环绕,分别称为胆总管括约肌和胰管括约肌。

平时肝胰壶腹括约肌保持收缩状态,而胆囊舒张,肝细胞分泌的胆汁经肝左、右管,肝总管及胆囊管进入胆囊贮存和浓缩。在进食后,尤其进高脂肪食物后,由于食物和消化液的刺激,反射性地引起胆囊收缩,肝胰壶腹括约肌舒张,使胆囊内的胆汁经胆囊管、胆总管排入十二指肠,参与消化食物。胆管可因结石、蛔虫或肿瘤等造成阻塞,使胆汁排出受阻,并发胆囊炎或阻塞性黄疸等。

三、胰

(一)胰的形态和位置

胰(pancreas)是人体第二大消化腺,有内、外两分泌部。内分泌部即胰岛,主要分泌胰岛素,参与调节糖代谢;外分泌部分泌胰液,在消化过程中起重要作用。

胰呈长条形,质软,色灰红,全长 14~20 cm,重量为 80~115 g,位置较深,在第 1~2 腰椎水平横贴于腹后壁,分头、体、尾 3 部,各部无明显界限。**胰头**较膨大,被十二指肠围绕,并向左下方伸出一钩突。胰头后面与胆总管、肝门静脉相邻,因此胰头癌可因肿块压迫胆总管而出现阻塞性黄疸。因肿块压迫肝门静脉,影响其血液回流,可出现腹水、脾大等症状。**胰体**位于胰头和胰尾之间,占胰的大部分。胰体前面隔网膜囊与胃相邻,故胃后壁可因溃疡穿孔或癌肿常与胰粘连。**胰尾**为伸向左上方较细的部分,紧贴脾门。**胰管**位于胰的实质内,贯穿胰的全长,它与胆总管汇合成肝胰壶腹,开口于十二指肠大乳头。在胰头上部,位于胰管上方常有一条**副胰管**,开口于十二指肠小乳头(图4-26)。

（二）胰的微细结构

胰的实质分为外分泌部和内分泌部。

1. 外分泌部 外分泌部为浆液性腺,由腺泡和导管组成,占胰的大部分。腺泡由锥体形的腺细胞围成,分泌胰液。导管起于腺泡腔,逐级汇合成胰管。胰液含有多种消化酶,分别对淀粉、蛋白质和脂肪有分解作用。

2. 内分泌部 内分泌部又称**胰岛**

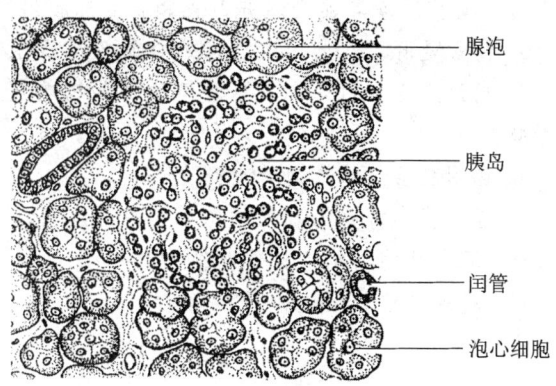

图4-27 胰的微细结构

(图4-27),为散在于腺泡之间的大小不等的内分泌细胞团。人胰岛主要有 A、B、D、P 四种细胞,其中 B 细胞数量最多,分泌胰岛素,使血糖降低。

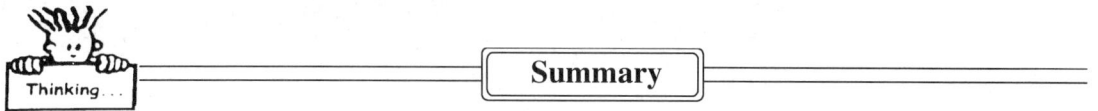

Alimentary system

The Alimentary system (or digestive system) is composed of the includes the alimentary canal and digestive glands. The alimentary canal extends from the mouth to the anus. It consists of the mouth, pharynx, esophagus, stomach, small and large intestines. The small intestine is divided into the duodenum, jejunum and ileum, The large intestine is divided into the cacum, appendix, colon, rectum and anal canal. Digestive glands contain The salivary glands (the submandibular glands, sublingual glands, and parotid glands), liver, pancreas, and some small glands which distribute in the wall of digestive canal. The liver and pancreas empty their secretions into the duodenum to assist in the digestion of food.

From the clinical point of view, the digestive canal is divided into the upper digestive canal (the mouth, pharynx, esophagus, stomach, duodenum) and the lower digestive canal (the jejunum, ileum, cacum, appendix, colon, rectum and anal canal).

The function of the digestive system is to digest foods, secrete enzymes that modify the size of food molecules, absorb the products of this digestive action and eliminate the unused residues.

思 考 题

1. 消化管分哪几部?什么是上、下消化道?小肠和大肠各分哪几部?各有什么特点?
2. 咽的上方、下方、前方、后方分别是什么?咽分哪几部?有哪些通路?

3. 什么是胃小弯、胃大弯、贲门和幽门？胃分哪几部？胃位于何部位？
4. 十二指肠分哪几部？溃疡好发在哪一部？胆总管和胰管开口在哪一部？
5. 直肠有哪些弯曲？分别突向什么方向？最大的直肠横襞位于何处？做灌肠或直肠镜检查时应怎样顺着弯曲进入并避免损伤直肠横襞？
6. 什么是肝门？肝内流出来的物质经过哪些管道？流入肝内的物质经过哪些管道？
7. 胆汁产生于何处？其平时经过哪些结构进入胆囊贮存？进食后再经哪些结构排入十二指肠？
8. 食管肌层结构有何特点？
9. 胃底腺有哪些细胞？形态如何？各有何功能？
10. 肝小叶的结构包括哪些结构？
11. 胰腺的组织结构如何？

（田菊霞　沙佩林）

第五章 呼吸系统

学习目标

1. 掌握呼吸系统的组成及上、下呼吸道的划分。
2. 掌握喉的位置，主要结构。
3. 掌握气管位置及结构，左、右主支气管的区别。
4. 掌握肺的形态、位置和主要结构。
5. 熟悉外鼻的形态结构，鼻腔的分部。
6. 熟悉喉腔的分部。
7. 熟悉肺的导气部和呼吸部组成。
8. 熟悉导气部管壁结构的变化特点。
9. 熟悉气-血屏障的概念。
10. 了解鼻旁窦的概念。
11. 了解胸膜腔的基本概念。
12. 了解纵隔的概念。
13. 了解气管的组织结构特点。
14. 了解肺泡隔的组织结构。

呼吸系统（respiratory system）由呼吸道和肺组成。呼吸道包括鼻、咽、喉、气管和各级支气管（图5-1）。临床上通常把鼻、咽、喉称为**上呼吸道**，把气管和各级支气管称为**下呼吸道**。肺由肺实质（即支气管树和肺泡）以及肺间质组成。肺间质（即肺泡间血管、淋巴管、淋巴结、神经和结缔组织）组成，是进行气体交换的器官。

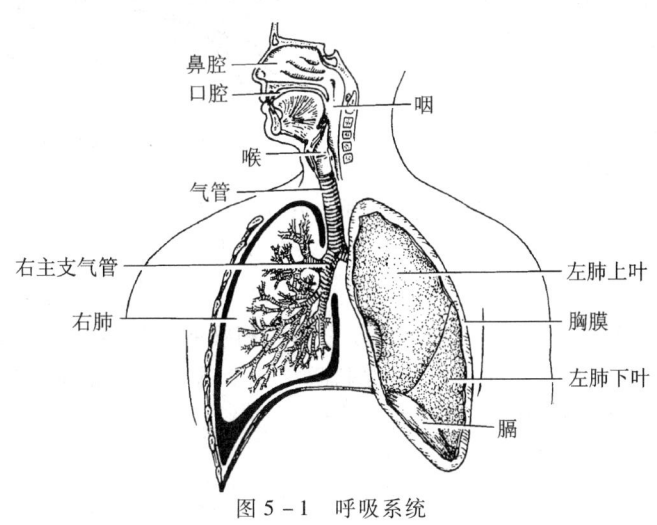

图5-1 呼吸系统

呼吸系统的主要功能是从外界吸入氧,呼出体内新陈代谢过程中产生的二氧化碳。此外,鼻又是嗅觉器官,喉还有发音功能。

第一节 呼 吸 道

一、鼻

鼻(nose)是呼吸道的起始部,也是嗅觉器官。鼻分外鼻、鼻腔和鼻旁窦3部分。

(一)外鼻

外鼻(external nose)由骨和软骨作支架,外覆皮肤,分为骨部和软骨部。软骨部皮肤富含皮脂腺和汗腺,是痤疮、酒渣鼻和疖的好发部位。外鼻上端狭窄的部分称为**鼻根**,鼻根向下延伸为**鼻背**,外鼻下端向前方突出的部分称为鼻尖,其下方两侧有一对鼻孔。鼻尖两侧膨大的部分称为**鼻翼**,呼吸困难的患者可见鼻翼扇动。从鼻翼向下至口角的浅沟称为鼻唇沟,面瘫患者瘫痪侧鼻唇沟变浅或消失。

(二)鼻腔

鼻腔(nasal cavity)由骨和软骨围成,内面衬以黏膜和皮肤。鼻腔被鼻中隔分为左、右两腔,向前经鼻孔通外界,向后经鼻后孔通鼻咽(图5-2)。每侧鼻腔可分为鼻前庭和固有鼻腔两部分。

1. 鼻前庭 为鼻腔的前下部,由鼻翼围成。内面衬以皮肤,生有鼻毛,有滤过和净化空气的功能。

2. 固有鼻腔 为鼻腔的主要部分,由骨性鼻腔内衬黏膜构成。鼻腔的外侧壁上有上、中、下3个鼻甲,各鼻甲的下方分别为上、中、下3个鼻道。在上鼻甲的后上方与鼻腔顶壁间有一凹陷,称为蝶筛隐窝。上鼻道

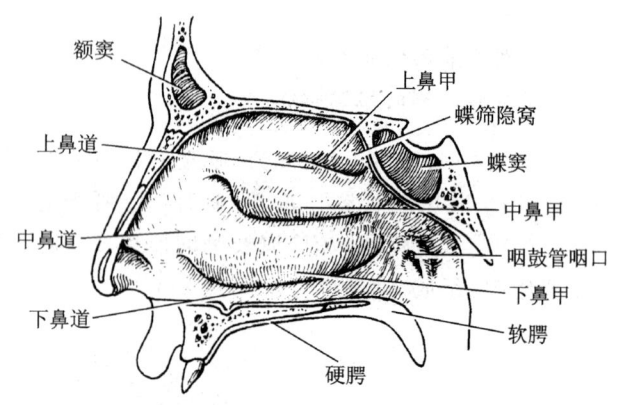

图5-2 鼻腔外侧壁

和中鼻道内有鼻旁窦的开口,下鼻道前端有鼻泪管的开口。鼻腔的内侧壁为鼻中隔,鼻中隔前下部的黏膜较薄,此区毛细血管特别丰富,为易出血区(Little区),是鼻出血常见部位。

固有鼻腔的黏膜按其生理功能的不同,分为**嗅区**和**呼吸区**两部分。嗅区指覆盖上鼻甲及鼻中隔上部的黏膜,内含嗅细胞,能感受嗅觉刺激。其余部分的鼻黏膜为呼吸区,内含丰富的毛细血管和鼻腺,能温暖、湿润吸入的空气。

(三) 鼻旁窦

鼻旁窦(paranasal sinuses)又称副鼻窦,由骨性鼻旁窦内衬黏膜构成,包括上颌窦、额窦、筛窦和蝶窦各一对。额窦、上颌窦和筛窦前群、中群开口于中鼻道,筛窦后群开口于上鼻道,蝶窦开口于蝶窦隐窝(图5-3,图5-4)。

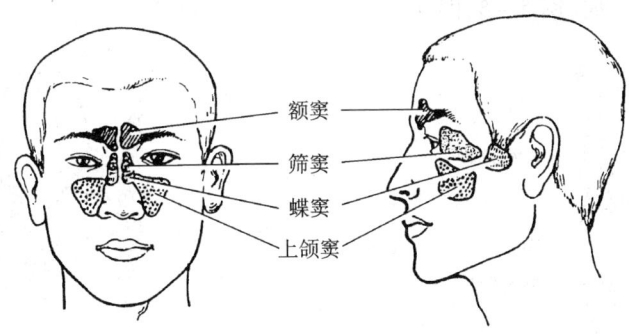

图5-3 鼻旁窦在面部的投影

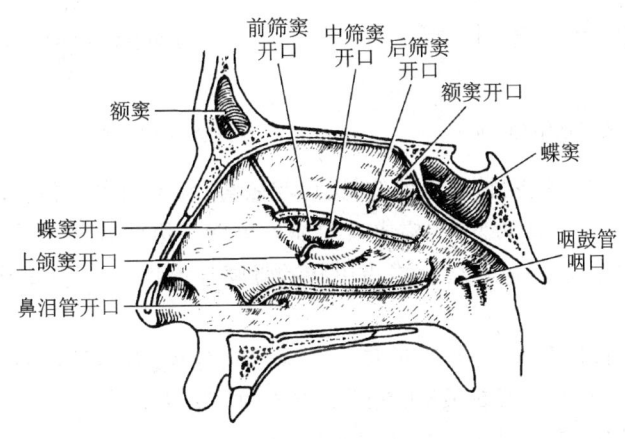

图5-4 鼻旁窦开口

由于鼻旁窦的黏膜与固有鼻腔的黏膜相延续,因此鼻腔的炎症常可蔓延至鼻旁窦。上颌窦是鼻旁窦中最大的一对,窦的开口位置高于窦底,炎症时,脓液不易流出,故上颌窦的慢性炎症较多见,宜采用体位引流。鼻旁窦可调节吸入空气的温度和湿度,并对发音起共鸣作用。

二、咽

咽是消化管和呼吸道共有的器官,参见消化系统。

三、喉

(一) 喉的位置

喉位于颈前部正中,喉咽部的前方,相当于第5~6颈椎的高度。喉上通咽,下续气管,可随吞咽或发音而上、下移动。喉的两侧与颈部大血管、神经和甲状腺相邻。女性喉的位置略高于男性,小儿的喉比成人高。

(二) 喉的结构

喉既是呼吸道,又是发音的器官。喉由数块喉软骨借关节和韧带连成支架,周围附有喉肌,内面衬以喉黏膜构成(图5-5,图5-6)。

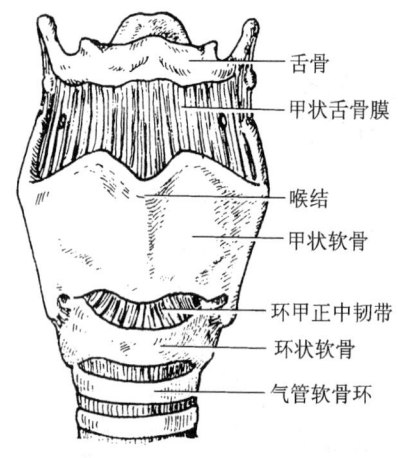

图5-5 喉软骨及其连结(前面)

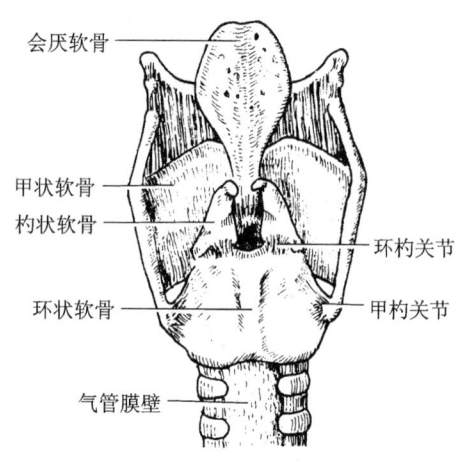

图5-6 喉软骨及其连结(后面)

1. **喉软骨及其连结** 喉软骨有**甲状软骨、环状软骨、会厌软骨**和**杓状软骨**。

甲状软骨最大,位于舌骨的下方,构成喉的前外侧壁。甲状软骨的前上部向前突出,称为喉结,成年男性特别明显。甲状软骨上缘借甲状舌骨膜与舌骨相连,其下缘两侧与环状软骨构成环甲关节。

环状软骨在甲状软骨下方,是呼吸道唯一完整的软骨环,对维持呼吸道畅通有重要作用。环状软骨前窄后宽,后方平对第6颈椎,是颈部重要的体表标志。

会厌软骨形似树叶,其上端宽而游离,下端缩细附于甲状软骨内面。会厌软骨连同表面覆盖的黏膜构成会厌,吞咽时,会厌可盖住喉口,以防止食物误入喉腔。

杓状软骨左、右各一,分为一尖、一底、两突、三面,呈三棱锥体形,其尖向上,底朝下,位于环状软骨后部的上方,与环状软骨构成环杓关节。每侧杓状软骨与甲状软骨间都有一条声韧带相连。声韧带是发音的重要结构。

2. **喉腔及喉黏膜** 喉的内腔称**喉腔**(laryngeal cavity),喉腔的入口称为喉口。喉腔向上与喉咽相通,向下与气管腔相续。喉腔壁的内面衬有黏膜,与咽、气管的黏膜相延续。喉腔中部的两侧壁上有上、下两对呈前后方向的黏膜皱襞,上方的一对称为**前庭襞**,两侧前庭襞之间的裂隙称**前庭裂**;下方的一对称**声襞**,由喉黏膜覆盖声韧带构成,两侧声襞之间的裂隙称**声门裂**。声门裂是喉腔最狭窄的部位。

喉腔借两对皱襞分为3部分:**喉前庭、喉中间腔**和**声门下腔**。声门下腔的黏膜下层组织比较疏松,炎症时易发生水肿,幼儿因喉腔较狭小,水肿时易引起阻塞而造成呼吸困难(图5-7,图5-8)。

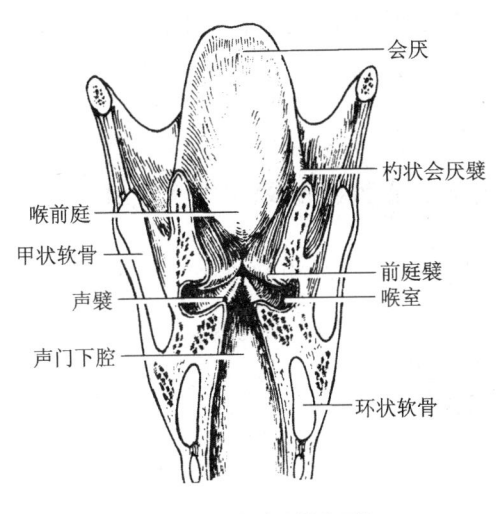

图 5-7 喉腔(冠状面)

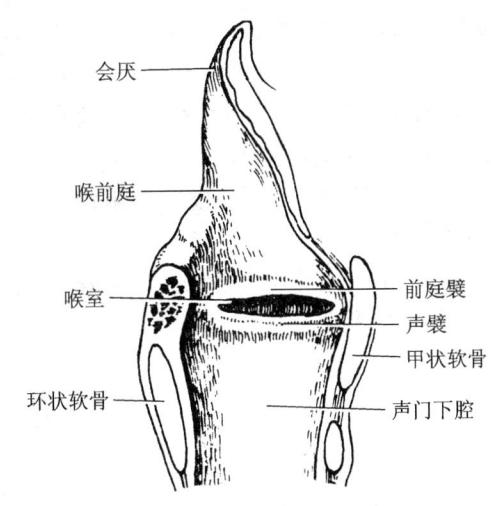

图 5-8 喉腔(矢状面)

3. **喉肌** 为数块细小的骨骼肌,附着于喉软骨。喉肌的舒缩使环甲关节和环杓关节产生运动,引起声襞的紧张或松弛,声门裂开大或缩小,从而调节音调的高低和声音的强弱。

四、气管和主支气管

气管和主支气管是连接于喉与肺之间的通气管道。

(一)气管和主支气管的形态和位置

气管(trachea)和**主支气管**是后壁平坦的圆形管道。气管上接环状软骨,沿食管前面降入胸腔,在胸骨角平面分为左、右主支气管,其分叉处称**气管杈**,在气管杈偏左侧内面有一向上凸的半月状嵴,称**气管隆嵴**,是支气管镜检查的定位标志。根据气管的行径和位置,气管可分为颈部和胸部。气管的颈部位置表浅,在颈部正中可以摸到。临床上做气管切开术时,常在第3、4或第4、5气管软骨处进行。**左主支气管**较细长,走行方向接近水平位;**右主支气管**略粗短,走行方向较垂直。因此,气管异物,常易坠入右主支气管内。

左、右主支气管在肺门附近分支进入肺内,入肺后再反复分支呈树状,称为**支气管树**。

(二)气管和主支气管的结构

气管和主支气管的管壁由内向外依次分为**黏膜**、**黏膜下层**和**外膜**3层(图5-9)。

1. **黏膜** 由上皮和固有层构成。上皮为假复层纤毛柱状上皮,由**纤毛细胞**(ciliated cell)、**杯状细胞**(goblet cell)、基

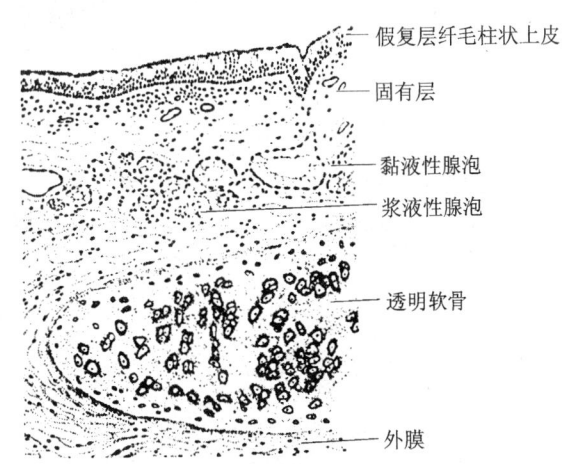

图 5-9 气管的微细结构(横切面)

细胞(basal cell)、刷细胞(brush cell)和弥散神经内分泌细胞(小颗粒细胞)(diffuse neuroendocrine cell)组成。杯状细胞和气管腺分泌的黏液附在上皮表面,可黏附空气中的尘埃及微生物,经纤毛的摆动而向咽部移动,可将黏液及黏附物排出。固有层由结缔组织构成,含有弹性纤维、小血管和淋巴组织。

2. 黏膜下层　为疏松结缔组织,与固有层和外膜没有明显界限,含有**气管腺**(tracheal gland)、血管、淋巴管和神经。

3. 外膜　由"C"形透明软骨和结缔组织构成。软骨的缺口处为膜性部,有平滑肌束、弹性纤维和较多的气管腺。

第二节　肺

一、肺的位置与形态

肺(lungs)左右各一,位于胸腔内,膈的上方,纵隔两侧。幼儿的肺呈淡红色,成人的肺由于吸入空气中的灰尘,逐渐沉积而形成深灰色。

肺质软而轻,呈海绵状,富有弹性,内含空气,相对密度<1,故入水不下沉;而未经呼吸的肺,肺内不含空气,质实而重,相对密度>1,入水则沉,法医常用此特点来判断新生儿是否宫内死亡。

肺形似圆锥形,有一尖、一底、两面和三缘。

肺尖呈钝圆形,经胸廓上口突至颈根部,高出锁骨内侧面1/3上方2~3 cm。肺底位于膈上面,向上凸,故又称膈面。**肋面**隆凸,邻接肋和肋间肌。内侧面邻贴纵隔,亦称**纵隔面**,此面中部凹陷处称**肺门**,是主支气管、肺动脉、肺静脉、淋巴管和神经等进出之处。进出肺门的结构被结缔组织包绕,构成**肺根**。肺的前缘薄、锐,左肺**前缘**下部有**左肺心切迹**,切迹下方的舌状突起,称为**左肺小舌**。肺的**后缘**圆钝,肺的**下缘**亦较薄、锐。

左肺稍狭长,被斜裂分为上、下2叶;右肺略宽短,被斜裂和水平裂分为上、中、下3叶(图5-10,图5-11)。

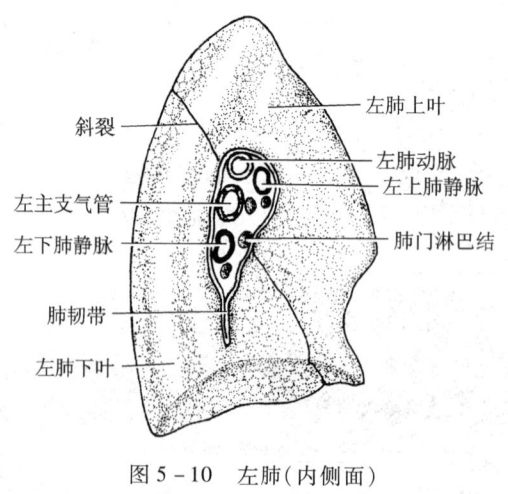

图5-10　左肺(内侧面)

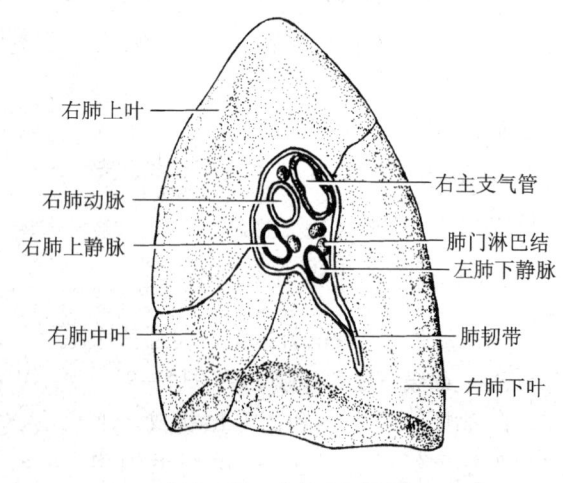

图5-11　右肺(内侧面)

二、肺段支气管与支气管肺段

1. 肺段支气管　主支气管进入肺门后,左主支气管分上、下 2 支,右主支气管分上、中、下 3 支,进入相应的肺叶,构成**肺叶支气管**。肺叶支气管再分支,即为肺段支气管。

2. 支气管肺段　每一肺段支气管的分支及其所连的肺组织构成一个支气管肺段,简称**肺段**。肺段呈锥体形,尖向肺门,底朝肺的表面。每侧肺分为 10 个肺段,相邻肺段之间有薄层结缔组织相隔。每个肺段均可视为具有一定独立性的单位,故临床上可据此进行病变的诊断定位或做肺段切除术。

三、肺的微细结构

肺的表面有一层浆膜,即脏胸膜。肺组织分实质和间质两部分。肺实质由**支气管树**(bronchial tree)和**肺泡**构成。肺间质为肺内的结缔组织、血管、淋巴管和神经等。

根据功能不同,肺实质又可分为**导气部**和**呼吸部**(图 5-12)。

(一) 导气部

支气管由肺门入肺后,分支为**叶支气管**、**段支气管**、**小支气管**、**细支气管**(bronchiole)(直径约 1 mm)以及**终末细支气管**(terminal bronchiole)(直径约 0.5 mm),其只有输送气体的功能,不进行气体交换,为肺的**导气部**。每一细支气管连同它的各级分支和所属的肺泡构成一个**肺小叶**(pulmonary lobule)。

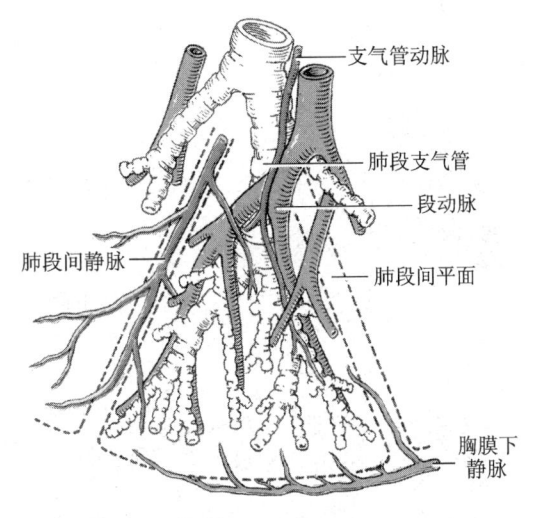

图 5-12　肺内结构

导气部各级分支随着管腔逐渐变细,管壁逐渐变薄,上皮由假复层纤毛柱状上皮移行为单层纤毛柱状上皮,杯状细胞、腺体和软骨逐渐减少,而平滑肌相对增多。到终末细支气管,管壁的上皮已是单层纤毛柱状上皮,杯状细胞、腺体和软骨均消失,有一层完整的环行平滑肌。平滑肌的舒缩可改变气道的管径,以调节肺泡内的通气量。某些病理情况下,其平滑肌发生痉挛,管腔变窄,导致呼吸困难,称为**支气管哮喘**。

(二) 呼吸部

呼吸部是肺进行气体交换的部分,包括**呼吸性细支气管**、**肺泡管**、**肺泡囊**和**肺泡**等。

1. **呼吸性细支气管**(respiratory bronchiole)　是终末细支气管的分支,上皮为单层立方上皮,周围有少量结缔组织和平滑肌。管壁上有少量肺泡的开口,故具有换气功能,因而管壁不完整。

2. **肺泡管**(alveolar duct)　是呼吸性细支气管的分支,与大量肺泡相连,故管壁自身结构很少,在切片上呈现为相邻肺泡开口处的结节状膨大。膨大表面覆有单层立方或扁平上皮。

3. 肺泡囊（alveolar sac） 肺泡管分支为肺泡囊,是许多肺泡共同开口的囊腔。相邻肺泡开口间无平滑肌束,仅有少量结缔组织。

4. 肺泡（pulmonary alveoli） 为多面形有开口的囊泡,开口于肺泡囊、肺泡管和呼吸性细支气管的管腔。成人肺有 3 亿~4 亿个肺泡,是进行气体交换的场所。肺泡壁极薄,由单层肺泡上皮和基膜构成。

（1）**肺泡上皮** 为单层上皮,细胞有两种类型:Ⅰ型肺泡细胞（typeⅠalveolar cell）,呈扁平形,是肺泡上皮的主要细胞,构成气体交换的广大面积;Ⅱ型肺泡细胞（typeⅡalveolar cell）,呈圆形或立方形,嵌在Ⅰ型肺泡细胞之间,能分泌**表面活性物质**（磷脂类物质）,具有降低肺泡表面张力、稳定肺泡直径的作用(图 5-13,图 5-14)。

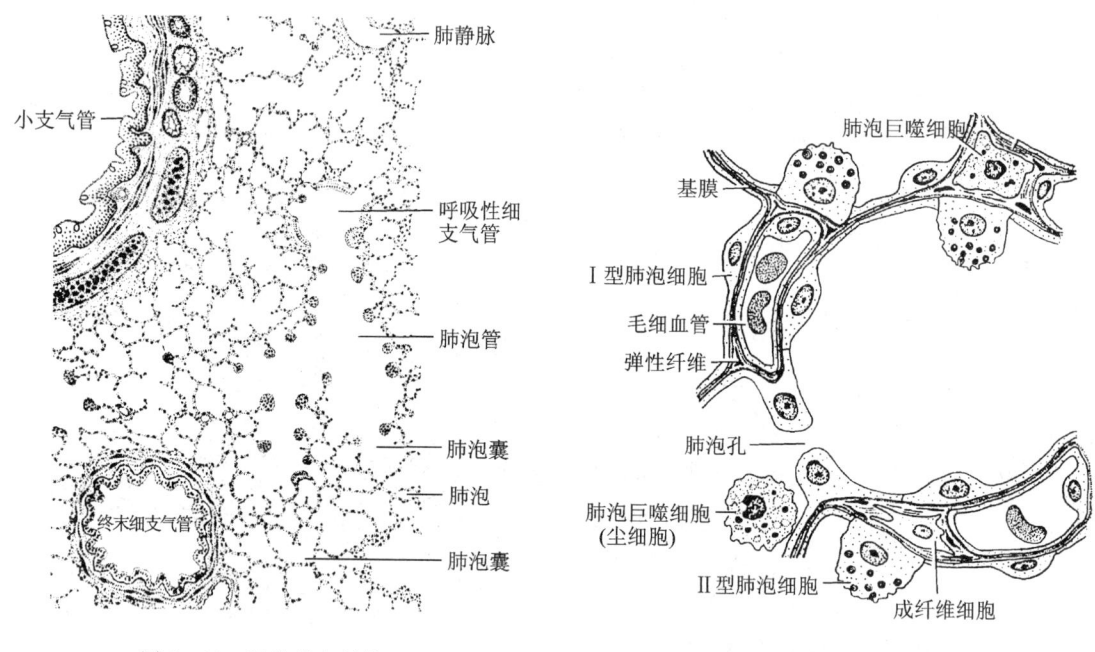

图 5-13 肺的微细结构　　　　图 5-14 肺泡上皮和肺泡隔

（2）**肺泡隔**（alveolar septum） 是相邻肺泡之间的薄层结缔组织,内含丰富的毛细血管网、较多的弹性纤维和肺泡巨噬细胞,属肺的间质,其弹性纤维使肺泡具有良好的弹性。肺泡巨噬细胞有吞噬病原体和异物的能力,若吞噬了灰尘则称**尘细胞**（dust cell）(图 5-14)。

（3）**气-血屏障**（blood-air barrier） 肺泡内气体与肺泡隔毛细血管内的血液进行气体交换所通过的结构称为**气-血屏障**。由肺泡表面活性物质、Ⅰ型肺泡细胞与基膜、薄层结缔组织、毛细血管基膜与连续内皮构成。

四、肺的体表投影

肺尖的体表投影:锁骨内侧 1/3 部的上方 2~3 cm 处。

肺下界的体表投影:锁骨中线处与第 6 肋相交;腋中线处与第 8 肋相交;肩胛线处与第 10 肋相交;近后正中线处于第 11 胸椎棘突平面。

五、肺的血管

肺有两套血管,一套是完成气体交换功能的肺动脉和肺静脉,另一套是营养肺和各级支气管的支气管动脉和支气管静脉。

第三节 胸　　膜

一、胸腔、胸膜与胸膜腔的概念

1. **胸腔**(thoracic cavity)　由胸廓与膈围成,上界为胸廓上口与颈部通连;下界借膈与腹腔分离。胸腔内可分3部,即左、右两侧为胸膜腔和肺,中间为纵隔。

2. **胸膜**(pleura)　是一层薄而光滑的浆膜,分为互相移行的脏胸膜与壁胸膜两部分。脏胸膜紧贴肺表面;壁胸膜贴附于胸壁内面、膈上面和纵隔表面(图 5-15)。

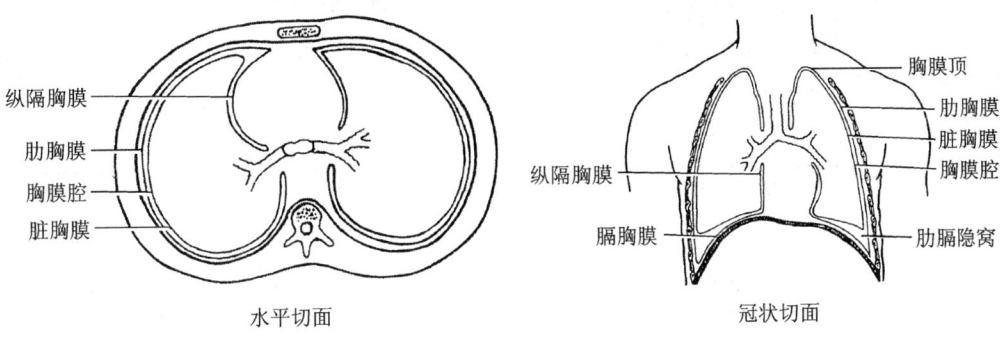

图 5-15　胸膜和胸膜腔

3. **胸膜腔**(pleural cavity)　是由脏胸膜与壁胸膜在肺根处相互移行所形成的封闭腔隙,左右各一,互不相通,腔内呈负压,仅有少量浆液,可减少呼吸时两层胸膜间的摩擦。由于胸膜腔内的负压吸附作用,使脏胸膜和壁胸膜相互贴附在一起,使胸膜腔成为潜在性的腔隙。

二、胸膜的分部及胸膜隐窝

(一)脏胸膜

脏胸膜紧贴肺表面,与肺紧密结合而不能分离,并伸入肺叶间裂内。

(二)壁胸膜

因贴附部位不同,壁胸膜可分为4部分。

1. **膈胸膜**　紧贴于膈的上面,不易剥离。
2. **肋胸膜**　贴附于肋骨与肋间肌内面,由于肋胸膜与肋骨和肋间肌之间有胸内筋膜存在,故较易剥离。

3. **纵隔胸膜** 贴附于纵隔的两侧面,纵隔胸膜的中间包绕肺根移行于脏胸膜,并在肺根下方前后两层重叠,连于纵隔外侧面与肺内侧面之间,称为肺韧带。肺韧带对肺有固定作用,也是肺手术的标志。

4. **胸膜顶** 突出胸廓上口,伸向颈根部,覆盖于肺尖上方,高出锁骨内侧面 1/3 上方 2～3 cm。针灸或做臂丛神经麻醉时,应注意胸膜顶的位置,避免穿破管层造成气胸。

5. **胸膜隐窝和肋膈隐窝** 壁胸膜相互移行转折处的胸膜腔,在深吸气时肺缘也不能伸入此空间,胸膜腔的这些部分称为**胸膜隐窝**(pleural recesses),主要包括肋膈隐窝、肋纵隔隐窝、膈纵隔隐窝。其中最大最重要的胸膜隐窝是在肋胸膜和膈胸膜相互转折处,称为**肋膈隐窝**。肋膈隐窝是胸膜腔的最低部位,胸膜腔积液首先积聚于此处,同时也是易发生粘连的部位,其深度一般可达两个肋及其间隙,深吸气时,肺下缘也不能伸入此隐窝。

三、胸膜下界的体表投影

胸膜下界的体表投影:胸膜下界是肋胸膜与膈胸膜的折返处,较肺下缘约低 2 个肋。在锁骨中线处与第 8 肋相交,腋中线处与第 10 肋相交,肩胛线处与第 11 肋相交,近后正中线处位于第 12 胸椎棘突平面,见表 5-1,图 5-16,图 5-17。

表 5-1 肺和胸膜下界的体表投影

	锁骨中线	腋中线	肩胛线	后正中线
肺下界	第 6 肋	第 8 肋	第 10 肋	第 10 胸椎棘突
胸膜下界	第 8 肋	第 10 肋	第 11 肋	第 12 胸椎棘突

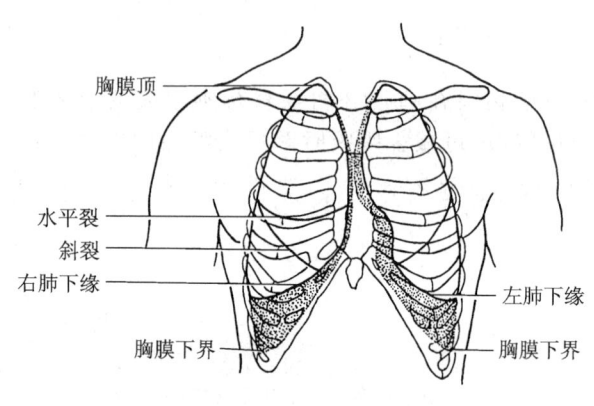

图 5-16 肺及胸膜的体表投影(前面)

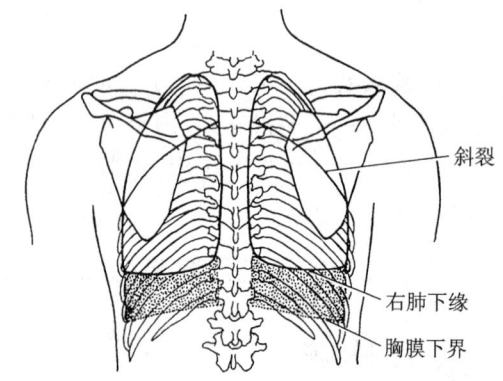

图 5-17 肺及胸膜的体表投影(后面)

第四节 纵　　隔

纵隔(mediastinum)是左、右纵隔胸膜之间所有器官和组织的总称。纵隔的前界为胸骨,后界为脊柱胸段,两侧界为纵隔胸膜,上界是胸廓上口,下界为膈。

纵隔通常以胸骨角平面(平对第4胸椎体下缘)将纵隔分为上纵隔和下纵隔。下纵隔以心包为界,分为前纵隔、中纵隔和后纵隔(图5-18)。

1. 上纵隔 上界为胸廓上口,下界为胸骨角至第4胸椎体下缘的平面。主要内容为胸腺,内有头臂静脉、上腔静脉、膈神经、迷走神经、喉返神经、主动脉及其3条大分支,包括食管、气管、胸导管和淋巴结。

2. 前纵隔 位于胸骨与心包之间,内有胸腺下部、部分纵隔前淋巴结及疏松结缔组织。

3. 中纵隔 位于前、后纵隔之间,内有心包、心和大血管、膈神经、奇静脉弓、心包膈血管及淋巴结。

4. 后纵隔 位于心包与脊柱之间,内有主支气管、食管、胸主动脉、胸导管、奇静脉、半奇静脉、迷走神经、胸交感干和淋巴结。

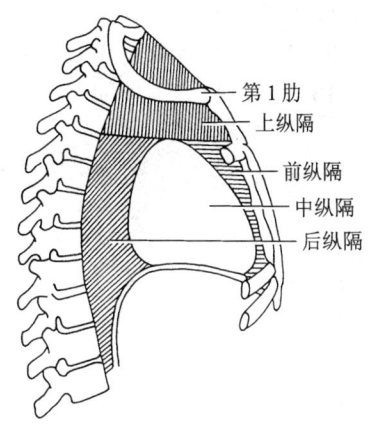

图5-18 纵隔的分部

Summary

Respiratory system

The respiratory system includes two parts: the respiratory tract and lungs. The respiratory tract consists of the nose, pharynx, larynx, trachea and principal bronchus.

From the clinical point of view, respiratory tract is divided into the upper respiratory tract (the nose, pharynx, larynx) and the lower respiratory tract (the trachea, principal bronchus). The lungs are the essential respiratory organs. The primary function of this system is to supply the blood with oxygen and get rid of excess carbon dioxide resulting from cell metabolism.

The pleura is divided into parietal pleura and visceral pleura. The former is the serous membrane lining the inner surface of the chest wall, and the latter covers the surface of the lung and extending into the fissures of lung. The parietal and visceral pleurae enclose a potential cavity which is called pleural cavity. In it there is little mucous liquid to reduce the friction between the two layers of the pleura.

思 考 题

1. 喉位于何处?喉的前方、后方和两侧有哪些毗邻结构?体表可摸到哪些软骨?抢救急性喉阻塞病人应在什么部位进行穿刺?

2. 喉腔分哪几部分?各部是如何划分的?

3. 外界空气经过哪些结构吸入肺泡?什么是上、下呼吸道?

4. 肺门位于何处?有哪些结构进出肺门?什么叫肺根?肺尖位于何处?

5. 支气管异物易坠入哪侧?为什么?

6. 什么是胸膜?胸膜分哪几部?胸膜腔是怎样构成的?胸膜腔有什么特点?

7. 如何确定肺下缘和胸膜下界的体表投影？
8. 什么叫纵隔？
9. 终末细支气管的组织结构有哪些特点？
10. 呼吸膜（气-血屏障）由哪些结构组成？

（沙佩林　田菊霞）

第六章 泌尿系统

学习目标

1. 熟悉泌尿系统的组成及功能。
2. 掌握肾的形态、位置及冠状切面上的主要结构。
3. 熟悉肾的被膜。
4. 了解输尿管的行程、狭窄及临床意义。
5. 掌握膀胱的形态、位置。膀胱三角的位置、组成、黏膜特点。
6. 了解女性尿道的特点及开口位置。
7. 掌握肾单位、血-尿屏障的概念。
8. 熟悉肾小体的形态结构。
9. 了解球旁复合体的组成及功能。

泌尿系统(urinary system)由肾、输尿管、膀胱和尿道组成(图6-1)。肾是形成尿液的器官。

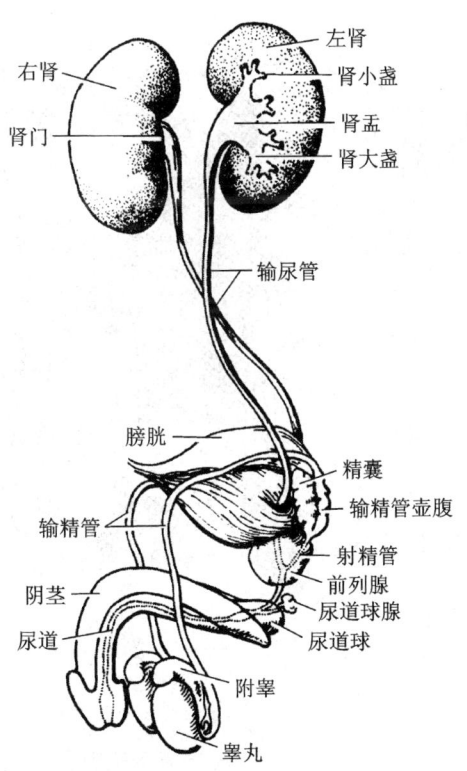

图6-1 泌尿系统全貌(男性)

人体在新陈代谢过程中产生的代谢物质(如尿素、尿酸等)及多余的水和无机盐等,经肾过滤形成尿液。输尿管是输送尿到膀胱的肌性管道。膀胱是贮尿的器官,当尿贮存到一定量时,经尿道排出体外。泌尿系统的主要功能就是通过尿液的生成和排泄,维持机体新陈代谢的正常进行和内环境的相对稳定。

第一节 肾

一、肾的形态

肾(kidney)左、右各一,似蚕豆形,呈红褐色,分为上、下两端,前、后两面,内、外侧两缘。肾的内侧缘中部凹陷,称**肾门**(renal hilum),是肾盂、肾动脉、肾静脉、淋巴管和神经等结构进出肾的部位。出入肾门的结构被结缔组织包裹在一起,称为**肾蒂**。**肾窦**是肾门向内凹陷,容纳肾血管、淋巴管、神经、肾盏、肾盂及脂肪组织等结构的部位。

二、肾的位置

两肾位于脊柱两旁的腹后间隙内,属腹膜外位器官。左肾上端约平第11胸椎体的下缘,下端达第2腰椎体下份;右肾因受肝的影响而略比左肾低半个椎体(图6-2)。肾门约平对第1腰椎体平面。在躯干背面,肾门的体表投影在竖脊肌外侧缘与第12肋所形成的夹角内,临床上称**肾区**。肾有疾病时,该处可有叩击痛(图6-3)。

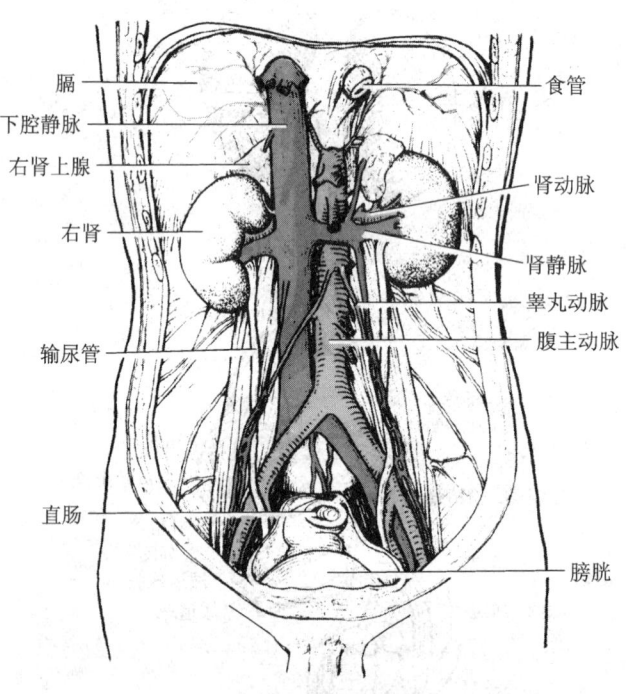

图6-2 肾与输尿管

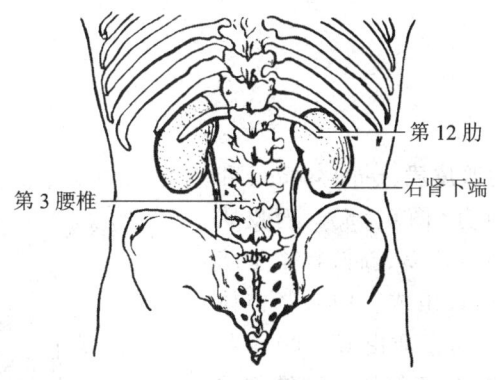

图 6-3　肾与肋骨和椎骨的位置关系

三、肾的被膜

肾的表面由内向外依次包有 3 层被膜,分别为纤维囊、脂肪囊和肾筋膜(图 6-4)。**纤维囊**(fibrous capsule)为一层致密结缔组织薄膜,包裹于肾实质的表面,容易剥离。**脂肪囊**(adipose capsule)是在纤维囊外围的脂肪组织,对肾有保护作用。临床上所做肾囊封闭术,就是将药液注入肾脂肪囊内。**肾筋膜**(renal fascia)分前、后两层,覆盖在肾脂肪囊的外面,在肾的外侧和上方互相融合。在肾内侧,肾筋膜前层与对侧肾筋膜的前层互相连续。在肾的下方,其前、后两层筋膜分离。肾筋膜发出许多结缔组织小束,穿过深面的脂肪囊连于纤维囊,对肾起固定作用。多种因素共同维持肾的正常位置,如肾筋膜、脂肪囊、肾血管、腹膜、肾的邻近器官的承托以及腹内压等。当上述因素不健全时,可造成肾下垂。

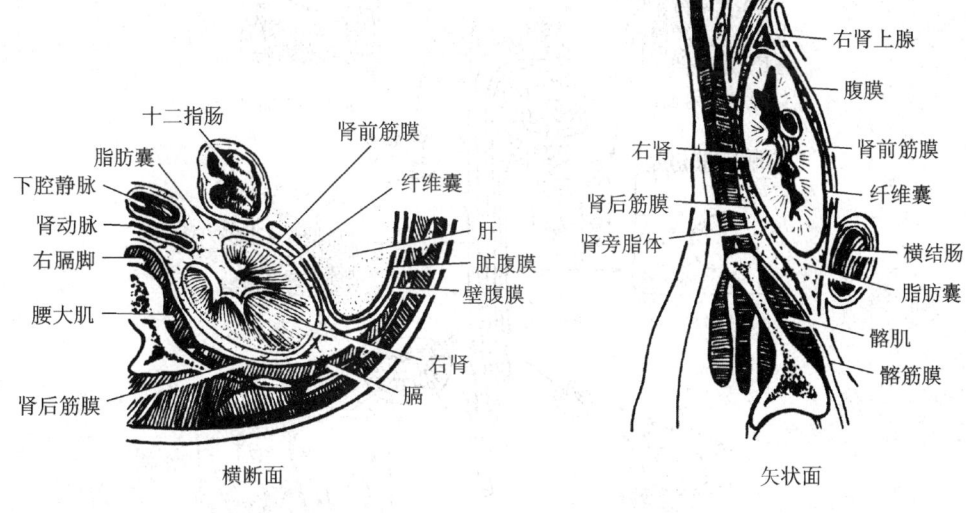

图 6-4　肾的被膜

四、肾的结构

(一) 肾的解剖结构

冠状面上,肾实质分为**肾皮质**(renal cortex)和**肾髓质**(renal medulla)两部分(图6-5)。肾皮质位于表层及肾锥体之间,血管丰富,新鲜标本呈暗红色,主要由肾小体和肾小管组成。伸入肾锥体之间的皮质部分称为**肾柱**。肾髓质由15~20个肾锥体组成,位于肾皮质的深部,色较淡。**肾锥体**的底朝肾皮质,尖朝肾窦,称**肾乳头**,突入肾小盏内。2~3个肾锥体的尖合成一个肾乳头。其顶端有许多乳头孔,终尿经乳头孔流入肾小盏内。肾乳头被漏斗状的**肾小盏**包绕,一般2~3个肾小盏合成一个**肾大盏**,2~3个肾大盏汇合形成漏斗状的**肾盂**。出肾门后的肾盂逐渐变细,移行为输尿管。

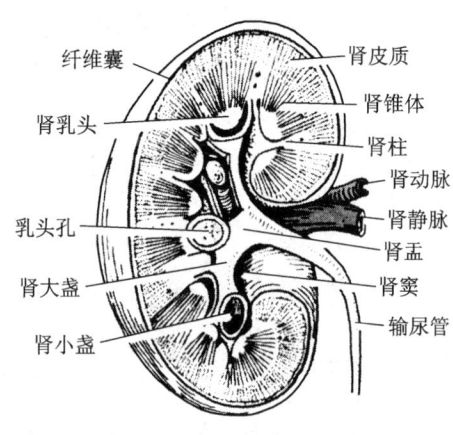

图6-5 肾的内部结构(右肾冠状切面)

(二) 肾的微细结构

肾实质主要由大量**肾单位**(nephron)和**集合管**(colleefing tubule)构成,其间有血管、神经和少量结缔组织等,为肾的间质。每个肾单位包括一个肾小体和一条与之相连的肾小管。泌尿小管由**肾小管**和**集合小管**组成。肾小管起始部膨大内陷成双层的**肾小囊**,与**血管球**共同构成**肾小体**肾小管汇入集合管,合称泌尿小管(uriniferous tubule)(图6-6)。

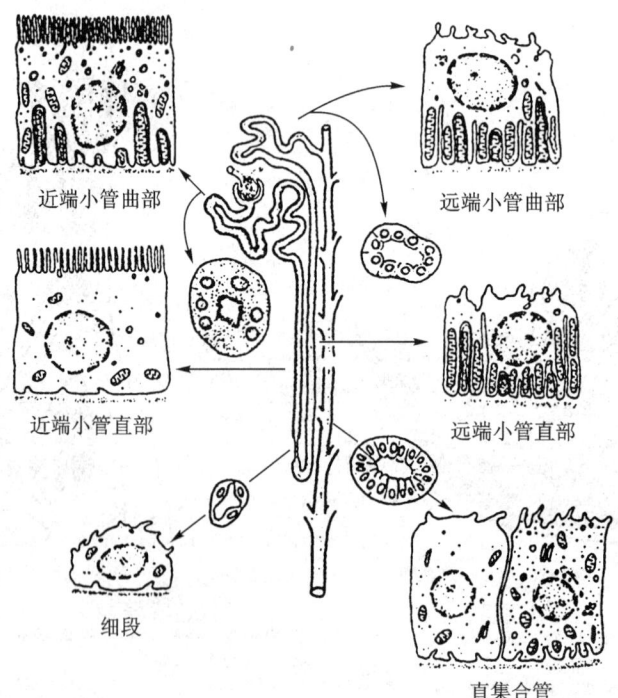

图6-6 肾的微细结构

1. **肾单位**(nephron)　是尿液形成的结构和功能单位,每个肾约有 100 万个肾单位,每个肾单位分肾小体和肾小管两部分。

(1) **肾小体**(renal corpuscle)　肾小体呈球形,位于肾皮质和肾柱内,由血管球和肾小囊组成。**血管球**(glomerulus)是包在肾小囊内的一团盘曲的毛细血管,其一端连有两条小动脉:粗短的**入球微动脉**和细长的**出球微动脉**。血管球的毛细血管为有孔型。毛细血管之间为**球内系膜**,由球内系膜细胞和基质构成。球内系膜细胞能合成基质,还具有吞噬能力,参与基膜更新及清除基膜上的沉积物,以维持基膜的通透性。

肾小囊(renal capsule)是肾小管起始部膨大凹陷而成的双层囊。外层由单层扁平上皮构成,内层由紧贴血管球毛细血管外的**足细胞**(podocyte)构成。两层之间的腔隙称肾小囊腔。足细胞从胞体上伸出几个较大的初级突起,初级突起又分出许多指状的次级突起。相邻足细胞的次级突起相互交叉嵌合,其间的窄隙称为**裂孔**(slit pore),孔上覆盖一层极薄的**裂孔膜**(slit membrane)。血管球毛细血管的有孔内皮、基膜和裂孔膜构成**滤过屏障**(filtration barrier)或滤过膜。当血液流经血管球时,血浆中除蛋白质等大分子物质外,其他成分均可经滤过屏障滤入肾小囊腔成为**原尿**。若滤过屏障受损,则大分子蛋白质甚至血细胞亦可漏出,出现蛋白尿或血尿(图 6-7)。

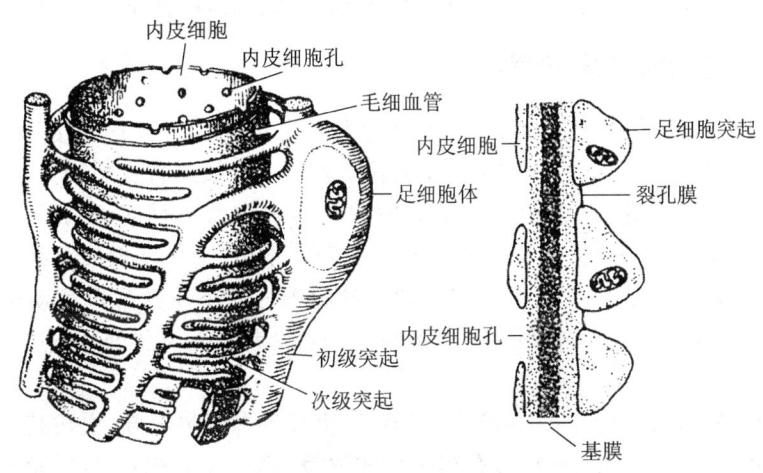

图 6-7　肾的滤过屏障

(2) **肾小管**(renal tubule)　肾小管是一条由单层上皮围成的、细长而弯曲的小管,与肾小囊相延续,终于集合小管。肾小管依次可分为**近端小管**(proximal tubule)、**细段**(thin segment)和**远端小管**(distal tubule)。近端小管和远端小管又都分为**曲部**和**直部**。近端小管的起始段是曲部,盘曲在肾小体的附近。近端小管直部、细段和远端小管直部构成"U"形的**髓袢**(medullary loop),又称**肾单位袢**(nephron loop)。远端小管曲部也盘曲在肾小体的附近,接**集合管**(collecting tubule)。近端小管的上皮细胞呈锥体形或立方形,细胞界限不清。细胞的游离面有**刷状缘**,电镜下为密集排列的微绒毛,它极大地增加了细胞的表面积,有利于重吸收;细段上皮为单层扁平上皮,管壁甚薄,有利于水和离子通透;远端小管的上皮细胞呈立方形,细胞界限清楚,其游离面无刷状缘,基部纵纹较明显。远端小管直部能主动向间质转运 Na^+,形成间质内的高渗,有利于水的重吸收;远端小管曲部是离子交换的重要部位,能吸收 H_2O、Na^+,排出 K^+、H^+、NH_3 等。

2. **集合管** 与远端小管曲部相接,管径由细逐渐变粗,最后汇集成**乳头管**,开口于肾小盏。管壁上皮由单层立方逐渐增高为单层柱状,至乳头管为单层高柱状上皮。集合小管也具有重吸收 H_2O、Na^+ 和排出 K^+ 的功能。

成人两侧肾的肾小体在一昼夜内滤出的原尿约 180 L。原尿流过肾小管和集合小管,经它们的重吸收和分泌作用,最后形成的终尿仅为原尿的 1%,每日排出 1~2 L。

3. **球旁复合体**(juxtaglomerular complex) 包括球旁细胞、致密斑和球外系膜细胞。

(1) **球旁细胞**(juxtaglomerular cell) 在近肾小体处,入球微动脉管壁的平滑肌细胞转变为上皮样细胞,称球旁细胞。细胞较大呈立方形,核大而圆,胞质弱嗜碱性,有较多分泌颗粒,能分泌**肾素**(renin)升高血压。

(2) **致密斑**(macula densa) 远端小管靠近肾小体一侧的上皮细胞由立方形变为高柱形,排列紧密,形成一个椭圆形的结构,称为致密斑。致密斑是钠离子感受器,并能影响球旁细胞分泌肾素。

(3) **球外系膜细胞**(extraglomerular mesangial cell) 位于入球微动脉、出球微动脉和致密斑之间的三角形区域内,于球旁细胞和球内系膜细胞之间有缝隙连接,可起到传递"信息"的作用。

五、肾血管与血液循环的特点

肾动脉发自腹主动脉,经肾门入肾,一般分为上极支、下极支、前上支、前下支和后支 5 个分支。每个分支所供应的一个区域称为一个**肾段**。行于肾髓质与肾皮质交界处的分支称为弓状动脉,它分出小叶间动脉,再由小叶间动脉发出许多入球微动脉进入肾小囊,形成肾小球(血管球)。微动脉穿出肾小球,形成出球微动脉离开肾小体后,再度形成毛细血管网,分布于肾皮质的肾小管周围,然后汇集成小叶间静脉。肾髓质内的小动脉为弓状动脉和直小动脉。静脉与动脉伴行并同名,小叶间静脉和直小静脉中的血液都汇入弓状静脉,然后汇入肾静脉。

肾的血管分配有以下特点:① 肾动脉粗而短,直接发自腹主动脉,血压高,血流量大,每分钟全身循环血量约有 20% 流经肾,有利于生成尿液,排出代谢产物。② 90% 的血液供应皮质,进入肾小体后被滤过。③ 入球微动脉粗短,出球微动脉细长,因而肾小球(血管球)内血压高,有利于肾小体的滤过作用。④ 在肾实质内,动脉形成两次毛细血管,第一次是入球微动脉形成肾小球,有利于原尿形成;第二次是出球微动脉在肾小管周围形成球后毛细血管,有利于肾小管对原尿的重吸收。

第二节 输尿管、膀胱和尿道

一、输尿管

输尿管(ureter)(图 6-2)是将尿液输送到膀胱的肌性管道,左、右各一。输尿管起自肾盂,经腹后壁沿腰大肌前面下行,至骨盆上口跨越髂总动脉分叉处,进入骨盆腔,在膀胱底斜穿膀胱壁,开口于膀胱底内面的输尿管口,全长 25~30 cm。根据行走位置,输尿管可分为腹段、盆段和壁内段。输尿管共有 3 处狭窄,分别位于:① 肾盂移行于输尿管处;② 骨盆上口、输尿管跨过髂血管处;③ 斜穿膀胱壁处。这些狭窄处是输尿管结石易滞留的部位。

二、膀胱

膀胱(urinary bladder)是贮存尿的肌性囊状器官,它的形状、大小和位置随尿的充盈程度的不同而有较大变化。成人膀胱容量为 350~500 ml,新生儿膀胱的容量为成人的 1/10 左右。

(一)膀胱的形态和位置

膀胱在空虚时呈三棱锥体形,分为尖、体、底和颈 4 部,其尖朝向前上,称为**膀胱尖**,底朝向后下,称为**膀胱底**;尖与底之间的部分称为**膀胱体**;膀胱的最下部称为**膀胱颈**,与前列腺相邻(图 6-8),颈的下端有尿道内口与尿道相通。

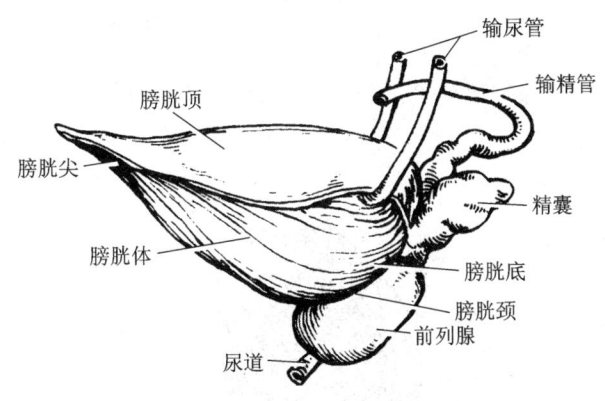

图 6-8 膀胱(左面观)

膀胱位于盆腔前部,耻骨联合的后方。空虚时,膀胱尖不超过耻骨联合的上缘。充盈时,它上移膨入腹腔,膀胱与腹前壁之间的腹膜反折线也随之上移。因此,可沿耻骨联合上缘做膀胱穿刺而不致损伤腹膜。膀胱的后面,在男性与精囊、输精管壶腹和直肠相邻(图 6-9),在女性则与子宫颈和阴道相贴。小儿膀胱的位置较高,部分位于腹腔内。

(二)膀胱的结构

膀胱壁由黏膜、肌层和外膜构成。在膀胱空虚时,黏膜形成许多皱襞,在膀胱充盈时消失。黏膜上皮为变移上皮。在膀胱底的内面,左、右输尿管口与尿道内口间的三角形区域称为**膀胱三角**(trigone of bladder)。此处无论膀胱处于空虚或充盈时,黏膜均平滑无皱襞,是膀胱肿瘤和结核的好发部位。肌层由平滑肌构成,分内纵、中环、外纵 3 层,共同构成膀胱逼尿肌。在尿道内口处,中层环行肌增厚形成括约肌。外膜大多为纤维膜,仅上部有浆膜覆盖(图 6-10)。

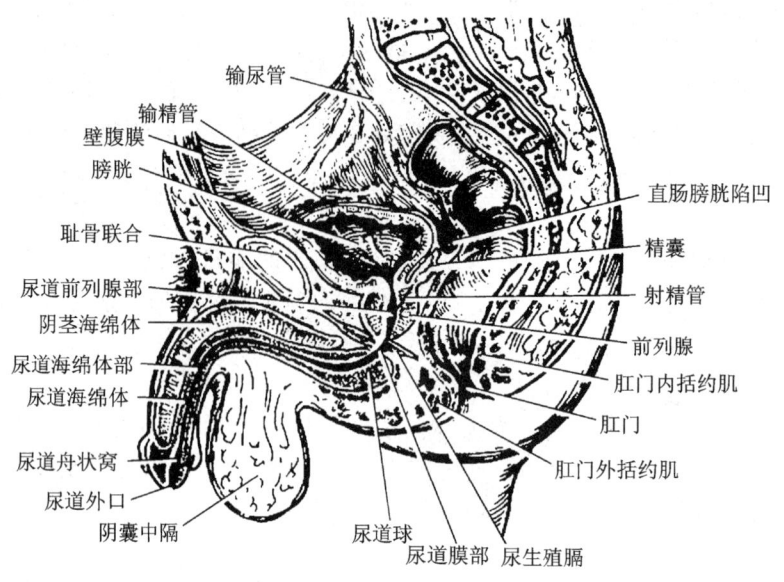

图 6-9　男性盆腔（正中矢状切面）

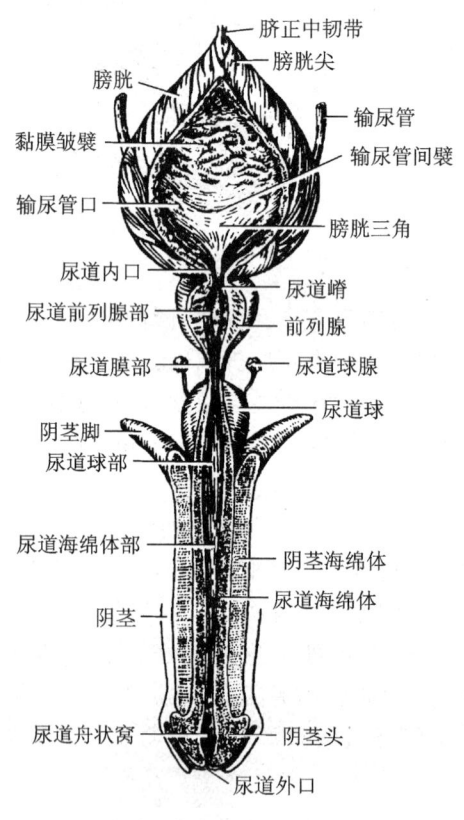

图 6-10　男性膀胱和尿道

三、尿道

尿道(urethra)是膀胱通往体外的排尿管道。

男性尿道除有排尿功能外,还兼有排精功能,将在男性生殖系统中描述。

女性尿道起自尿道内口,经阴道前方下行,穿尿生殖膈,以尿道外口开口于阴道前庭上分,长 3~5 cm(图 6-11)。由于女性尿道短而宽直,故易引起逆行性泌尿系统感染。

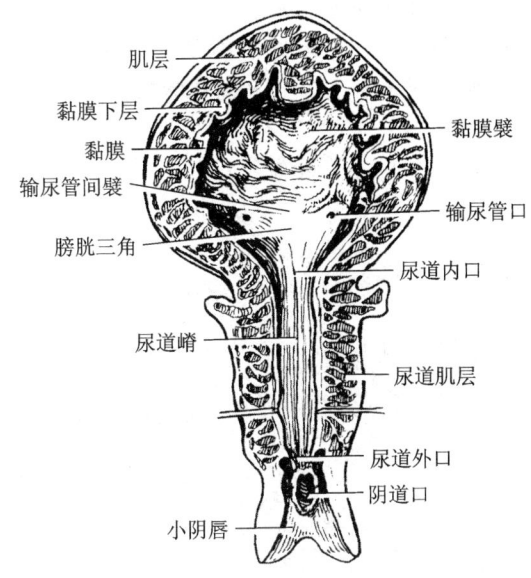

图 6-11 女性膀胱和尿道

Summary

The urinary system

The urinary system consists of two kidneys, which produce urine, two ureters, which convey urine to the urinary bladder, one urinary bladder which stores the urine temporarily and one urethra. The kidneys are a pair of bean-shaped organs. In adult males, each kidney is about 10 cm in length, 5 cm in breadth, 4 cm in anteroposterior thickness and the average weight is about 140 g. Znadult females, it is a little smaller and lighter than the one in males. The kidney is composed of an internal medullary substance and an external cortical substance. The ureter measures from 25 to 30 cm in length, it carries urine to the urinary bladder. The urinary bladder is a musculomembranous sac which acts as a reservoir for the urine. The urethra which transports urine to the outside of the body.

The male urethra length varies from 16 to 22 cm, present two curve, and it is divided into three portions, the proststic, membranous, and cavernous. The female urethra is a narrow membranous canal, about 4 cm long. As the main excretory organs, the urinary system are critically important in maintain the balance of substances required for internal constancy by eliminating from the body a variety of metabolic products such as urea, uric acid and creatinine from the body.

思 考 题

1. 肾门位于何处？有哪些结构穿过？肾蒂主要结构的位置关系如何？
2. 肾的冠状切面上可见哪些结构？肾实质分哪几部？肾窦内含哪些结构？
3. 什么是肾区？如何定位？有何临床意义？
4. 输尿管分哪几部分？有哪几个狭窄？
5. 男性和女性膀胱的后方和下方分别与哪些器官毗邻？
6. 什么叫膀胱三角？膀胱三角有什么特点和临床意义？
7. 肾小体的形态结构如何？
8. 近端小管由几部分组成？其构造有何特点？
9. 何谓血-尿屏障？
10. 尿液从肾乳头流出后，需经过哪些结构排出体外？

（沙佩林　田菊霞）

第七章 生殖系统

学习目标

1. 熟悉生殖系统的组成。
2. 掌握男性生殖系统的组成。
3. 掌握睾丸的位置、形态结构及功能。
4. 了解输精管的行程、分部。
5. 熟悉射精管的组成及开口。
6. 掌握精索的组成及位置。
7. 了解前列腺的形态、分叶、位置及主要毗邻。
8. 了解精囊腺,尿道球腺的位置、形态及功能。
9. 了解阴囊的形态构造。
10. 了解阴茎的分部及构造。
11. 掌握男性尿道的分部、3个狭窄和2个弯曲及临床意义。
12. 掌握女性生殖系统的组成。
13. 熟悉卵巢的形态、位置及功能。
14. 掌握输卵管的位置、分部及其临床意义。
15. 掌握子宫的位置、形态及固定装置(韧带)。
16. 熟悉子宫内腔的分部。
17. 熟悉阴道的形态及位置(阴道穹后部的毗邻)。
18. 了解女性外生殖器的形态结构。
19. 了解女性乳房的位置、形态及结构。
20. 熟悉会阴的概念。
21. 熟悉生精小管的结构特点及功能。
22. 熟悉睾丸间质细胞的功能。
23. 熟悉卵泡的发育及形态结构特点。
24. 掌握黄体的概念及功能。
25. 熟悉子宫内膜的周期性变化。

生殖系统(reproductive system)生殖系统分为男性生殖系统(male genital system)和女性生殖系统(female genital system)。生殖器官根据所在的部位不同,又分内生殖器和外生殖器。内生殖器多位于盆腔,由生殖腺、生殖管道和附属腺组成;外生殖器则显露于体表,主要为两性的交接器官。生殖系统的功能是产生生殖细胞,繁殖后代、分泌性激素并维持第二性征。

第一节 男性生殖系统

男性生殖系统分为内生殖器和外生殖器。男性内生殖器由生殖腺(睾丸)、生殖管道(附睾、输精管、射精管、尿道)和附属腺(精囊、前列腺、尿道球腺)组成;外生殖器包括阴囊和阴茎(图7-1)。

一、男性内生殖器

(一)睾丸

睾丸(testis)是产生精子和分泌雄性激素的器官。

1. 睾丸的形态和位置　睾丸呈扁椭圆形,左右各一,位于阴囊内(图7-2)。睾丸分上、下两端,前、后两缘,内、外两面。后缘有神经、血管和淋巴管进入,并与附睾、输精管起始部相邻。上端有附睾头遮盖,下端游离。外侧面较凸,与阴囊壁相贴;内侧较平坦,与阴囊隔相接。睾丸除后缘外都有鞘膜被覆,分为脏、壁两层,脏层紧贴睾丸表面,壁层贴附于阴囊内面。脏、壁两层在睾丸后缘相互移行,围成密闭的腔隙,称鞘膜腔。鞘膜腔内含少量浆液,起润滑作用。

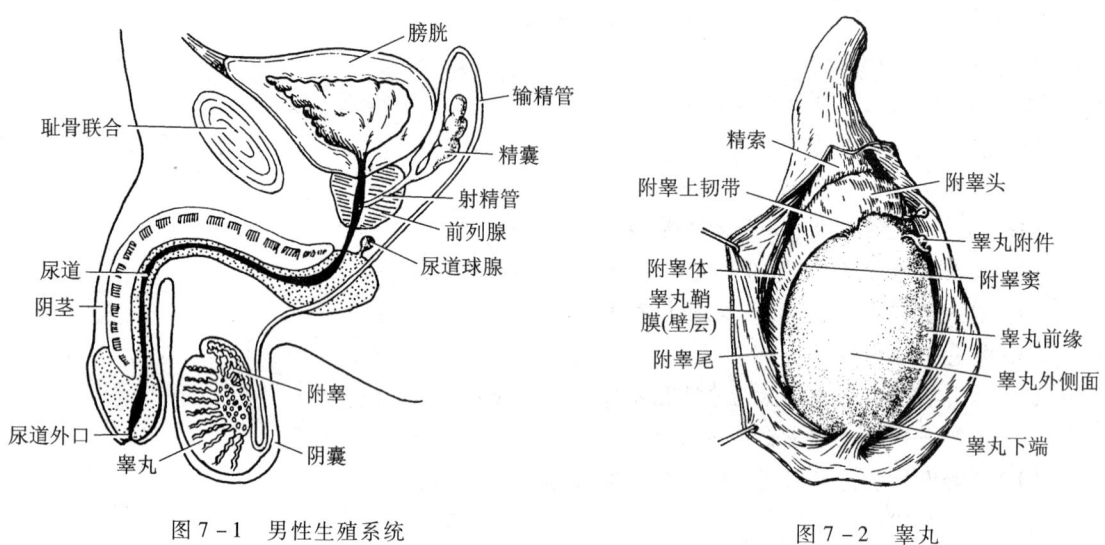

图7-1　男性生殖系统　　　　　图7-2　睾丸

2. 睾丸的微细结构　睾丸表面有一层致密结缔组织构成的**白膜**(tunica albuginea),白膜在睾丸后缘增厚形成**睾丸纵隔**(mediastinum testis)。睾丸纵隔发出许多睾丸小隔呈放射状伸入睾丸实质,将其分隔成许多锥体形的睾丸小叶,每个小叶内有1~4条弯曲细长的**生精小管**。生精小管在近睾丸纵隔处变为短而直的**直精小管**,精直小管进入睾丸纵隔,相互吻合形成**睾丸网**,最后在睾丸后缘发出十多条**输出小管**(efferent duct),进入**附睾**。生精小管之间的结缔组织称为**睾丸间质**,内有**间质细胞**(interstitial cell),又称为Leydig细胞,能合成和分泌雄性激素(图7-3)。

(1) **生精小管**(seminiferous tubule)　也称生精子管是产生精子的场所。成人的生精小管长30~70 cm,直径150~250 μm,中央为管腔,壁厚60~80 μm,主要由**生精上皮**(spermatogenic

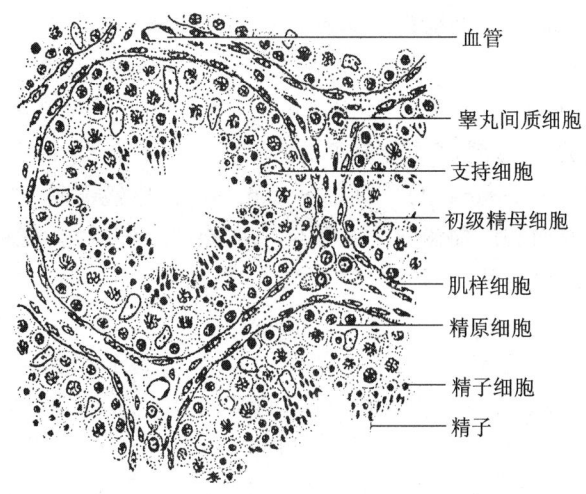

图 7-3 生精小管与睾丸间质

epithelium)构成。生精上皮由**支持细胞**和 5～8 层**生精细胞**(spermatogenic cell)组成。上皮下的基膜明显,基膜外侧有胶原纤维和一些梭形的**肌样细胞**(myoid cell),肌样细胞收缩时有助于精子的排出。

(2) **生精细胞** 包括精原细胞、初级精母细胞、次级精母细胞、精子细胞和精子。从精原细胞开始到精子形成的过程称为**精子发生**(spermatogenesis)。

1) **精原细胞**(spermatogonium):紧贴基膜,细胞较小,呈圆形或椭圆形,核染色较深。A 型精原细胞是生精细胞中的干细胞。B 型精原细胞经过数次分裂后,分化为初级精母细胞。

2) **初级精母细胞**(primary spermatocyte):位于精原细胞近腔侧,体积较大,核大而圆,染色体核型为 46,XY。细胞经 DNA 复制后(4nDNA),进行第一次减数分裂,形成 2 个**次级精母细胞**。因第一次减数分裂的分裂前期历时较长,故在生精小管切面中可见处于不同增殖阶段的初级精母细胞。

3) **次级精母细胞**(secondary spermatocyte):靠近管腔,核圆形,染色较深,染色体核型为 23,X 或 23,Y (2nDNA)。次级精母细胞不进行 DNA 复制,迅速进入第二次减数分裂,染色单体分离,形成两个**精子细胞**。次级精母细胞存在时间短,在生精小管切面中不易见到。

4) **精子细胞**(spermatid):位近管腔,细胞较小,核小而圆,染色体核型为 23,X 或 23,Y(1nDNA)。精子细胞不再分裂,经复杂的形态变化,由圆形转变为蝌蚪状的精子,此过程称为**精子形成**(spermiogenesis)。

5) **精子**(spermatozoon):形似蝌蚪,长约 60 μm,分头、尾两部(图 7-4)。头内主要有一个染色质高度浓缩的细

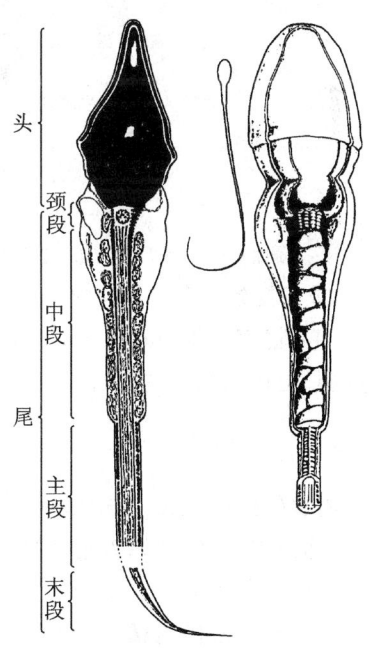

图 7-4 精子的形态

胞核,核的前 2/3 有顶体覆盖。**顶体**内含多种水解酶。受精时,精子释放顶体酶,分解卵子外周的结构,在受精中起重要作用。尾部细长,是精子的运动装置。

从精原细胞发育为精子,在人需(64±4.5)天。增殖活跃的生精细胞易受理化因素的影响,如高温、放射线、微波、药物等都能使精子的质量和数量下降,导致不育。

(3) **支持细胞**(sustentacular cell) 又称 Sertoli 细胞。电镜下呈不规则锥体形,基部紧贴基膜,顶部伸达管腔。侧面和腔面镶嵌着各级生精细胞(图7-5)。光镜下不易辨认其轮廓,核近似卵圆形成三角形,染色浅,核仁明显。

相邻支持细胞侧面近基部的胞膜形成紧密连接,是构成**血-生精小管屏障**(blood-seminiferous tubule barrier)的主要成分,包括间质的毛细血管内皮及基膜、结缔组织、生精上皮基膜和支持细胞紧密连接,又称为**血-睾屏障**(blood-testis barrier)。可阻止某些物质进出生精小管,形成并维持有利于精子发生的微环境,还能防止精子抗原物质逸出到生精小管外而发生自身免疫反应。

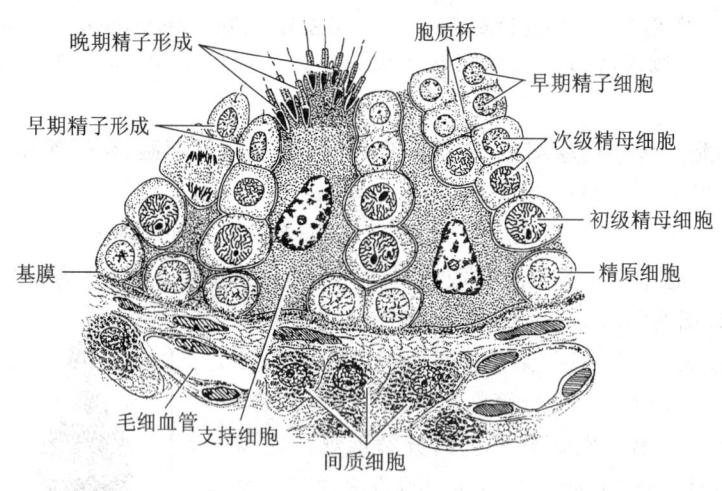

图7-5 生精小管上皮细胞电镜

支持细胞有多种功能,如对生精细胞起支持、营养作用;吞噬精子形成过程中脱落的残余胞质;合成分泌**雄激素结合蛋白**,与雄激素结合,以保持生精小管内雄激素的水平,促进精子发生。

(4) **精直小管**(tubule rectus)和**睾丸网**(rete testis) 管壁上皮为单层立方或矮柱状,无生精细胞,是运送精子的管道。

(二)附睾

附睾(epididymis)紧贴睾丸的上端和后缘而略偏外侧,为一新月形结构,上端膨大为**附睾头**,中部为**附睾体**,下端为**附睾尾**。睾丸输出小管进入附睾后,弯曲盘绕形成膨大的附睾头,末端汇合成一条附睾管。

附睾分泌液供给精子营养,并促进精子进一步达到功能上的成熟。附睾为结核的好发部位。

(三) 输精管和射精管

1. 输精管(ductus deferens) 起自附睾尾,全长约 50 cm,管壁较厚,活体触摸时呈相对较硬的圆索状结构。根据输精管行程,全长可分为 4 部:① **睾丸部**,为输精管的起始部,自附睾尾沿睾丸后缘上行至睾丸上端。② **精索部**,睾丸上端至腹股沟管皮下环,此段位置表浅,容易触摸,是施行输精管结扎术的部位。③ **腹股沟管部**,走行在腹股沟管内,疝修补术时,注意勿损伤输精管。④ **盆部**,此段最长,从腹股沟管出腹环后弯向内下,沿骨盆外侧壁向后下行走,经输尿管末端的前上方到膀胱底后面,精囊的内侧,此处膨大形成输精管壶腹(图 7-6)。壶腹下端变细,与精囊的排泄管合成射精管。

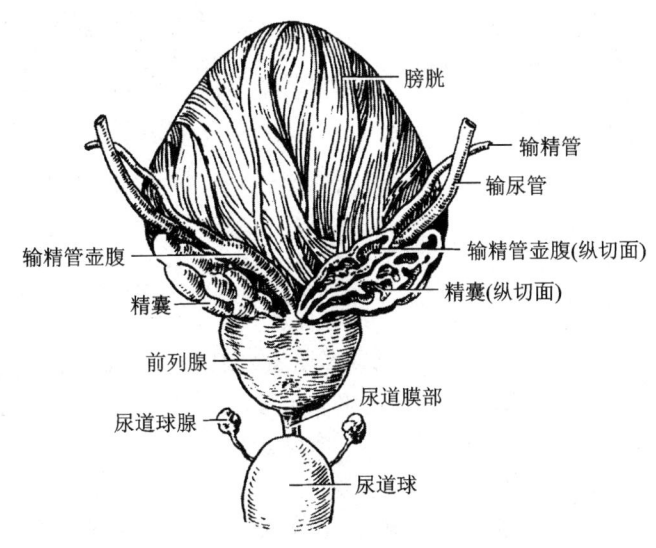

图 7-6 精囊、前列腺和尿道球腺

2. 射精管(ejaculatory duct) 由输精管末端和精囊的排泄管汇合而成,长约 2 cm,穿过前列腺实质,开口于尿道前列腺部。

3. 精索(spermatic cord) 为腹股沟管腹环至睾丸上端的一对柔软的圆索状结构,由输精管、睾丸动脉、输精管动脉、蔓状静脉丛、神经、淋巴管等结构外包 3 层被膜构成。蔓状静脉丛的曲张,可影响精液的质量,是男性不育症的主要因素之一。

(四) 精囊、前列腺和尿道球腺

1. 精囊(seminal vesicle) 又名精囊腺,左右各一,为长椭圆形囊状器官,表面凹凸不平,位于膀胱底后方,输精管壶腹的外侧(图 7-6),其排泄管与输精管末端形成射精管。

2. 前列腺(prostate) 为一实质性器官,由腺组织、平滑肌和结缔组织构成,表面包有坚韧的**前列腺囊**。前列腺位于膀胱颈和尿生殖膈之间,内有尿道穿过(图 7-6)。前列腺外观形似栗子,上端宽大,称为**前列腺底**,下端尖细,为**前列腺尖**,两者之间为**前列腺体**。前列腺体的后面有一纵形浅沟,称为**前列腺沟**,活体直肠指诊时可扪及此沟。前列腺增生时,此沟消失。

前列腺一般分成5叶(图7-7),即前、中、后和2个侧叶。**前叶**位于尿道前方;**中叶**呈上宽下尖的楔形,位于尿道与射精管之间;**后叶**位于射精管的后下方;两个**侧叶**紧贴尿道的两侧。其排泄管开口于尿道前列腺部后壁上的尿道嵴。

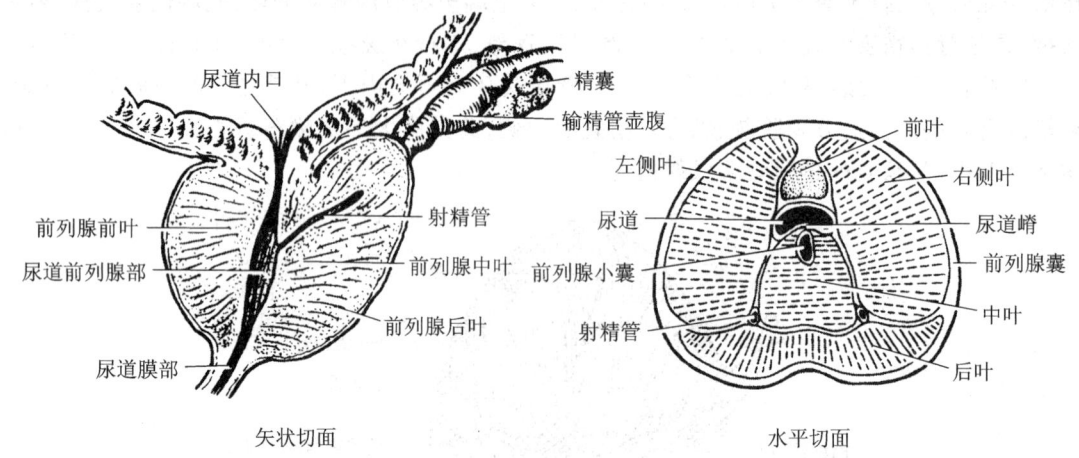

图7-7 前列腺的分叶

少儿期的前列腺甚小,腺组织不发育。青春期腺组织迅速生长。老年期腺组织退化萎缩,腺内结缔组织增生,易形成前列腺增生(中叶和侧叶多见),可压迫尿道,引起排尿困难。

3. **尿道球腺**(bulbourethral gland) 是一对豌豆大的球状腺体,埋藏在尿生殖膈内(图7-6),以细长的排泄管开口于尿道球部。

精液:由生殖管道各部及附属腺所分泌的液体和精子组成,呈乳白色,弱碱性。正常成年男性一次射精3~5 ml,每毫升精液含1亿~2亿个精子。

二、男性外生殖器

(一)阴囊

阴囊(scrotum)是位于阴茎后下方的皮肤囊袋(图7-8)。阴囊壁是由皮肤、肉膜、精索外筋膜、提睾肌和精索内筋膜组成。皮肤薄而柔软,颜色深暗。肉膜是阴囊的浅筋膜,含平滑肌纤维,随外界温度变化而舒缩,以调节阴囊内的温度,有利于精子的发育和生存。肉膜在正中线上形成阴囊中隔,其将阴囊腔分为两个,各容纳一侧的睾丸和附睾。睾丸在出生前未降至阴囊称为隐睾症。

(二)阴茎

阴茎(penis)可分为头、体、根3部分(图7-9)。后端为阴茎根,固定于耻骨下支和坐骨支。中部为阴茎体,呈圆柱形,悬于耻骨联合的前下方。前端膨大为阴茎头,有尿道外口。头与体之间较细的部分为阴茎颈。

阴茎由一个**尿道海绵体**和两个**阴茎海绵体**组成,外包筋膜和皮肤(图7-9,图7-10)。尿

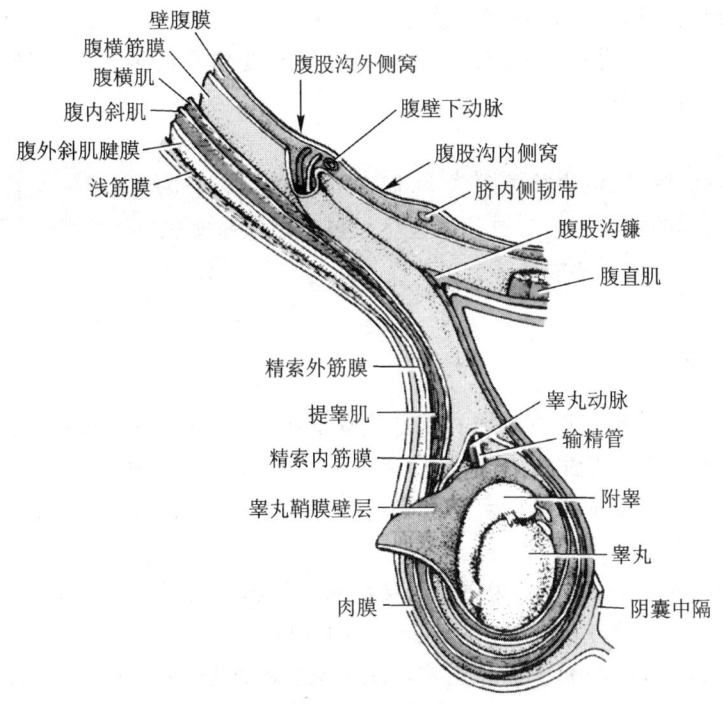

图 7-8 阴囊的结构

道海绵体位于阴茎的腹侧,有尿道贯穿其中,前端膨大为阴茎头,后端膨大形成**尿道球**。阴茎海绵体位于阴茎的背侧,左右各一。前端左右两侧紧密结合,变细嵌入阴茎颈。后端两侧分开形成阴茎脚,分别附着于两侧的耻骨下支和坐骨支。海绵体内有许多小梁和腔隙,这些腔隙与血管直接沟通。当腔隙充血时,阴茎变粗变硬而勃起。

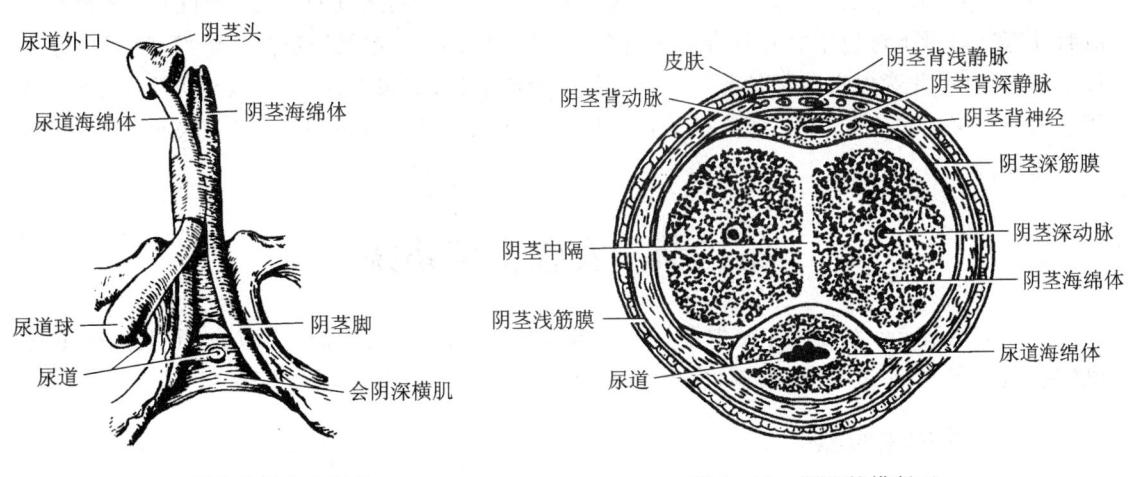

图 7-9 阴茎的形态和结构　　　　图 7-10 阴茎的横断面

在海绵体的外面共同包有阴茎深、浅筋膜和皮肤。阴茎的皮肤薄而柔软,富有伸展性,其皮肤包绕阴茎头形成双层游离皮肤皱襞,称为**阴茎包皮**。在腹侧中线上,阴茎包皮与尿道外口下端相连的皮肤皱襞,称为**包皮系带**。临床上,在做包皮环切手术时,注意勿伤及包皮系带。阴茎的浅筋膜不明显,与阴囊肉膜相续。深筋膜在前端变薄并消失,在后端形成阴茎悬韧带,将阴茎悬吊于耻骨联合前面。

> 幼儿阴茎包皮较长,包绕整个阴茎头,随着年龄增长,包皮逐渐退缩。若成年后包皮仍包被阴茎头,不能退缩,则称包皮过长或包茎。包皮过长易使包皮腔内积存污物,引发炎症,长时间的刺激还可诱发阴茎癌。

(三)男性尿道

男性尿道(male urethra)具有排尿和排精的双重功能(图6-10),其起于膀胱的尿道内口,终于阴茎头的尿道外口。男性成人尿道长16~22 cm,内径平均为5~7 mm。尿道可分为3部:前列腺部、膜部和海绵体部。临床上将前列腺部和膜部称为后尿道,海绵体部称为前尿道(图6-9)。

1. **前列腺部**(prostatic part) 为尿道贯穿前列腺的部分,长约3 cm,是尿道中最宽和最易扩张的部分,其后壁上有射精管和前列腺排泄管的开口。

2. **膜部**(membranous part) 为尿道穿过尿生殖膈的部分,短而窄,长约1.5 cm,其周围有尿道膜部括约肌环绕,具有控制排尿的作用。膜部位置较固定,外伤引起骨盆骨折时,尿道损伤易发生在此部。

3. **海绵体部**(cavernous part) 为尿道穿过尿道海绵体的部分,长12~17 cm。尿道球内的尿道最宽,称为**尿道球部**,尿道球腺开口于此。阴茎头内尿道扩大的部分称为尿道舟状窝。

男性尿道在行程中粗细不一,它有3个狭窄、3个扩大和2个弯曲。3个狭窄分别在尿道内口、尿道膜部和尿道外口,其中以尿道外口最窄。结石易滞留于尿道的这些狭窄处。3个扩大分别在前列腺部、尿道球部和尿道舟状窝。2个弯曲是指阴茎在自然悬垂时的耻骨下弯和耻骨前弯。耻骨下弯位于耻骨联合下方约2 cm处,凹向上,其包括尿道前列腺部、膜部和海绵体部的起始段,此弯恒定。耻骨前弯位于耻骨联合前下方,凹向下,在阴茎根与阴茎体之间,当阴茎勃起或提向腹前壁时,此弯曲可变直。临床上向尿道插入导尿管时,即采取此位置,以免损伤尿道。

第二节 女性生殖系统

女性生殖系统由女性内生殖器及外生殖器组成。女性内生殖器由生殖腺(卵巢)、生殖管道(输卵管、子宫、阴道)和附属腺(前庭大腺)组成。外生殖器即女阴(图7-11)。

一、女性内生殖器

(一)卵巢

卵巢(ovary)(图7-12)为女性生殖腺,是产生女性生殖细胞和分泌女性激素的器官。

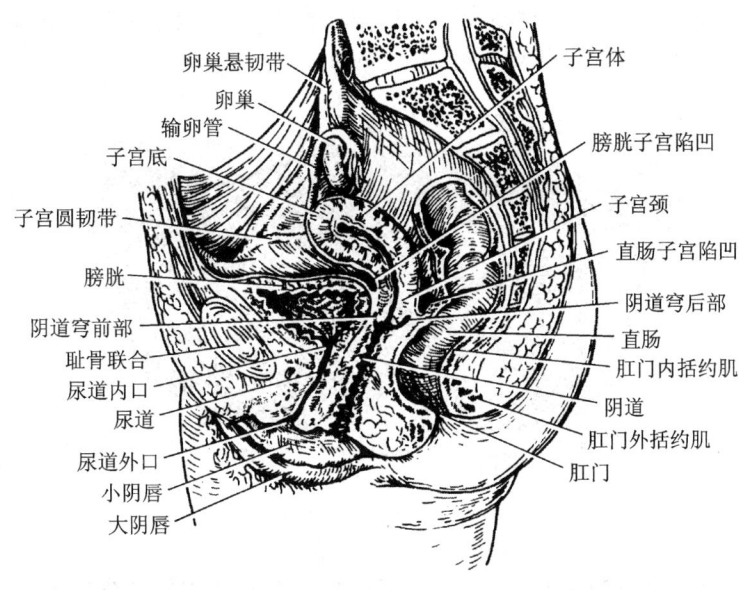

图 7-11　女性内、外生殖器（正中矢状切面）

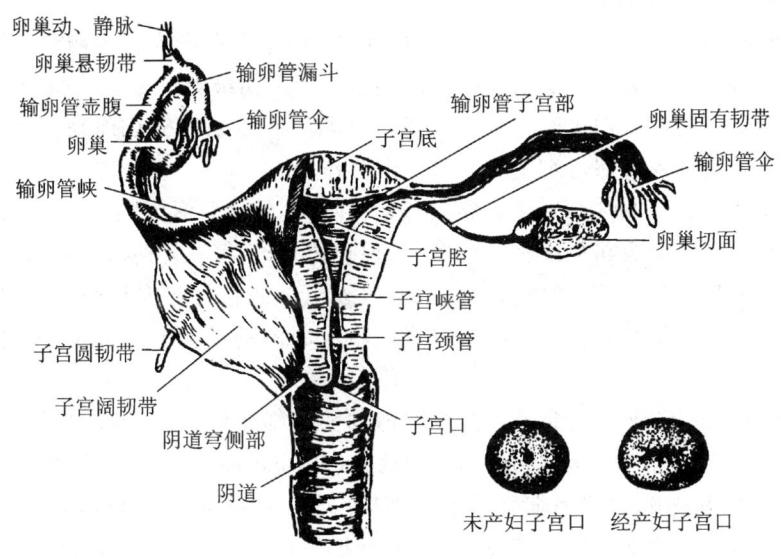

图 7-12　女性内生殖器

1. **卵巢的位置和形态**　卵巢位于子宫两侧、骨盆侧壁的卵巢窝内，左、右各一。卵巢呈扁椭圆形，分上、下两端，前、后两缘和内、外侧两面。前缘有血管神经出入，称为**卵巢门**。上端借**卵巢悬韧带**连于骨盆，下端借**卵巢固有韧带**连于子宫两侧。

卵巢的大小和形态随年龄不同而有变化。幼女的卵巢较小，性成熟期卵巢最大，并由于多次排卵表面形成瘢痕，50岁以后卵巢开始萎缩。

2. **卵巢的微细结构**　卵巢表面被覆单层扁平或立方上皮。上皮深面为薄层致密结缔组织,称为**白膜**(tunica albuginea)。卵巢实质的周围部称为皮质,含有不同发育阶段的卵泡和黄体等。中央部称为髓质,由疏松结缔组织、血管和神经等构成(图7-13)。

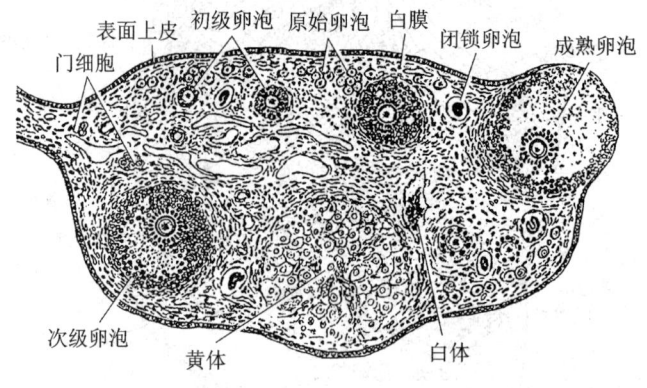

图7-13 卵巢的微细结构

(1) 卵泡的发育　**卵泡**(follicle)由一个**卵母细胞**(oocyte)和包绕周围的许多**卵泡细胞**(follicular cell)组成。卵泡的发育分**原始卵泡**、**初级卵泡**、**次级卵泡**和**成熟卵泡**4个阶段。初级卵泡和次级卵泡合称为**生长卵泡**(growing follicle)。

1) **原始卵泡**(primordial follicle):位于皮质浅层,是处于静止状态的卵泡,由一个**初级卵母细胞**(primary oocyte)和周围一层扁平的卵泡细胞组成。初级卵母细胞呈圆形,体积较大,核大而圆,染色浅,核仁明显。初级卵母细胞由胚胎时期的卵原细胞分化而来,并停留在第一次成熟分裂前期。卵泡细胞对卵母细胞有支持和营养作用。

2) **初级卵泡**(primary follicle):从青春期开始,在垂体促性腺激素的作用下,每个月都有一些原始卵泡生长发育。初级卵母细胞体积增大,但仍停留于第一次成熟分裂前期。卵泡细胞生长增高为立方形或柱状,进而增殖为多层。在初级卵母细胞与卵泡细胞之间出现一层含糖蛋白的嗜酸性膜,称为**透明带**(zona pellucida)。卵泡周围的结缔组织形成**卵泡膜**(follicular theca)。

3) **次级卵泡**(secondary follicle):当初级卵泡的卵泡细胞增多至十余层时,细胞之间出现一些不规则小腔,以后相继融合成一个大的**卵泡腔**(follicular cavity),内含**卵泡液**(follicular fluid)。初级卵母细胞和周围的卵泡细胞居于卵泡腔一侧,称为**卵丘**(cumulus oophorus)。紧靠透明带的一层柱状卵泡细胞呈放射状排列,称为**放射冠**(corona radiata)。其他的卵泡细胞构成卵泡的壁,称为**颗粒层**(stratum granulosum),卵泡细胞亦改称为**颗粒细胞**。此时卵泡膜分两层,内层富含毛细血管和**膜细胞**,外层纤维较多,细胞和血管较少。

4) **成熟卵泡**(mature follicle):次级卵泡发育到最后阶段即为成熟卵泡。此时卵泡细胞停止增殖,但卵泡液急剧增多而使卵泡体积显著增大,直径可达2 cm,并向卵巢表面突出。在排卵前36~48 h,初级卵母细胞完成第一次减数分裂,形成一个**次级卵母细胞**(secondary oocyte)和一个**第一极体**(first polar body)。

(2) **排卵**(ovulation)　成熟卵泡明显地突出于卵巢表面,卵泡液激增,使突出部分的卵泡壁、白膜愈来愈薄,最后破裂。次级卵母细胞、透明带和放射冠随卵泡液一起从卵巢排出,此过程称为**排卵**。排卵一般发生在月经周期的第 14 天。通常每个月经周期有多个原始卵泡发育,最终能发育成熟并排卵的只有一个,且双侧卵巢交替排卵,其余的卵泡在不同发育阶段退化,退化的卵泡称为**闭锁卵泡**(atresic follicle)。

卵泡细胞和卵泡膜细胞协作产生**雌激素**。雌激素能促进女性生殖器官(特别是子宫)发育及第二性征的发育和维持。

(3)黄体的形成与退化　排卵后,卵泡壁塌陷,残留的颗粒层、卵泡膜及血管内陷,形成一个体积较大、血管丰富的内分泌细胞团,称为**黄体**(corpus luteum)。由颗粒细胞分化来的**粒黄体细胞**呈多边形,胞体大,能分泌**孕激素**和**松弛素**。孕激素能促进子宫内膜的增生及子宫腺的分泌和乳腺发育。松弛素可使子宫平滑肌松弛,以维持妊娠。来源于膜细胞的**膜黄体细胞**体积较小,染色较深。两种黄体细胞共同作用产生**雌激素**。黄体的发育因卵细胞是否受精而差别甚大。若卵未受精,黄体仅维持 2 周,称为**月经黄体**(corpus luteum of menstruation)。若排出的卵受精,黄体则继续发育,可维持 6 个月,称为**妊娠黄体**(corpus luteum of pregnancy)。黄体退化后,逐渐被结缔组织取代,称为**白体**(corpus albicans)。

(二)输卵管

输卵管(uterine tube)是一对输送卵细胞的弯曲肌性管道(图 7-12)。

1. 输卵管的位置、形态和分部　输卵管连于子宫底的两侧,包裹在子宫阔韧带上缘内,为长 10～14 cm 的肌性管道。其内侧端以**输卵管子宫口**与子宫腔相通,外侧端以**输卵管腹腔口**开口于腹膜腔。输卵管由内向外分为 4 部分。

(1)输卵管子宫部　是输卵管贯穿子宫壁的一段,以输卵管子宫口开口于子宫腔。

(2)输卵管峡　紧接输卵管子宫部的外侧,短而狭窄,壁较厚,输卵管结扎常在此处进行。

(3)输卵管壶腹　此段粗而弯曲,血管丰富,约占输卵管全长的 2/3,是卵子受精的部位。

(4)输卵管漏斗　是输卵管外侧端的膨大部,其末端的中央有输卵管腹腔口开口于腹膜腔,卵巢排出的卵即由此进入输卵管。漏斗末端的边缘形成许多细长的指状突起,称为**输卵管伞**,是手术时识别输卵管的标志。其中较大的一条突起连于卵巢称为**卵巢伞**。

2. 输卵管的微细结构　管壁由黏膜、肌层和浆膜 3 层构成。黏膜上皮为单层柱状上皮,有纤毛细胞和分泌细胞。肌层为内环、外纵两层平滑肌。

临床上将卵巢和输卵管合称为**子宫附件**。

(三)子宫

子宫(uterus)是孕育胎儿和形成月经的肌性器官。

1. 子宫的位置　位于小骨盆腔的中央,在膀胱和直肠之间,下端接阴道,两侧有输卵管和卵巢。成年女性子宫的正常位置呈轻度**前倾前屈**位。**前倾**是指子宫长轴向前倾斜,与阴道长轴之间形成一个向前开放的钝角。**前屈**是指子宫颈长轴与子宫体长轴构成开口向前的角度。

2. 子宫的形态和分部　成人未产妇的子宫呈倒置的梨形,长 7～8 cm,最宽约 4 cm,厚 2～3 cm。子宫形态可分为底、体和颈 3 部分。上端在输卵管子宫口以上的圆凸部分为**子宫底**;下端变细的部分为**子宫颈**;底与颈之间的部分为**子宫体**。子宫颈下端伸入阴道内的部分,称为**子宫颈阴道部**,是宫颈癌和宫颈糜烂的好发部位;在阴道以上的部分为**子宫颈阴道上部**。

子宫颈阴道上部与子宫体相接处较狭细,称为**子宫峡**。在非妊娠期,子宫峡不明显,长仅1 cm;在妊娠期,子宫峡逐渐伸展变长,可达7~11 cm,形成子宫下段,产科常在此进行剖宫取胎术。

子宫内腔较狭窄,分为子宫腔和子宫颈管两部。**子宫腔**位于子宫内腔上部,为倒置的三角形,其两侧通输卵管子宫口;**子宫颈管**位于子宫颈内,属子宫内腔下部。子宫颈管向上通子宫腔,向下通阴道,其开口称为**子宫口**。未产妇的子宫口为圆形,经产妇的子宫口呈横裂状(图7-12)。

3. 子宫的固定装置　子宫依赖盆底肌的承托和韧带的牵拉固定维持其正常位置。固定子宫的韧带有以下4种(图7-14)。

(1) **子宫阔韧带**(broad ligament of uterus)　是由覆盖在子宫表面的双层腹膜在其两侧缘延至骨盆侧壁形成的结构。其上缘游离,内包输卵管。前层覆盖子宫圆韧带,后层包被卵巢,两层内含血管、神经、淋巴管和结缔组织等。子宫阔韧带可限制子宫向两侧移位。

(2) **子宫圆韧带**(round ligament of uterus)　是由平滑肌和结缔组织构成的圆索状结构,起自子宫前面的两侧,输卵管子宫口的下方,向前下方穿腹股沟管,止于大阴唇皮下,是维持子宫前倾的重要结构。

(3) **子宫主韧带**(cardinal ligament of uterus)　为子宫颈两侧连于骨盆侧壁的结缔组织和平滑肌纤维,有固定子宫颈、阻止子宫下垂的作用。

(4) **骶子宫韧带**(uterosacral ligament)　由结缔组织和平滑肌构成,起自子宫颈后面,向后绕过直肠两侧,固定于骶骨前面,有维持子宫前屈的作用。

4. 子宫的微细结构　子宫壁很厚,由内向外可分为内膜(又称浆膜)、肌层和外膜3层(图7-15)。

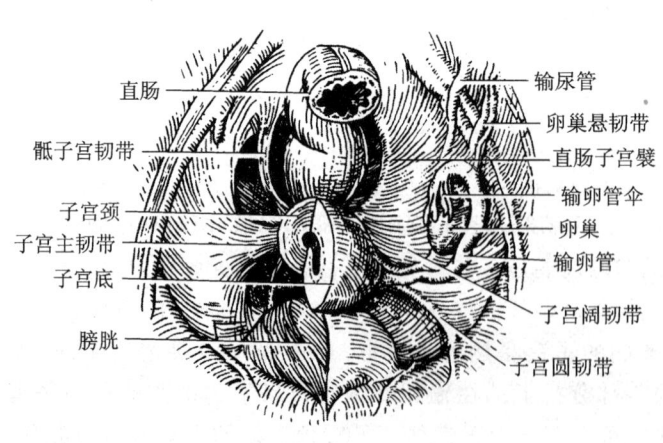

图7-14　子宫的固定装置

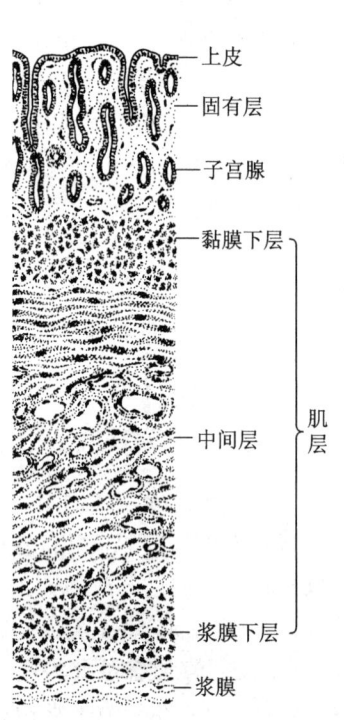

图7-15　子宫的微细结构

(1) 内膜　由单层柱状上皮和固有层组成。上皮向固有层凹陷形成许多**子宫腺**(uterine gland)。固有层由结缔组织构成,其中有**基质细胞**(stroma cell)。子宫内膜分浅表的**功能层**(functional layer)和深部的**基底层**(basal layer)。在月经周期中,功能层剥脱而基底层不剥脱。固有层血管丰富,子宫动脉分支进入子宫内膜后,先向子宫腔面垂直穿行,至功能层弯曲成螺旋形,称为**螺旋动脉**(spiral artery)。

(2) 肌层　甚厚,由平滑肌和结缔组织构成。肌束之间有较大的血管穿行。

(3) 外膜　大部分为浆膜。

5. 子宫内膜的周期性变化　从青春期开始,子宫底和子宫体的内膜在卵巢分泌的激素作用下,出现周期性的变化,即每隔28天发生一次子宫内膜剥脱、出血、修复和增生,称为**月经周期**(menstrual cycle)。子宫内膜的周期性变化分为三期:**月经期**、**增生期**和**分泌期**(图7-16,图7-17)。

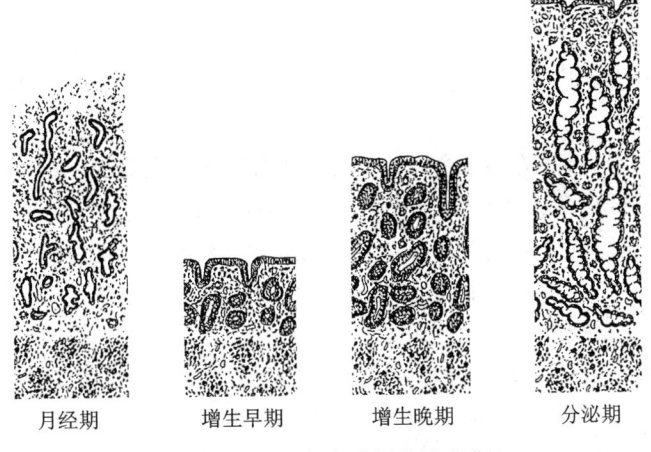

图7-16　子宫内膜周期性变化

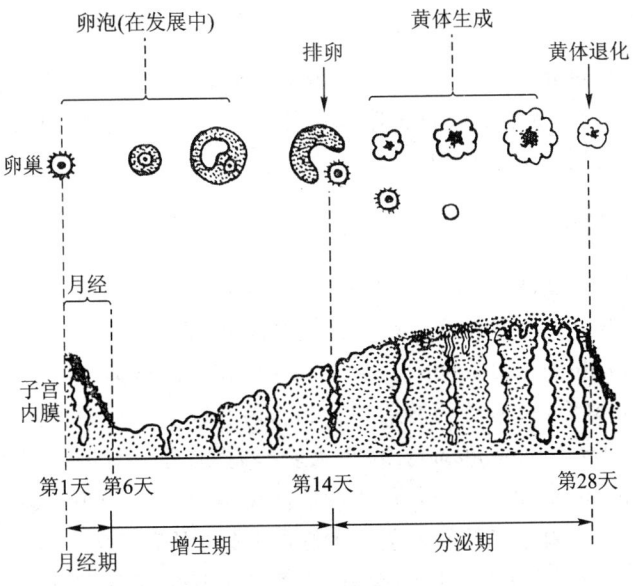

图7-17　子宫内膜周期性变化与卵巢周期性变化的关系

(1) **月经期**(menstrual phase)　为月经周期的第 1~4 天。因排出的卵未受精,月经黄体退化,孕激素和雌激素的分泌量急剧减少,子宫内膜中的螺旋动脉收缩,导致内膜功能层缺血,组织变性坏死。坏死的内膜脱落,与血液一起经阴道排出体外,形成**月经**(menstruation)。

(2) **增生期**(proliferative phase)　为月经周期的第 5~14 天。此时卵巢内的若干卵泡开始发育,雌激素的分泌量逐渐增多。在雌激素的作用下,脱落的子宫内膜由基底层增生修补。子宫腺和螺旋动脉均增长而弯曲,基质细胞增多,子宫内膜从 1 mm 增至 3~4 mm。

(3) **分泌期**(secretory phase)　为月经周期的第 15~28 天。此时卵巢已排卵,黄体形成。在雌激素和孕激素的共同作用下,子宫腺腔增大,腺细胞分泌功能逐渐旺盛。螺旋动脉继续增长、弯曲达内膜浅层。基质细胞肥大,胞质内充满糖原和脂滴,妊娠时转化为**蜕膜细胞**。子宫内膜增厚达 5~7 mm,组织液大量增加,内膜水肿。若卵已受精,内膜继续增厚。若卵未受精,则黄体退化,孕激素和雌激素水平下降,内膜转入月经期。

(四) 阴道

阴道(vagina)是连接子宫和外生殖器的肌性管道,是女性交接器官,也是排出月经和娩出胎儿的通道。

阴道位于盆腔的中央,前方与膀胱底和尿道相邻,后方贴近直肠(图 7-11)。阴道上端较宽阔,连接子宫颈阴道部,两者间形成环状间隙,称为**阴道穹**。阴道穹后部较深,与**直肠子宫陷凹**紧邻,两者之间仅隔以阴道后壁及腹膜。当直肠子宫陷凹有积液时,可经此处穿刺或引流。阴道下端较狭窄,以阴道口开口于阴道前庭。处女的阴道口周围有**处女膜**附着,处女膜破裂后,阴道口周围留有处女膜痕。

阴道黏膜形成许多横行皱襞。上皮为非角化的复层扁平上皮,在雌激素的影响下增生变厚,增加对病原体侵入的抵抗力。同时上皮内含糖原,受乳酸杆菌作用后分解为乳酸,保持阴道内的酸性环境,对阴道起自净作用。

(五) 前庭大腺

前庭大腺(greater vestibular gland)又称 Bartholin 腺,左、右各一,位于阴道口的两侧,前庭球的后端,形如豌豆。前庭大腺为女性的附属腺体,能分泌黏液滑润阴道口,其导管开口于阴道前庭的小阴唇与处女膜之间的沟内,相当于小阴唇中 1/3 与后 1/3 交界处。

二、女性外生殖器

女性外生殖器又称为**女阴**(female pudendum)(图 7-18),包括以下各部分。

1. **阴阜**(mons pubis)　为耻骨联合前方的皮肤隆起,生有阴毛。

2. **大阴唇**(greater lip of pudendum)　为一对纵行隆起的皱襞,富有色素,长有阴毛。大阴唇的前、后端左右互相联合,分别称为唇前联合和唇后联合。

3. **小阴唇**(lesser lip of pudendum)　位于大阴唇内侧,为一对较薄而光滑的皮肤皱襞。

4. **阴道前庭**(vaginal vestibule)　是位于两侧小阴唇之间的裂隙,其前部有较小的尿道外口,后部有较大的阴道口,阴道口两侧有前庭大腺的开口(图 7-19)。

5. **阴蒂**(clitoris)　位于尿道外口的前方,由两个阴蒂海绵体组成,相当于男性的阴茎海

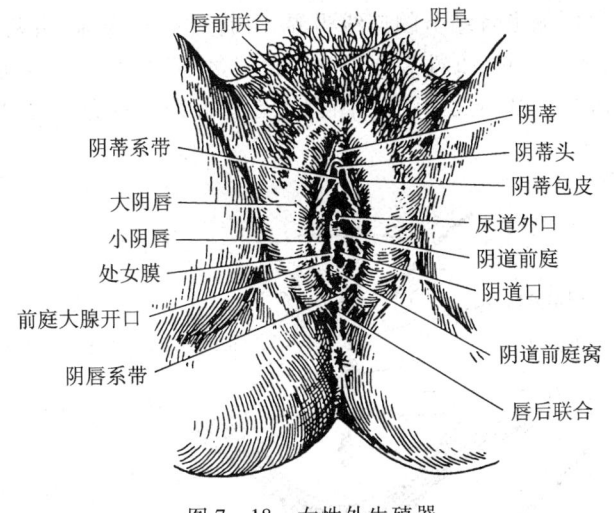

图 7-18 女性外生殖器

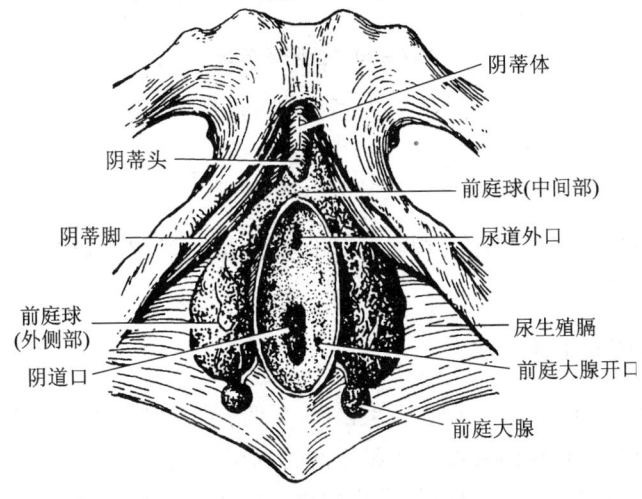

图 7-19 阴道前庭、阴蒂和前庭球

绵体。露于体表的为阴蒂头,富有神经末梢,感觉灵敏。

6. **前庭球**(bulb of vestibule) 呈马蹄形(图 7-19),相当于男性的尿道海绵体,分为外侧部和中间部。外侧部较大,位于大阴唇的深面;中间部细小,位于阴蒂体与尿道外口之间的皮下。

第三节　会阴和乳房

一、会阴

会阴(perineum)有广义和狭义之分(图 7-20)。广义的会阴是指封闭小骨盆下口的全部软组织,其境界呈菱形,前界为耻骨联合下缘,后界为尾骨尖,两侧界为耻骨下支、坐骨支、坐骨结节和骶结节韧带。以两侧坐骨结节的连线为界,可将会阴分为前、后两个三角形的区域,前方为尿生殖区,男性有尿道通过,女性有尿道和阴道通过;后方为肛区,有肛管通过。狭义的会阴在男性是指阴茎根后端与肛门之间的狭小区域,在女性即产科会阴,是指阴道后端与肛门之间狭小区域的软组织。

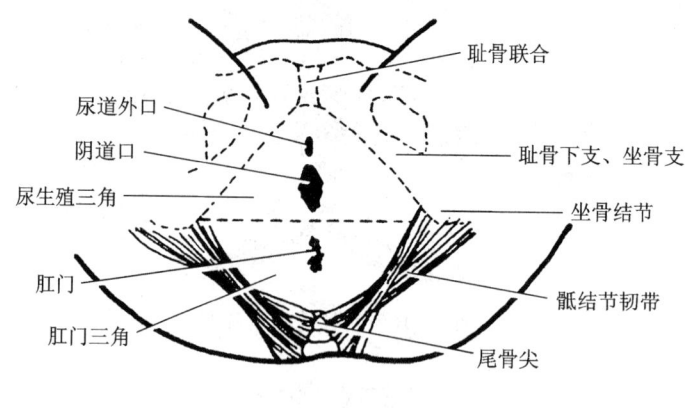

图 7-20 会阴的分区

二、乳房

乳房是哺乳类动物特有的结构。男性乳房不发达,女性乳房于青春期后开始发育生长,妊娠和哺乳期有分泌活动。

(一)乳房的位置和形态

乳房位于胸前部,上至第 2~3 肋,下达第 6~7 肋,胸大肌和胸筋膜的表面(图 7-21)。在胸大肌前面的深筋膜与乳腺体后面的包膜之间为乳房后间隙,内有一层疏松结缔组织,无大血管存在。成年未产妇的乳房呈半球形,乳房中央为乳头,其顶端有输乳管开口。乳头周围的环形色素沉着区,称为**乳晕**。

(二)乳房的内部结构

乳房内部结构主要由乳腺、致密结缔组织和脂肪组织构成。乳腺位于皮肤和胸肌筋膜之间,被致密结缔组织和脂肪组织分隔成 15~20 个乳腺叶。每个乳腺叶都有一条**输乳管**,乳腺叶和输乳管围绕乳头呈放射状排列。因此在行乳房手术时,应尽量采用放射状切口,以减少对乳腺叶和输乳管的损伤。乳房表面的皮肤、胸肌筋膜和乳腺之间,连有许多结缔组织小束,称为**乳房悬韧带**(Cooper 韧带),对乳房起支持作用(图 7-22)。

当癌组织浸润时,乳房悬韧带缩短,牵拉皮肤,使皮肤形成许多小凹,类似橘皮,临床上称为橘皮样变,是乳腺癌的一种特殊体征。

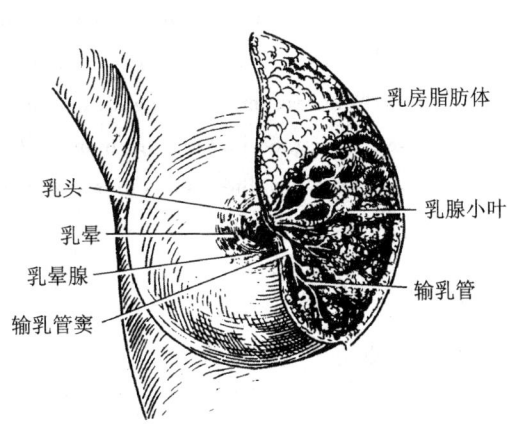

图 7-21 成年女性乳房

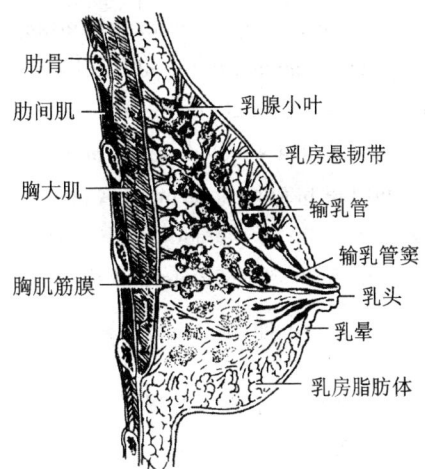

图 7-22 女性乳房矢状切面

Summary

Male reproductive system

The male reproductive system is divided into two parts: the internal genital organs and external genital organs. Internal genital organs include testis, epididymis, ductus deferens, ejaculatory ducts, seminal vesicles, bulbourethral glands and prostate. The testis are the organs in which the production of spermatozoa occurs. Secretion of testosterone is another important function of the testis. The testis moduce sperms stored in the epididymis. During ejaculation the sperms pass through the deferent ducts, ejaculatory ductus and urethra to be expelled from the body. The epididymis is the first portion of the duct system in which mature sperms are transported from the testis to the exterior of the body. The ductus deferens is a continuation of the duct of the epididymis, after uniting with the duct of the seminal vesicle to form the ejaculatory duct, opens into the prostatic portion of the urethra. The seminal vesicles placed between the fundus of bladder and rectum. The prostate situated in the pelvic cavity, between the neck of bladder and the superior fascia of the urogenital diaphragm. The prostate secretes a thin, milky fluid. The bulbourethral glands located on both sides of the membranous portion of the urethra.

External genital organs involve penis and scrotum. The scrotum is a cutaneous pouch which contains the testis, epididymis and parts of the spermatic cords.

Female reproductive system

The female genital organs or female reproductive system is far more complex than that of the male. It includes the internal genital organs and the external genital organs. The internal genital organs lie in the pelvic cavity, and consist of the ovaries, conveying ducts, the uterine tubes, uterus and vagina.

The ovaries produce the ovum and secrete the female hormones. The ovum that is released at ovulation is carried to the uterus by a uterine tube which extends from the vicinity of the ovary to the superior lateral angle of the uterus, lies between the layers of the broads ligament. The uterus is a muscular organ situated in the pelvic cavity between the bladder and rectum. The vagina is situated behind the bladder and in front of the rectum. The external genital organs include the mons pubis, the greater lip of pudendum, the lesser lip of pudendum, the vaginal vestibule, the clitoris, the hymen, the bulb of vestibule and the greater vestibular gland.

思 考 题

1. 男性内生殖器分哪几部分？生殖管道分哪几部分？输精管分哪几部？
2. 前列腺位于何处？前列腺的后方毗邻和临床意义是什么？前列腺与尿道的关系如何？前列腺增生肥大可能产生哪些症状？
3. 男性尿道的走行分别穿过哪3个结构？男性尿道分哪几部？3个狭窄位于何处？2个弯曲的名称及凹向如何？
4. 卵巢位于何处？有哪些功能？输卵管位于何处？分哪几部？手术时确认输卵管的标志是什么？
5. 子宫分哪几部？子宫颈分哪几部？子宫腔分哪几部？什么叫子宫口？
6. 子宫位于何处？什么是子宫前倾、前屈？固定子宫位置姿势的韧带有哪些？分别起什么作用？
7. 什么叫阴道穹？阴道穹后部有什么特点和意义？
8. 睾丸小叶的构造特点有哪些？
9. 精子产生于何处？其依次经过哪些结构排出体外？
10. 卵巢皮质有哪些主要结构？
11. 何谓月经周期？其可分为几期？

（田菊霞　沙佩林）

第八章 腹 膜

学习目标

1. 掌握腹膜腔的概念。
2. 熟悉腹膜与脏器的关系。
3. 熟悉小网膜的位置及构成。
4. 熟悉大网膜的位置及构成。
5. 熟悉直肠膀胱陷凹和直肠子宫陷凹的位置及临床意义。

第一节 概 述

腹膜(peritoneum)是一层薄而光滑的浆膜,覆盖腹腔内面和腹腔脏器表面。其中衬于腹、盆壁内表面的部分称为**壁腹膜**或腹膜壁层;被覆于腹、盆脏器表面的部分称为**脏腹膜**或腹膜脏层。壁腹膜和脏腹膜相互移行,共同围成不规则的潜在性腔隙,称为**腹膜腔**(图8-1)。腔内仅有少量具有润滑作用的浆液,病变时产生大量积液,称为腹腔积液或腹水。男性腹膜腔为一封闭的腔隙;女性腹膜腔则借生殖管道与外界相通。

腹腔和腹膜腔是两个不同的概念。腹腔是指膈以下、盆膈以上腹壁围成的腔;而腹膜腔是脏腹膜和壁腹膜之间的潜在性腔隙,腔内仅含少量浆液。腹、盆腔脏器均位于腹腔之内、腹膜腔之外。

腹膜具有分泌、吸收、支持固定、修复和防御等功能。腹膜可分泌浆液(100~200 ml),润滑脏器,减少脏器活动时相互摩擦。腹膜有广阔的表面积,具有很强的吸收能力,一般认为腹

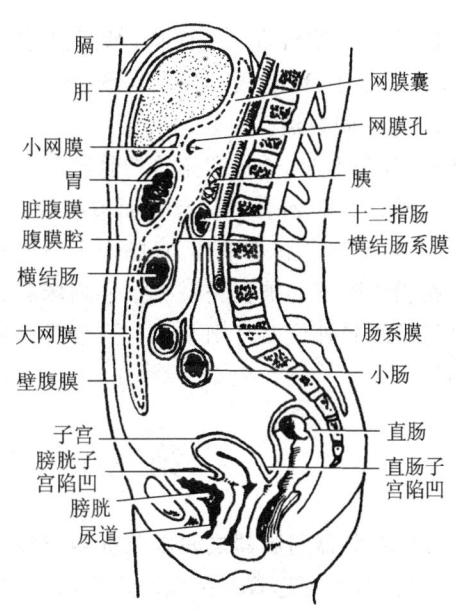

图8-1 女性腹膜腔(正中矢状切面)

膜腔上部腹膜不仅表面积大,而且又邻接膈,由于受膈运动的影响,可促进其吸收,故该部腹膜吸收能力强;而盆腹膜吸收能力较差。所以,腹膜炎患者或腹腔手术患者多采取半卧位,以减少有害物质的吸收。

第二节 腹膜与脏器的关系

根据脏器被腹膜覆盖的程度,将腹、盆腔器官归为3类(图8-2)。

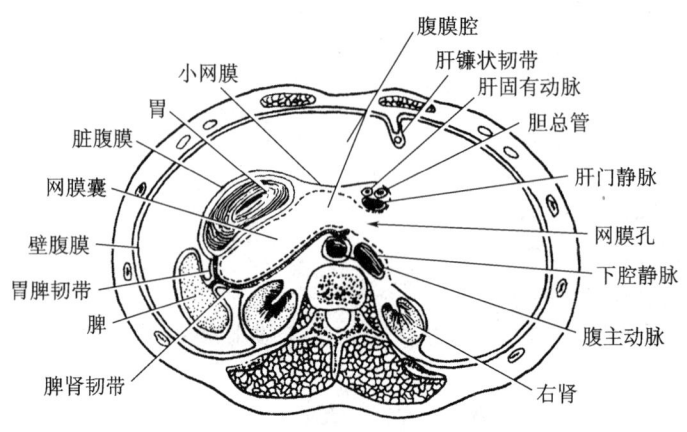

图8-2 腹膜与脏器的关系示意图(水平切面)

1. **腹膜内位器官** 表面均被腹膜包被的器官称腹膜内位器官。这类器官活动性较大,如胃、十二指肠上部、空肠、回肠、盲肠、阑尾、横结肠、乙状结肠、脾、卵巢和输卵管等。

2. **腹膜间位器官** 表面大部分被腹膜包被的器官称腹膜间位器官,如肝、胆囊、升结肠、降结肠、直肠上段、子宫和充盈的膀胱等。

3. **腹膜外位器官** 只有一面被腹膜覆盖的器官称腹膜外位器官,如肾、肾上腺、输尿管、胰、十二指肠降部和水平部、直肠中下段以及空虚的膀胱等。

腹膜与脏器的被覆关系有重要临床意义,如腹膜内位器官的手术必须通过腹膜腔,而肾、输尿管等腹膜外位器官则不必打开腹膜腔便可进行手术,从而避免腹膜腔的感染和术后脏器间粘连。

第三节 腹膜形成的结构

腹膜在脏器与脏器之间以及脏器与腹、盆壁之间相互移行中,形成了网膜、系膜、韧带和陷凹等结构,对器官起着连接和固定作用。这些腹膜形成物大多是双层腹膜结构,内含血管、神经、淋巴结和淋巴管等。

一、网膜

网膜由双层腹膜构成,薄而透明,两层腹膜间夹有血管、神经、淋巴管和结缔组织等,包括小网膜、大网膜及网膜囊。

1. **小网膜** 是由肝门至胃小弯和十二指肠上部之间的双层腹膜结构。其左侧部从肝门连于胃小弯，称为**肝胃韧带**，其内含有胃左、右血管，胃左、右淋巴结和神经等。右侧部从肝门连于十二指肠上部，称为**肝十二指肠韧带**，内有进出肝门的3个重要结构：胆总管位于右前方，肝固有动脉位于左前方，两者之后为肝门静脉。小网膜的右缘游离，其后方为**网膜孔**，经此孔可进入胃后方的**网膜囊**（图8-3）。

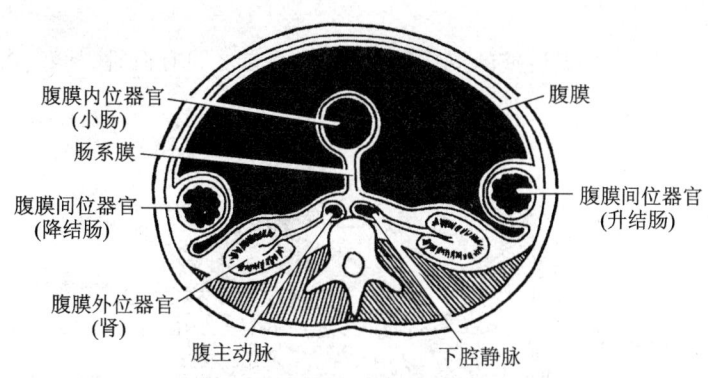

图8-3　网膜囊和网膜孔（通过第1腰椎水平切面）

2. 大网膜　是胃大弯连于横结肠的腹膜结构（图8-4），形似围裙，悬于横结肠和空、回肠的前方。大网膜由4层腹膜构成，呈网状。大网膜富有血管、脂肪和大量的巨噬细胞，具有防御功能。

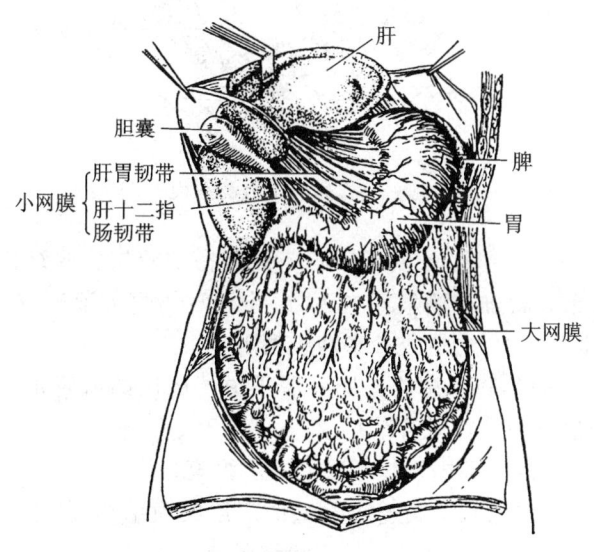

图8-4　网膜

成人大网膜较长，可包裹腹膜腔内的炎性病灶，使炎症局限，故手术时可据此来探查病变部位。小儿大网膜较短，一般在脐平面以上，因此，其下腹部炎性病灶如阑尾炎穿孔，不易被大网膜包裹，炎症易扩散，可引起弥漫性腹膜炎。

3. 网膜囊　是位于小网膜和胃后方的扁窄间隙，又称为小腹膜腔。网膜囊以外的腹膜腔称为大腹膜腔。网膜囊的右侧为网膜孔,网膜孔是网膜囊与大腹膜腔的唯一通道,成人网膜孔可容 1~2 指通过。手术时常经网膜孔指诊,探查胆管等。网膜囊位置较深,胃后壁穿孔时,胃内容物常积聚在囊内,给早期诊断增加了难度。

二、系膜

系膜是指把肠管固定于腹后壁的双层腹膜结构,两层之间有血管、神经、淋巴管、淋巴结和脂肪等(图 8-5)。

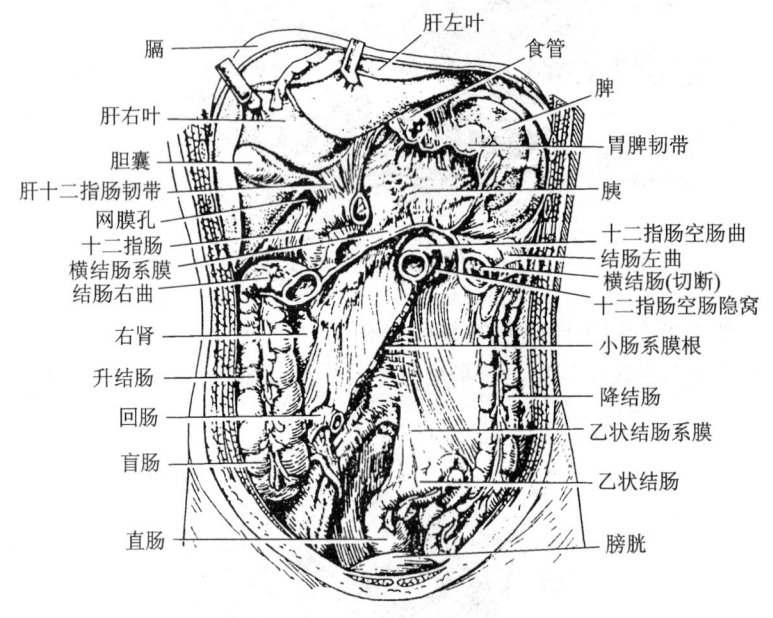

图 8-5 腹膜形成的结构

1. **肠系膜**(mesentery) 是将空、回肠固定于腹后壁的双层腹膜结构,附着于腹后壁的部分称为**肠系膜根**,起自第 2 腰椎左侧斜向右下方,止于右骶髂关节前方,长约 15 cm。肠系膜呈扇形,较长,容易发生系膜扭转,造成绞窄性肠梗阻。

2. **阑尾系膜** 呈三角形,将阑尾连于肠系膜下方。阑尾的血管走行于系膜的游离缘,故切除阑尾时,应从系膜游离缘进行血管结扎。

3. **横结肠系膜** 是将横结肠连于腹后壁的双层腹膜结构。

4. **乙状结肠系膜** 是将乙状结肠连于盆壁的双层腹膜结构,位于腹膜腔的左下部,其根部附于左髂窝和骨盆左后壁。此系膜较长,乙状结肠有较大活动度,故易发生乙状结肠扭转,导致肠梗阻,尤以儿童多见。

三、韧带

韧带是连于腹、盆壁与器官之间或连接相邻器官之间的腹膜结构,对器官有固定作用。

1. **肝的韧带** 除前述的肝胃韧带和肝十二指肠韧带以外,还有下列韧带。

（1）**镰状韧带** 是位于腹壁上部与肝上面之间呈矢状位的双层腹膜结构,其游离缘内含**肝圆韧带**。

（2）**冠状韧带** 是连于肝的上面与膈之间呈冠状位的腹膜结构,由前、后两层组成,两层分开并不相贴,故在肝的上面有一没有腹膜包被的裸区。

（3）**左、右三角韧带** 由冠状韧带前、后两层在肝上面的左、右端处彼此连接而形成。

2. 脾的韧带

（1）**胃脾韧带** 是连于脾门至胃底和胃大弯上份之间的双层腹膜结构,韧带内有胃短血管、胃网膜左血管、脾和胰的淋巴管和淋巴结等。

（2）**脾肾韧带** 是脾门连至左肾前面的双层腹膜结构,其内有脾血管和胰尾、淋巴管、神经丛等。

四、隐窝和陷凹

1. **肝肾隐窝** 位于肝右叶下面与右肾和结肠右曲之间,仰卧时为腹膜腔最低处,为液体易于积聚的部位。

2. **陷凹**(pouch) 主要位于盆腔内,男性在直肠与膀胱之间有**直肠膀胱陷凹**,女性在膀胱与子宫之间有**膀胱子宫陷凹**,在直肠与子宫之间有**直肠子宫陷凹**,也称 Douglas 腔,较深,与阴道后穹间仅隔一薄层的阴道后壁。

站立或半卧位时,男性直肠膀胱陷凹和女性直肠子宫陷凹是腹膜腔最低部位,故积液常积存在这些陷凹内。临床上可经直肠前壁或阴道后穹触诊、穿刺或切开,以诊断或治疗盆腔内的一些疾患。

Summary

Peritoneum

The peritoneum consists of a single layer of flattened mesothelial cells which covers a layer of loose connective tissue. Its free surface is exeremely smooth and slippery. The primary function of peritoneum is to allow structures to slide upon each other(mobility). The peritoneum is situated in the cavity and the pelvic cavity, the part of which lines the wall and is known as the parietal peritoneum, while the remainder is reflected over the contained viscera and is termed the visceral peritoneum. The parietal and visceral layers of the peritoneum are in actual contact, the potential space between them is the peritoneal cavity which contains nothing but a little lubricating fluid. In the male, the peritoneal cavity is a closed sac, in the female, it communicates with the exterior indirectly through the uterine tubes, uterus, and vagina.

思 考 题

1. 什么叫腹膜内位器官、腹膜间位器官和腹膜外位器官?它们各包含哪些器官?
2. 小网膜位于何处?怎样分部?肝十二指肠韧带内含哪些重要结构?

3. 腹膜形成的系膜有哪些？胃的韧带有哪些？
4. 肝肾隐窝位于何处？有什么特点？直肠子宫陷凹有何特点及临床意义？
5. 胃后壁溃疡穿孔后胃内容物经哪些途径到达盆腔？
6. 女性腹膜腔通过哪些结构与外界相通？

（田菊霞　杨　洋）

第九章 脉管系统

学习目标

1. 掌握脉管系统的组成。
2. 掌握体循环、肺循环的概念。
3. 熟悉心脏的位置、外形、心脏各腔的形态和结构。
4. 了解卵圆窝的位置及其临床意义。
5. 了解心壁的构造。
6. 熟悉心传导系统的构成及窦房结的位置和意义。
7. 了解左、右冠状动脉的起始、分支及分布。
8. 了解心脏的体表投影。
9. 了解心包的组成和内容。
10. 了解肺动脉的行程、动脉导管韧带的位置。
11. 熟悉主动脉的起止、行程及分布。
12. 掌握主动脉弓的三大分支。
13. 熟悉颈总动脉的起始和行程。
14. 了解颈内动脉窦和颈动脉体的位置和意义。
15. 掌握颈外动脉的起始行程及主要分支。
16. 熟悉锁骨下动脉的起止行程及其主要分支。
17. 掌握肱动脉起止行程、主要分支及分布。
18. 掌握测血压的听诊部位及切脉的常选部位。
19. 掌握胸主动脉的起止及分支。
20. 熟悉腹主动脉的起止、行程和分支。
21. 掌握腹腔干、肠系膜上动脉、肠系膜下动脉的主要分支及分布。
22. 掌握髂总动脉的起止和分支。
23. 熟悉髂内动脉的分支及分布。
24. 熟悉髂外动脉、股动脉、胫前动脉、胫后动脉和足背动脉的起止和分布。
25. 熟悉股动脉的压迫止血点。
26. 了解头臂静脉的组成和行程。
27. 熟悉上腔静脉的组成、起止和行程。
28. 熟悉颈内动脉的起止、行程及主要属支。
29. 了解危险三角的组成、特点及临床意义。
30. 掌握头静脉、贵要静脉和肘正中静脉的起始、行程及注入。

31. 了解下腔静脉、髂总静脉、髂内外静脉的起止、行程及其主要属支。
32. 掌握大、小隐静脉的起始、行程及注入。
33. 掌握肝门静脉的组成、主要属支、收集范围及肝门静脉与腔静脉的吻合及临床意义。
34. 熟悉淋巴系统的组成。
35. 熟悉胸导管的起始、收集范围和注入。
36. 了解头颈部和腋淋巴结、腹股沟浅淋巴结的位置及其收集范围。
37. 熟悉右淋巴导管的组成、收集范围和注入。
38. 了解毛细血管的分类、结构特点与功能。
39. 了解心脏壁的组织结构特点。
40. 了解动、静脉管壁的结构特点。
41. 熟悉淋巴结、脾、胸腺的组织结构特点及功能。
42. 了解单核-吞噬细胞系统。

脉管系统(angiological system)是一系列密闭而连续的管道系统,包括心血管系统和淋巴系统两部分,管道内分别流动着血液和淋巴液,淋巴液最后也汇入血液。

脉管系统的主要功能是将消化器官吸收的营养物质和经肺吸入的氧运送到全身各器官和组织,供新陈代谢的需要,同时又把代谢废物,如二氧化碳、尿素等分别转运到肺、肾等器官排出体外,以维持机体内环境的稳定。内分泌腺分泌的激素也由脉管系统运送。脉管系统还具有防御功能,因此它在生命活动中起着重要作用。

第一节 心血管系统

心血管系统(cardiovascular system)包括心和血管(含动脉、毛细血管和静脉3类)。

心(heart)是中空肌性的动力器官,具有节律地收缩和舒张作用,推动血液在心血管内不停地循环流动。心分左、右心房和左、右心室4个腔,左、右心房之间有**房间隔**,左、右心室之间有**室间隔**,同侧房室之间有房室口相通。

动脉(artery)是将血液从心运输到全身各部毛细血管中去的血管。动脉从心脏发出,可分为大动脉、中动脉、小动脉和微动脉,其管径也逐渐变细,最后移行为毛细血管。

毛细血管(capillary)是动脉与静脉之间极为微细的血管,管壁菲薄,分布范围广,互联成网,是血液与组织细胞之间进行物质交换的场所。

静脉(vein)起于毛细血管,是将毛细血管内的血液运回心的血管,管径由细变粗,逐渐合成小静脉、中静脉和大静脉,最后汇入心房。

血液循环:血液从心室泵出,经动脉、毛细血管、静脉,最后返回心房,血液这样周而复始地循环流动。按循环途径不同,可分为体循环和肺循环,两者互相连续,循环同时进行。当心收缩时,血液从左心室射入主动脉,再经主动脉的各级分支到达全身毛细血管,血液在毛细血管与组织和细胞之间进行物质和气体交换,血液中的氧气和营养物质被组织和细胞吸收,而代谢废物和二氧化碳等进入血液,使血液成为含二氧化碳和代谢废物较高的静脉血,经过各级静脉回流,最后汇入上、下腔静脉和冠状窦,返回右心房,这一循环途径称为**体循环**(systemic circulation)(大循环)。自体循环回右心房的静脉血进入右心室后,从右心室搏出,经肺动脉干及其各级分支到达肺泡毛细血管,血液在此进行气体交换,即排出二氧化碳,吸入氧气,成为氧饱和的动脉血,然后经肺静脉返回左心房,这一循环途径称为**肺循环**(pulmonary circulation)(小循环)(图9-1)。

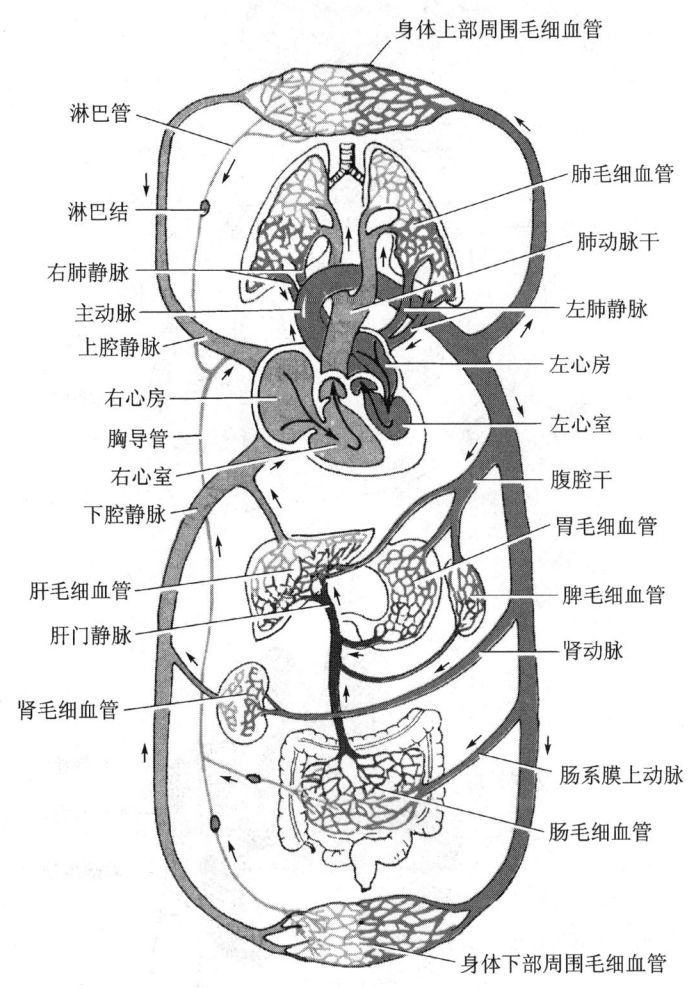

图9-1 血液循环

一、心

(一)心的位置和外形

心位于胸腔的中纵隔内,约2/3位于正中线左侧,1/3位于正中线右侧。

心呈圆锥形,一般稍大于本人的拳头。心有一尖、一底、两面和三缘(图9-2)。**心尖**朝向左前下方,平对左侧第5肋间隙,在左锁骨中线内侧1~2cm处可扪及心尖的搏动。**心底**朝向右后上方,与出入心的大血管相连。心前面又称为**胸肋面**,朝向前方,邻近胸骨体和肋软骨。

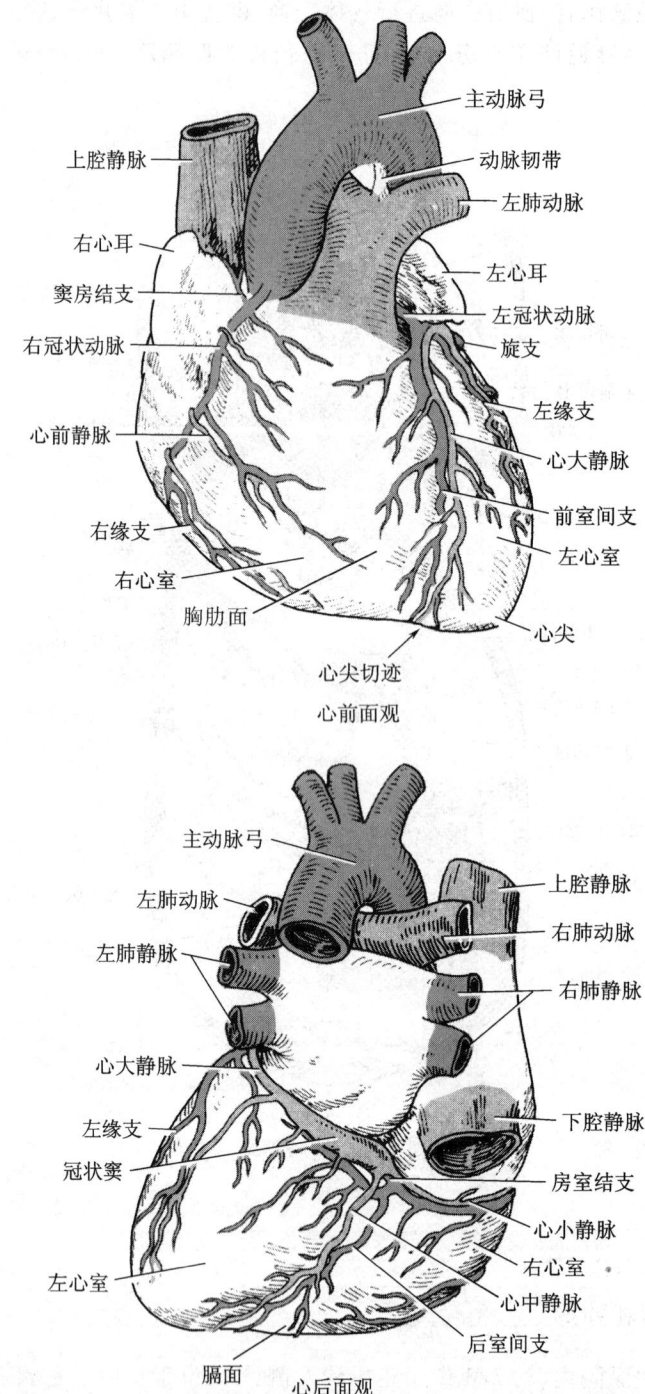

图9-2 心的外形和血管

心下面又称为**膈面**,朝向下方,与膈相邻。心的右缘由右心房构成,左缘大部分由左心室构成,下缘大部分由右心室构成。心的表面有一条几乎呈环形的沟,称为**冠状沟**,在心的胸肋面和膈面各有一条纵行的浅沟,分别称为**前室间沟**和**后室间沟**。以上3条沟内均有心的血管经过,并有脂肪填充。

(二) 心腔的形态结构

1. **右心房**(right atrium) 构成心的右上部,它向左前方的突出部分称为**右心耳**,其内面有许多平行的肌性隆起,称为**梳状肌**。右心房有3个入口:上壁有**上腔静脉口**,下壁有**下腔静脉口**,分别导入人体上半身、下半身的静脉血,在下腔静脉口与右房室口之间有一较小口,称为**冠状窦口**,导入心壁本身的静脉血。右心房的前下部为**右房室口**,是右心房的出口,其通向右心室(图9-3)。在房室隔右侧下部有一浅窝,称为**卵圆窝**,是胎儿时期卵圆孔出生后闭合的遗迹。如出生后卵圆孔未闭,则为先天性心脏病的一种。

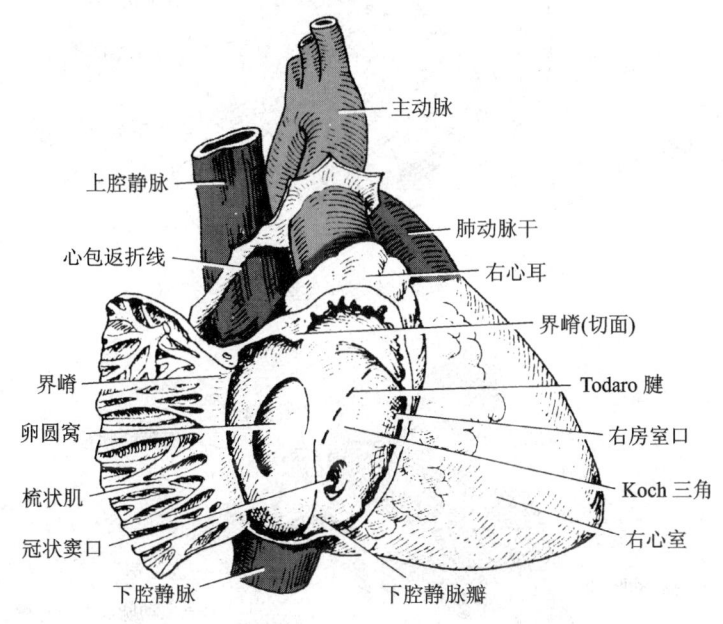

图9-3 右心房

2. **右心室**(right ventricle) 位于右心房的左前下方,其入口为右房室口,口的周缘有3片近似三角形的瓣膜,称为**右房室瓣**或**三尖瓣**,瓣膜的游离缘有数条**腱索**,瓣膜借腱索连于从心室壁突入心室腔呈锥体形隆起的**乳头肌**,当心室收缩时,血液推动右房室瓣,使其对合,封闭右房室口。右心室的上端有**肺动脉口**,通肺动脉干(图9-4)。肺动脉口周缘附有3个袋口向上的半月形瓣膜,称**肺动脉瓣**,当心室舒张时,瓣膜关闭,阻止血液逆流入右心室。

3. **左心房**(left atrium) 构成心底的大部,前部向右前突出的部分称为**左心耳**,内有与右心耳相似的梳状肌,后方两侧有左、右肺上静脉和肺下静脉4个入口,称为**肺静脉口**。在左心房前下方有通向左心室的**左房室口**(图9-5)。

4. **左心室**(left ventricle) 构成心尖及心的左缘。壁厚约为右心室的3倍,左房室口为其入口，口周缘有2片近似三角形的瓣膜，称为**左房室瓣**或**二尖瓣**（分为**前尖**和**后尖**），瓣膜的游离缘借腱索连于乳头肌，其功能与右房室瓣相同。左房室口的前内侧有一出口，称**主动脉口**，口的周围也有3个袋口向上的半月瓣膜，称为**主动脉瓣**（图9-5），其形态和功能与肺动脉瓣相同。

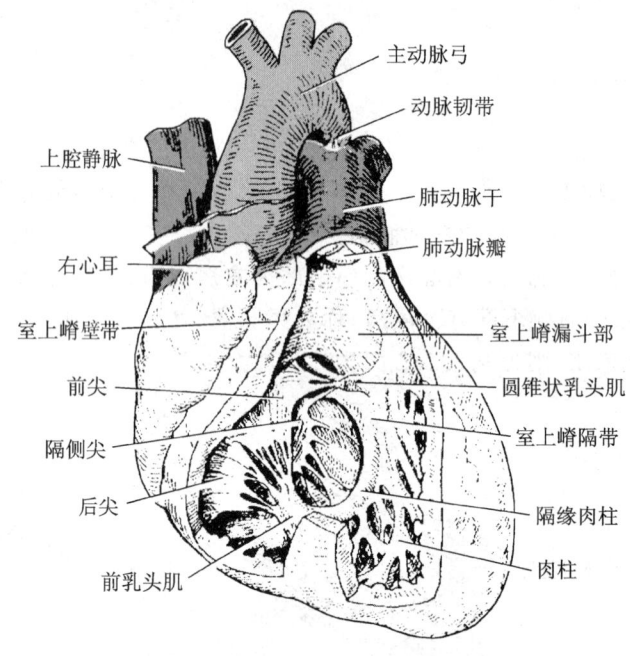

图9-4 右心室

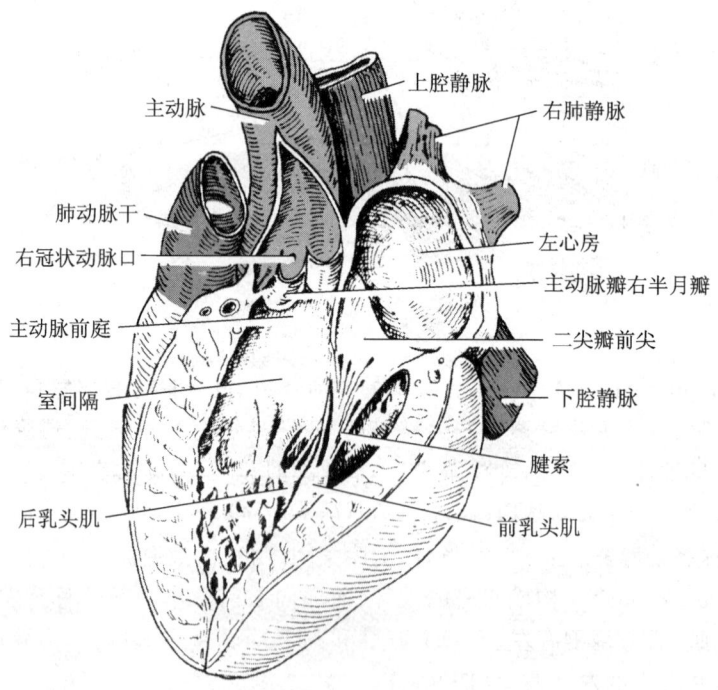

图9-5 左心房和左心室

心似"血泵",瓣膜如同泵的闸门,保证了心腔内血液的定向流动。两侧的心房和心室的收缩与舒张是同步的,心室收缩时,三尖瓣和二尖瓣关闭,主动脉瓣和肺动脉瓣开放,血液泵入动脉;心室舒张时,三尖瓣和二尖瓣开放,主动脉瓣和肺动脉瓣关闭,血液由心房泵入心室。

(三)心壁的结构

心壁分为心内膜、心肌和心外膜(图9-6)。

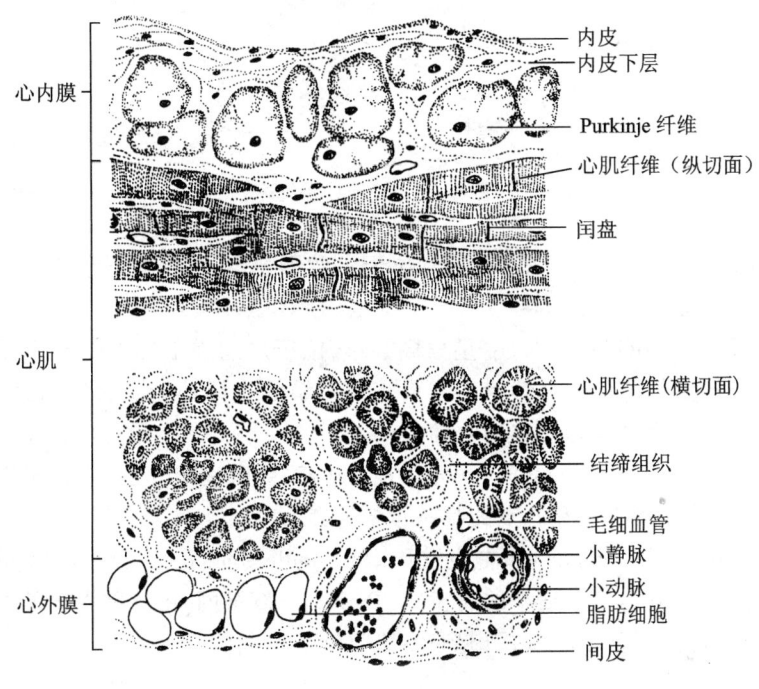

图9-6 心壁的微细结构

1. **心内膜**(endocardium) 是一层衬在心腔内面光滑的薄膜,与血管的内膜相延续,心的各瓣膜是心内膜折叠而成的。心内膜由内皮、内皮下层和心内膜下层构成。心内膜下层有心的传导系统的分支。

2. **心肌**(myocardium) 是构成心壁的主体,分为心房肌和心室肌,心房肌较薄,心室肌较厚,左心室肌最发达。心房肌和心室肌不相延续,均附着于心纤维环上,因此,心房、心室分别收缩。右心房、左心房、心室和心脏传导系统的肌纤维内有心房特殊颗粒,称为心房利钠尿多肽,简称心钠素,有很强的利尿、排钠、扩张血管和降血压作用。

3. **心外膜**(epicardium) 被覆于心脏表层,是透明光滑的浆膜,为心包的脏层,其内有冠状动脉主干及其分支、静脉、神经和脂肪组织等。

(四)心传导系统

心传导系统位于心壁内(图9-7),由特殊分化的心肌细胞组成,具有产生兴奋、传导冲动和维持心正常节律性搏动的功能,包括窦房结、房室结、房室束、左、右束支及其分支。

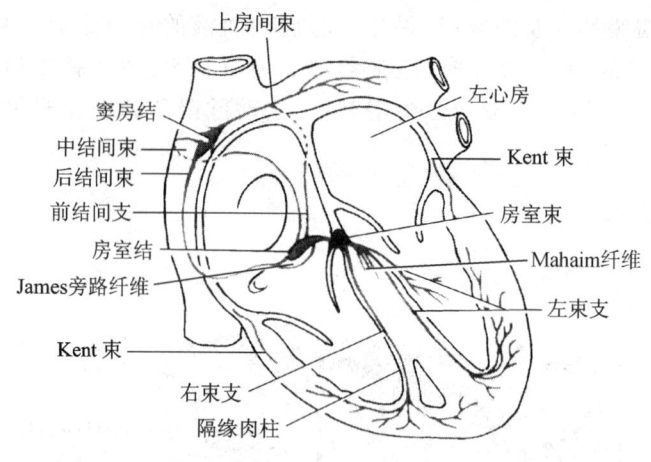

图 9-7 心传导系统

1. **窦房结**(sinuatrial node) 呈长梭形,位于上腔静脉与右心耳交界处的心外膜深面,是心的正常起搏点。

2. **房室结**(atrioventricular node) 呈扁椭圆形,位于房间隔下部右侧心内膜深面,恰在冠状窦口的前上方,房室结的前下方续为房室束。房室结的主要功能是将窦房结传来的冲动传向心室,保证心房收缩后再开始心室的收缩。

3. **房室束**(atrioventricular bundle) 又称为His束,从房室结发出,下行至室间隔肌性部,分支为左、右束支,是连接心房和心室的唯一重要通路。

4. **左束支**(left bundle branch)和**右束支**(right bundle branch) 分别沿室间隔两侧,在心内膜的深面下行,最后分为许多细小的**浦肯野**(Purkinje)**纤维网**,由该网发出的纤维进入心肌,将传来的兴奋迅速传播到整个心室,引起心室肌收缩。

(五)心的血管

1. 动脉 供应心血液的左、右冠状动脉,均发自升主动脉起始部(图9-2)。

(1) **右冠状动脉**(right coronary artery) 沿冠状沟向右下绕心的右缘至心的膈面,发出**后室间支**,沿后室间沟下行。右冠状动脉分布于右心房、右心室、室间隔后1/3、部分左心室后壁、房室结(分布率占93%)和窦房结(分布率占60%)。

(2) **左冠状动脉**(left coronary artery) 主干短而粗,向左前方行至冠状沟,随即分为前室间支和旋支,分别供应左心室前壁,右心室前壁,室间隔前2/3,左心房,左心室左侧面、膈面和窦房结(分布率占40%)等。

2. 静脉 心的静脉与动脉相伴行,心的静脉

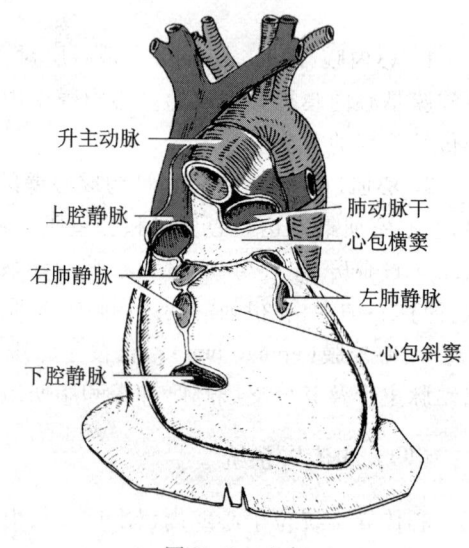

图 9-8 心包

血主要通过心大、中、小静脉汇入**冠状窦**,再经过冠状窦口注入右心房(图9-2)。

(六)心包

心包(pericardium)是包裹心和出入心的大血管根部的纤维浆膜囊,分内、外两层,外层为纤维心包,内层为浆膜心包。**纤维心包**是坚韧的结缔组织囊,为心包最外层。**浆膜心包**贴于纤维心包的内面和心脏的表面,分脏、壁两层,脏层紧贴于心的表面,称心外膜,壁层贴于纤维心包的内面。脏、壁两层之间的间隙称**心包腔**(pericardial cavity)(图9-8)。腔内含少量浆液,起润滑作用。心包的主要功能:一是可减少心脏搏动时的摩擦;二是防止心过度扩张,以保持血容量的相对恒定。

(七)心的体表投影

心在胸前壁的体表投影通常采用下列4点连线来确定(图9-9):

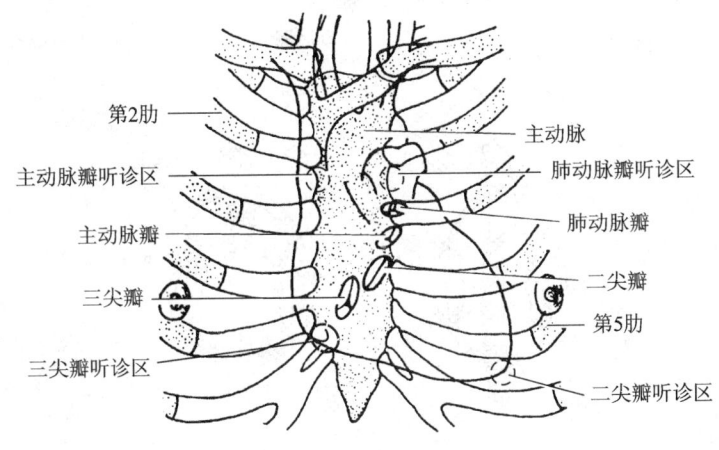

图9-9 心的体表投影

1. **左上点** 左侧第2肋软骨下缘,距胸骨左缘约12 mm处(肺动脉瓣听诊区)。
2. **右上点** 右侧第3肋软骨上缘,距胸骨右缘约10 mm处(是主动脉瓣听诊区)。
3. **左下点** 左侧第5肋间隙,左锁骨中线内侧10~20 mm处(距前正中线70~90 mm,二尖瓣听诊区)。
4. **右下点** 右侧第6胸肋关节处(是三尖瓣听诊区)。

左、右上点连线为心上界;左、右下点连线为心下界;右上、下点连线为心右界;左上、下点连线是心左界。

二、血管概述

(一)血管的吻合与侧支循环

1. **血管的吻合** 人体内中、小血管特别是毛细血管之间存在丰富的吻合,动脉之间有动脉网或动脉弓,静脉之间有静脉网和静脉丛,小动脉与小静脉之间有动静脉吻合。血管吻合对保证器官的血液供应,维持血流畅通和调节局部血流量具有重要作用。

2. **侧支循环** 有些血管干在行程中常发出与其平行的侧副管,侧副管与同一主干远端部发出的返支相连形成侧支吻合。通常状态下,侧副管较细,当主干血流受阻时,侧副管逐渐增粗,血流可经扩大的侧支吻合到受阻远端的血管主干,使血管受阻区的血液供应得到不同程度的恢复或代偿。这种通过侧支重新建立的循环称为**侧支循环**(图9-10)。侧支循环的建立对于保证器官在病理状态下的血液供应具有重要意义。

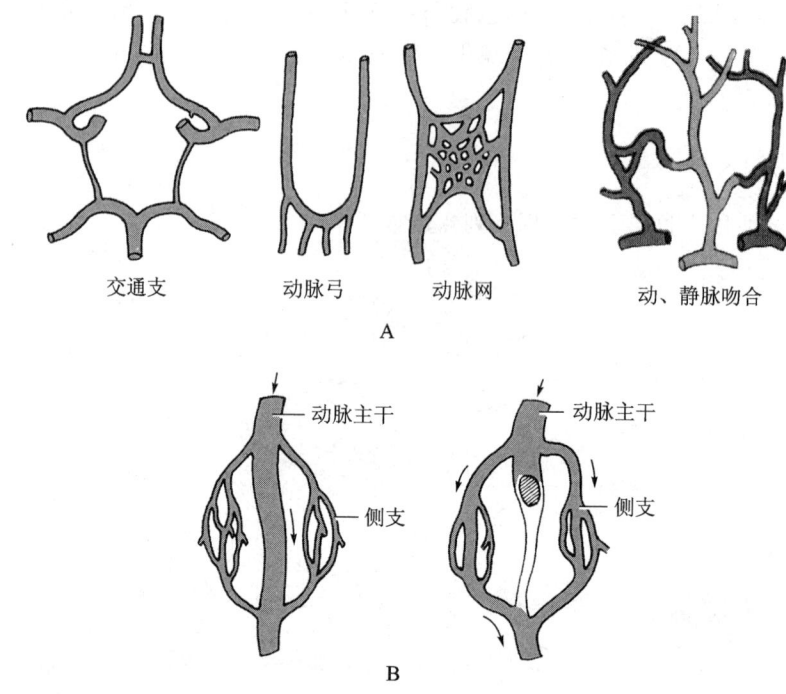

图9-10 血管吻合和侧支循环
A. 血管吻合的主要形式;B. 侧支吻合和侧支循环

(二) 血管的微细结构

血管分为动脉、静脉和毛细血管3类。根据其大小,动脉和静脉又分为大、中、小和微动、静脉4级,但在形态上4级之间并无明显的界线。**动脉**有多级分支,管径由大变小,管壁由厚变薄,管壁均分为内膜、中膜、外膜3层;**静脉**由小到大逐级汇合,管径逐渐增粗,管壁逐渐增厚。静脉管壁薄而柔软,静脉壁的平滑肌和弹性组织不及动脉丰富,结缔组织成分较多,故弹性较小,切片标本中的静脉管壁常呈塌陷状,管腔变扁或呈不规则形。静脉管壁也可分为内膜、中膜和外膜3层(图9-11)。

1. **毛细血管**(capillary) 是管径最细、管壁最薄、结构最简单、通透性最强、数量最多、分布最广的血管,它们分支并互相吻合成网。各器官和组织内毛细血管网的疏密程度差别很大,代谢旺盛的组织和器官如骨骼肌、心肌、肺、肾和腺体,毛细血管网很密;代谢较低的组织如骨、肌腱和韧带等,毛细血管网则较稀疏。

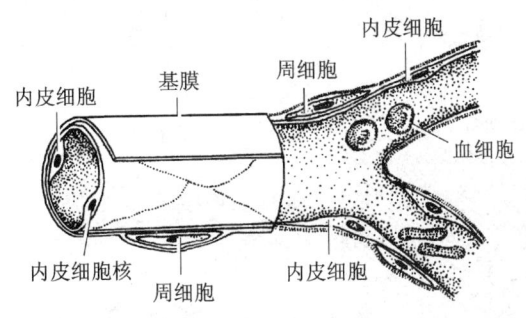

图 9-11　血管的一般结构

（1）毛细血管的结构　毛细血管管壁由一层内皮细胞和基膜及基膜外少许结缔组织组成（图 9-12），管径为 6~8 μm，只允许 1~2 个红细胞通过，血窦直径可达 40 μm。在内皮细胞与基膜之间散在有一种扁而有突起的细胞，细胞突起紧贴在内皮细胞基底面，称为周细胞。周细胞的功能尚不清楚。

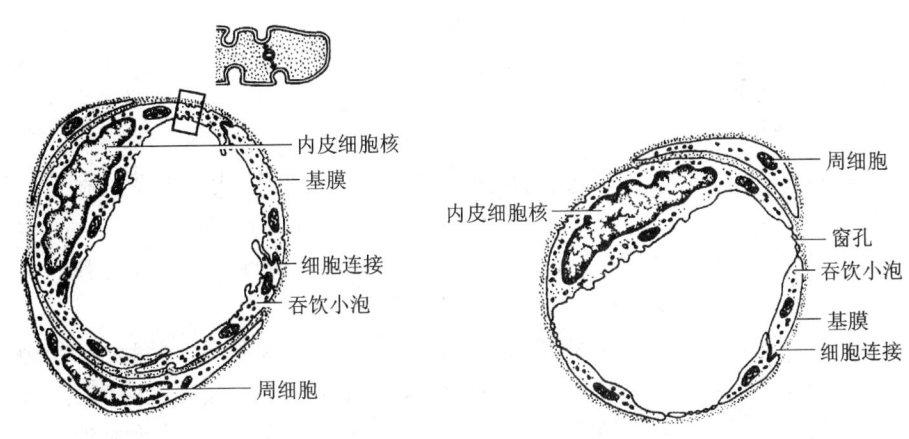

图 9-12　毛细血管内皮细胞

（2）毛细血管的分类　在光镜下观察，各种组织和器官中的毛细血管结构均很相似，但在电镜下，根据内皮细胞等的结构特点，可分为 3 类：① **连续毛细血管**（continuous capillary），其特点为内皮细胞薄，并相互连续，相邻内皮细胞之间有紧密连接、缝隙连接或桥粒，胞质中有许多吞饮小泡，其功能是进行物质交换，基膜完整。连续毛细血管多分布于结缔组织、肌组织、肺和中枢神经系统等处。② **有孔毛细血管**（fenestrated capillary），其特点是内皮细胞不含核的部分较薄，且有许多贯穿细胞的内皮孔，直径一般为 60~80 nm，孔上有隔膜封闭，厚 4~6 nm。此类血管主要存在于胃肠黏膜、某些内分泌腺和肾血管球等处。③ **血窦**（sinusoid），又称窦状毛细血管（sinusoid capillary），管腔大，管壁薄，形状不规则，直径为 30~40 μm。血窦内皮细胞有孔，相邻内皮细胞之间有较宽的间隙，故又称为**不连续毛细血管**（discontinuous capillary），主要分布于物质交换旺盛的器官，如肝、脾、红骨髓和一些内分泌腺中。

2. **大动脉**（large artery）　包括主动脉、头臂动脉、颈总动脉、锁骨下动脉和髂总动脉等。大动脉的管壁中有多层弹性膜和大量弹性纤维，平滑肌则较少，故又称**弹性动脉**（elastic artery）。

大动脉管壁结构特点如下(图9-13)。

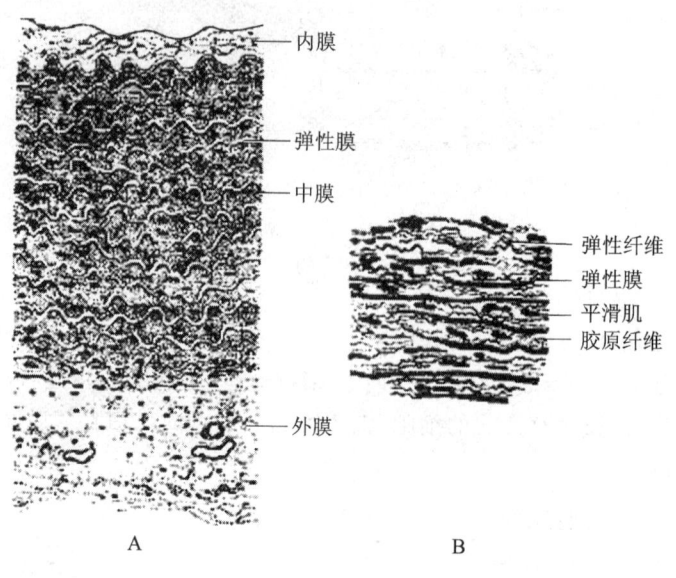

图9-13 大动脉的微细结构

(1) **内膜**(tunica intima)　由内皮、内皮下层和内弹性膜构成,内皮即单层扁平上皮,内皮下层较厚,为疏松结缔组织,内皮下层外面为多层弹性膜组成的内弹性膜,该膜平均厚约为1 μm,在脉搏的作用下可向外扩张,而后呈弹性回缩。由于内弹性膜与中膜的弹性膜相连,故内膜与中膜的分界不清楚。

(2) **中膜**(tunica media)　特别厚,有明显的层状结构,即由数层弹性膜构成。弹性膜间有平滑肌细胞、胶原纤维和弹性纤维。每一层弹性膜及其相邻的一层弹性膜间的区域称为中膜板层单位。成人大动脉有40~70个中膜板层单位,在血管横切面上,因为血管的收缩,所以弹性膜呈波浪状。弹性膜之间有环形平滑肌和少量胶原纤维及弹性纤维。

(3) **外膜**(tunica adventitia)　较薄,由结缔组织构成,除弹性纤维和胶原纤维外,还有成纤维细胞、巨噬细胞和肥大细胞,没有明显的外弹性膜。血管壁自身的营养血管通常仅限于外膜和中膜,内膜一般无血管分布,其营养由管腔内血液渗透而来。

3. **中动脉**(medium-sized artery)　除大动脉外,其余凡在解剖学中有名称的动脉大多属于中动脉。中动脉管壁的平滑肌相当丰富,故又称为**肌性动脉**(muscular artery)。其结构特点如下(图9-14)。

(1) 内膜　内皮下层较薄,内弹性膜明显。

(2) 中膜　中膜较厚,由10~40层环形排列的平滑肌细胞组成,肌纤维间有一些弹性纤维、胶原纤维和成纤维细胞。

(3) 外膜　厚度较中膜薄或与中膜相等,除有小血管外,还有许多神经纤维,与中膜交界处有明显的外弹性膜。

4. **小动脉**(small artery)　管径为0.3~1 mm的动脉称为小动脉,也属肌性动脉。较大的小动脉,内膜有明显的内弹性膜,中膜有几层平滑肌,外膜厚度与中膜相近,一般没有外弹性膜(图9-15)。

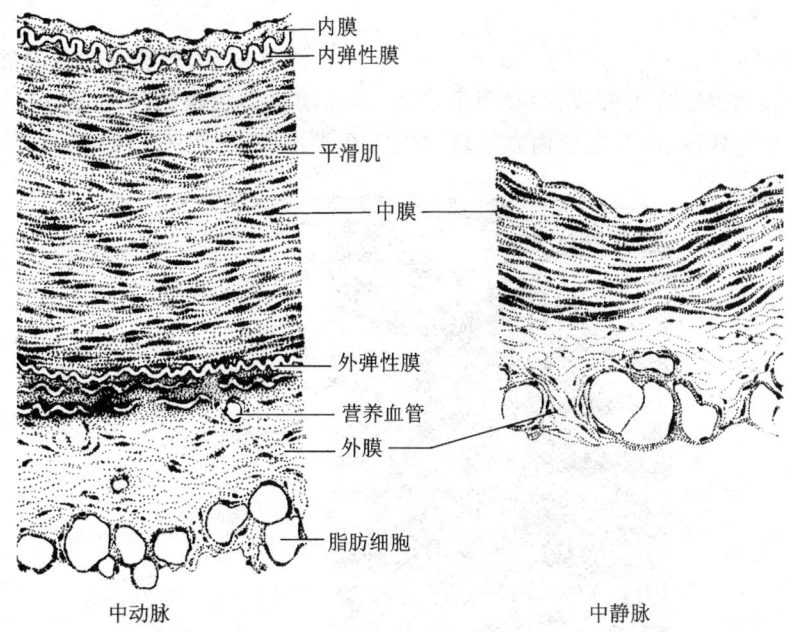

图9-14 中动脉和中静脉的微细结构

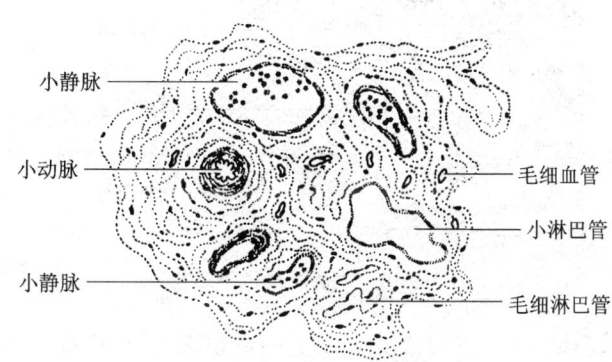

图9-15 小动脉、小静脉、毛细血管和小淋巴管的微细结构

5. 微动脉(arteriole) 管径在0.3 mm以下的动脉,称为微动脉,内膜无内弹性膜,中膜由1~2层平滑肌组成,外膜较薄。

6. 微静脉(venule) 管腔不规则,管径50~200 μm,内皮外的平滑肌或有或无,无完整的平滑肌层,外膜薄。紧接毛细血管的微静脉称为**毛细血管后微静脉**,其管壁结构与毛细血管相似,但管径略粗,内皮细胞间的间隙较大,故通透性较大,也有物质交换功能。

7. 小静脉(small vein) 管径达200 μm以上,内皮外有一层较完整的平滑肌,较大的小静脉中膜可有数层平滑肌(图9-15)。

8. 中静脉(medium-sized vein) 除大静脉以外,凡有解剖学名称的静脉都属中静脉。中静脉管径 2~9 mm,内膜薄,内弹性膜不发达或不明显。中膜比其相伴行的中动脉薄得多,环形平滑肌分布稀疏。外膜比中膜厚,由结缔组织组成,外弹性膜不明显,有的中静脉外膜可有纵行平滑肌束(图 9-14)。

9. **大静脉**(large vein) 管径在 10 mm 以上,上、下腔静脉,头臂静脉和颈内静脉等都属于此类静脉。大静脉管壁内膜较薄,中膜很不发达,为几层排列疏松的环形平滑肌,有时甚至没有平滑肌。外膜则较厚,结缔组织内常有较多的纵行平滑肌束(图 9-16)。

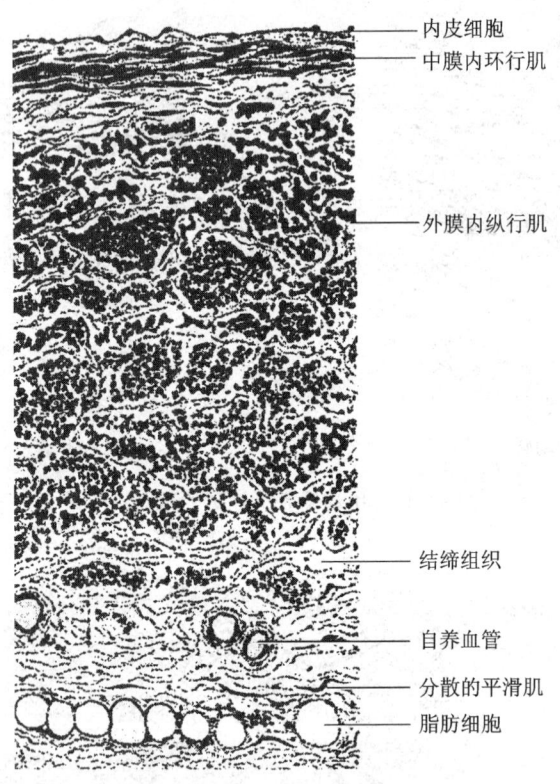

图 9-16 大静脉的微细结构

10. **静脉瓣**(venous valve) 管径 2 mm 以上的静脉管壁上常有瓣膜。静脉内膜凸入管腔,折叠形成彼此相对的 2 个半月形瓣膜,称为静脉瓣,其游离缘朝向血流方向,作用是防止血液逆流。四肢静脉的瓣膜较多,头面部的静脉、大静脉、肝门静脉、胸腹壁的静脉缺少或无静脉瓣。

静脉的功能是将身体各部的血液导回心脏。静脉血回流的动力主要不是依靠管壁本身的收缩,而是靠管道内的压力差。影响静脉压力差的因素很多,如心脏的收缩力、重力、体位和呼吸运动以及静脉周围的肌组织收缩挤压等作用。静脉与动脉在结构和配布上有许多相似之处,因两者的功能不同,故与动脉相比静脉有如下特点:① 静脉始于毛细血管,在向心回流的过程中不断接受属支,管径逐渐增粗。② 静脉内血流缓慢,血压较低,管壁薄,故静脉不仅比相应动脉的管径大,而且数量也较动脉多,从而使回心血量能与心输出量保持平衡。③ 静脉管壁的内面,具有半月形向心开放的静脉瓣(图 9-17)。④ 体循环的静脉可分浅、深两类。

浅静脉位于浅筋膜内,无动脉伴行,称为皮静脉。较大的皮静脉,透过皮肤可以看到,是临床用做静脉穿刺如输液、采血的部位。深静脉位于深筋膜的深面或体腔内,除少数大静脉外,多与同名动脉伴行,称为伴行静脉。⑤ 静脉之间有丰富吻合,在某些部位或器官周围常形成静脉网或静脉丛。⑥ 结构特殊的静脉,如颅部的硬脑膜窦和板障静脉等,这些对颅脑部的静脉回流起重要作用。

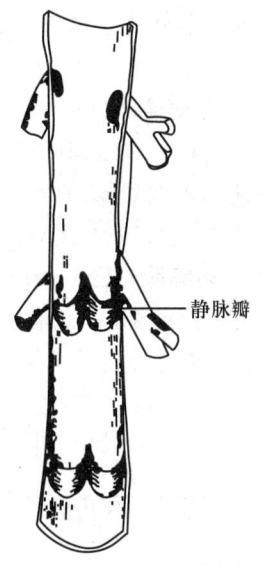

图 9-17 静脉瓣

(三)微循环血管

微循环(microcirculation)是指微动脉与微静脉之间的血液循环,它是血液循环的基本功能单位。微循环能调节血流量,对组织和细胞的营养供应和代谢产物排出起着重要的作用。人体各部和器官中微循环血管的组成各有特点,但一般都由以下几个部分组成(图9-18)。

1. **微动脉** 是小动脉靠近毛细血管的部分,管壁除有内皮外,只有一层较完整的平滑肌,该平滑肌的收缩活动能起控制微循环血流量的总闸门作用。

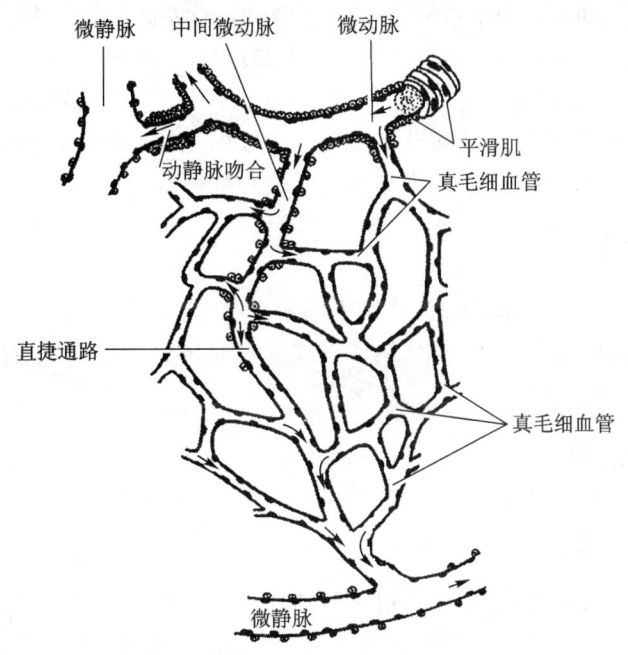

图 9-18 微循环血管

2. **毛细血管前微动脉**(precapillary arteriole)和**中间微动脉**(metaarteriole) 微动脉的分支称毛细血管前微动脉,它继续分支为中间微动脉,其管壁平滑肌稀疏分散,已不是完整的一层。

3. **真毛细血管**(true capillary) 是指中间微动脉分支形成相互吻合的毛细血管网,称真毛细血管,即通常所指的毛细血管。真毛细血管行程迂回曲折,血流缓慢,是进行物质交换的主要场所。在真毛细血管的起点有少许由环行平滑肌组成的**毛细血管前括约肌**(precapillary sphincter),是调节微循环血流量的分闸门。

4. **直捷通路**(thoroughfare channel) 是中间微动脉的延伸部分,结构与毛细血管一致,只是管径略粗。在组织处于静息状态时,微循环的血流大部分由微动脉经中间微动脉和直捷通路快速流入微静脉,只有小部分血液流经真毛细血管。当组织处于功能活跃时,毛细血管前括约肌开放,大部分血液流经真毛细血管网,血液与组织之间进行充分的物质交换。

5. **动静脉吻合**(arteriovenous anastomosis) 是指由微动脉发出的侧支直接与微静脉相通的血管。其收缩时,血液由微动脉流入毛细血管;其松弛时,微动脉血液经此直接流入微静脉。动静脉吻合主要分布在指、趾、唇和鼻等处的皮肤内及某些器官内,它也是调节局部组织血流量的重要结构。

6. **微静脉** 如上述。

三、肺循环的血管

(一)肺循环的动脉

肺动脉干(pulmonary trunk)(图9-8)位于心包内,为一短而粗的动脉干,起自右心室,分为左、右肺动脉。**左肺动脉**(left pulmonary artery)较短,至左肺门时分上、下两支进入左肺上、下叶。**右肺动脉**(right pulmonary artery)较长,达右肺门分3支进入右肺上、中、下叶。

在肺动脉干分叉处稍左侧与主动脉弓下缘之间,有一结缔组织索,称为**动脉韧带**(arterial ligament)。动脉韧带是胚胎时期动脉导管出生后闭锁的遗迹,动脉导管如在出生后6个月尚未闭锁,则称为动脉导管未闭,是一种常见的先天性心脏病。

(二)肺循环的静脉

肺静脉(pulmanary veins)起自肺泡周围毛细血管网,在肺内逐级汇合,最后每侧肺形成两条肺上静脉和肺下静脉,经肺门出肺,分别单独注入左心房。肺静脉无静脉瓣,静脉内流着含氧量饱和的鲜红色动脉血。

四、体循环的血管

(一)体循环的动脉

主动脉(aorta)(图9-19)是全身最粗大的动脉主干,起自左心室,先斜向右上,再弯向左后至第4胸椎体下缘水平,沿脊柱的左前方下行,穿膈的主动脉裂孔入腹腔,继续下行至第4腰椎体下缘。根据其行程可分为升主动脉、主动脉弓和降主动脉3段。

升主动脉(ascending aorta)起自左心室,向右前上方斜行,达右侧第2胸肋关节处延续为主动脉弓,其起始部有左、右冠状动脉发出。

主动脉弓(aortic arch)位于胸骨柄后方,气管和食管前方。主动脉弓的凸侧自右向左分别发出头臂干、左颈总动脉和左锁骨下动脉。头臂干粗而短,向右上斜行,至右侧胸锁关节的后方分为右颈总动脉和右锁骨下动脉。主动脉弓壁内有压力感受器,具有调节血压的作用。在

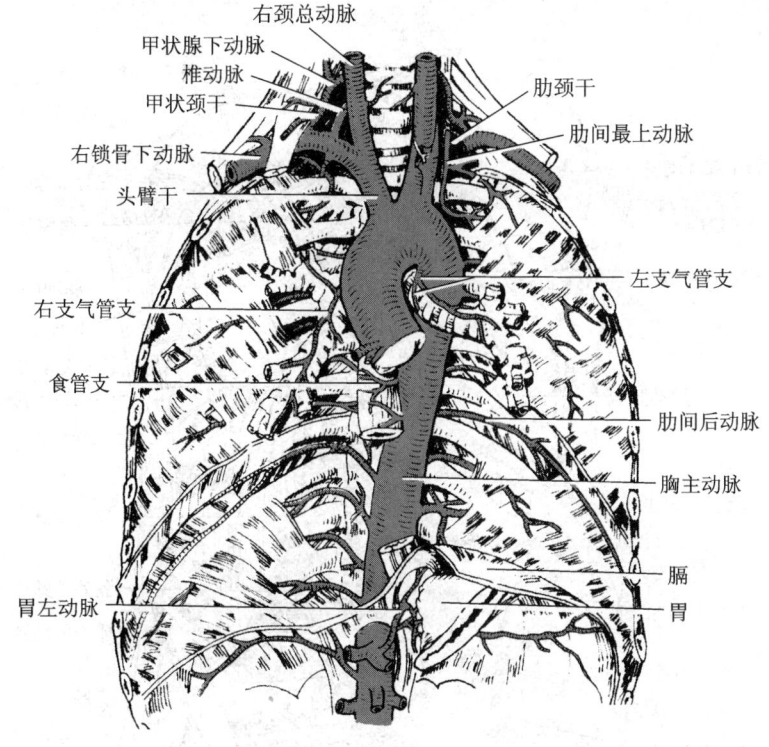

图 9-19 主动脉及其胸部分支

主动脉弓的稍下方有 2~3 个粟粒状小体,称为**主动脉小球**(aortic glomera),其是化学感受器,能感受血液中二氧化碳浓度的变化,当血液中二氧化碳浓度升高时,可反射性地引起呼吸加深、加快。

降主动脉(descending aorta)是主动脉弓在第 4 胸椎体下缘至第 4 腰椎体下缘的一段。降主动脉以膈为界,分为胸主动脉和腹主动脉。在第 4 胸椎体下缘处分为**左、右髂总动脉**(left and right common iliac artery)。髂总动脉沿腰大肌内侧下行,至骶髂关节处分为髂内动脉和髂外动脉(图 9-20)。

1. **颈总动脉**(common carotid artery) 是颈部的动脉主干,右颈总动脉起自头臂干,左颈总动脉直接起自主动脉弓。颈总动脉上段位置浅表,在活体上可摸到其搏动。两侧颈总动脉均经胸锁关节的后方上行于气管、食管和喉的外侧,至甲状软骨上缘平面分为颈外动脉和颈内动脉,其分叉处有颈动脉窦和颈动脉小球。**颈动脉窦**(carotid sinus)是颈总动脉末端和颈内动脉起始处膨大的结构,窦壁内有压力感受器,当动脉血压升高时,刺激压力感受器,可反射性地引起心搏减慢,末梢血管扩张等,从而引起血压下降。**颈动脉小球**(carotid glomus)位于颈内、外动脉分叉处后方,呈椭圆形小体,其功能与主动脉小球相同。

(1) **颈外动脉**(external carotid artery) 自颈总动脉分出后,位于颈内动脉的内侧,在胸锁乳突肌深面上行,穿腮腺实质,至下颌颈处分为颞浅动脉和上颌动脉两个终支(图 9-21)。其主要分支如下。

1) **甲状腺上动脉**(superior thyroid artery):自颈外动脉起始部发出,行向前下方至甲状腺

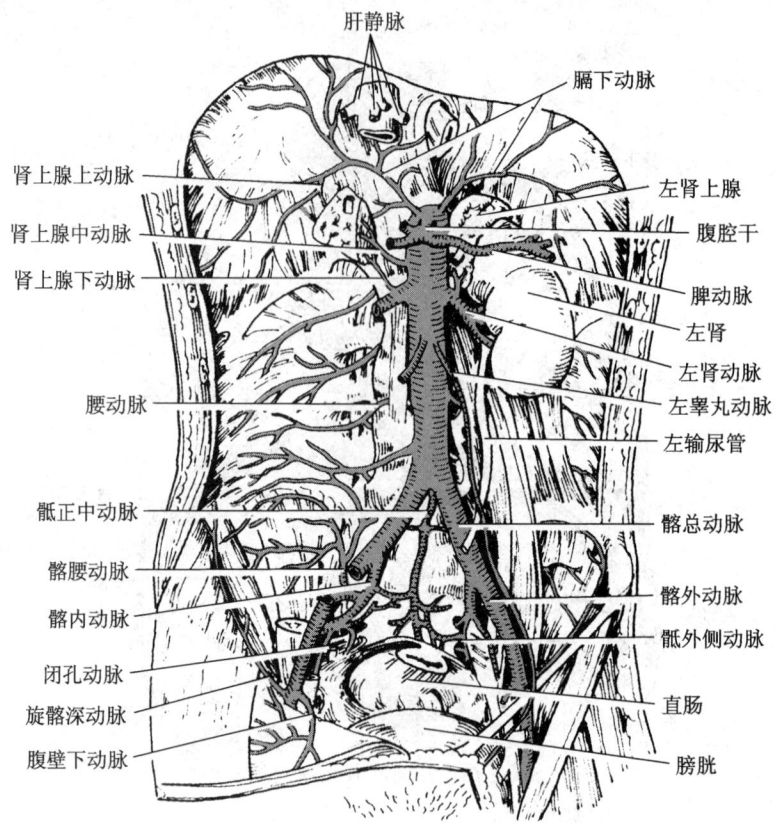

图 9-20 腹主动脉及其分支

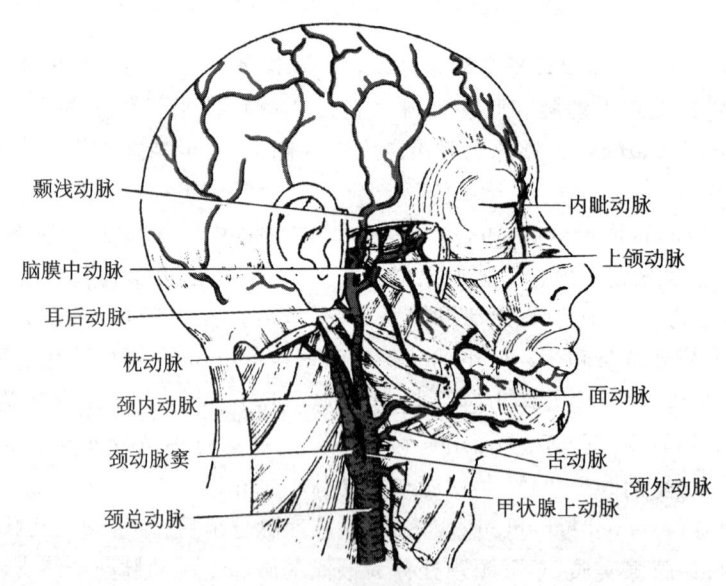

图 9-21 颈外动脉及其分支

两侧叶上端,分支分布于甲状腺和喉。

2）**面动脉**(facial artery):沿下颌下腺深面行向前上,在咬肌前缘处,绕过下颌骨体下缘至面部,然后经口角和鼻翼的外侧,向上至眼内眦,其末端称**内眦动脉**。面动脉的分支分布于面前部、腭扁桃体和下颌下腺。面动脉在咬肌前缘绕下颌骨体下缘处位置浅表,在活体上可摸到动脉搏动,当面部出血时,可在该处压迫止血。

3）**颞浅动脉**(superficial temporal artery):在外耳门前方和颧弓根部上行,分支分布于腮腺、额、颞和顶部软组织。在活体上,外耳门前上方颧弓根部可摸到颞浅动脉搏动,并可在此进行压迫止血。

4）**上颌动脉**(maxillary artery):经下颌颈深面入颞下窝,分支分布于口腔、鼻腔、外耳道、中耳、咀嚼肌和硬脑膜等处。其中分布于硬脑膜的一支称为**脑膜中动脉**,向上经棘孔入颅,分前、后两支。因前支经过翼点内面,当颞部颅骨骨折时,易受损伤,导致硬膜外血肿。

（2）**颈内动脉**(internal carotid artery) 自颈总动脉分出后,位于颈外动脉的外侧,向上经颈动脉管入颅腔,分布于脑和视器。

2. **锁骨下动脉**(subclavian artery) 左侧起自主动脉弓,右侧起自头臂干(图9-22)。先向外上至颈根部,经胸膜顶前方,穿斜角肌间隙,至第1肋外缘移行为腋动脉。锁骨下动脉的直接分支主要分布于脑、颈、肩和胸壁等处。

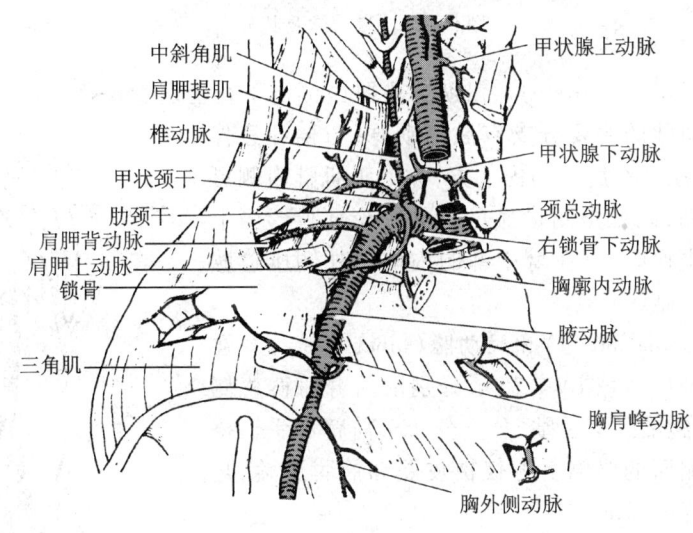

图9-22 锁骨下动脉及其分支

（1）**椎动脉**(vertebral artery) 向上穿第6~1颈椎的横突孔和枕骨大孔入颅腔,分支分布于脑和脊髓。

（2）**胸廓内动脉**(internal thoracic artery) 在椎动脉起点的相对侧发出,向下进入胸腔,沿第1~6肋软骨后面下行,其本干延伸穿膈进入腹直肌鞘下行,改称为**腹壁上动脉**,它与**腹壁下动脉**吻合。胸廓内动脉分支分布于胸前壁、乳房、心包、膈和腹直肌等处。

（3）**甲状颈干**(thyrocervical trunk) 为一短干,其主要分支有**甲状腺下动脉**,分支分布于甲状腺和喉等处。

3. 腋动脉（axillary artery） 行于腋窝深面，至大圆肌下缘移行为肱动脉（图9-23）。其主要分支有胸肩峰动脉、胸外侧动脉和肩胛下动脉等，主要分布于肩部和胸前外侧壁。

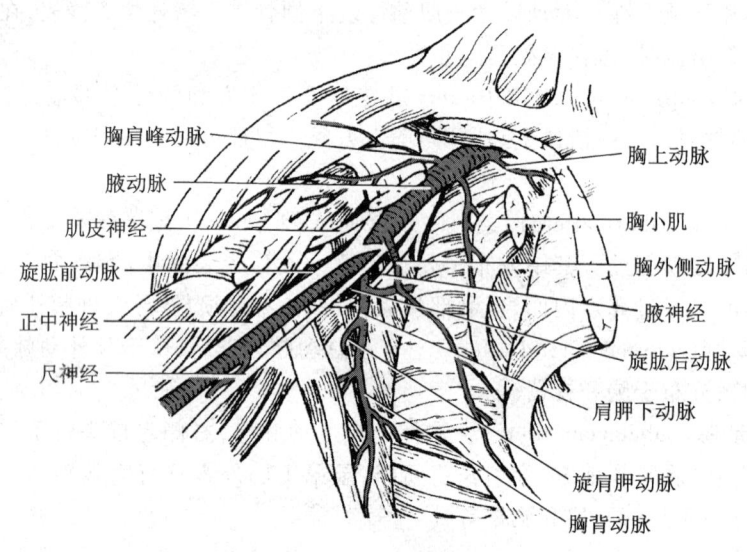

图9-23 腋动脉及其分支

(1) **肱动脉**（brachial artery） 沿肱二头肌内侧沟下行至肘窝深面，分为桡动脉和尺动脉（图9-24）。肱动脉的主要分支有**肱深动脉**，与桡神经伴行，分布于肱三头肌。在肘窝的内上方，肱二头肌腱内侧可触到肱动脉的搏动，此处是测量血压时的听诊部位。当上肢远端发生大量出血时，可在臂中部的内侧向外侧压迫肱动脉于肱骨进行止血。

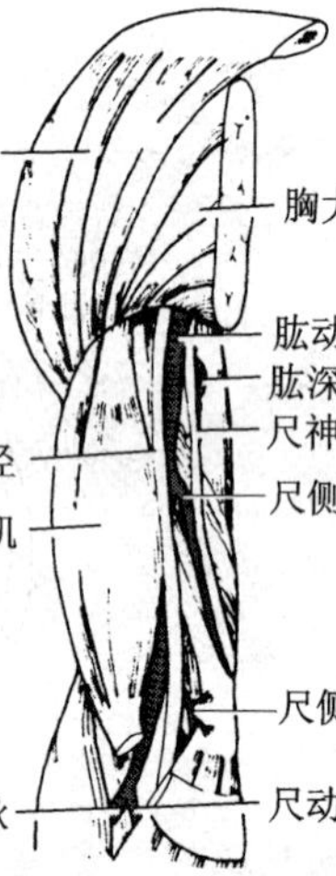

(2) **桡动脉**（radial artery）和**尺动脉**（ulnar artery） 在肘窝内由肱动脉分出后（图9-25），分别沿前臂肌群桡侧和尺侧部下行，经腕部到达手掌，分支分布于前臂和手。桡动脉在腕关节掌侧面的桡侧上方仅被皮肤和筋膜遮盖，是临床触摸脉搏的首选部位。

(3) **掌浅弓**（superficial palmar arch） 由尺动脉终支和桡动脉掌浅支吻合而成（图9-26）。掌浅弓的凸缘主要发出3支**指掌侧总动脉**，每一支指掌侧总动脉再分出**指掌侧固有动脉**，分布于第2~5指的相对缘。当手指出血时可在手指两侧压迫止血。

(4) **掌深弓**（deep palmar arch） 由尺动脉掌深支和桡动脉终支吻合而成（图9-27）。掌深弓的凸缘发出3支**掌心动脉**，分别注入相应的指掌侧固有动脉。

图9-24 肱动脉

4. 胸主动脉（thoracic aorta） 位于脊柱左前方，其分支有壁支和脏支（图9-19）。

(1) 壁支 主要为11对**肋间后动脉**，位于肋间隙内，沿肋沟走行；走行在第12肋下缘的一对动脉称为**肋下动脉**。壁支分布于胸壁、腹壁大部、背部和脊髓等处。

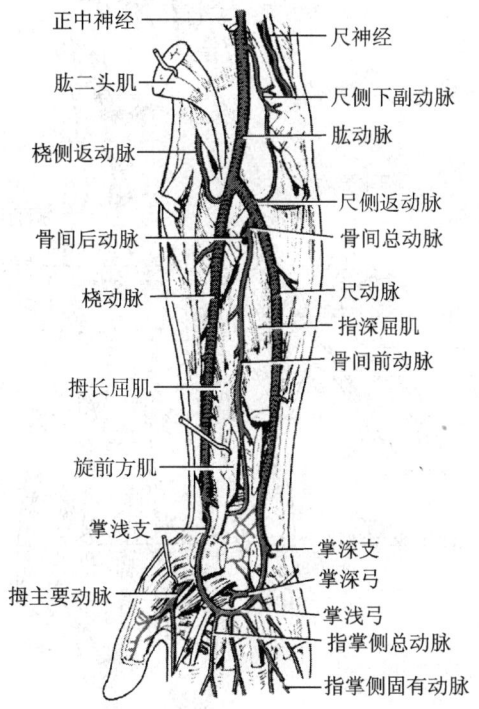

图 9-25 前臂掌面动脉及掌浅弓

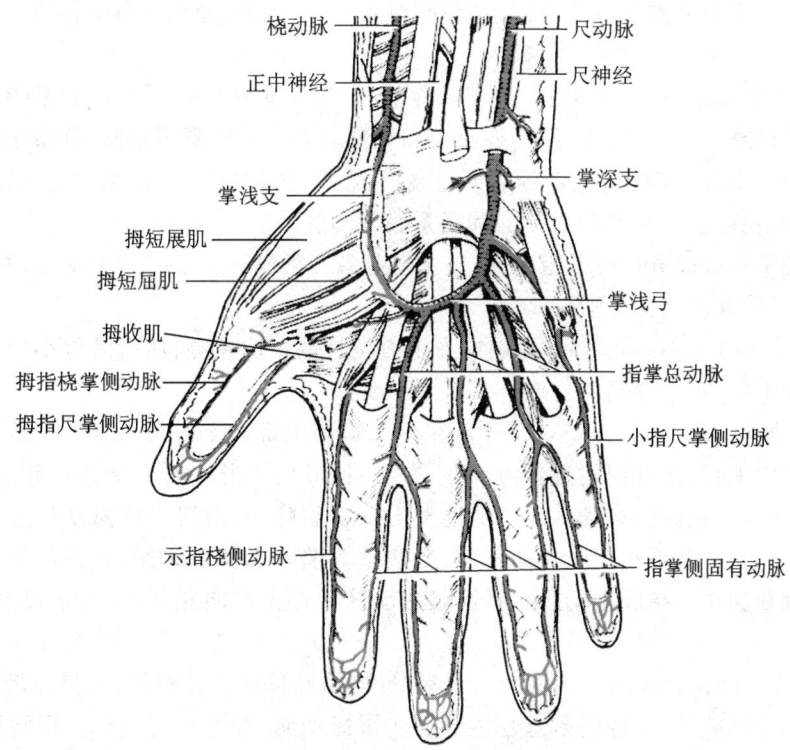

图 9-26 掌浅弓（掌侧面）

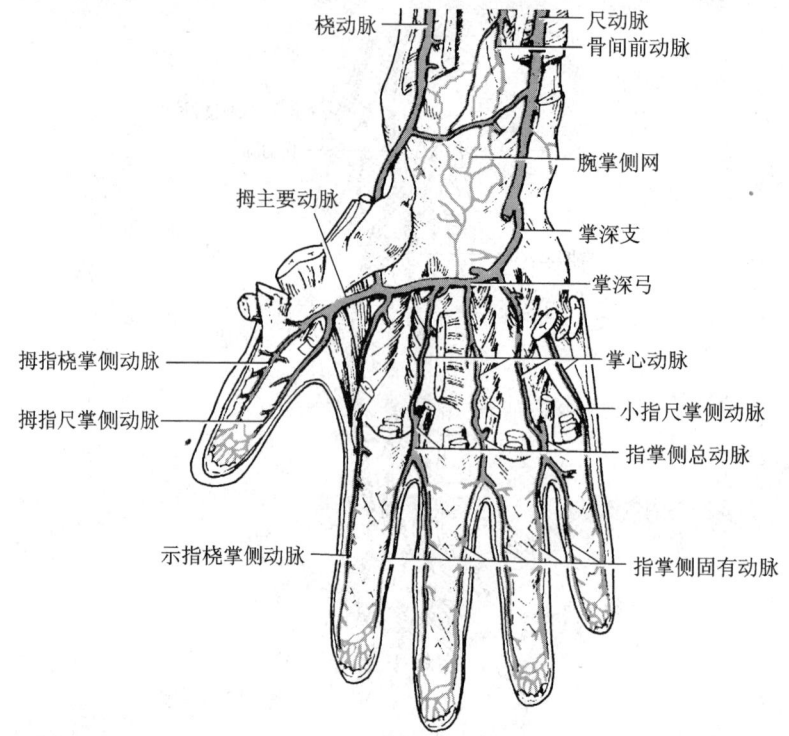

图 9-27 掌深弓（掌侧面）

(2) **脏支** 主要有**支气管支**、**食管支**和**心包支**，均较细小，分别分布于各级支气管、食管和心包等处。

5. **腹主动脉**（abdominal aorta） 位于脊柱前方，其分支也有壁支和脏支（图 9-20）。壁支主要有 4 对**腰动脉**，分布于腰部、腹前外侧壁和脊髓等处。一对**膈下动脉**，分布于膈及肾上腺。脏支包括成对和不成对两类，成对的有肾上腺中动脉、肾动脉和生殖腺动脉（睾丸或卵巢动脉），不成对的有腹腔干、肠系膜上动脉和肠系膜下动脉。

(1) **腹腔干**（celiac trunk） 粗而短，在主动脉裂孔的稍下方发自腹主动脉，并立即分为胃左动脉、肝总动脉和脾动脉（图 9-28）。

1) **胃左动脉**（left gastric artery）：斜向左上方至胃的贲门左侧，然后沿胃小弯向右走行，分支分布于食管下段、胃小弯侧的胃壁。

2) **肝总动脉**（common hepatic artery）：在十二指肠上部的上方分为：① **肝固有动脉**，在肝十二指肠韧带内上行，至肝门附近分为肝左、右支，经肝门入肝。肝右支进入肝门前发出**胆囊动脉**，分布于胆囊。在肝固有动脉起始部还发出**胃右动脉**，其沿胃小弯向左与胃左动脉吻合，分布于十二指肠上部和胃小弯附近的胃前、后壁。② **胃十二指肠动脉**，在幽门后方下降，分为胃网膜右动脉和胰十二指肠上动脉。**胃网膜右动脉**沿胃大弯向左行，分布于胃大弯侧的胃壁及大网膜。

3) **脾动脉**（splenic artery）：为腹腔干最粗分支，沿胰体的上方左行，至脾门附近分支入脾。除沿途发出胰支到胰外，在脾门附近还发出：① **胃短动脉**，分布于胃底；② **胃网膜左动脉**，沿胃大弯向右行，与胃网膜右动脉吻合，分布于胃大弯侧的胃壁和大网膜。

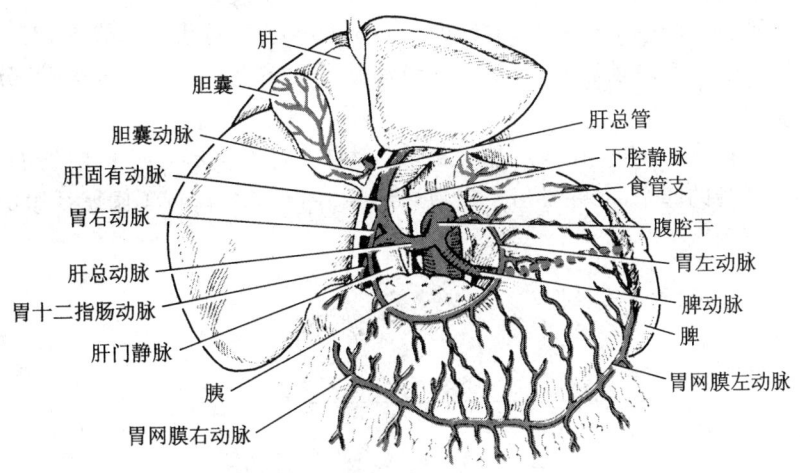

图 9-28 腹腔干及其分支

（2）**肠系膜上动脉**（superior mesenteric artery） 发自腹腔干的稍下方，经胰头与十二指肠水平部之间进入肠系膜根内，斜向右下，行至右髂窝（图 9-29），其主要分支如下。

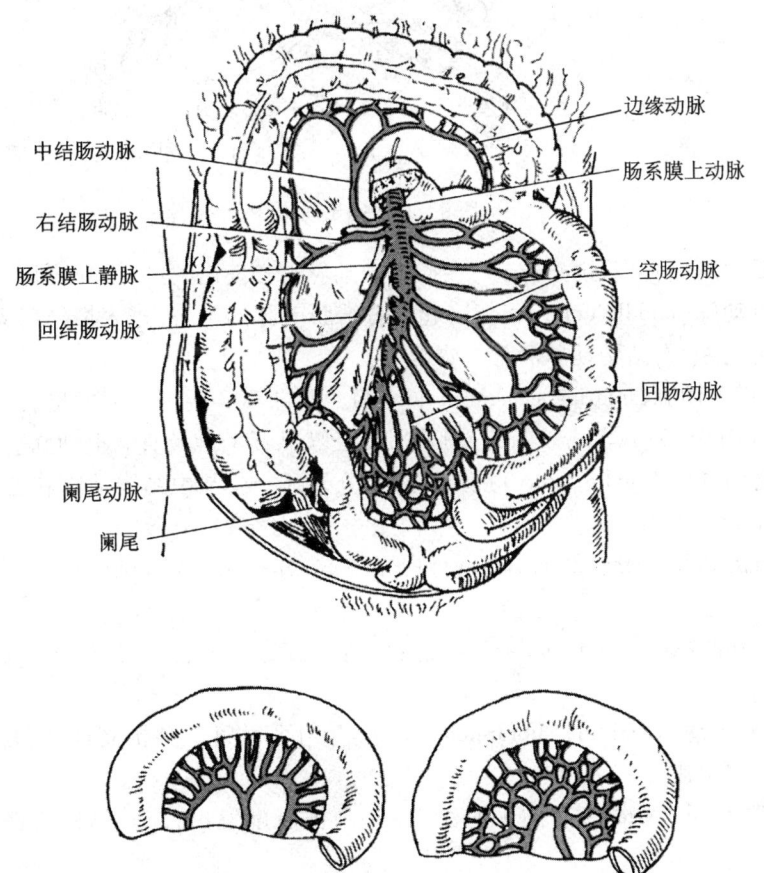

图 9-29 肠系膜上动脉及其分支

1）**空肠动脉**(jejunal arteries)与**回肠动脉**(ileal arteries):行于肠系膜内,有 13~18 支,反复分支并吻合形成 2~5 级动脉弓,从最后一级动脉弓发出直行小支进入肠壁,分布于空肠和回肠。

2）**回结肠动脉**(ileocolic artery):是肠系膜上动脉右侧壁发出的终末支,分布于回肠末段、盲肠、阑尾和升结肠的起始部,并发出一支**阑尾动脉**(图 9-30),行于阑尾系膜的游离缘内至阑尾尖端,分布于阑尾。

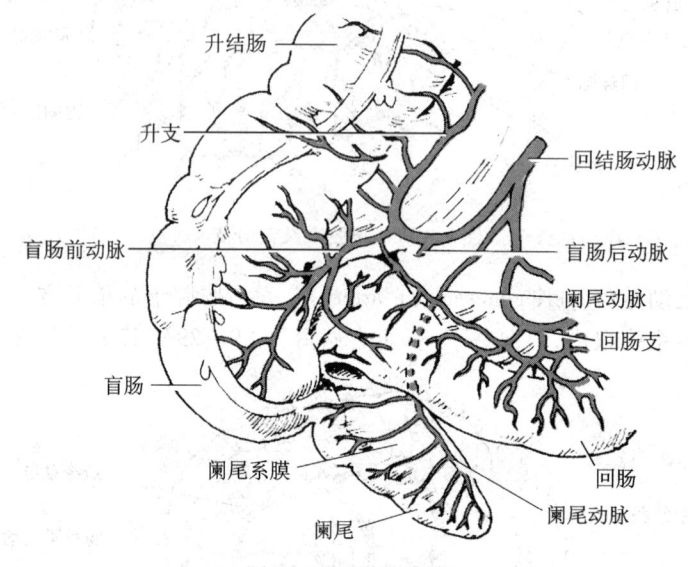

图 9-30 阑尾动脉

3）**右结肠动脉**(right colic artery):在回结肠动脉上方发出,分布于升结肠。

4）**中结肠动脉**(middle colic artery):起自右结肠动脉的上方,进入横结肠系膜内,分支分布于横结肠,并与左、右结肠动脉的分支吻合。

(3) **肠系膜下动脉**(inferior mesenteric artery) 约在第 3 腰椎平面发出,向左下方进入乙状结肠系膜内(图 9-31),其分支有左结肠动脉、乙状结肠动脉及直肠上动脉。

1）**左结肠动脉**(left colic artery):横向左侧,分升、降支,与中结肠动脉和乙状结肠动脉吻合,分布于降结肠。

2）**乙状结肠动脉**(sigmoid arteries):行向左下方,分布于乙状结肠,与左结肠动脉和直肠上动脉吻合。

3）**直肠上动脉**(superior rectal artery):向下经直肠后方入盆腔,分布于直肠上部,向下与直肠下动脉吻合。

(4) **肾上腺中动脉**(middle suprarenal artery) 约平对第 1 腰椎高度,发自腹主动脉(图 9-20),分布于肾上腺。

(5) **肾动脉**(renal artery) 约平对第 1~2 腰椎高度发出,向外侧横行经肾门入肾(图 9-20)。

(6) **睾丸动脉**(testicular artery) 细而长,发自肾动脉下方(图 9-20),沿腰大肌前面斜向外下方,穿腹股沟管,参与精索组成,故又称**精索内动脉**,入阴囊后分布于睾丸和附睾。女性

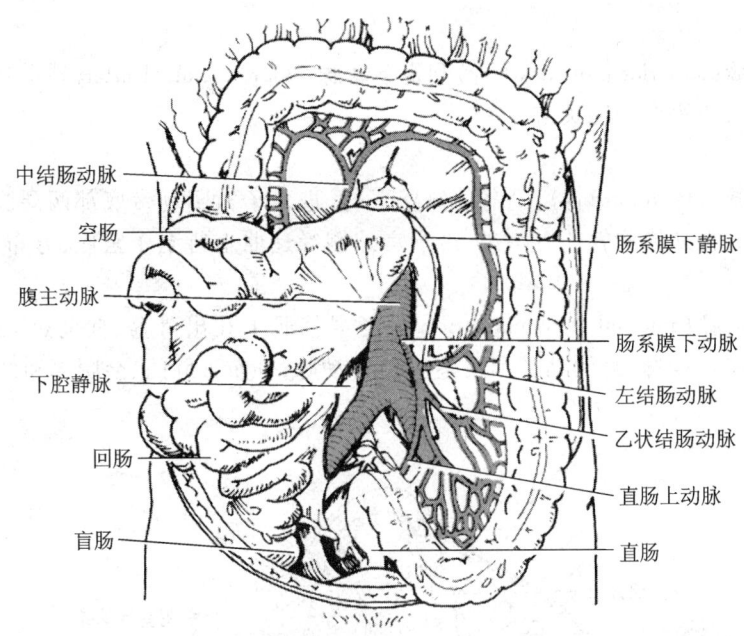

图 9-31 肠系膜下动脉及其分支

该动脉称**卵巢动脉**(ovarian artery),分布于卵巢。

6. **髂内动脉**(internal iliac artery) 为一短干,沿盆腔侧壁下行,发出壁支和脏支(图 9-32)。

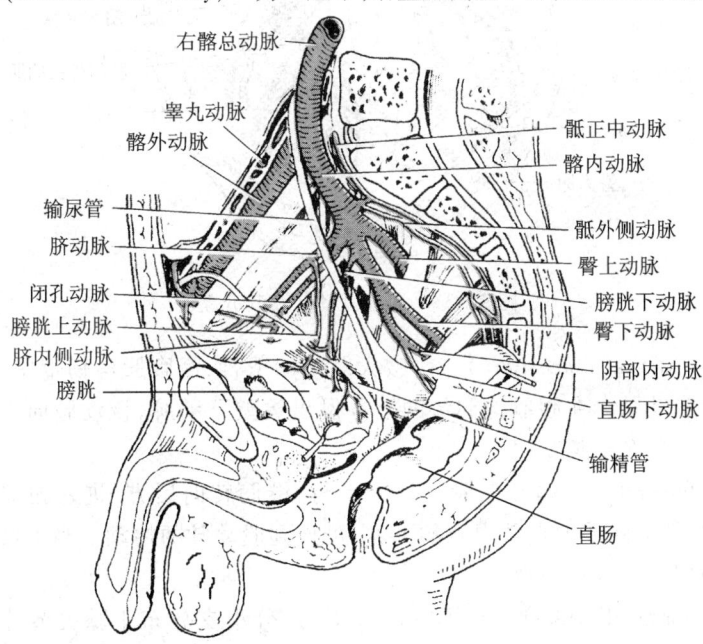

图 9-32 髂内动脉及其分支

(1) 壁支

1) **闭孔动脉**(obturator artery):沿骨盆侧壁行向前方,经闭孔至大腿内侧,分布于大腿内侧肌群和髋关节。

2) **臀上动脉**(superior gluteal artery)和**臀下动脉**(inferior gluteal artery):分别经梨状肌上、下孔至臀部,分布于臀肌和髋关节。

(2) 脏支

1) **子宫动脉**(uterine artery):沿盆腔侧壁下行,进入子宫阔韧带底部两层腹膜之间,距子宫颈外侧约 2 cm 处从输尿管前方跨过,沿子宫外侧缘迂曲上行至子宫底,分布于子宫、阴道、输卵管和卵巢。

2) **阴部内动脉**(internal pudendal artery):经梨状肌下孔出骨盆,向前进入会阴深部(图 9-33),其分支有肛动脉、会阴动脉和阴茎(蒂)背动脉,分布于肛门、会阴部和外生殖器。

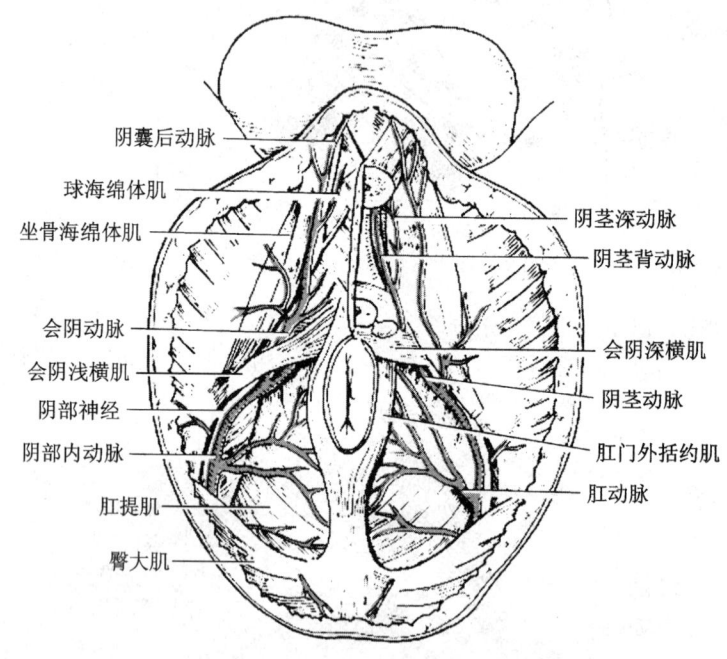

图 9-33 阴部内动脉及其分支

7. 髂外动脉(external iliac artery) 沿腰大肌内侧下行,经腹股沟韧带中点稍内侧的深面至股前部,移行为股动脉。在腹股沟韧带的上方发出**腹壁下动脉**,该动脉向上进入腹直肌鞘,与腹壁下动脉吻合,分布于腹直肌。

(1) **股动脉**(femoral artery) 在股三角内下行,继而转向后方,进入腘窝,移行为腘动脉(图 9-34)。在腹股沟韧带中点稍内侧的下方,可摸到股动脉的搏动。当下肢大出血时,可在此处将股动脉压向耻骨,进行止血。

(2) **腘动脉**(popliteal artery) 在腘窝深部下行,分小支分布于膝关节等,腘动脉至腘窝深部下行至小腿骨间膜上方分为胫前动脉和胫后动脉(图 9-35)。

1) **胫后动脉**(posterior tibial artery):在小腿后群肌的浅、深两层之间下降,至内踝的后下方,分为**足底内侧动脉和足底外侧动脉**(图 9-35,图 9-36)。胫后动脉的分支分布于小腿肌后群及外侧群;足底内、外侧动脉分布于足底和足趾。

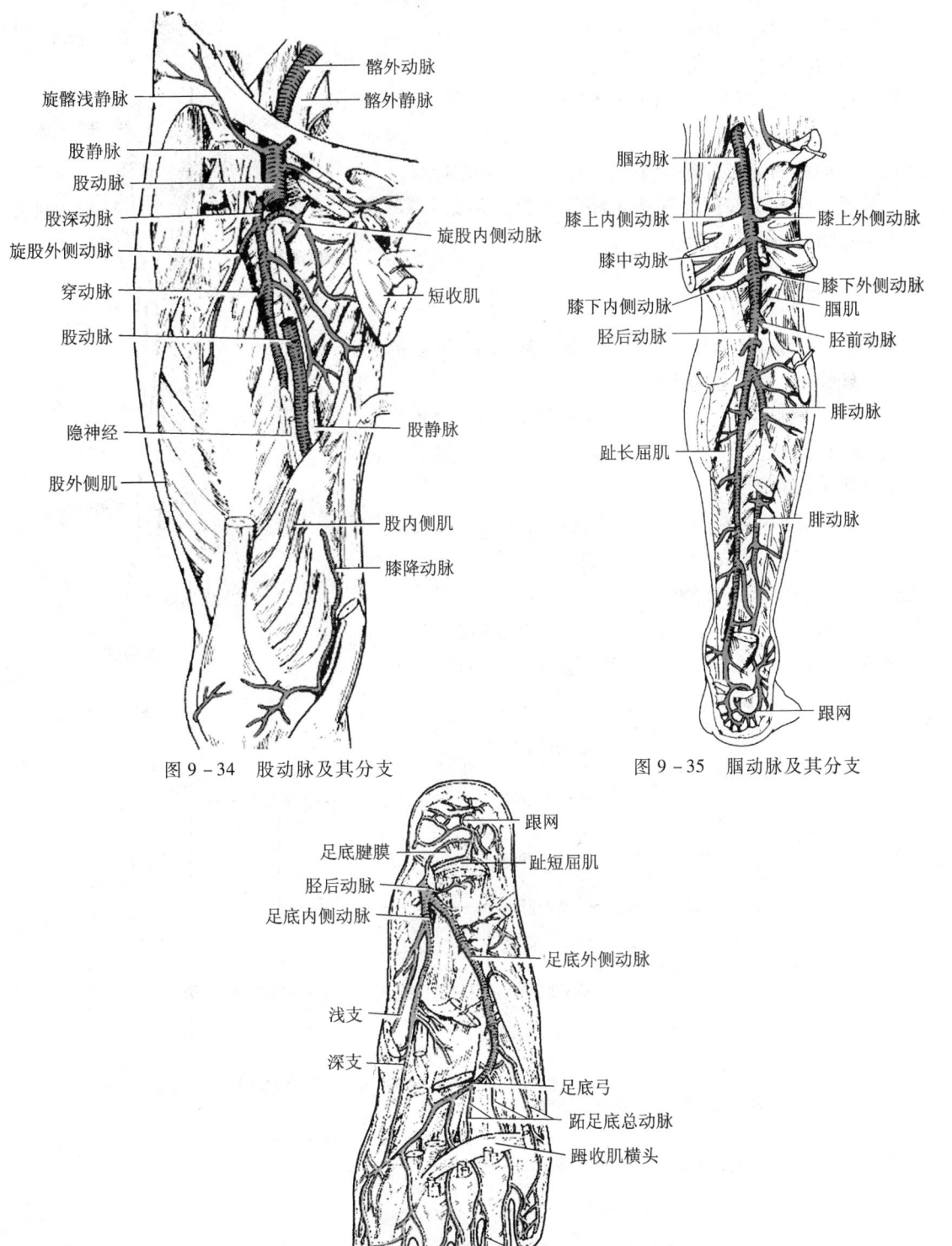

图 9-34 股动脉及其分支

图 9-35 腘动脉及其分支

图 9-36 足底动脉

2) **胫前动脉**(anterior tibial artery):穿小腿骨间膜至小腿前面,在小腿前群肌之间下行,至踝关节前方移行为**足背动脉**(图 9-37)。足背动脉位于足背,位置较浅表,在内、外踝连线的中点处可摸到足背动脉的搏动。胫前动脉和足背动脉的分支分布于小腿前部、足背和足趾。

足背动脉的足底深支穿第 1 跖骨间隙至足底,与足底外侧动脉吻合,构成**足底弓**。

(二) 体循环的静脉

体循环的静脉(图 9-38)包括**上腔静脉系、下腔静脉系和心静脉系**(参见心的血管)。

1. **上腔静脉系** 由上腔静脉及其属支构成,收集头颈部、上肢、胸部(心和肺除外)等上半身的静脉血,最后通过上腔静脉注入右心房。

上腔静脉(superior vena cava)是一条粗短的静脉干,由左、右头臂静脉合成,垂直下行,注入右心房。上腔静脉在注入右心房前接纳奇静脉。

头臂静脉(brachiocephalic vein)又称**无名静脉**,左右各一,分别由同侧的颈内静脉和锁骨下静脉汇合而成。汇合处所形成的夹角称静脉角,有淋巴导管注入。

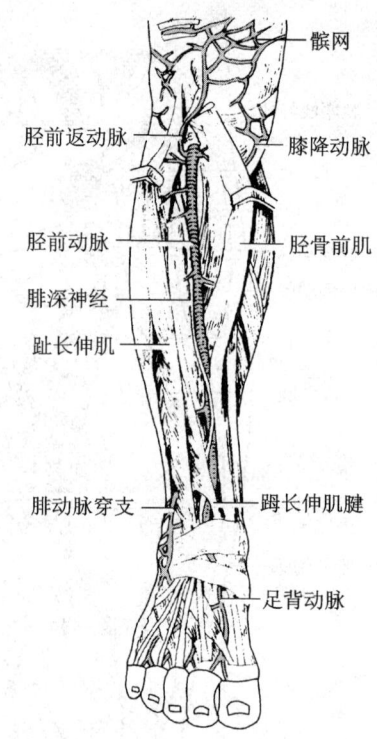

图 9-37 胫前动脉

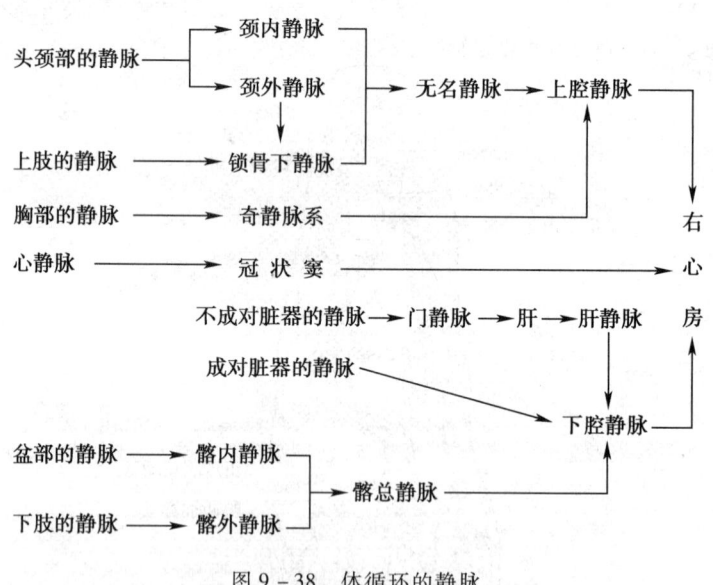

图 9-38 体循环的静脉

(1) 头颈部的静脉 主要有颈内静脉和锁骨下静脉。

1) **颈内静脉**(internal jugular vein):是颈部最大的静脉干,上端在颈静脉孔处与乙状窦相续,在**颈动脉鞘**内下行,至胸锁关节的后方与锁骨下静脉汇合成头臂静脉(图9-39)。

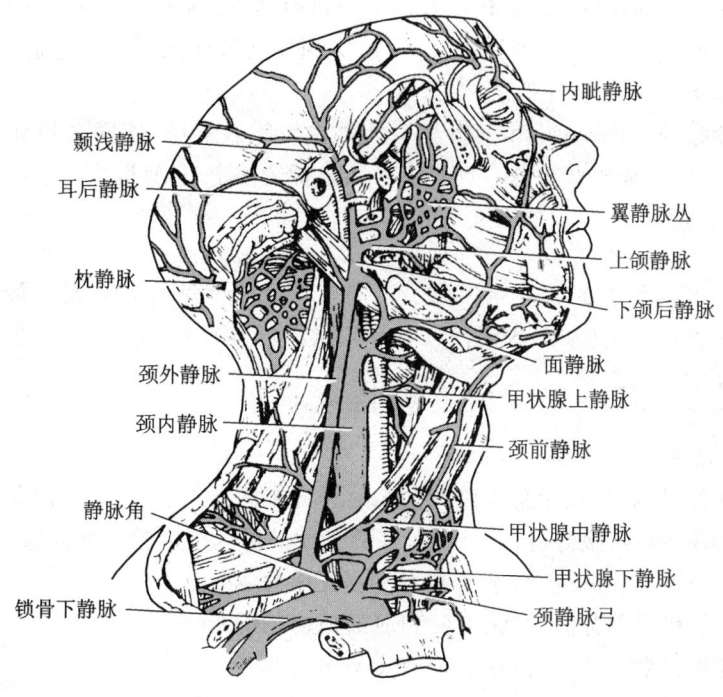

图9-39 头颈部的静脉

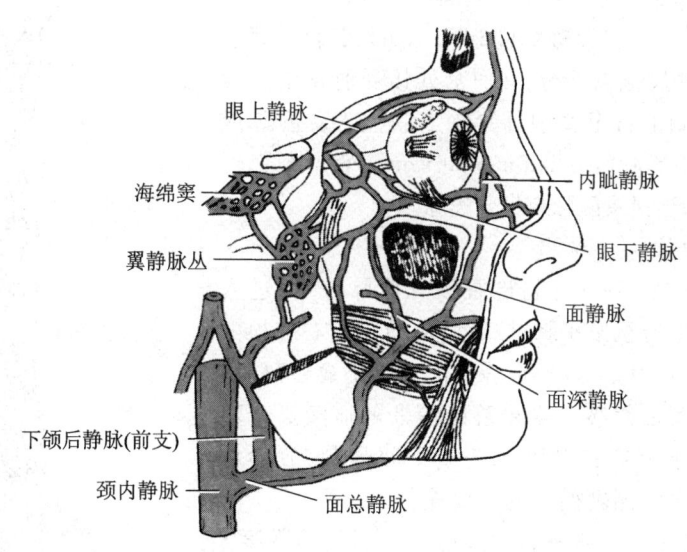

图9-40 面静脉及其交通

颈内静脉的属支有**颅内支**和**颅外支**两种。颅内支主要通过颅内静脉和硬脑膜窦收集脑膜、脑、感觉器官及颅骨等处的血液。颅外支主要有面静脉、下颌后静脉两支:① **面静脉**(facial vein)起自**内眦静脉**,在面动脉后方下行,至下颌角下方与下颌后静脉前支汇合,至舌骨下角外;注入颈内静脉(图9-40)。② **下颌后静脉**由颞浅静脉和上颌静脉在腮腺内汇合而成,收集面侧区和颞区的静脉血。该静脉分前、后两支,分别入面静脉和颈外静脉。

2)**颈外静脉**(external jugular vein):是颈部最粗大的浅静脉,由下颌后静脉的后支和耳后静脉、枕静脉汇合而成,在胸锁乳突肌表面下行,穿颈深筋膜注入锁骨下静脉。由于颈外静脉位置表浅,故临床上常作为穿刺部位。

3)**锁骨下静脉**(subclavian vein):自第1肋外侧续于腋静脉,伴同名动脉走行,在胸锁关节的后方与颈内静脉合成头臂静脉。锁骨下静脉位置较固定,且管腔大,是临床上深静脉穿刺置管输液的常选血管。

> 面静脉在两侧口角平面以上一般缺少静脉瓣,且借内眦静脉、眼静脉与颅内海绵窦相交通。当面部感染处理不当(如挤压等)时,易导致颅内海绵窦炎。故通常将鼻根至两侧口角的三角区称为**面部危险三角**。

(2)上肢的静脉

1)上肢的深静脉:收集从手部至腋窝同名动脉分布区域的血液,且与同名动脉伴行,最后汇入**腋静脉**(axilary vein),**腋静脉**位于腋窝,在第1肋外缘处续为锁骨下静脉。

2)上肢的浅静脉:包括头静脉、贵要静脉和肘正中静脉(图9-41),临床上常用手背静脉网、前臂和肘部前面的静脉取血、输液和注射药物。① **头静脉**(cephalic vein):起自手背静脉网的桡侧,沿前臂的桡侧缘上行至臂的前外侧,在肱二头肌外侧上行,经三角肌与胸大肌间沟穿深筋膜注入腋静脉或锁骨下静脉。② **贵要静脉**(basilic vein):起自手背静脉网的尺侧,沿前臂尺侧缘上行,在肘窝处接受肘正中静脉后,经肱二头肌内侧上行至臂中部穿深筋膜注入肱静脉或腋静脉。③ **肘正中静脉**(median cubital vein):变异较多,通常斜行于肘窝皮下,连接头静脉与贵要静脉。

(3)胸部的静脉

1)**奇静脉**(azygos vein):起自右腰升静脉,穿膈进入胸腔,沿脊柱右侧上行至第4胸椎高度,向前上绕右肺根上方,注入上腔静脉(图9-42)。奇静脉沿途收集**食管静脉**、**支气管静脉**、**右肋间后静脉**及**半奇静脉**等处的血液。奇静脉上连上腔静脉,下借右腰升静脉连于下腔静脉,故形成了上、下腔静脉系之间侧副循环的重要途径。

半奇静脉起自左腰升静脉,沿脊柱左侧上行,约平第8胸椎体高度向右跨越脊柱,注入奇静脉,收集左侧下部肋间后静脉,全管静脉和副半奇静脉的血液。**副半奇静脉**收集左侧中、上部的肋间后静脉的血液。

2)椎静脉丛:位于椎管内、外,纵贯脊柱全长,分为**椎内**、**外静脉丛**。两静脉间有丰富的吻合。椎静脉丛收集脊

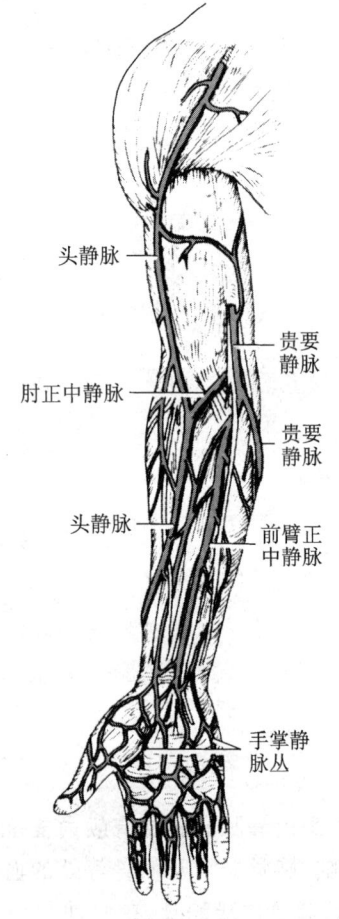

图9-41 上肢的浅静脉

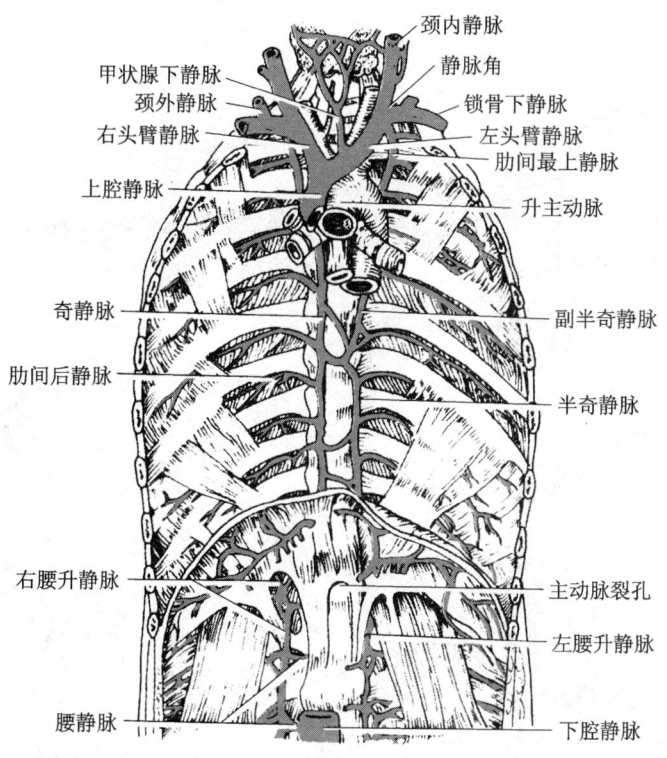

图 9-42 上腔静脉及其属支

髓、椎骨和邻近肌等处的血液,注入椎静脉、肋间后静脉、腰静脉和骶外侧静脉等。椎内、外静脉丛无瓣膜,其互相吻合,上端还与颅内硬脑膜相通。因此,当盆部、腹腔感染或发生肿瘤时,可经此途径侵入颅内。

2. 下腔静脉系 由下腔静脉及其属支组成,收集下半身的静脉血。最后通过下腔静脉注入右心房。

下腔静脉(inferior vena cava)是全身最大的静脉干,在第5腰椎体右前方由**左、右髂总静脉**汇合而成,沿腹主动脉的右侧沿脊柱上行,经肝的后方,穿膈的腔静脉孔入胸腔,注入右心房。下腔静脉主要收集下肢、盆部腹部及会阴部的静脉血。

(1) 下肢的静脉

1) 下肢深静脉:足和小腿的深静脉包括**足背静脉、足底内静脉、足底外静脉、胫前静脉、胫后静脉、腘静脉和股静脉**等,均与同名动脉伴行,股静脉上行经腹股沟韧带深面移行为**髂外静脉**。

2) 下肢浅静脉:主要有**大隐静脉**和**小隐静脉**。

大隐静脉(great saphenous vein) 是全身最长的浅静脉,起自足背静脉弓内侧,经内踝前方,小腿及大腿的前内侧面上行,在耻骨结节外下方3~4 cm处,经隐静脉裂孔注入股静脉(图9-43),注入处还收集**股外侧浅静脉、股内侧浅静脉、阴部外静脉、腹壁浅静脉和旋髂浅静脉**5条属支的血液。

小隐静脉(small saphenous vein) 在足的外侧缘,起自足背静脉弓,经外踝后方,沿小腿后面中线上行,至腘窝处穿深筋膜注入腘静脉(图9-44)。

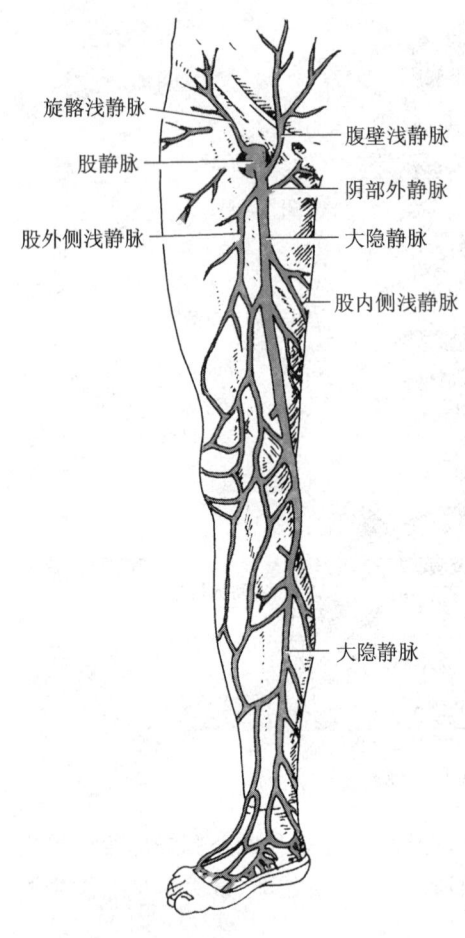

图 9-43 大隐静脉及其属支

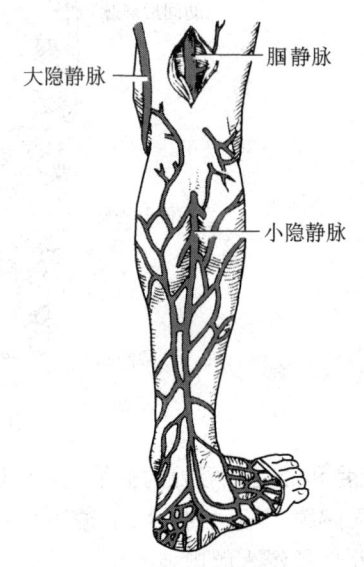

图 9-44 小隐静脉

大隐静脉在内踝前方的位置表浅且恒定,是临床上静脉注射、输血、输液的常用部位。大隐静脉和小隐静脉借穿静脉与深静脉交通,当深静脉回流受阻时,穿静脉瓣膜关闭不全,易导致下肢浅静脉曲张。

(2)盆部的静脉

1)**髂外静脉**(external iliac vein):是股静脉的直接延续,与同名动脉伴行。收集下肢所有浅、深静脉的血液。

2)**髂内静脉**(internal iliac vein):沿髂内动脉后内侧上行,与髂外静脉汇合成髂总静脉。其属支收集同名动脉分布区域的静脉血。盆腔脏器的静脉在器官壁内或表面形成丰富的**静脉丛**,如直肠、膀胱、子宫、前列腺(男)及阴道(女)静脉丛等。

3)**髂总静脉**(common iliac vein):在骶髂关节前,由髂内静脉和髂外静脉汇合而成,双侧髂总静脉上行至第5腰椎体右侧,汇合成下腔静脉。

(3)腹部的静脉 属支分壁支和脏支。

1) 壁支:主要有1对膈下静脉和4对腰静脉,均与同名动脉伴行,注入下腔静脉。每侧腰静脉之间连成腰升静脉,左、右腰升静脉向上分别移行为半奇静脉和奇静脉。

2) 脏支:成对脏器的静脉直接或经肾静脉汇入下腔静脉,不成对脏器(肝除外)的静脉均先汇入肝门静脉。① **肾静脉**是在肾门处由3~5条肾内静脉合成的,直接注入下腔静脉。② **肾上腺静脉**左侧注入左肾静脉,右侧直接注入下腔静脉。③ **睾丸静脉**起自睾丸和附睾的小静脉(女性为**卵巢静脉**),在精索内彼此吻合形成蔓状静脉丛,最后合成一条睾丸静脉。右侧睾丸静脉直接注入下腔静脉,左侧睾丸静脉以直角注入肾静脉,故睾丸静脉曲张以左侧多见。④ **肝静脉**有2~3支于肝实质内,在腔静脉沟处注入下腔静脉,肝静脉收集肝固有动脉和肝门静脉到肝内的血液。

(4) 肝门静脉系 由**肝门静脉**(hepatic portal vein)及其属支组成,收集除肝外腹、盆腔不成对脏器的血液。

1) 肝门静脉:是由**肠系膜上静脉**与**脾静脉**在胰头后方汇合而成的一短干,长6~8 cm,向右上斜行,进入肝十二指肠韧带,经胆总管和肝固有动脉后方至肝门处,分左、右两支入肝。

2) 肝门静脉的特点:肝门静脉是唯一进入脏器的静脉,起始端和末端均为毛细血管,且主干与属支内一般无静脉瓣,故肝疾病导致肝门静脉高压时,血液可出现逆流。

3) 肝门静脉的属支(图9-45):包括肠系膜上静脉、脾静脉、肠系膜下静脉、胃左静脉、胃右静脉、胆囊静脉和附脐静脉,多与同名动脉伴行,收集相应区域的血液。**脾静脉**起自脾门,经脾动脉下方和胰后方下行走,与**肠系膜上静脉**汇合成肝门静脉。**肠系膜下静脉**注入脾静脉或**肠系膜上静脉**。**胃左静脉**与胃左动脉伴行,汇入肝门静脉。**附脐静脉**为数条小静脉,起于脐周静脉网,沿肝圆韧带走行至肝下面,注入肝门静脉。

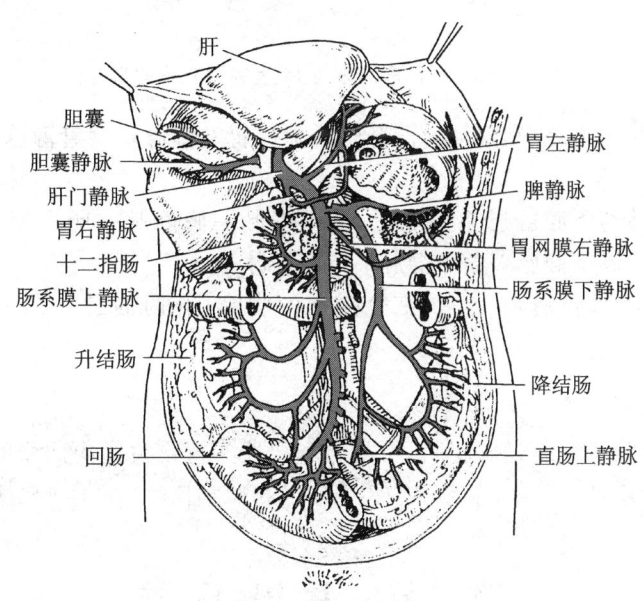

图9-45 肝门静脉及其属支

4) 肝门静脉与上、下腔静脉系的吻合(图9-46):肝门静脉与上、下腔静脉之间有丰富的吻合,主要有以下3处。

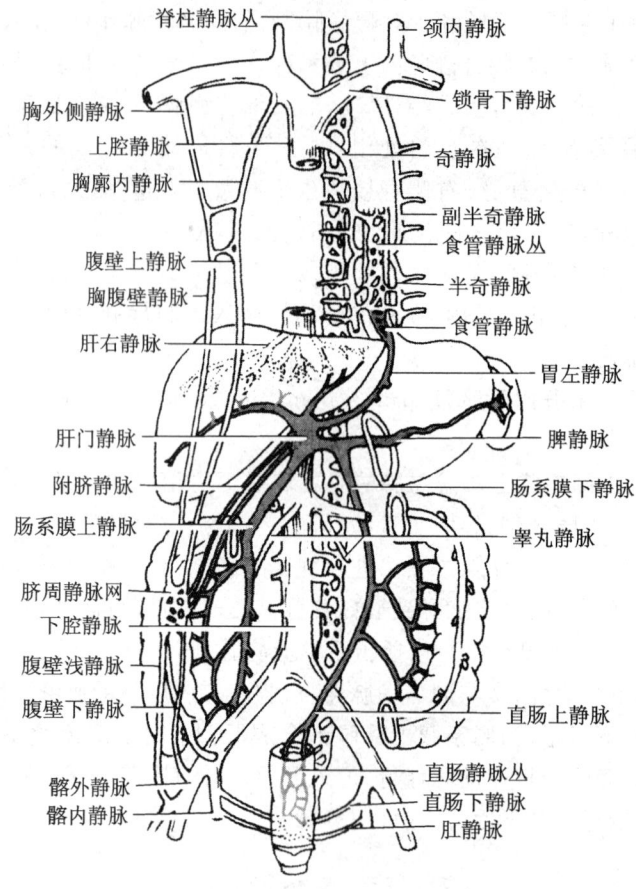

图 9-46 肝门静脉系与上、下腔静脉系的吻合

通过食管静脉丛与上腔静脉系吻合：肝门静脉←胃左静脉←食管静脉丛→奇静脉→上腔静脉

通过直肠静脉丛与下腔静脉系的吻合：肝门静脉←脾静脉←肠系膜下静脉←直肠上静脉←直肠静脉丛→直肠下静脉→髂内静脉→下腔静脉

通过脐周围静脉网分别与上、下腔静脉系的吻合：肝门静脉←附脐静脉←脐周静脉网→$\begin{cases}上腔静脉\\下腔静脉\end{cases}$

静脉曲张是指浅表静脉过度膨胀、不规则和扭曲。**痔**是直肠内曲张的静脉。静脉曲张的根本原因是静脉瓣薄弱（由于血管内压力增高）和血管梗阻（由于血栓性静脉炎）。

第二节 淋巴系统

淋巴系统（lymphatic system）是脉管系的一个组成部分，由淋巴管道、淋巴组织和淋巴器官组成（图9-47）。淋巴管道内流动着无色透明的液体，称为**淋巴**（lymph）。淋巴组织分布于消化管和呼吸道等处的黏膜内。淋巴器官是以淋巴组织为主的器官，包括淋巴结、脾和胸腺等。

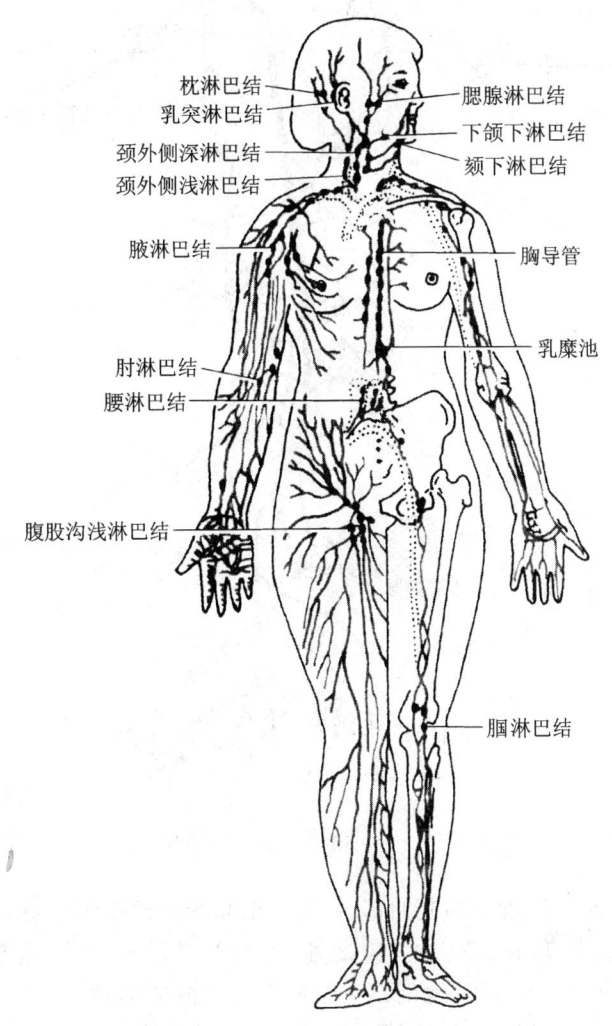

图 9-47 全身的淋巴管道和淋巴结

当血液流经毛细血管动脉端时，一些液体成分滤出到组织间隙，形成组织液。组织液与细胞进行物质交换，大部分经毛细血管静脉端回流入静脉，少部分则渗入毛细淋巴管成为淋巴。

淋巴沿着淋巴管道向心流动，最后注入静脉。淋巴管在行程中通过淋巴结，以过滤淋巴，同时淋巴组织和淋巴器官也具有产生淋巴细胞和参与机体的免疫等功能，是人体重要的防御系统。

一、淋巴管道

淋巴管道分为毛细淋巴管、淋巴管、淋巴干和淋巴导管（图 9-48）。

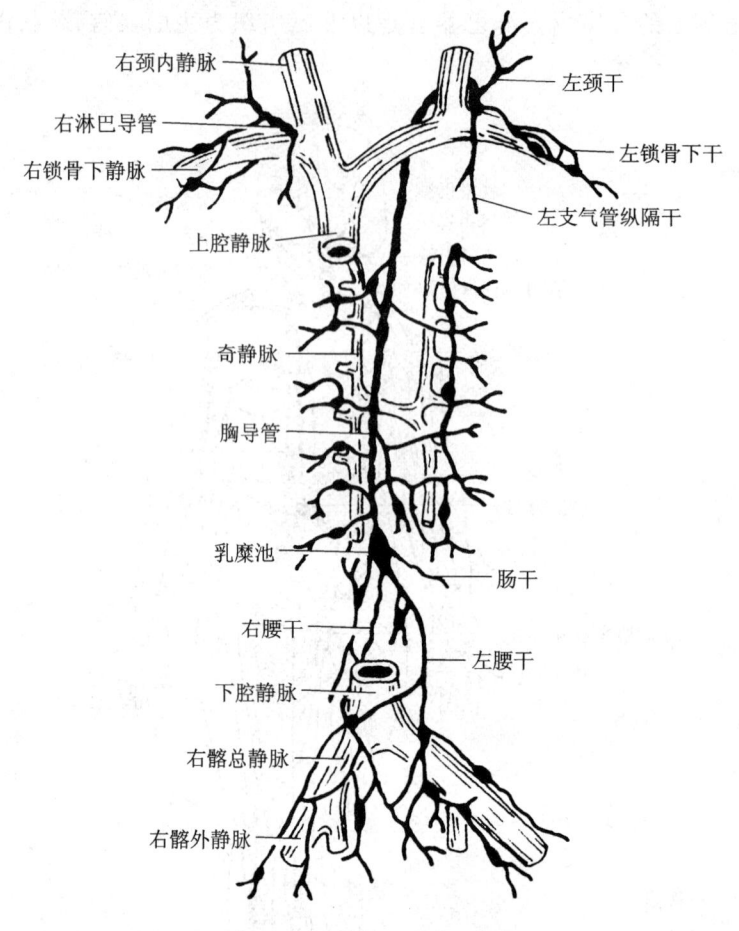

图 9-48 淋巴干及淋巴导管

1. **毛细淋巴管** 是淋巴管道的起始部,以膨大的盲端起于组织间隙,彼此吻合成网[除无血管结构的组织(如上皮、角膜、晶状体、软骨、脑、脊髓和骨髓等)外],遍布全身。毛细淋巴管壁仅由一层内皮细胞构成,无基膜,比毛细血管壁有更大的通透性,一些不易透过毛细血管壁的大分子物质,如蛋白质、细菌、癌细胞等容易进入毛细淋巴管。

2. **淋巴管**(lymphatic vessels) 由毛细淋巴管汇合而成,其结构与静脉相似,但淋巴管内有很多瓣膜,可以防止淋巴反向逆流。淋巴管在向心的行程中,通常经过一个或多个淋巴结。淋巴管有浅、深之分,浅淋巴管位于皮下,深淋巴管多与深部血管神经束伴行,两者之间交通广泛。

3. **淋巴干** 全身浅、深淋巴管经一系列的淋巴结群后,汇合成较大的 9 条**淋巴干**(lymphatic trunks):头颈部的淋巴汇合成**左、右颈干**;上肢和部分胸壁的淋巴汇合成**左、右锁骨下干**;胸腔器官及部分胸、腹壁的淋巴汇合成**左、右支气管纵隔干**;下肢、盆部、腹后壁及腹腔内成对脏器的淋巴汇合成**左、右腰干**;腹腔单一脏器的淋巴汇合成一条**肠干**。

4. **淋巴导管**(lymphatic ducts) 由 9 条淋巴干汇合形成右淋巴导管和胸导管。

(1) **右淋巴导管**(right lymphatic duct) 位于右颈根部,长 1~1.5 cm,由右颈干、右锁骨

下干和右支气管纵隔干汇合而成,注入右静脉角。右淋巴导管收集右头颈部、右上肢和右胸部的淋巴,约占人体右上 1/4 区域的淋巴。

(2) 胸导管(thoracic duct) 是全身最粗大的淋巴导管,在第 1 腰椎体前方起自膨大的**乳糜池**,由左、右腰干和肠干汇合而成,沿脊柱前面上行,经膈的主动脉裂孔入胸腔,上升至第 5 胸椎高度左行,然后沿脊柱左前方上行,出胸廓到颈根部,呈弓形注入左静脉角。在注入之前,还收集左颈干、左锁骨下干和左支气管纵隔干的淋巴。胸导管主要收集两下肢、腹部、盆部、左胸、左上肢和左头颈的淋巴,约占人体 3/4 区域的淋巴回流。

二、淋巴器官

淋巴器官包括淋巴结、脾和胸腺等。

(一) 淋巴结

1. 淋巴结的形态 **淋巴结**(lymph nodes)为大小不一的灰红色圆形或椭圆形小体,直径为 2～20 mm。一侧隆凸,有数条输入淋巴管进入;一侧凹陷,称为淋巴结门,有输出淋巴管、血管、神经出入。

2. 淋巴结的微细结构 淋巴结表面有薄层致密结缔组织被膜,数条输入淋巴管穿过被膜通入被膜下淋巴窦。被膜及淋巴门处的结缔组织可伸入实质形成小梁,构成淋巴结的粗支架,在粗支架之间填充着淋巴组织和淋巴窦。淋巴结分为皮质和深部两部分(图 9-49)。

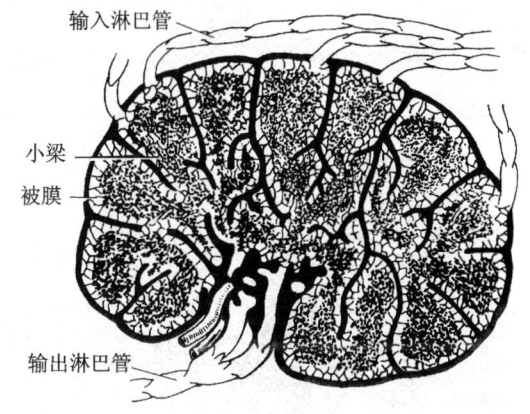

图 9-49 淋巴结

(1) 皮质 位于被膜下,由浅层皮质、副皮质区及皮质淋巴窦构成。

1) 浅层皮质:是靠近被膜处的淋巴组织,为皮质 B 细胞区。淋巴小结是一个经常变化的结构,当受抗原刺激后,出现多个淋巴小结,功能活跃的淋巴小结可见生发中心,生发中心又可分为明区和暗区,生发中心周围有一层密集的小淋巴细胞,称为小结。

2) 副皮质区:位于皮质深层,为大片的弥散淋巴组织,主要由 T 细胞积聚而成,又称为胸腺依赖区。此区有毛细血管后微静脉通过,是血液内淋巴细胞进入淋巴组织的重要通道。

3) 皮质淋巴窦:由被膜下淋巴窦和小梁周窦构成。窦壁由扁平连续的内皮细胞围成,腔内含有巨噬细胞和淋巴细胞。淋巴在淋巴窦内流动缓慢,有利于巨噬细胞清除异物。

(2) 髓质 位于淋巴结深部,由髓索和髓窦构成。髓索是相互连接的索状淋巴组织,主要由 B 细胞组成。髓窦与皮质淋巴窦的结构相似,但腔内的巨噬细胞较多。

3. 淋巴结的功能

(1) 滤过淋巴液 当淋巴缓慢流经淋巴窦时,巨噬细胞可清除其中的异物,起到防御和保护作用。

（2）**参与机体免疫** 淋巴结是重要的免疫器官。淋巴结内的 B 细胞和 T 细胞,分别发挥体液免疫和细胞免疫的作用。

（二）脾

1. **脾的位置和形态** 脾(spleen)是人体最大的淋巴器官,位于左季肋区,胃底与膈之间,与第 9~11 肋相对,其长轴与第 10 肋一致。在正常情况下,脾在左肋弓下不能触及。脾呈暗红色,质脆而软,受暴力打击易破裂。

脾分为膈、脏两面,前、后两端和上、下两缘。膈面平滑而隆凸,对向膈。脏面凹陷,中央处有**脾门**,是血管、神经出入的部位。上缘较锐,其前部有 2~3 个**脾切迹**,脾大时,可作为触诊脾的标志(图 9-50)。

2. **脾的微细结构** 脾的被膜较厚,表面覆有间皮,被膜结缔组织伸入脾内形成有许多分支的小梁,其与门部分支形成的小梁相互连接,构成脾的粗支架。被膜和小梁内含有散在平滑肌细胞,其收缩可调节脾内的血量。脾由淋巴组织构成,其实质分为白髓、红髓和边缘区 3 部分,内有大量血窦(图 9-51)。

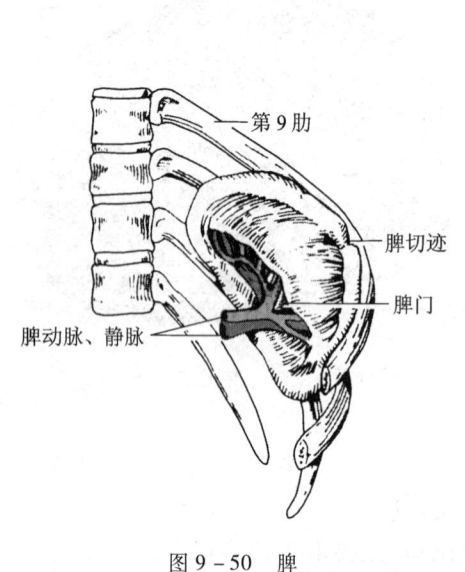

图 9-50 脾

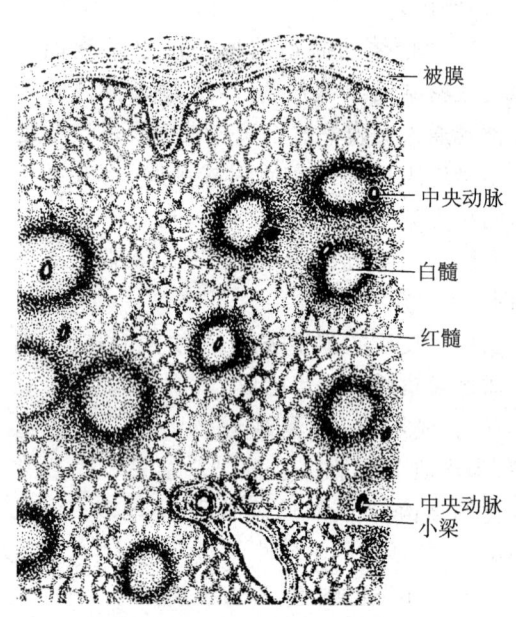

图 9-51 脾的微细结构

（1）**白髓** 主要由淋巴细胞密集的淋巴组织构成,新鲜标本呈灰白色小点状,故称白髓。白髓又可分为动脉周围淋巴鞘和淋巴小结两部分。

1) 动脉周围淋巴鞘:是围绕在中央动脉周围的厚层弥散淋巴组织,由大量 T 细胞和少量巨噬细胞等构成,属于胸腺依赖区。

2) 淋巴小结:又称为脾小体,主要为 B 细胞,位于动脉周围淋巴鞘与边缘区之间。健康人脾内淋巴小结很少。

（2）**红髓** 约占脾实质的 2/3,分布于被膜下、小梁周围及边缘区外侧,因含有大量的红细胞,故呈红色,红髓由脾索和脾血窦组成。

1) 脾索:为富含血细胞的索状淋巴组织,是 B 细胞聚集区,也是脾进行滤血的主要结构。

2) 脾血窦:窦壁内皮细胞呈长杆状,平行排列,形如栅栏状,有利于血细胞从脾索进入血窦。血窦外侧巨噬细胞较多。

(3) 边缘区　为白髓向红髓移行的区域。边缘区结构疏松,含有较多的巨噬细胞、B 细胞、T 细胞和少量红细胞。该区有很强的吞噬、滤过作用。

3. 脾的功能

(1) 滤血　脾内滤血的主要部位在脾索和边缘区,此处有大量巨噬细胞,可吞噬血液内的细菌、衰老的红细胞和血小板等。在脾功能亢进时,因吞噬过度而引起红细胞和血小板减少。

(2) 造血　脾内含有少量造血干细胞,当身体严重缺血时或在某些病理状态下,脾可以恢复造血功能。

(3) 免疫　当细菌等病原体侵入机体时,可引起脾内 B 细胞和 T 细胞的免疫应答。

(4) 储血　人脾的储血能力较小,主要储于血窦内。当身体需要血时,脾被膜及小梁内的平滑肌收缩将血排入循环。

> 在新生儿和青春期前儿童,脾是一个重要器官。在骨髓内的造血组织形成之前,脾参与红细胞的生成。有趣的是,如果一个儿童接受了脾切除术,其腹腔内的淋巴结便增大并行使脾的功能。

(三) 胸腺

1. 位置和形态　胸腺(thymus)位于上纵隔前部、胸骨柄的后方,分为大小不对称的左、右两叶。胸腺有明显的年龄变化,新生儿和幼儿的胸腺相对较大,至青春期以后,则逐渐萎缩退化,绝大部分被脂肪组织所代替(图 9-52)。

2. 微细结构　胸腺表面有薄层结缔组织被膜,伸入胸腺实质内,将胸腺分成不完整的小叶。小叶的浅部称皮质,深部称髓质。在胸腺皮质内,胸腺细胞排列密集,而在胸腺髓质内含有大量胸腺上皮细胞,且排列稀疏。胸腺细胞是 T 细胞的前体,对抗原无反应能力。

3. 功能　胸腺的主要功能是:① 产生、培育 T 细胞,并向周围淋巴器官输送 T 细胞;② 产生胸腺素、胸腺生成素等,构成 T 细胞增殖、分化的微环境。

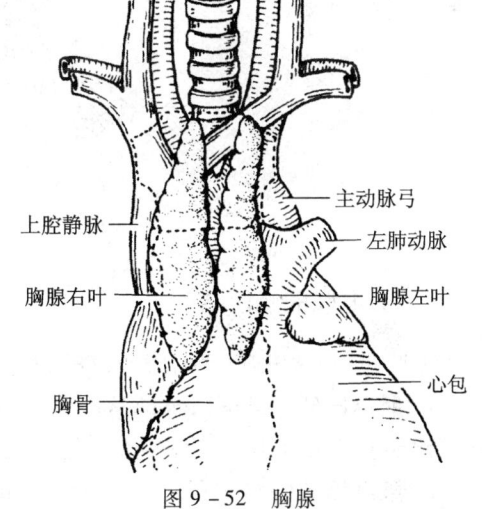

图 9-52　胸腺

三、全身主要部位的淋巴结

淋巴结常聚集成群,引流人体某一器官或组织的淋巴回流。当局部有感染时,细菌、毒素或肿瘤细胞可沿淋巴管侵入,引起局部淋巴结肿大。所以了解局部淋巴结的位置、收纳范围及流注方向,对诊断和治疗某些疾病有重要的临床意义。

(一) 头颈部的淋巴结

多沿头颈交界处排列,收集头面部浅、深淋巴(图9-53)。主要淋巴结群有**下颌下淋巴结、颏下淋巴结、颈前淋巴结**和**颈外侧淋巴结**(包括**颈外侧浅淋巴结**和**颈外侧深淋巴结**)等。颈外侧深淋巴结直接或间接接收头颈部各淋巴的输出管,还直接收集舌、喉、气管颈部、甲状腺等器官的淋巴管,其输出管合成**颈干**(jugular trunk),左侧的注入胸导管,右侧的注入右淋巴导管。

> 颈外侧深淋巴结群近颈根部的一部分淋巴结,沿锁骨下动脉和臂丛排列,称**锁骨上淋巴结**(supraclavicular lymph nodes),**又称为 Virchow 淋巴结**。胃癌或食管癌时,癌细胞可经胸导管上行,逆流入左颈干,转移到左锁骨上淋巴结,使其肿大。

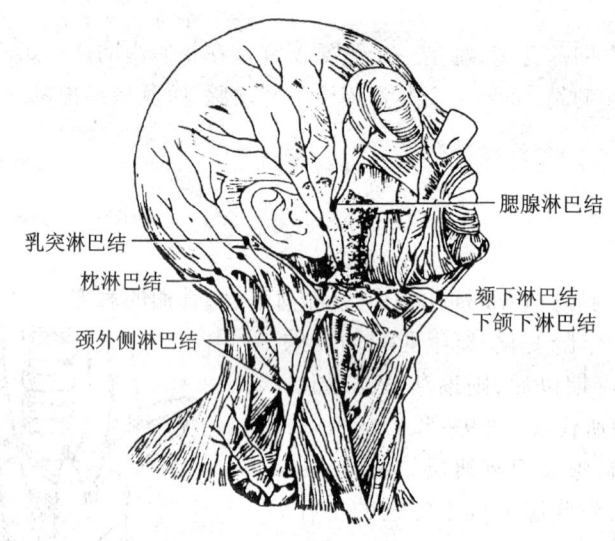

图9-53 头颈部淋巴管和淋巴结

(二) 上肢的淋巴结

上肢浅、深淋巴管分别伴行浅静脉和深血管,注入腋淋巴结。

1. **肘淋巴结**(cubital lymph nodes) 又称为**滑车上淋巴结**,位于肘窝内上方,收纳手和前臂尺侧半上行的淋巴,其输出管注入腋淋巴结外侧群。

2. **腋淋巴结**(axillary lymph nodes) 位于腋窝内,按其排列位置可分5群:**外侧淋巴结、胸肌淋巴结、肩胛下淋巴结、中央淋巴结**和**尖淋巴结**(图9-54),收纳上肢、项背、胸前外侧壁和乳房等处的淋巴，腋淋巴结的输出管合成**锁骨下干**(subclavian trunk)，左侧注入胸导管，右侧注入右淋巴导管。乳腺癌常转移到腋淋巴结。

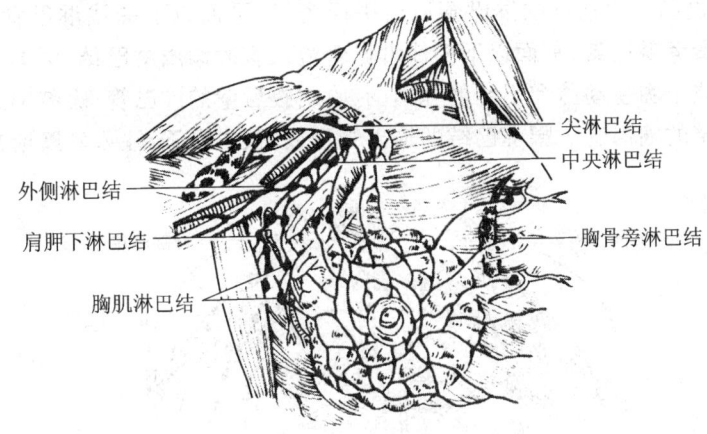

图 9-54　腋窝淋巴结和乳房淋巴管

（三）胸部的淋巴结

1. 胸壁的淋巴结　胸壁浅淋巴管注入腋淋巴结；深淋巴管注入胸骨旁淋巴结和肋间淋巴结。

2. 胸腔脏器的淋巴结

（1）纵隔淋巴结　包括纵隔前淋巴结和纵隔后淋巴结，前者的输出管参与组成**支气管纵隔干**，后者的输出管多注入胸导管。

（2）气管、支气管和肺的淋巴结　肺淋巴结的输出管注入**支气管肺门淋巴结**（图 9-55），后者的输出管注入气管杈周围的**气管支气管淋巴结**，该淋巴结的输出管注入**气管旁淋巴结**，最后由气管旁淋巴结的输出管合成**左、右支气管纵隔干**，左支气管纵隔干注入**胸导管**，右支气管纵隔干注入**右淋巴导管**。

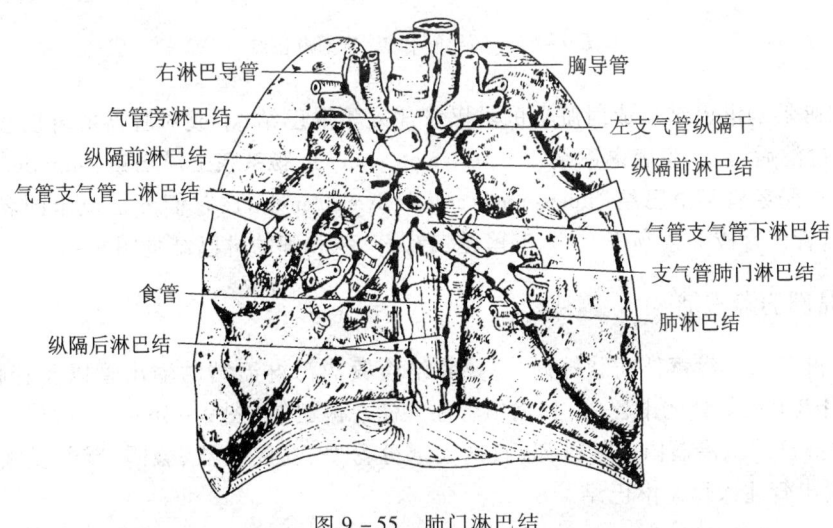

图 9-55　肺门淋巴结

（四）腹部的淋巴结

1. **腹壁的淋巴结**　腹前壁的淋巴管以脐平面为界，平面以上的浅淋巴管流入**腋淋巴结**，深淋巴管流入**胸骨旁淋巴结**；平面以下的浅淋巴管流入**腹股沟浅淋巴结**，深淋巴管流入**髂外淋巴结**。**腰淋巴结**位于腹主动脉和下腔静脉周围，收纳腹后壁的淋巴管、腹腔中成对脏器的淋巴管以及髂总淋巴结的输出管。腰淋巴结的输出管合成**左、右腰干**，注入**乳糜池**（图9-56）。

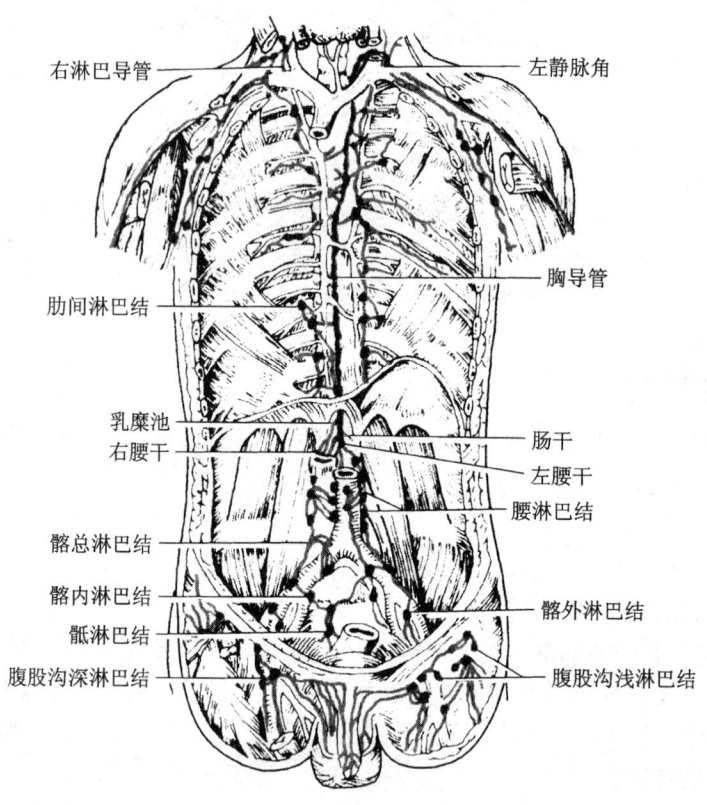

图9-56　胸导管和腹、盆部淋巴结

2. **腹腔脏器的淋巴结**　成对脏器的淋巴管注入腰淋巴结；不成对脏器的淋巴管经脏器周围的淋巴结过滤后，汇入**腹腔淋巴结**（celiac lymph nodes）、**肠系膜上淋巴结**（superior mesenteric lymph nodes）、**肠系膜下淋巴结**（inferior mesenteric lymph nodes），它们分别位于同名动脉的起始部，其输出管汇合成一条**肠干**，注入**乳糜池**，胃、肝、胰和脾的淋巴结见图9-57。

（五）盆部的淋巴结

1. **髂外淋巴结**　沿髂外动脉排列，主要收纳腹股沟深淋巴结的输出管以及膀胱、前列腺或子宫颈、阴道上段等处的淋巴管，其输出管注入髂总淋巴结（图9-56）。

2. **髂内淋巴结**　沿髂内动脉排列，收纳大部分盆壁、盆腔脏器、会阴、臀部及大腿后面的淋巴管，其输出管注入髂总淋巴结。

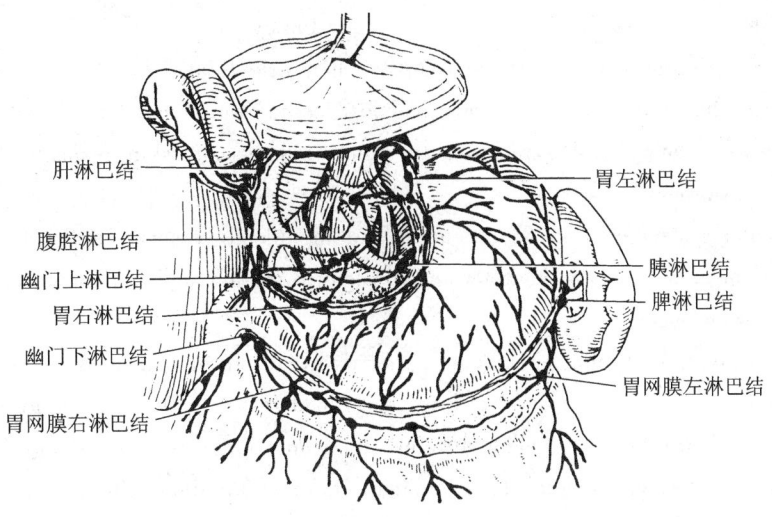

图 9-57　胃、肝、胰和脾的淋巴结

3. 髂总淋巴结　沿髂总动脉排列，收纳髂内、外淋巴结的输出管和骶淋巴结的输出管，其输出管注入腰淋巴结，后者输出管组成**腰干**。

（六）下肢的淋巴结

1. 腘淋巴结　位于腘窝内，收纳足外侧和小腿后外侧的浅淋巴管以及足和小腿的深淋巴管，其输出管注入腹股沟深淋巴结。

2. 腹股沟淋巴结　分为浅、深两组。**腹股沟浅淋巴结**（superficial inguinal lymph nodes）（图 9-56）分为上、下两组，上组沿腹股沟韧带排列，下组沿大隐静脉末端，收纳腹前壁、会阴、臀部和外生殖器及肛管的淋巴管，在女性还收纳子宫底、靠近输卵管处的淋巴，足和小腿前内侧以及大腿的浅淋巴管。腹股沟浅淋巴结的输出管汇入腹股沟深淋巴结。**腹股沟深淋巴结**（deep inguinal lymph nodes）（图 9-56）位于股静脉根部周围，收纳腹股沟浅淋巴结的输出管及下肢深淋巴管，其输出管注入髂外淋巴结。

> **单核-吞噬细胞系统**：是分散于各处的吞噬细胞，包括结缔组织中的巨噬细胞以及肝、肺、骨髓、淋巴组织内的巨噬细胞等。巨噬细胞都起源于骨髓内的幼单核细胞，具有吞噬细菌、病毒、异物和体内衰老死亡的细胞，参与机体的免疫应答及加工抗原等功能，对人体有重要的防御保护作用。

Summary

Angiological System

The vascular system is composed of closed and continuous pipeline systems, including cardiovascular system and lymphatic system. In these systems, the blood and the lymph flows separately, and the lymph also converges the cardiovascular system finally.

The major function of vascular system is to deliver nutrients absorbed by digestive organs and oxygen inspired by lung to the various organs of body, feeding the metabolism, and to discharge the metabolite, such as carbon dioxide, urea from the lungs, kidneys and skin, respectively, keeping the body metabolism in order.

Cardiovascular system consists of the heart and the blood vessels. In the heart, the hollow organs have the muscular power to contract and diastole in rhythm, and to promote blood continuous circulating the cardiovascular.

The heart is divided into four chambers: upper right and left atria and lower right and left ventricles, the adjacent chambers connected with valves. Blood vessels carrying blood away from heart to the capillaries called arteries. The major arteries divide into large arteries, medium sized arteries, smaller arteries and arteriole. Its diameter is gradually thinned, the final shift of capillaries. Capillaries, the smallest blood vessels, form a network as the material exchange place between blood and surrounding tissues. The veins carry the blood from capillaries back to the heart. The capillaries join together with the increasing vessel size to form small veins, medium sized veins and large veins. The veins finally merge into large veins and return into the atrium.

The vessels of cardiovascular system can be divided into two separate units: the systemic circulation which furnishes oxygen and nutrients to the entire body and carries wastes away, the pulmonary circulation which carries blood from the right ventricle to the lungs and back to the left atrium, crossing over oxygen and carbon dioxide.

思 考 题

1. 体循环经过哪些途径？其主要功能是什么？肺循环的途径和功能如何？
2. 心脏各心腔有哪些入口、出口和瓣膜？
3. 心室收缩和舒张时，分别有哪些瓣膜关闭？哪些瓣膜开放？血液流动方向如何？
4. 心的传导系统由什么构成？包括哪些结构？窦房结位于何处？
5. 颈总动脉的起始和行程如何？颈外动脉有哪些分支？
6. 分布于胃的动脉有哪些？分别发自什么动脉？
7. 有一阑尾炎患者，经手背桡侧静脉网滴注青霉素，请问药液经过哪些途径才能达到阑尾起消炎作用？
8. 常用于穿刺的浅静脉有哪些？它们分别注入何处？
9. 肝门静脉有哪些属支？收集范围如何？肝门静脉注入何处？
10. 脾位于何处？有哪些功能？
11. 毛细血管可分几类？其基本结构包括哪些？
12. 心壁由几层结构组成？
13. 淋巴结副皮质区主要由什么细胞组成？功能如何？

（丁国芳　张瑞峰　王晓静）

第十章 感觉器官

学习目标

1. 掌握感觉器的组成及其一般功能。
2. 掌握眼球壁各层的位置、分部及主要形态结构。
3. 掌握眼的构造、眼球壁及折光装置。
4. 熟悉视网膜感光细胞的类型及其功能。
5. 掌握黄斑中央凹、视神经盘的位置及功能。
6. 掌握晶状体曲度的调节。
7. 了解房水的产生及其循环途径。
8. 了解眼副器的组成及一般功能。
9. 熟悉结膜的分部和结构特点。
10. 了解泪器的组成、各眼肌名称及作用。
11. 熟悉外耳道、鼓膜的形态。
12. 熟悉中耳和内耳的组成、分部和各部的主要形态结构。
13. 熟悉前庭蜗器的组成和分部。
14. 熟悉平衡器和听觉感受器的位置。
15. 了解鼓室的六壁。
16. 熟悉成人和幼儿的咽鼓管的结构特点。
17. 了解内耳骨迷路、膜迷路的分部,各感受器名称及功能。
18. 了解声波的传导途径。
19. 了解皮肤的结构特点。
20. 了解皮下组织及皮肤的附属器。

感觉器官(sensory organ)是由感受器及其附属结构共同组成的特殊器官,又称感官。如视器、前庭蜗器等。

感受器(receptor)是机体感受内、外环境的各种刺激,并转化为神经冲动的特殊结构。感受器在人体各部分布广泛,其种类繁多、形态功能各异。根据其所在部位和所接受的刺激来源,可分为外感受器、内感受器和本体感受器3类(表10-1)。

表10-1 感受器的种类

名称	分布	功能
外感受器	皮肤、黏膜、眼、耳等处	感受来自外界的理化刺激(如触、压、切割、温度、光、声等)

续表

名称	分布	功能
内感受器	内脏、心血管和腺体等处	感受来自体内的理化刺激(如压力、温度、渗透压、离子和化合物浓度等)
本体感受器	肌、肌腱、关节、内耳等处	感受机体的位置、运动和平衡等产生的刺激

第一节 视 器

视器(visual organ)俗称**眼**(eye),是感受可见光刺激的特殊感觉器官,包括眼球和眼副器。

一、眼球

眼球(eyeball)近似球形,位于眼眶内,前面有眼睑保护,后面有视神经连于间脑,周围附有眼副器(图 10-1)。眼球由眼球壁及其内容物构成(图 10-2)。

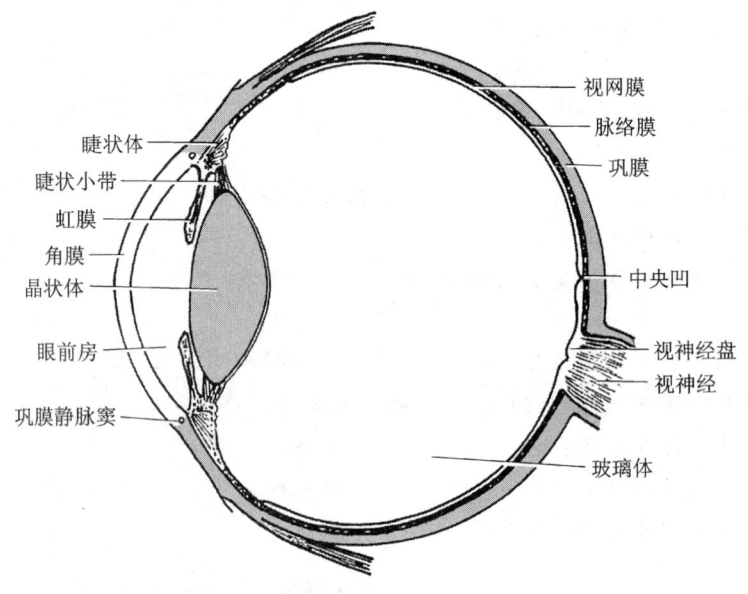

图 10-1 人眼的结构

(一)眼球壁

可分为外膜、中膜和内膜。

1. **外膜或纤维膜** 由致密结缔组织构成,具有保护眼球内容物和维持眼球形态的作用,可分为角膜和巩膜两部分。

(1) **角膜**(cornea):占外膜的前 1/6,略向前凸,无色透明,但有丰富的神经末梢,感觉敏锐,无血管,有屈光作用。

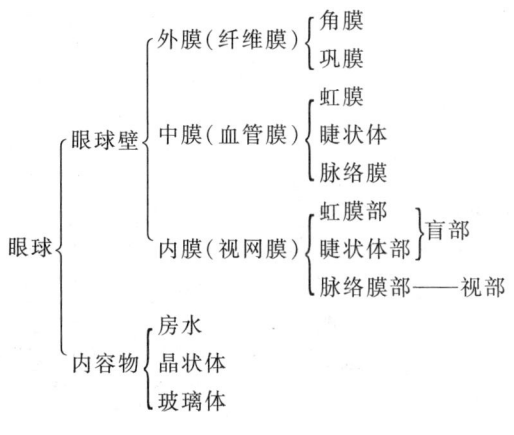

图 10-2　眼球的构成

（2）**巩膜**（sclera）：占外膜的后 5/6，白色不透明，前接角膜，后续视神经鞘。在巩膜与角膜交界处深部有一环行间隙，称巩膜静脉窦，房水经此回流。

> **角膜与散光**：角膜是眼球的一部分，各径线曲率一致，若角膜各径线的曲率半径不一，可导致径线上的屈光强弱不等，就可引起屈光不正或者散光。角膜罹患各种疾病之后，造成屈光面高低不平，同一径线上的屈光力不等，也可引起散光。

2. 中膜或血管膜　在外膜的内面，内含丰富的血管、神经和色素细胞，呈棕黑色，有营养眼球和遮光作用。中膜由前向后分为虹膜、睫状体和脉络膜 3 部分。

（1）**虹膜**（iris）　位于角膜后方，呈冠状位的圆盘状薄膜，其颜色有种族和个体差异，我国人民多呈棕色。中央有一圆孔，称**瞳孔**（pupil），光线穿角膜后，经此孔进入眼球。虹膜内有两种排列方向不同的平滑肌，即呈环形的瞳孔括约肌和放射状分布的瞳孔开大肌，可分别缩小与开大瞳孔，从而调节进入眼球内光线的多少（图 10-3，图 10-4）。

（2）**睫状体**（ciliary body）　位于虹膜后方，在角膜和巩膜移行处内面。睫状体与晶状体之间有睫状小带相连，睫状体内有睫状肌，该肌舒缩牵动睫状小带，调节晶状体的曲度。睫状体还具有产生房水的作用。

（3）**脉络膜**（choroid）　连于睫状体的后方，为中膜的后 2/3，外面与巩膜疏松结合，内面紧贴视网膜，后部有视神经穿过（图 10-1）。

3. 内膜　即**视网膜**（retina），紧贴于中膜内面（图 10-1），可分为视部和盲部两部

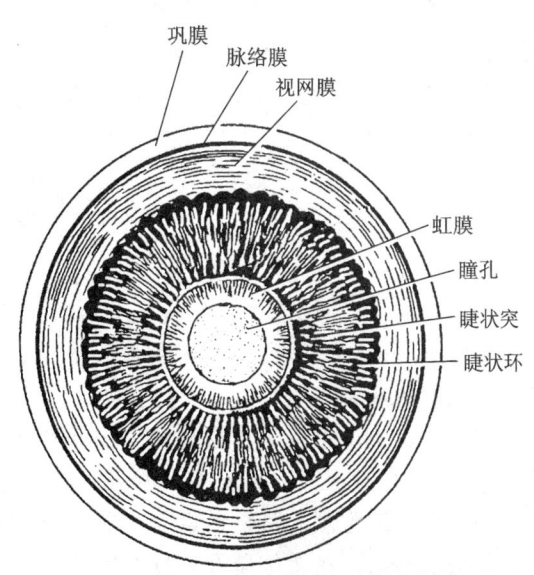

图 10-3　眼球壁前半部后面观

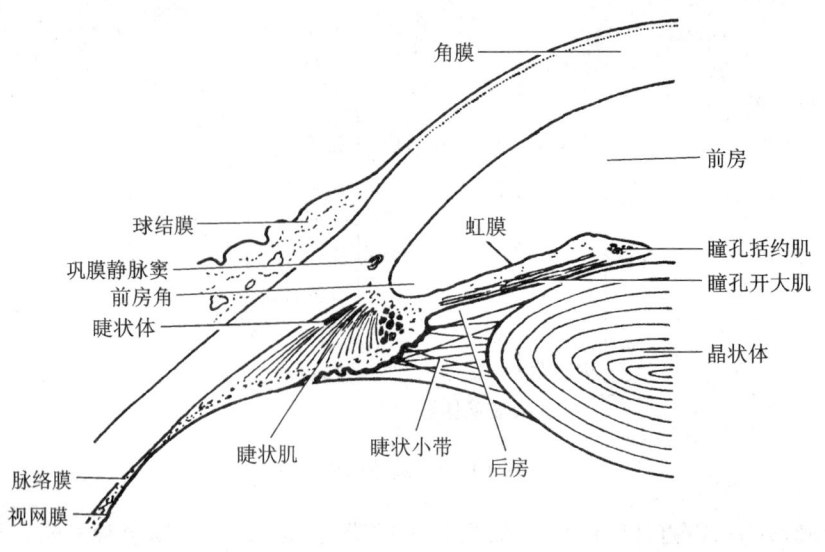

图 10-4 眼球水平切面局部放大

分,盲部贴于虹膜和睫状体内面,无感光作用,视部贴于脉络膜内面,具有感光作用。

视部内面的后部有一白色圆盘形隆起,称为**视神经盘**(optic disc),或称为**视乳头**(optic papilla)。视网膜中央动、静脉由此出入、穿出,该处无感光细胞,因而无感光功能,称为**生理性盲点**(blind spot),在视神经盘颞侧约 3.5 mm 处有一黄色小区,称为**黄斑**(macula lutea),其中央凹陷,称为**中央凹**(fovea centralis),是视力(辨色力、分辨力)最敏感的部位(图 10-5)。

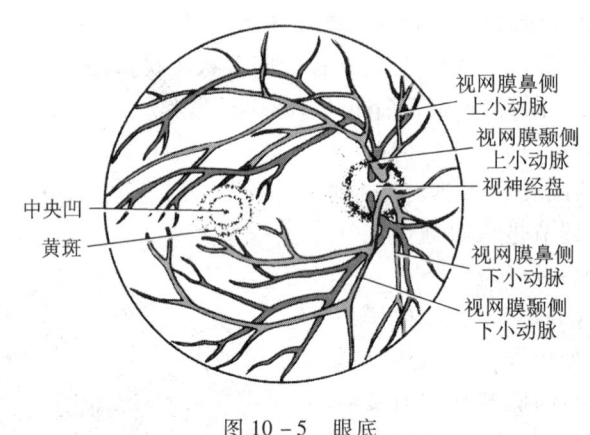

图 10-5 眼底

视网膜分内、外两层:外层为色素上皮层,内层为神经细胞层(图 10-6),两层间连接疏松。视网膜脱离常发生于此。

(1) 色素上皮层 是单层柱状上皮,细胞连接紧密,具有屏障作用。细胞内有大量色素颗粒,可防止强光对视细胞的损害。色素上皮细胞还能储存维生素 A。

(2) 神经细胞层 紧贴色素上皮层内面,由外向内依次可分为 3 层(图 10-7):① 感光细胞层,由视细胞,即视锥细胞和视杆细胞构成。视锥细胞有感受强光和辨色的能力,视物精确性高,视杆细胞只能感受弱光,无辨色能力,视物精确性差。视细胞与双极细胞相突触。黄斑

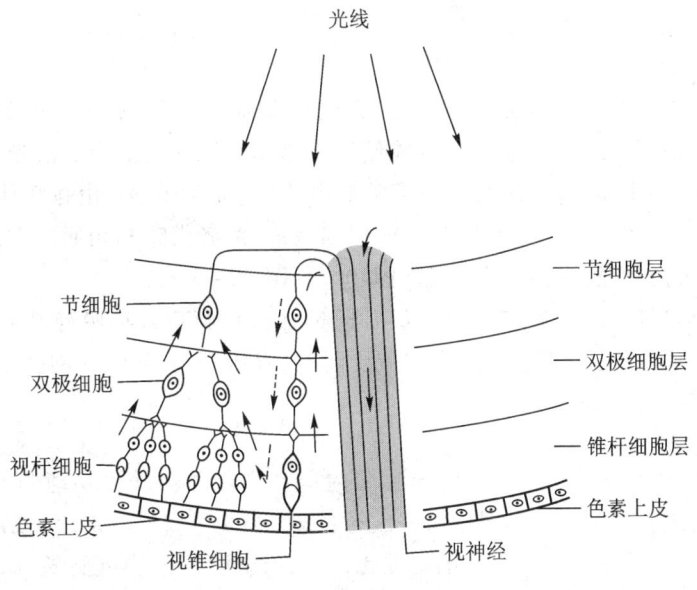

图 10-6 视网膜

区主要分布着密集排列的视锥细胞。② 双极细胞层,内有双极细胞,是连接视细胞与节细胞的中间神经元。③ 节细胞层,内有节细胞,为多极神经元,树突与双极细胞形成突触,轴突向视神经盘处集中,并形成视神经穿出眼球。

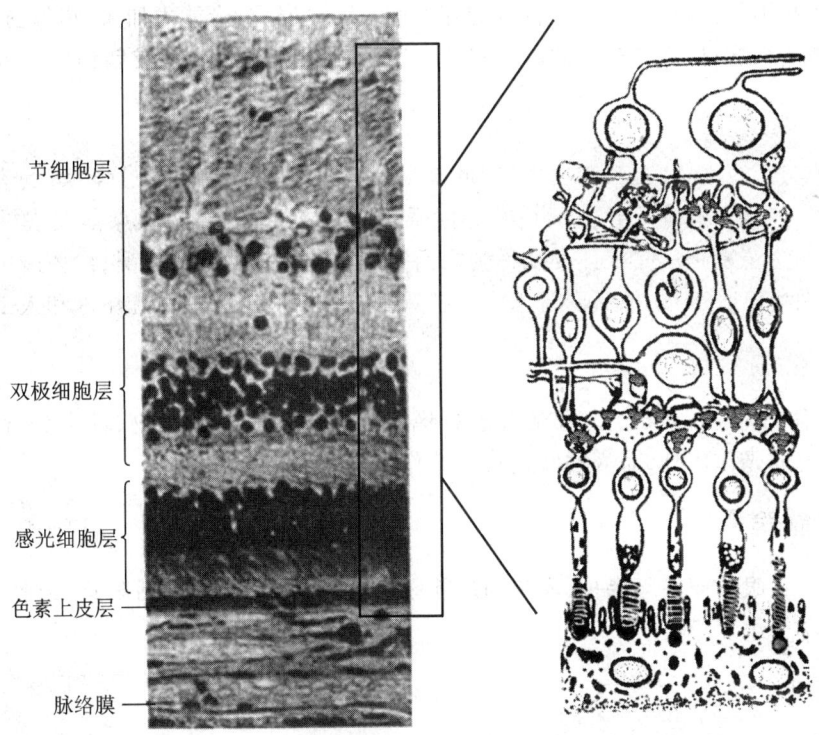

图 10-7 视网膜神经层

（二）眼球内容物

眼球内容物包括房水、晶状体和玻璃体，它们均无血管分布，呈无色透明状。角膜、房水、晶状体和玻璃体合称为眼的屈光系统，其能使所视物体在视网膜上形成清晰的物像。

1. **房水**（aqueous humor） 房水是充满眼房内的无色透明液体，由睫状体产生。角膜与晶状体间的腔隙称为眼房，以虹膜为界，分为前房和后房，两者借瞳孔相通。在前房内，虹膜与角膜交界处构成虹膜角膜角，又称为前房角（图10-1，图10-3）。

房水从眼球后房经瞳孔到眼球前房，最后通过虹膜角膜角入巩膜静脉窦。房水有营养角膜和晶状体及维持眼压的作用。当房水回流受阻时，眼压升高，导致视网膜受压而出现视力减退，甚至失明，临床上称为青光眼。

> 房水与青光眼：房水回流受阻，可导致眼内压升高。并合并视功能障碍，称为青光眼。24 h眼压差超过 1.064 kPa(8 mmHg)，高压超过 2.793 kPa(21 mmHg)，或两眼眼压差超过 0.665 kPa(5 mmHg)，应注意青光眼的可能性。本病的主要变化：视野缺损、视力低下、高眼压、视神经盘萎缩及凹陷。青光眼可分为3类，即原发性青光眼、继发性青光眼和先天性青光眼。

2. **晶状体**（lens） 位于虹膜与玻璃体之间的双凸透镜状透明体，富有弹性，无血管和神经分布，其周缘借睫状小带与睫状体相连。睫状肌的舒缩可改变晶状体的曲度。当看近物时，睫状肌收缩，睫状小带松弛，晶状体因自身的弹性回缩而变厚，折光能力加大，物像前移于视网膜上，产生清晰的视觉；反之亦然。此即晶状体调节。晶状体可因病变或创伤而变混浊，称为白内障。

> 晶状体与近视眼、远视眼和白内障：近视眼是因眼轴过长或折光过强、焦点落在视网膜之前所致，可佩戴凹透镜矫正。远视眼是因眼轴过短或折光过弱，焦点落在视网膜之后所致，可佩戴凸透镜矫正。晶状体混浊称为白内障。根据患者的具体情况，白内障手术方式可有不同，有白内障吸出术、抽吸灌流术、白内障囊内囊外摘除术、超声乳化术和人工晶体植入术等。

3. **玻璃体**（vitreous body） 为充满于晶状体与视网膜间的胶状物，其水分含量占99%。玻璃体除具有屈光作用外，对视网膜还有支撑作用。

二、眼副器

眼副器是在眼球周围起保护、支持和运动眼球的结构的总称，包括眼睑、结膜、泪器、眼球外肌和眶内结缔组织等（图10-8）。

（一）眼睑

眼睑（eyelids）俗称眼皮，遮盖于眼球前方，分为上、下眼睑，两者间的裂隙称为睑裂，其内、

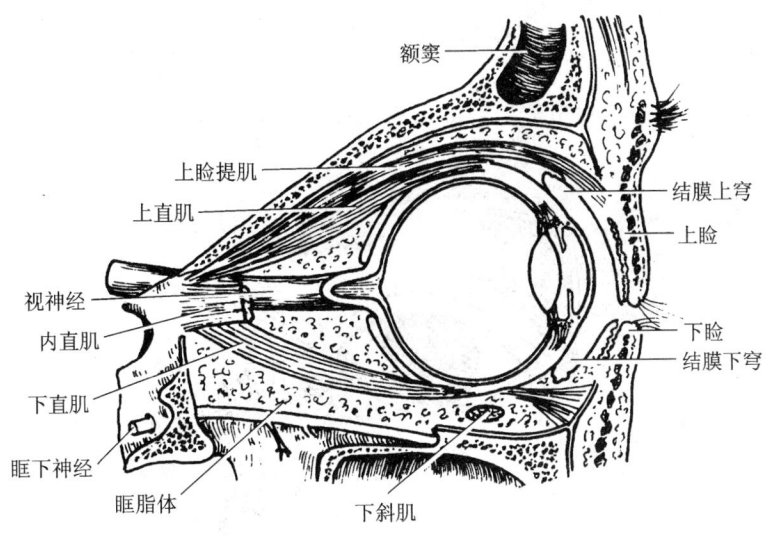

图 10-8 眼眶(矢状切面)

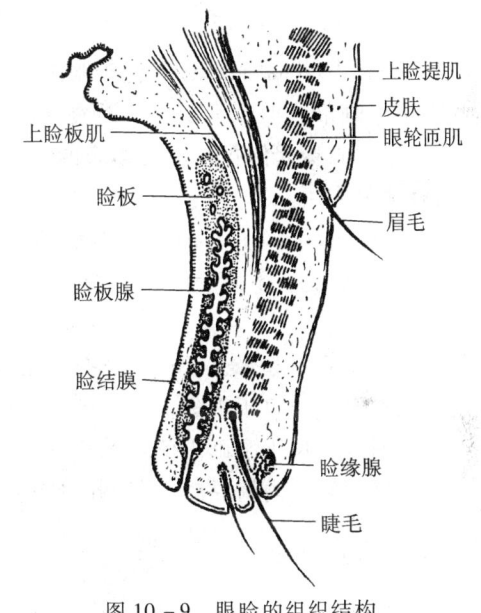

图 10-9 眼睑的组织结构

外侧角分别称为内眦和外眦，内眦钝圆，外眦较锐。眼睑的游离缘称为睑缘。眼睑的前缘生有睫毛，睫毛根部的皮脂腺称为睫毛腺（又称为 Zeis 腺）。

眼睑的组织结构（图 10-9），从外向内依次为皮肤、皮下组织、肌层、睑板和睑结膜。眼睑的皮肤细薄，皮下缺乏脂肪组织；肌层为眼轮匝肌和提上睑肌，前者收缩可闭合睑裂，后者收缩可提起上睑，此外，在上、下睑内还有少量平滑肌，分别称为上、下睑板肌，受交感神经支配，收缩时可协助开大睑裂；睑板由致密结缔组织构成，呈半月形，质硬如软骨，为眼睑的支架；睑结膜紧贴于睑板内面。眼睑的后缘有睑板腺的开口。

睫毛根部的皮脂腺导管阻塞、发炎、肿胀，称为睑腺炎，又称为麦粒肿。脓肿形成后，如未溃破或破溃后排脓不畅，需切开引流。若睑板腺的导管受阻、分泌物在腺内潴留并刺激周围组织，产生脂肪肉芽肿性炎症，则称为睑板腺囊肿，又称为霰粒肿。

(二) 结膜

结膜(conjunctiva)是一层富有血管和神经末梢的透明薄膜，覆盖于眼睑内表面和眼球的前面。根据其部位可分为睑结膜和球结膜，两者相互移行，反折处分别称为结膜上、下穹（图 10-8）。当睑裂闭合时，结膜即围成一腔隙，称为结膜囊。结膜炎和沙眼是结膜常见的疾病。

（三）泪器

泪器由分泌泪液的泪腺和引流泪液的泪道构成（图 10-10）。

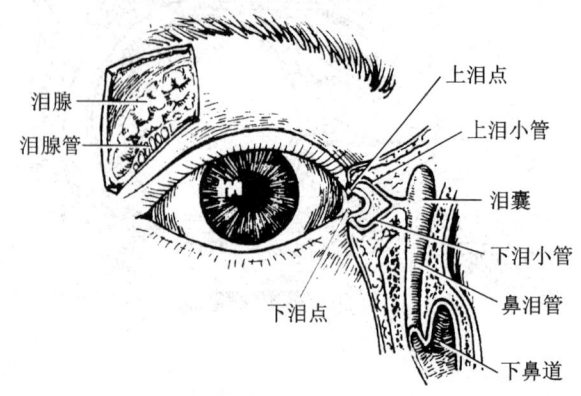

图 10-10　泪器

1. **泪腺**（lacrimal gland）　位于眼眶上壁前外侧的泪腺窝内，有 10~20 条排泄小管开口于结膜上穹外侧部。泪腺不断分泌泪液，借瞬眼运动涂布于眼球表面，润滑和清洁角膜，并可冲洗结膜囊，对眼球起保护作用。多余的泪液流向内眦处的泪湖，经泪点入泪小管，泪液含有溶菌酶，有杀菌作用。

2. **泪道**（lacrimal passage）　包括泪点、泪小管、泪囊和鼻泪管。

（1）泪点　上、下睑缘的内侧端各有一小突起，其顶部有一小孔，称为泪点，其是泪小管的入口。

（2）泪小管　起于上、下泪点，分别形成上、下泪小管，最初垂直于睑缘上下行走，然后水平向内侧汇聚后开口于泪囊。

（3）泪囊　位于眼眶内侧壁的泪囊窝内，上端为盲端，高于内眦，下端移行为鼻泪管。

（4）鼻泪管　内衬黏膜，下端开口于下鼻道的外侧壁。

（四）眼球外肌

眼球外肌包括 6 条运动眼球的肌和 1 条提上睑的肌，都是骨骼肌。运动眼球的眼外肌的位置、功能及神经支配见表 10-2。

表 10-2　运动眼球的眼外肌的位置、功能及神经支配

眼外肌	位置	功能（使瞳孔转向）	神经支配
上直肌	眼球上方	上内	动眼神经
下直肌	眼球下方	下内	动眼神经
内直肌	眼球内侧	内侧	动眼神经
外直肌	眼球外侧	外侧	展神经
上斜肌	上直肌与内直肌之间	下外	滑车神经
下斜肌	眼球下方	上外	动眼神经

运动眼球的肌有4条直肌和2条斜肌。四条直肌均起于视神经管内的总腱环,分别止于眼球前部巩膜的上、下、内侧和外侧面。上斜肌也起于总腱环,前行并以细腱穿绕眶内侧壁前上方的滑车,然后转向后外,止于眼球后方的外侧面。下斜肌起于眶下壁前内侧,经眼球下方止于眼球后外侧面。上述6条肌相互协作完成眼球的正常转动(图10-11)。

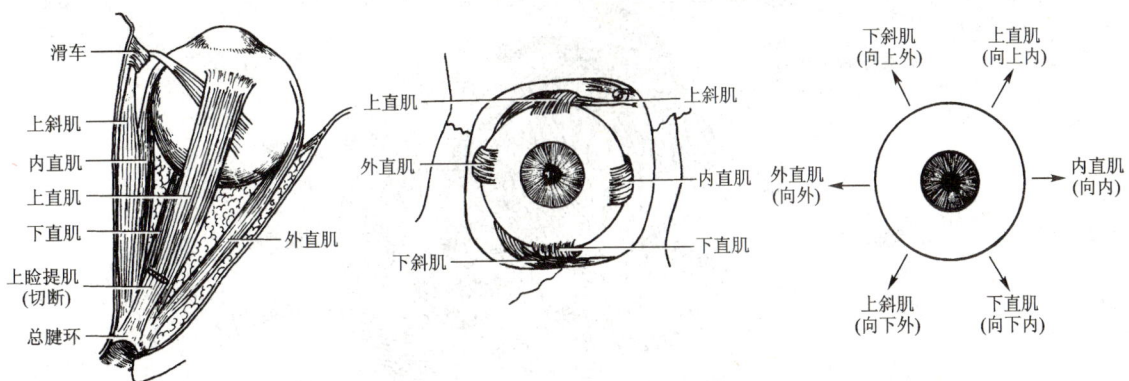

图10-11 眼球外肌及其作用

运动眼睑的肌为上睑提肌,作用是提上睑。

(五)眶脂体与眼球筋膜鞘

1. **眶脂体** 眼球、眼肌、泪器和血管神经并未充满眶腔,其间的间隙充填大量的脂肪组织,称眶脂体(图10-8)。眼球后方眶脂体较多,对眼球及眼副器具有弹性垫样保护作用。

2. **眼球筋膜鞘** 在眼球与眶脂体间隔有一层薄而致密的纤维膜,称为**眼球筋膜**(又称为Tenon囊)。该膜与眼球之间为巩膜外隙,眼球可在该隙内灵活转动。临床上进行眼部手术,可将麻醉剂注入该隙实施麻醉。

三、眼的血管和神经

1. **眼的动脉** 眼球和眼副器的动脉供应,除眼睑的浅层组织和泪囊的一部分由面动脉供应外,几乎完全由来自颈内动脉的眼动脉供应。眼动脉在颅腔内发出后,与视神经相伴经视神经管入眶,分支供应眼球、眼球外肌、泪腺和眼睑等(图10-12),其中最重要的分支为视网膜中央动脉,该动脉在视神经盘处穿入并分支分布至视网膜各部,营养视网膜内层。临床常用眼底镜观察此动

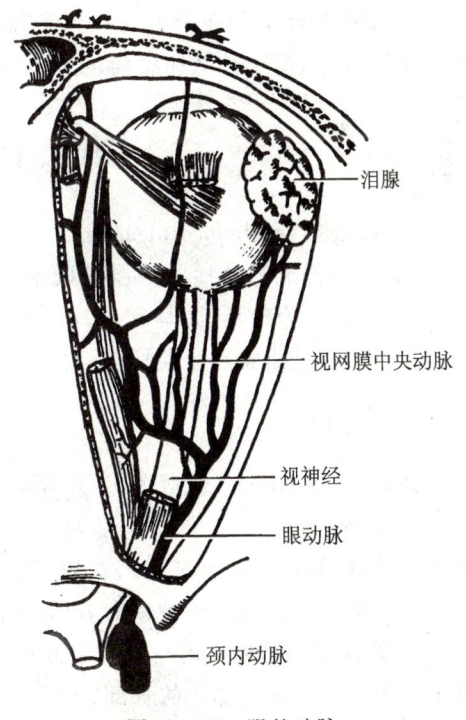

图10-12 眼的动脉

脉(图10-5),以协助诊断某些疾病。

2. **眼的静脉** 眼球的静脉回流途径主要为视网膜中央静脉和涡静脉(图10-13),经眼上、下静脉向后注入海绵窦。在前方与内眦静脉相吻合,且无静脉瓣,故面部感染可经此侵入颅内。

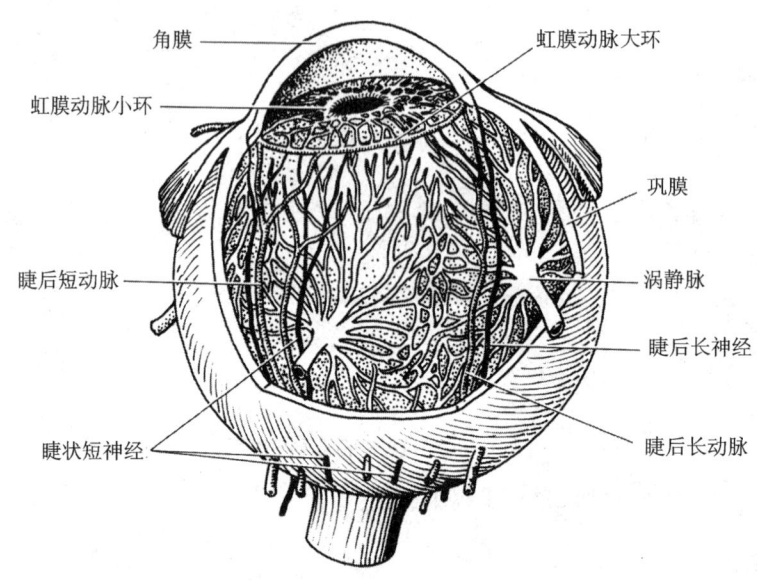

图10-13 眼球壁的血管

3. **眼的神经** 分布于眼的神经来源较多,有视神经、三叉神经、交感神经(来源于颈交感干)、动眼神经、滑车神经和展神经(参见第十一章第三节)。

第二节 前庭蜗器

前庭蜗器(vestibulocochlear organ)又称为位听器,包括感受头部位置变化的前庭器(位觉器)和感受声波刺激的蜗器(听器)两部分。这两部分功能虽然不同,但结构上关系密切,又称耳,按部位可分为外耳、中耳和内耳三部分(图10-14)。其中外耳、中耳具有传导声波的功能,内耳是位觉、听觉感受器所在部位。

一、外耳

外耳(external ear)包括耳郭、外耳道和鼓膜三部分。

1. **耳郭**(auricle) 位于头部两侧,以弹性软骨为支架,外覆皮肤和薄层皮下组织。耳郭下方无软骨的部分,仅含结缔组织和脂肪,称为耳垂(图10-15),是临床常用的采血部位。耳郭具有收集声波和判断声波来源方向的作用。

2. **外耳道** 是外耳门与鼓膜之间的弯曲管道(图10-14),成人长2.0~2.5 cm,可分为外1/3的软骨部和内2/3的骨部,走行呈弯曲状。检查鼓膜时将耳郭拉向后上方,可使外耳道变直,即可看到鼓膜。

外耳道的皮下组织较少,皮肤与软骨膜或骨膜紧贴,故外耳道发生疖时,疼痛剧烈。外耳道皮肤内有分泌耵聍的耵聍腺。

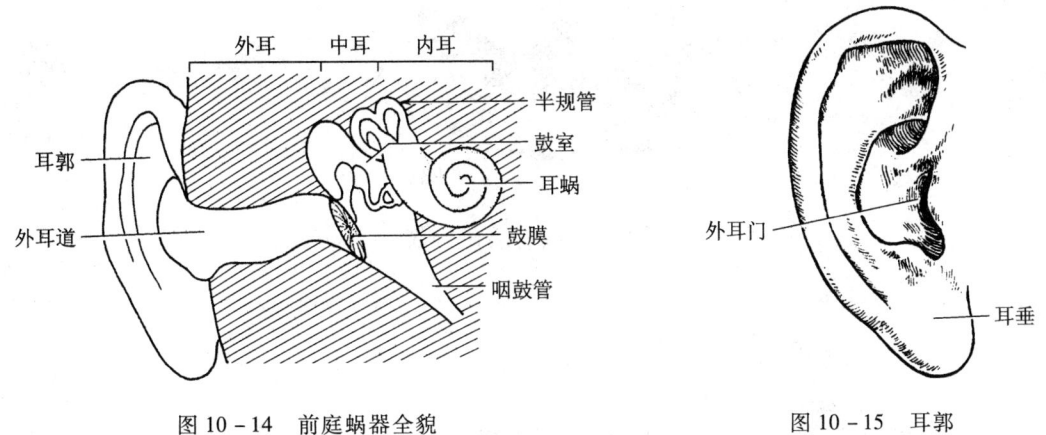

图 10-14 前庭蜗器全貌　　　　　　图 10-15 耳郭

3. **鼓膜**(tympanic membrane)　为分隔外耳道与中耳鼓室的椭圆形、半透明薄膜(图 10-16)。鼓膜在外耳道底呈斜位,其外侧面向前、外、下方各倾斜 45°~50°,鼓膜中心称为鼓膜脐,向内凹陷,其内侧面有锤骨柄末端附着。鼓膜可分为前上 1/4 的松弛部(活体呈淡红色)和后下 3/4 的紧张部(活体呈灰白色)。在活体观察鼓膜时,其前下部可见一三角形的反光区,称为**光锥**(cone of light)。当鼓膜异常时,光锥可变形或消失。

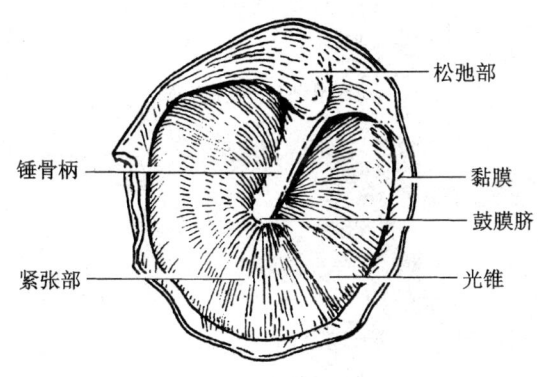

图 10-16 鼓膜外侧观

二、中耳

中耳(middle ear)主要位于颞骨岩部内,介于外耳道与内耳之间。包括鼓室、咽鼓管、乳突窦和乳突小房,各部内均衬有黏膜且相互连续,因而若有病变则可相互蔓延(图 10-17)。

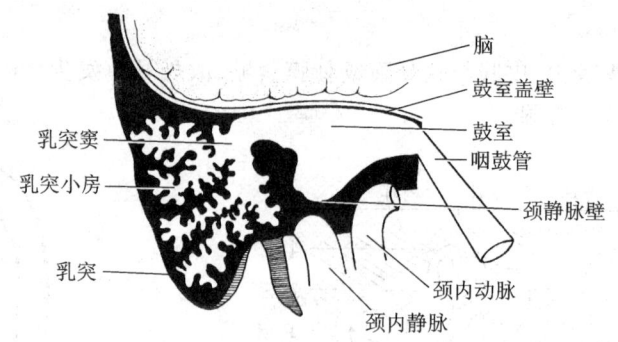

通过内耳门和外耳门切面

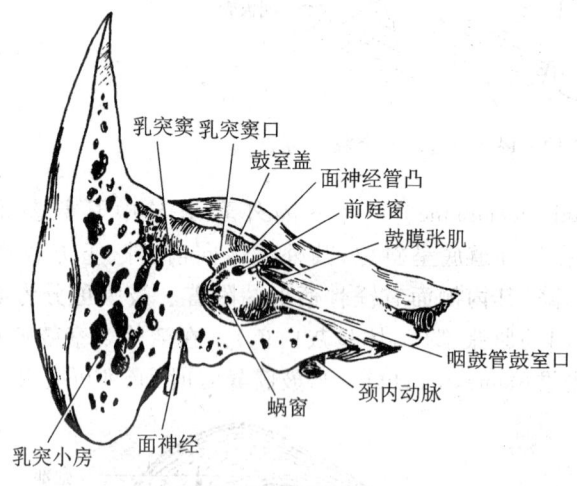

经乳突和咽鼓管切面

图 10-17 中耳

(一) 鼓室

鼓室(tympanic cavity)是位于鼓膜与内耳之间的不规则的含气小腔,内有听小骨、韧带、肌、血管和神经。其向前借咽鼓管通鼻咽部,向后借乳突窦通乳突小房(图 10-17)。

1. **鼓室壁** 鼓室的形态结构不规则,大体呈一个六面体。

(1) 上壁 是鼓室盖,分隔鼓室与颅中窝,由颞骨岩部前面的薄层骨板构成。

(2) 下壁 为颈静脉壁,分隔鼓室与颈静脉起始部的薄层骨板。

(3) 前壁 为颈动脉壁,与颈动脉管相邻,其上部有咽鼓管的鼓室口。

(4) 后壁 为乳突壁,上部有乳突窦的开口,经此通乳突小房。

(5) 外侧壁 为鼓膜,该壁借鼓膜与外耳道分隔。

(6) 内侧壁 为迷路壁,即内耳外侧壁。该壁中部的圆形隆起称岬,岬的后下部有一圆形小孔,称蜗窗,由**第二鼓膜**封闭,内通耳蜗鼓阶。此壁的后上部有一卵圆形小孔,称为**前庭窗**,由镫骨底封闭,通向内耳前庭。前庭窗后上方有一弓形隆起,称为**面神经管凸**,内有面神经通过。面神经管凸的骨壁薄,中耳炎或中耳手术时易损伤面神经。

2. 听小骨及听小骨肌 每侧鼓室内有3块听小骨和2块听小骨肌。

（1）**听小骨**(auditory ossicles) 由外向内依次排列为**锤骨、砧骨**和**镫骨**(图10-18)。锤骨柄与鼓膜相连,镫骨底封闭前庭窗,砧骨介于两者之间。3块听小骨相互连接成**听小骨链**,似一曲折的杠杆系统,该装置可将鼓膜振动传至内耳,并有放大作用。

（2）**听小骨肌** 包括鼓膜张肌和镫骨肌,分别具有紧张鼓膜和减小镫骨底对内耳压力的作用。

(二)咽鼓管

咽鼓管(auditory tube)是咽与鼓室的连接通道,其内面衬有黏膜并与咽部黏膜和鼓室黏膜相延续。咽部的开口一般处于闭合状态,当吞咽、打哈欠或尽力张口时开放,以保持鼓膜内外两侧压力平衡,便于鼓膜振动。小儿咽鼓管管腔较大,且较成人短而平直,故咽部感染易沿此管侵入鼓室,引起中耳炎(图10-19)。

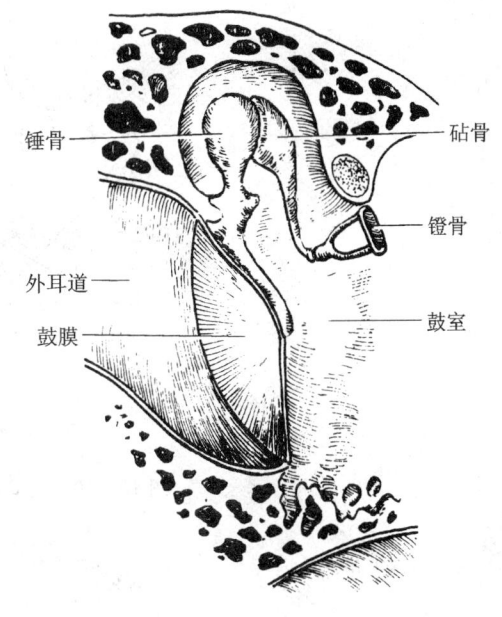

图10-18 听小骨

(三)乳突小房和乳突窦

乳突小房(mastoid cells)是颞骨乳突内的蜂窝状含气小腔。**乳突窦**(mastoid antrum)是介于乳突小房和鼓室间的腔(图10-17)。

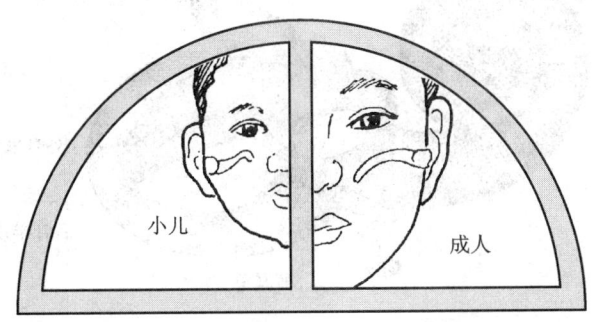

图10-19 小儿与成人咽鼓管的特点

三、内耳

内耳(internal ear)位于颞骨岩部内(图10-20),是介于鼓室与内耳道底间一系列结构复杂的弯曲管道,故又称为**迷路**(labyrinth),包括骨迷路和膜迷路。骨迷路为骨性隧道,膜迷路是位于骨迷路内的膜性管道。膜迷路内含有内淋巴,骨迷路与膜迷路之间的间隙内充满外淋巴,内、外淋巴互不相通。位、听觉感受器即位于膜迷路内。

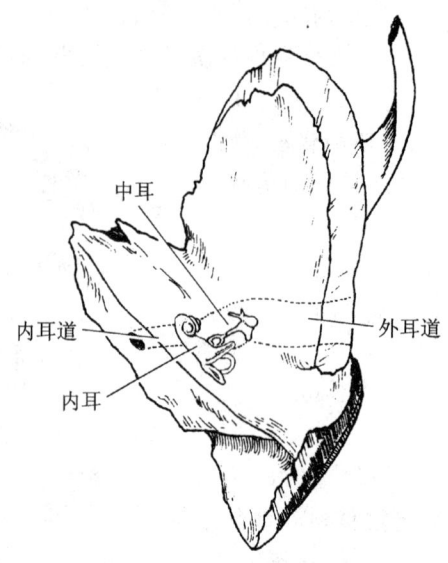

图 10-20　内耳在颞骨岩部上的投影

(一) 骨迷路

骨迷路(bony labyrinth)包括相互连通的骨半规管、前庭和耳蜗 3 部分(图 10-21),由后外向前内沿颞骨岩部的长轴依次排列。

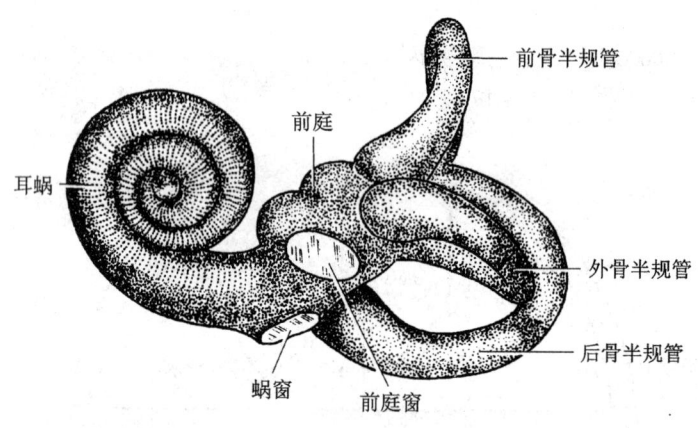

图 10-21　骨迷路

1. **前庭**(vestibule)　为一位居骨迷路中部的不规则腔隙,其外侧壁上部有前庭窗开口;内侧壁为内耳道底,有神经和血管穿行;前下部有一大孔,通耳蜗;后上部有 5 个小孔通 3 个骨半规管。

2. **骨半规管**(bony semici-rcular canals)　为 3 个相互垂直的"C"形小管,分别称前骨半规管、后骨半规管和外骨半规管。每个骨半规管有两个脚,其中细小者称单骨脚,膨大者称壶腹骨脚。前、后骨半规管的单骨脚合并为一个总骨脚,故 3 个骨半规管有 5 个孔开口于前庭。

3. 耳蜗(cochlea) **中耳**套在蜗螺旋管内,形似蜗牛壳,蜗底向后内侧对内耳道底,蜗尖向前外侧。耳蜗由骨性圆锥形蜗轴和环绕其 2.5 圈的骨性蜗螺旋管构成(图 10-22)。蜗轴骨质疏松,有血管、神经穿行其间。从蜗轴向蜗螺旋管中伸出骨螺旋板,后者与膜迷路的蜗管相连,两者共同将蜗螺旋管分隔为上、下两半(蜗顶为上,蜗底为下),上半部称为前庭阶,下半部称为鼓阶。前庭阶与前庭相通,鼓阶起于蜗窗(被第二鼓膜封闭),前庭阶与鼓阶在蜗顶借蜗孔相连通。

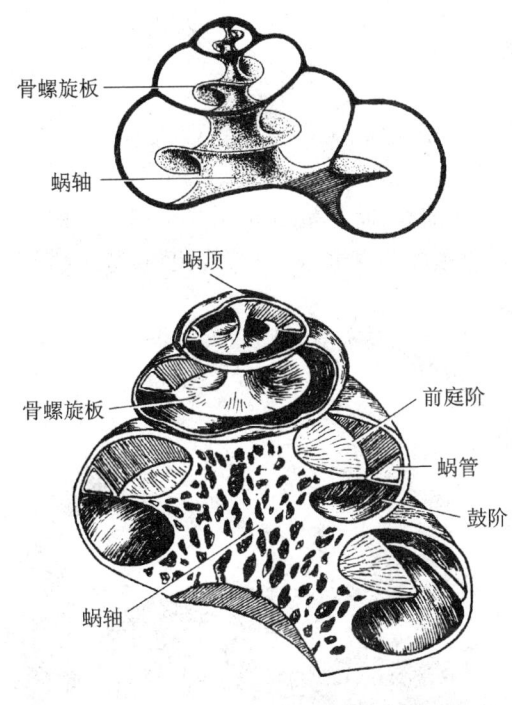

图 10-22 耳蜗

(二)膜迷路

膜迷路(membranous laby-rinth)是套于骨迷路内的封闭的膜性管囊,形似骨迷路,也由相互连通的 3 部分构成,由后外向前内分为膜半规管、椭圆囊和球囊、蜗管 3 部分(图 10-23)。膜迷路管壁的某些部位黏膜增厚,上皮细胞特化形成内耳感受器(位觉感受器或听觉感受器),其位置、功能及神经见表 10-3。

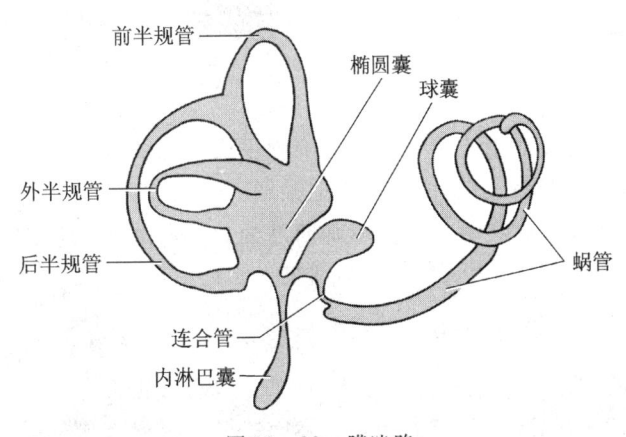

图 10-23 膜迷路

表 10-3　内耳感受器的位置、功能及神经

名称	位置	功能	神经
椭圆囊斑	椭圆囊壁	感受头部的变速直线运动刺激	前庭神经
球囊斑	球囊壁	感受头部的变速直线运动刺激	前庭神经
壶腹嵴	膜壶腹壁	感受头部的变速螺旋运动刺激	前庭神经
螺旋器	基底膜	感受声波刺激	蜗神经

1. **椭圆囊**(utricle)和**球囊**(saccule)　位于前庭内。球囊与蜗管间有一细管相连；椭圆囊后壁以5个开口连通膜半规管。在椭圆囊和球囊壁的内面有位觉感受器，分别称为**椭圆囊斑**和**球囊斑**，能感受直线变速运动的刺激。

2. **膜半规管**(semicircular ducts)　位于骨半规管内(图10-23)，在骨壶腹内相应的膜部膨大成膜壶腹，其壁内的隆起称**壶腹嵴**，为位觉感受器，能感受头部旋转变速运动的刺激。

3. **蜗管**(cochlear duct)　位于蜗螺旋管内，介于骨螺旋板与蜗螺旋管外侧壁之间(图10-23，图10-24)。下起前庭，向上呈盲端而终于蜗顶。蜗管横断面呈三角形，其上壁称为前庭膜，与前庭阶相邻，下壁称为基底膜，与鼓阶相隔，基底膜上存在听觉感受器——**螺旋器**(**Corti 器**)。

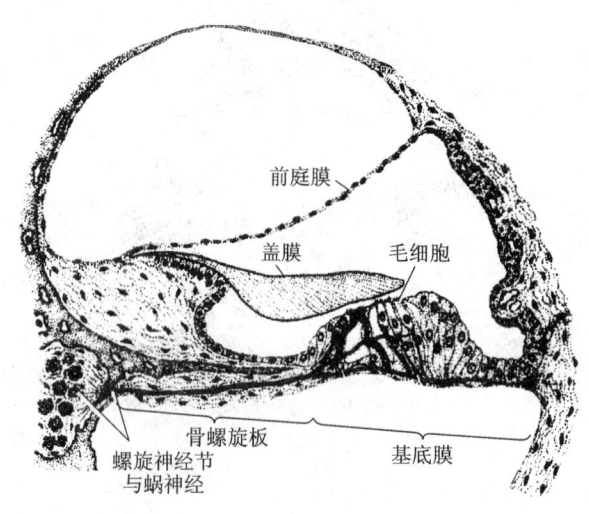

图 10-24　膜蜗管与螺旋器

螺旋器由支持细胞和毛细胞组成。毛细胞游离面向管腔内伸出许多听毛，螺旋器的上方有一盖膜覆盖，盖膜常与听毛接触。

基底膜中有许多从蜗轴向外呈放射状排列的胶原样细丝，称为**听弦**(auditory string)。自蜗底到蜗顶，听弦长度逐渐增加。长短不等的听弦对不同频率的声波可产生相应共振。

> **梅尼埃病**(Meniere disease)：特征是发作性眩晕、波动性耳鸣及头部胀满感，并伴有恶心、呕吐，反复发作后有耳聋。一般认为，此病是由于内淋巴吸收障碍，造成内耳膜迷路发生积水所致，多见于青壮年。病因迄今不明。

四、前庭蜗器的功能

(一)前庭功能

当头部位置变化时,椭圆囊斑、球囊斑和壶腹嵴可产生直线变速运动的感觉和不同的旋转运动的感觉,同时伴有各种姿势调节反射和内脏功能的变化(称前庭反应)。

(二)感音功能

一个声音被感知需经历以下过程。

1. 声波的传导　声波传入内耳是引起听觉的前提条件。该功能主要由外耳和中耳完成。
2. 基底膜的振动和毛细胞的兴奋　当声波振动经听骨链传至前庭窗时,引起前庭阶的外淋巴振动,再依次传至前庭膜、蜗管内淋巴,引起基底膜振动,并使螺旋器毛细胞的听毛与盖膜相接触,毛细胞的听毛弯曲变形并兴奋而转化为电活动。
3. 神经传导　毛细胞产生的电活动经蜗神经传入中枢,最后达颞横回而被感知。
4. 声波的传导途径

(1) 气传导　声波经外耳道引起鼓膜振动,再经听小骨链和前庭窗进入内耳。此传导途径称为气传导。气传导是正常情况下听觉产生的主要途径。当听小骨链损坏时,气传导可变为:鼓膜振动引起鼓室内的空气振动,直接波及第二鼓膜,经蜗窗再传至内耳,但其听觉敏感度将大为减弱。

(2) 骨传导　声波直接引起颅骨的振动,继而引起颞骨内的内淋巴振动,这一方式称为骨传导。正常情况下,骨传导敏感性比气传导要差得多,几乎不能感知其存在。临床上可通过检查患者气传导和骨传导受损的情况,判断听觉异常产生的部位和原因。

Summary

The visual organ

The visual organ is composed of eyeball and its accessory structures. The eyeball consists of three coats, namely, the outer coat (fibrous tunic), middle coat (vascular tunic) and the inner coat (retina) respectively, and some contents, including vitreous body, lens and aqueous humor. Including the eyelid, the conjurictiva, the lacrimal gland, and the orbit muscles etc, the accessory eye structures play ab important role in maintaining normal visual function.

The vestibulocochl ear organ, namely the ear, includes external, middle, and internal regions. As a funnel-shaped structure, the external ear, composed of the auricle, external auditory meatus and eardrum, is essentially used for collecting sound waves. Separated from the external auditory meatus by the tympanic eardrum and separated from the inner ear by a bony wall, the middle ear is a small air-filled chamber in the temporal bone. The inner ear, also named labyrinth, consists of the osseous labyrinth and the membranous labyrinth, the former including vestibule, semicir-cular canals, and cochlea and the latter consisting of the utricle, the saccule, the semicir-cular ducts, and the cochlear duct.

The vestibulocochlear organ

The vestibulocochlear organ is called the ear, it is divided into external, middle, and internal regions. The external ear is essentially a funnel-shaped structure used for collecting sound waves, which include the auricle, external auditory meatus and eardrum. The middle ear is a small air-filled chamber in the temporal bone. It is separated from the external auditory meatus by the tympanic eardrum and separated from the inner ear by a bony wall in which there are two small membrane-covered openings the oval window and the round window. The middle ear contains three small bones called ossicles. The inner ear is called labyrinth, from the complexity of its shape, and consists of the osseous labyrinth and the membranous labyrinth. The osseous labyrinth consists of vestibule, semicircular canals, and cochlea. The membranous labyrinth consists of the utricle, the saccule, the semicircular ducts, and the cochlear duct. The receptors for balance or equilibrium are located in the semicircular ducts, utricle and saccule. The receptors for hearing is in the cochlear duct.

思 考 题

1. 眼球壁分哪几层？各层又分哪几部？
2. 外界光线经过哪些结构才能到达视网膜？这些结构有什么共同特点？
3. 运动眼球的肌有哪些？它们分别起什么作用？
4. 鼓室位于何处？鼓室各壁是怎样构成的？
5. 外界声波至听觉感受器的传导途径如何？

（魏建宏）

第十一章 神经系统

学习目标

1. 掌握神经系统的组成。
2. 熟悉灰质、皮质、神经核、白质、纤维束、神经节和神经的概念。
3. 掌握反射弧的基本构成。
4. 熟悉脊髓的位置、形态和外形结构。
5. 掌握脊髓横切面上灰质、白质及分部。
6. 掌握脊髓灰质各部的神经元类型。
7. 熟悉脊髓的主要上、下行纤维束的位置。
8. 了解脊髓的主要功能。
9. 掌握脑的位置和组成。
10. 掌握脑干组成、邻接和外形的主要结构。
11. 熟悉第四脑室的位置、构成及交通。
12. 了解脑干的内部结构。
13. 熟悉脑干内的脑神经核类型、主要纤维束。
14. 掌握脑干的功能。
15. 了解间脑的位置和分部。
16. 熟悉第三脑室的位置、交通情况。
17. 掌握背侧丘脑的形态、位置、分部以及腹后核的功能。
18. 熟悉下丘脑的组成、主要功能。
19. 熟悉下丘脑内分泌神经核的名称和功能。
20. 掌握小脑的位置、外形、功能。
21. 掌握小脑扁桃体的毗邻及其临床意义。
22. 熟悉大脑半球的主要脑沟、裂、回等表面结构及其分叶。
23. 熟悉基底核的位置、组成和功能。
24. 掌握内囊的位置、组成及其临床意义。
25. 熟悉大脑皮质的功能定位。
26. 熟悉侧脑室的位置及其沟通。
27. 了解边系统的概念。
28. 掌握脊髓和脑的被膜组成。
29. 掌握硬膜外隙、蛛网膜下隙的位置及内容物。
30. 熟悉脑的供血来源。

31. 熟悉大脑动脉环的组成。
32. 熟悉脑脊液的产生及其循环途径。
33. 了解血-脑屏障的位置和组成。
34. 熟悉脊神经构成、分部和纤维成分。
35. 了解颈丛的组成、位置。
36. 熟悉膈神经分布。
37. 了解臂丛组成和位置。
38. 熟悉正中神经、尺神经、桡神经、肌皮神经、腋神经的起始、行程、分布及损伤后的临床表现。
39. 熟悉胸神经前支的节段性分布。
40. 熟悉股神经的行程、位置、主要分支及分布。
41. 掌握坐骨神经的行程、主要分支及分布。
42. 了解胫神经、腓总神经损伤后的主要临床表现。
43. 掌握脑神经的名称、顺序、连脑部位及分类。
44. 了解嗅神经的分布。
45. 了解视神经、视交叉、视束的纤维来源。
46. 了解动眼神经的分布。
47. 了解滑车神经分布。
48. 了解三叉神经三大主支在头面部的感觉分布及肌支的分布。
49. 了解展神经的分布。
50. 了解面神经的主要分支及分布。
51. 了解前庭蜗神经的分布。
52. 了解舌咽神经的主要分支及分布。
53. 了解迷走神经的主干行程及其喉上神经、喉返神经的分布。
54. 了解副神经的分布。
55. 了解舌下神经的分布。
56. 熟悉躯干四肢深部感觉传导路的各级神经元胞体的位置、交叉平面和皮质投射区。
57. 熟悉躯干四肢浅部感觉传导路的各级神经元胞体的位置、交叉平面和皮质投射区。
58. 熟悉头面部浅感觉传导路的各级神经元胞体的位置、在中枢的纤维束、交叉平面和皮质投射区。
59. 掌握皮质脑干束的起始、对脑神经运动核的控制情况（双侧控制与对侧控制）。
60. 了解面神经舌下神经核上瘫的主要表现（用形态学基础分析核上瘫与核下瘫的不同表现）。
61. 熟悉皮质脊髓束的起始、走行和终止。
62. 熟悉锥体系上、下运动神经元损伤后的不同表现。
63. 了解锥体外系的概念。
64. 了解视觉传导路的组成及视交叉的情况。
65. 了解内脏神经的分布和分部。

66. 熟悉内脏运动神经的结构特点。
67. 熟悉交感神经低级中枢部位、交感神经节的种类及分布。
68. 了解交感干的组成的位置。
69. 熟悉副交感神经的低级中枢部位、副交感神经节的种类及分布。
70. 掌握交感神经和副交感神经的主要形态、结构区别。
71. 了解牵涉痛的概念。

第一节 概 述

神经系统(nervous system)由脑和脊髓及与之相连的周围神经组成。神经系统一方面直接或间接地调节体内各器官、组织和细胞的活动,并使之相互联系、相互制约、相互协调而成为统一的整体,另一方面又使机体接受内、外环境的各种刺激,并通过神经调节达到平衡。因此,神经系统是人体中起主导作用的调节系统。

一、神经系统的区分

神经系统(图11-1)分为**中枢神经系统**(central nervous system)和**周围神经系统**(peripheral nervous system)。中枢神经系统包括脑和脊髓。周围神经系统包括与脑相连的**脑神经**(cranial nerves)和与**脊髓**相连的**脊神经**(spinal nerves);根据分布对象的不同,又可分为**躯体神经**(somatic nerves)和**内脏神经**(visceral nerves)。

二、神经系统的活动方式

神经系统的活动极为复杂,其最基本的活动方式是**反射**。神经系统在调节机体活动时,对内、外环境变化作出适宜的反应,称反射。反射活动的结构基础是**反射弧**,由感受器、传入(感觉)神经、中枢、传出(运动)神经和效应器5部分组成(图11-2)。

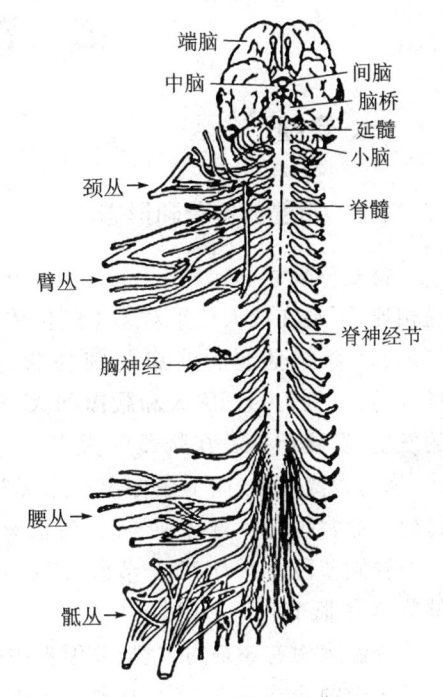

图 11-1 神经系统

三、神经系统的常用术语

神经系统主要由神经元和神经胶质细胞构成。根据神经元胞体和轴突所处部位的不同常给予不同的名称。在中枢神经系统内,神经元的胞体和大部分树突聚集的部位,在新鲜标本上呈灰色,称为**灰质**(gray mater)。位于大脑和小脑表面的灰质层称为**皮质**(cortex)。在中枢神经纤维聚集的部位,因神经纤维外面包有髓鞘,色泽白亮,称为**白质**(white mater)。位于大脑和小脑内部的白质称为**髓质**(medulla)。在中枢神经系统内形态与功能相似的神经元胞体聚集成团块状结构,称为**神经核**(nucleus)。凡是起止、功能与行程相同的神经纤维聚集成束,即称为**纤维束**(fasciculus),又称为传导束。在周围神经系统内,神经元胞体聚集成团块,称为**神经节**

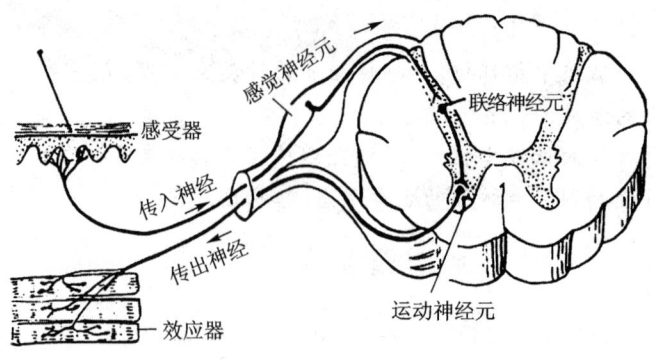

图 11-2 反射弧

(ganglion)。神经纤维聚集组成神经纤维束,数个纤维束被结缔组织包裹,称为**神经**(nerve)。

第二节 中枢神经系统

一、脊髓

(一)脊髓的位置和形态

脊髓(spinal cord)位于椎管内,上端于枕骨大孔处与延髓相连,下端在成人约平对第1腰椎体下缘(新生儿平对第3腰椎)。脊髓呈前后略扁的圆柱状,并可见两处膨大(图11-3),分别称为**颈膨大**和**腰骶膨大**,这两处膨大与上、下肢的发生、发展相关。在腰骶膨大以下脊髓逐渐变细,呈圆锥状,称为**脊髓圆锥**,向下延伸出一条无神经组织的细丝,称为**终丝**。通常把每一对脊神经前、后根丝附着的一段脊髓称为一个脊髓节段。共有31个节段,即8个颈节、12个胸节、5个腰节、5个骶节和1个尾节。

脊髓表面有6条沟或裂,前面正中的深沟称为**前正中裂**,后面正中的浅沟称为后正中沟。前正中裂两侧各有一条浅沟,称为**前外侧沟**,有脊神经前根穿出。后正中沟的两侧也各有一条浅沟,称为**后外侧沟**,为脊神经的后根穿出。前、后根在椎间孔处合并成**脊神经**。

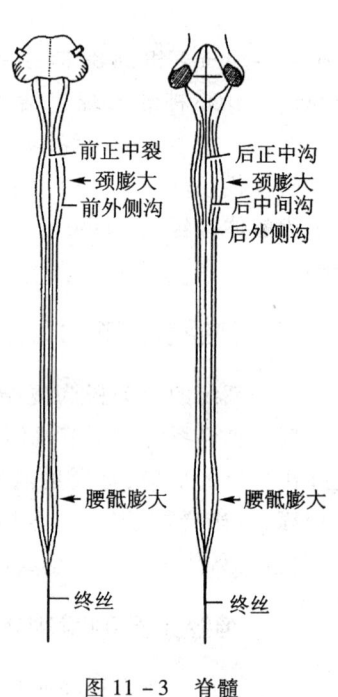

图 11-3 脊髓

(二)脊髓的内部结构

脊髓由灰质、白质和中央管构成。在脊髓横切面上(图11-4),可见灰质围绕中央部,呈"H"形;白质位于灰质的周围。中央管位于灰质的中央,纵贯脊髓的全长,向上连通第四脑室。中央管前、后的灰质分别称为**灰质前连合**和**灰质后连合**。

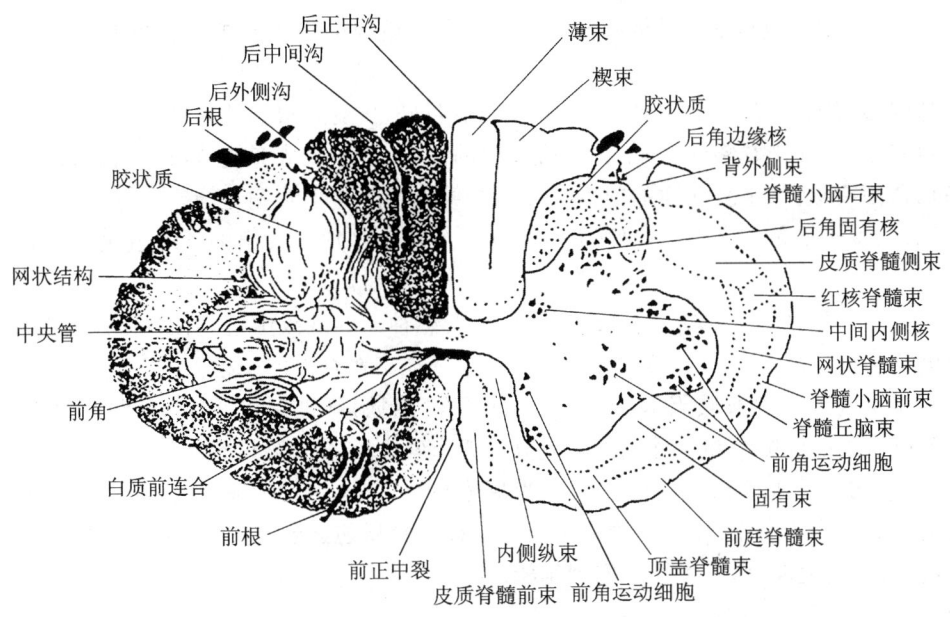

图 11-4 新生儿脊髓胸部横切面

1. 灰质　灰质主要由神经元胞体组成。脊髓灰质两侧前部的膨大为**前角(前柱)**，后部较狭细为**后角(后柱)**，在全部胸髓和上 3 个腰髓节段的前角和后角之间还有向外侧突出的**侧角(侧柱)**。

(1) 前角　主要由运动神经元组成(图 11-5)。运动神经元可分为 α 运动神经元和 γ 运动神经元。两种神经元的轴突组成前根，与支配骨骼肌的运动和调节肌张力有关。

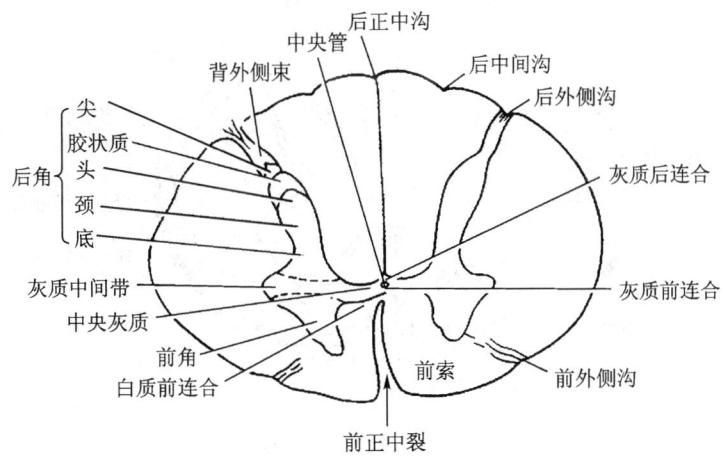

图 11-5　脊髓的灰质和白质

脊髓前角损伤：脊髓灰质炎为典型病变，常见于婴儿。由于每个脊髓节段前角细胞的轴突参与组成一个前根，支配相应的骨骼肌，故前角受损时将出现骨骼肌的下运动神经元性瘫痪，而无感觉障碍，故此病又称婴儿瘫。

(2) 后角　主要由中间（联络）神经元组成，接受后根的传入纤维。后角的神经元分为以下4群核团。

1) **边缘层**：位于后角尖的边缘，在腰膨大处最明显，接受后根的传入纤维。
2) **胶状质**：贯穿于脊髓的全长，位于边缘层的前方，主要完成脊髓节段间的联系。
3) **后角固有核**：位于胶状质的前方。发出纤维上行终止于背侧丘脑。
4) **胸核**：位于后角基底部的内侧，仅见于胸8至腰2节段。发出的纤维组成同侧的脊髓小脑后束。

(3) 侧角　仅见于脊髓胸1至腰3节段，是交感神经的低级中枢。在脊髓骶2至4节段，相当于侧角位置的部位，称为**骶副交感核**，是副交感神经在脊髓的中枢。

2. 白质　位于脊髓灰质周围，主要由长的上行（感觉）纤维束和下行（运动）纤维束组成。

每侧白质以前外侧沟和后外侧沟为界分为3个索。前正中裂和前外侧沟之间的白质称为**前索**；后正中沟和后外侧沟之间的白质称为**后索**；前外侧沟和后外侧沟之间的白质称为**外侧索**。在灰质前连合的前方，连接两侧前索的白质称为**白质前连合**。前、后角之间的一些灰质向外突入白质，并与之混合，交织构成**网状结构**。

(1) 上行（感觉）纤维束

1) **薄束**（fasciculus gracilis）和**楔束**（fasciculus cuneatus）：位于后索。薄束位于内侧，起自同侧第5胸髓节段以下的脊神经节细胞的中枢突；楔束位于外侧，起自同侧第4胸髓节段以上的脊神经节细胞的中枢突，这些脊神经节细胞的周围突分布于躯干、四肢的肌、肌腱、关节和皮肤的感受器。中枢突则经脊神经后根进入脊髓后索组成薄束、楔束上行，分别止于延髓内的薄束核、楔束核（图11-6，图11-7），传导意识性本体感觉（深感觉）和精细触觉。

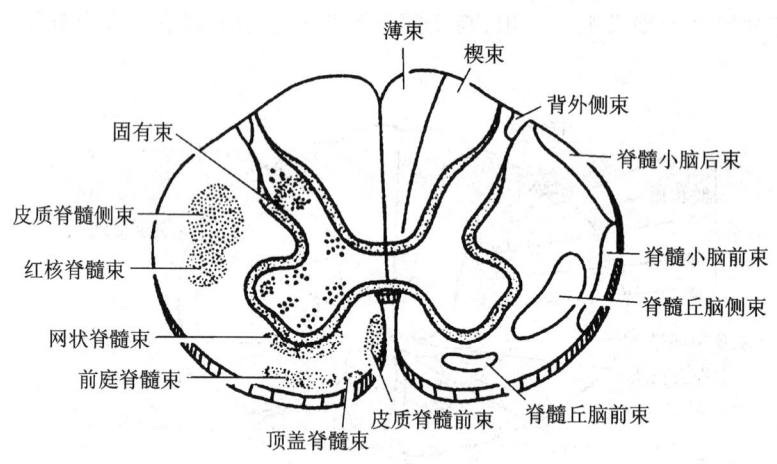

图11-6　脊髓白质内的传导束
左侧：下行传导束；右侧：上行传导束

2) **脊髓丘脑束**（spinothalamic tract）：位于脊髓外侧索和前索。在外侧索上行的纤维束称为**脊髓丘脑侧束**，在前索上行的纤维束称为**脊髓丘脑前束**（图11-8）。脊髓丘脑侧束传导痛觉和温度觉的冲动；脊髓丘脑前束传导粗触觉和压觉的冲动。两纤维均起自后角边缘层和固有核，其大部分纤维斜经白质前连合交叉到对侧的外侧索和前索，上行至脑干，终止于背侧丘脑。

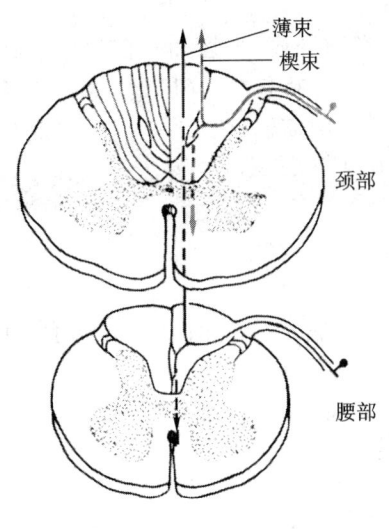

图 11-7　薄束和楔束

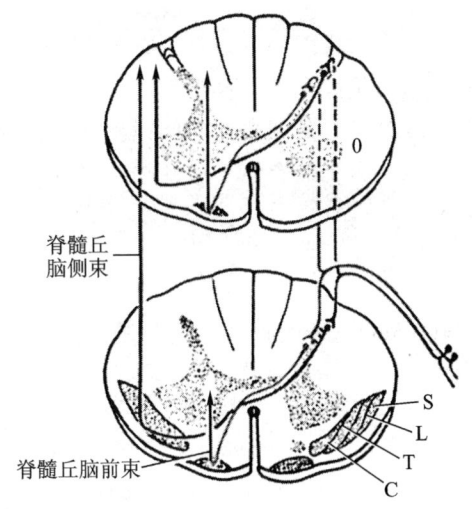

图 11-8　脊髓丘脑侧束和前束

在脊髓的白质内还有一些较小的上行纤维束，如**脊髓小脑前束、脊髓小脑后束、脊髓顶盖束和脊髓网状束**。

（2）下行（运动）纤维束　**皮质脊髓束**（corticospinal tract）：起自大脑皮质的锥体细胞，下行经内囊、脑干，在延髓的锥体交叉处，大部分纤维交叉到对侧，沿脊髓外侧索下行，称为**皮质脊髓侧束**。小部分不交叉的纤维于同侧脊髓前索下行，称为**皮质脊髓前束**（图 11-9）。皮质脊髓前束一般不超过胸段，其中大部分纤维逐节经白质前连合交叉至对侧的脊髓前角运动神经元，小部分纤维始终不交叉，终止于同侧的脊髓前角运动神经元。皮质脊髓束的功能是控制躯干和四肢骨骼肌的随意运动，特别是肢体远端的灵巧运动。

在脊髓的白质中还有一些下行的纤维束，如**红核脊髓束、前庭脊髓束、顶盖脊髓束、网状脊髓束**和**内侧纵束**。

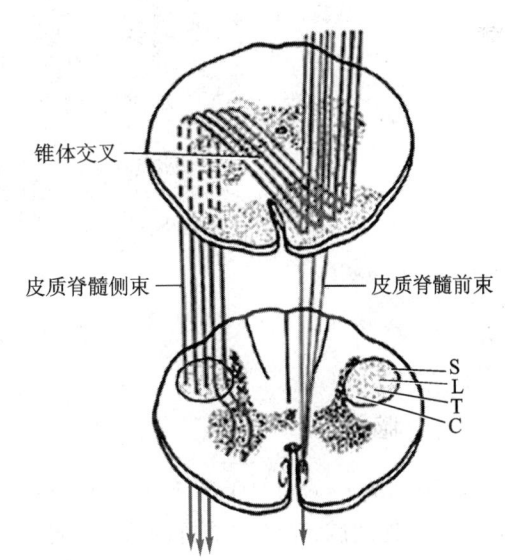

图 11-9　皮质脊髓侧束和前束

（三）脊髓的功能

1. 反射功能　脊髓是低级反射中枢，如骨骼肌牵张反射等。此外，脊髓也能完成简单的内脏反射，如排便、排尿反射等。

2. 传导功能　脊髓内的上行、下行纤维束是联系脑与身体各部间的传导通路的中继站。脊髓损伤将直接影响脊髓的功能。

> 脊髓半边横断(Brown-Sequard)综合征:病变常见于脊髓肿瘤、炎症和外伤。病灶侧损伤平面以下呈痉挛性瘫痪(椎体束受损)以及本体感觉和精细触觉丧失(后索受损)。由于受损的纤维是脊髓半离断平面以下从对侧交叉过来的纤维,因而病灶以下对侧的痛觉和温度觉丧失。真正的脊髓半横断损伤极为罕见,可由刺伤引起。

二、脑

脑(brain)位于颅腔内,可分**端脑、间脑、中脑、脑桥、延髓**和**小脑**6部分(图11-10,图11-11)。

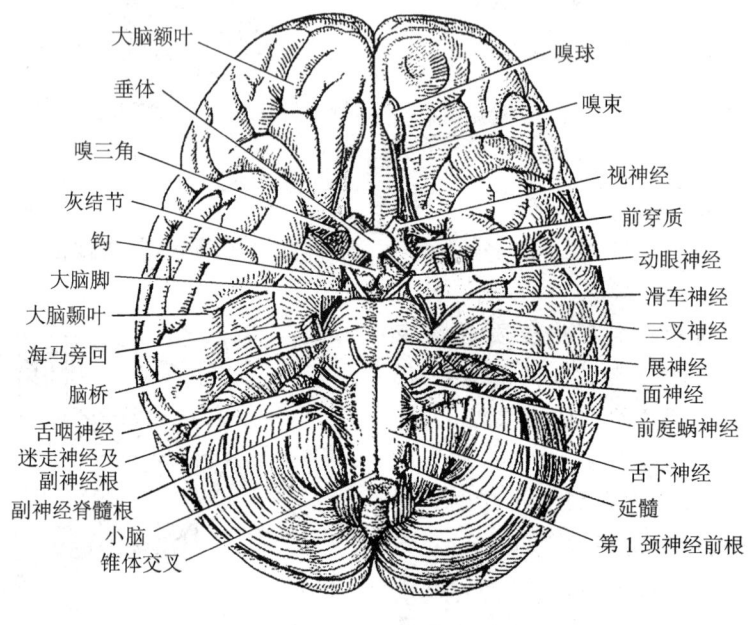

图 11-10 脑的底面

(一)脑干

脑干(brain stem)自下而上由延髓、脑桥和中脑3部分组成。延髓在枕骨大孔处下接脊髓,中脑上连间脑,延髓和脑桥的背面与小脑相连。

1. 脑干的外形

(1)腹侧面(图11-12)

1) **延髓**(medulla oblongata):形似倒置的圆锥体,其腹侧面上有与脊髓相续的沟和裂。位于前正中裂两侧的纵行隆起,称为**锥体**(pyramid),其内有皮质脊髓束通过,该纤维束下行并大部分交叉,在外形上呈发辫状,称为**锥体交叉**。在延髓上部锥体背外侧的卵圆形隆起为**橄榄**,内含下橄榄核。橄榄和锥体之间的前外侧沟中有**舌下神经**根丝,在橄榄的背侧,自上而下依次有**舌咽神经、迷走神经**和**副神经**的根丝出入。

2) **脑桥**(pons):位于脑干中部,其腹侧面宽阔膨大,称为**脑桥基底部**。基底部正中的纵行浅沟,称为**基底沟**(basilar sulcus),容纳基底动脉。基底部向后外逐渐变窄,移行为**小脑中脚**,

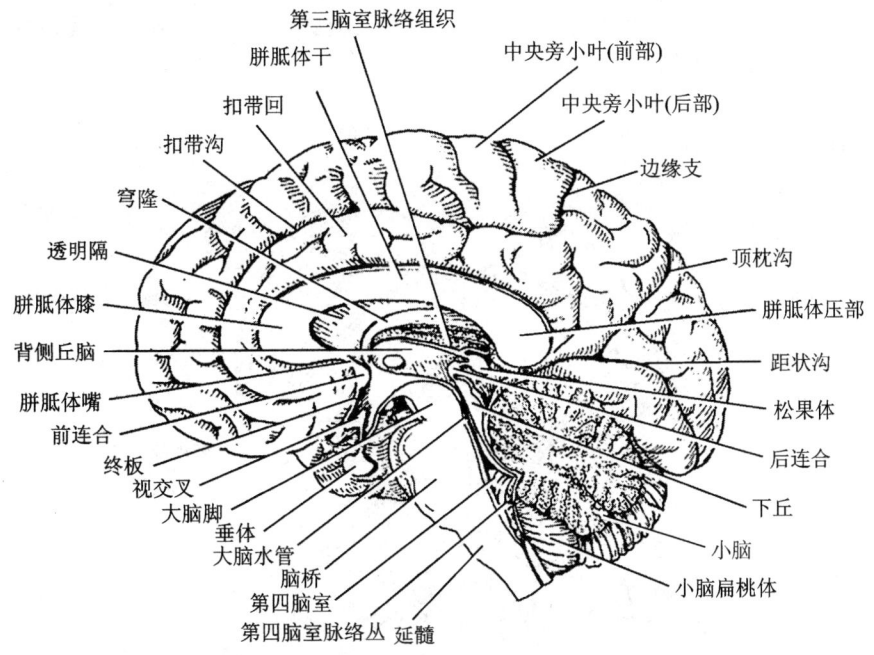

图 11-11 脑的正中矢状切面

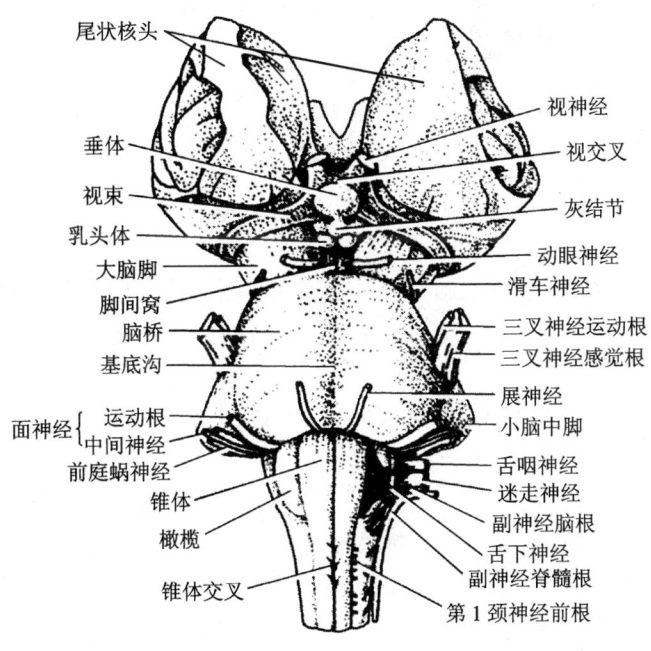

图 11-12 脑干(腹侧面)

在移行处有**三叉神经根**出入。在脑桥下端的**延髓脑桥沟**中，自内向外依次有**展神经**、**面神经**和**前庭蜗神经根丝**出入。延髓、脑桥和小脑的交角处，临床上称为**脑桥小脑三角**，面神经和前庭蜗神经根出入于此。

3) **中脑**(midbrain)：一对粗大的柱状隆起，称为**大脑脚**(crus cerebri)，主要由大量来自大脑皮质发出的下行纤维束构成，两脚之间的凹陷为**脚间窝**(interpeduncular fossa)。窝内有**动眼神经根**穿出。

（2）背侧面（图 11 – 13）

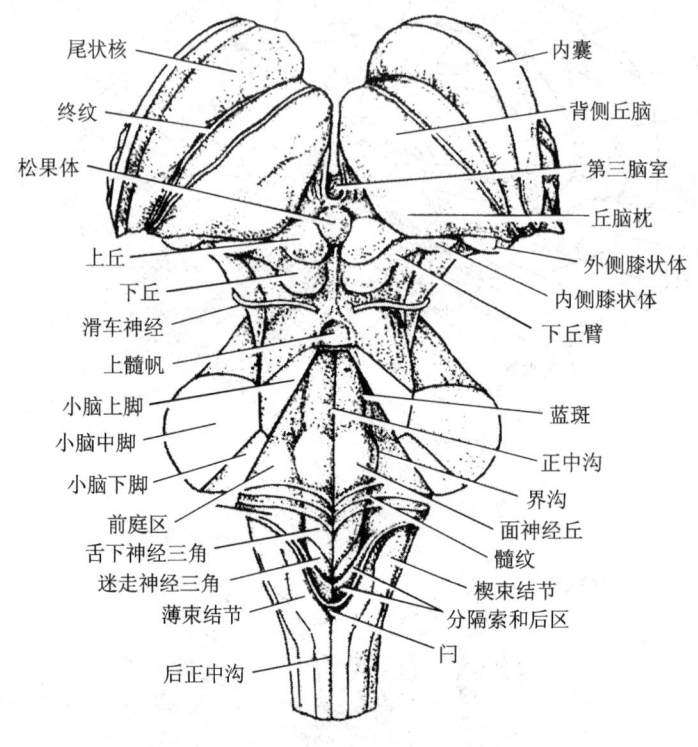

图 11 – 13　脑干（背侧面）

1) 延髓：背侧面下部形似脊髓，与脊髓的薄束和楔束相续，且向上延伸，分别扩展为**薄束结节**(gracile tubercle)和**楔束结节**(cuneate tubercle)，其内分别有薄束核和楔束核。在楔束结节的上方有隆起的**小脑下脚**。

2) 脑桥：背侧面形成菱形窝的上部，其两侧是小脑上脚和小脑中脚。在两侧小脑上脚之间的白质层，称为**上髓帆**。

3) 中脑：背侧面上、下各有 2 个圆形隆起，分别称为**上丘**(superior colliculus)和**下丘**(inferior colliculus)，前者与视觉反射有关，后者与听觉反射有关。在下丘的下部有滑车神经根穿出。

（3）菱形窝　菱形窝又称为**第四脑室底**，呈菱形，由脑桥和延髓的上半部背侧面构成，其中部髓纹为脑桥和延髓的分界。在窝的正中线上有一纵沟，称为**正中沟**(median sulcus)，其外侧的纵沟为**界沟**(sulcus limitans)。界沟外侧的三角区，称为**前庭区**(vestibular area)，深面有前庭神经核。前庭区外侧角上的小隆起称为**听结节**(acoustic tuberele)，内含蜗神经核。靠近髓纹上方，界沟内侧的圆形隆起，称为**面神经丘**(facial colliculus)，内隐展神经核和面神经膝。髓纹以下界沟内侧可见**迷走神经三角**和**舌下神经三角**，分别内含**迷走神经背核**和**舌下神经核**。

（4）第四脑室　第四脑室是位于延髓、脑桥和小脑之间的腔室，其向上经**大脑水管**与第三脑室相通,向下通延髓中央管,并借第四脑室正中孔和左、右外侧孔与蛛网膜下隙相通(图11-14)。

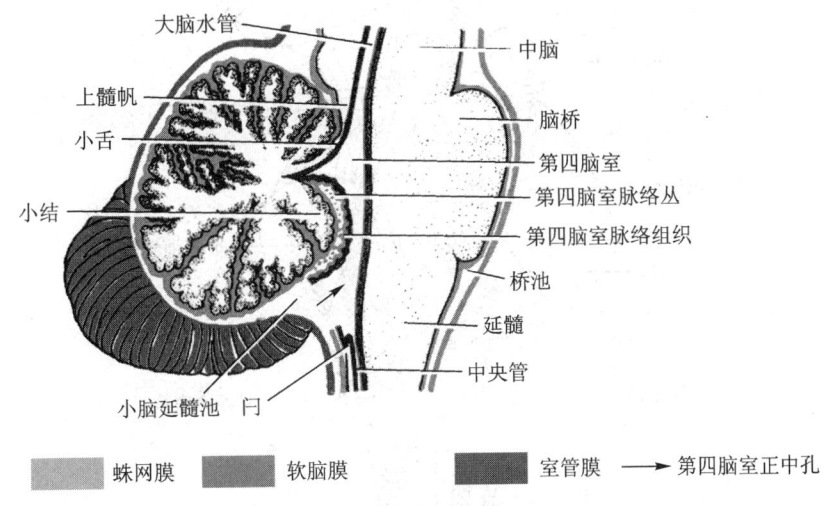

图11-14 脑干、小脑正中矢状切面

2. 脑干内部结构 脑干内部结构主要包括脑神经核、非脑神经核、纤维束和网状结构。

(1) 脑神经核 脑干内直接与第3~12对脑神经相连的神经核。按其功能有规律地在脑干内排列成4种性质的纵行细胞柱,以延髓橄榄中部横断面为例(图11-13),其排列的关系是:运动柱位于界沟的内侧,感觉柱位于界沟的外侧;与内脏运动和内脏感觉相关的功能柱分别靠近界沟的内、外侧,而与躯体相关的均距离界沟较远(图11-15)。

1) 躯体运动柱:邻近脑干的中线两侧,支配骨骼肌,由**动眼神经核、滑车神经核、三叉神经运动核、展神经核、面神经核、疑核、副神经核和舌下神经核**8对核团组成。

2) 内脏运动柱:位于躯体运动核的外侧,靠近界沟,支配头、颈、胸、腹部的平滑肌、心肌和腺体,由**动眼神经副核、上泌涎核、下泌涎核和迷走神经背核**4对核团组成。

3) 内脏感觉柱:位于界沟外侧,由单一**孤束核**构成。孤束核为一纵长核柱,位于迷走神经背核的外侧。面神经、舌咽神经和迷走神经中的内脏感觉纤维进入延髓后下行,组成孤束,止于孤束核。

4) 躯体感觉柱:位于内脏感觉柱的腹外侧,接受头面部皮肤及口、鼻腔黏膜的初级感觉纤维,由三叉神经感觉核(包括**三叉神经中脑核、三叉神经脑桥核、三叉神经脊束核**)、**蜗神经核**和**前庭神经核**组成。

(2) 非脑神经核 为脑干内上、下行传导通路的中继核,参与组成各种神经传导通路或反射通路。

1) 薄束核和楔束核:分别位于薄束结节和楔束结节的深面。此二核发出的纤维,绕过中央管腹侧的中线,左右交叉,形成**内侧丘系交叉**。交叉后的纤维在中线两侧折转上行,形成**内侧丘系**。

2) 红核:位于中脑上丘平面的被盖部,接受来自小脑和大脑皮质的传入纤维;参与躯体运动的调节。

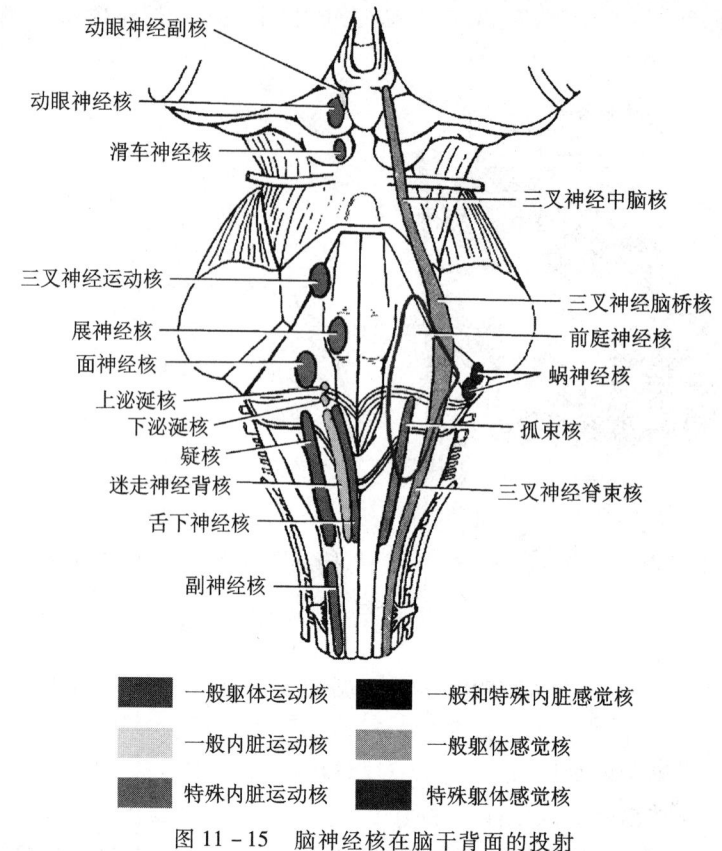

图 11-15 脑神经核在脑干背面的投射

3）黑质：位于中脑被盖和大脑脚底之间的板状灰质，延伸至中脑全长，可分为背侧的致密部和腹侧的网状部。黑质细胞内含黑色素颗粒，是脑内合成多巴胺的主要场所。当某些原因造成黑质病变时，多巴胺合成及分泌减少，患者表现为肌强直、运动受限或减少，并出现震颤，这称为**震颤麻痹或 Parkinson 病**。

非脑神经核还包括下橄榄核和脑桥核。

(3) 纤维束

1）上行纤维束

内侧丘系（mediall meniscus）由薄束核和楔束核发出的上行纤维呈弓形绕过中央管的腹侧，交叉后组成内侧丘系，止于背侧丘脑腹后外侧核，传导对侧躯干和四肢的意识性本体觉和精细触觉。

脊髓丘系（spinothalamic tracf）传导对侧躯干、四肢的温痛觉、粗触觉和压觉冲动，终止于背侧丘脑腹后外侧核。

三叉丘系（trigeminal lemniscus）由三叉神经脑桥核和脊束核发出的纤维，交叉到对侧上行，组成止于背侧丘脑腹后内侧核，传导对侧头面部温痛觉、粗触觉和压觉等感觉。

外侧丘系（lateral lemniscus）由双侧上橄榄核及蜗神经核发出的纤维，在脑桥中、下部折返向上，形成外侧丘系，止于间脑的内侧膝状体，传导听觉。

2）下行纤维束：主要是**锥体束**（pyramidal tract），为大脑皮质锥体细胞发出的下行纤维束，经内囊、中脑的大脑脚底,穿越脑桥基底部后继续下行入延髓锥体,主要控制骨骼肌随意运动。分为皮质脊髓束和皮质核束(或称皮质脑干束)。**皮质脊髓束**(corticospinal tract)在延髓形成锥体,皮质脊髓束的大部分纤维在锥体下方相互交叉,形成锥体交叉,交叉后的纤维在锥体外侧索内下行,称为**皮质脊髓侧束**;其余少部分不交叉的纤维在脊髓前索内下行,称为**皮质脊髓前束**。**皮质核束**(corticonuclear tract)在下行过程中止于脑干各脑神经运动核。

此外,还有皮质脑桥束、红核脊髓束、顶盖脊髓束、前庭脊髓束和网状脊髓束等。

(4)脑干网状结构　在脑干中央部的腹侧内,神经纤维纵横交错,其间散在着大小不等的细胞团,这些区域称为**网状结构**。心血管中枢和呼吸的中枢等生命中枢就存在于延髓的网状结构中。中缝核是脑干网状结构的主要神经核团之一,位于脑干中缝附近,主要由5-羟色胺神经元构成。

(二)小脑

小脑(cerebellum)位于颅后窝,延髓和脑桥的后方,通过小脑下脚、中脚和上脚与脑干相连,小脑与脑干间的腔隙为第四脑室。

1. 小脑的外形(图11-16,图11-17)　小脑中间较狭窄的部位称为**小脑蚓**(cerebellar vermis);两侧膨隆的部分称为**小脑半球**(cerebellar hemisphere)。小脑半球上面前1/3与后2/3交界处的深沟称**原裂**。在小脑半球下面近枕骨大孔处膨出的部分称**小脑扁桃体**(tonsil of cerebellum)。当某种病变引起颅内压增高时,小脑扁桃体可嵌入枕骨大孔,压迫延髓部位的呼吸中枢和心血管中枢,形成枕骨大孔疝或小脑扁桃体疝,导致呼吸、循环障碍,危及生命。

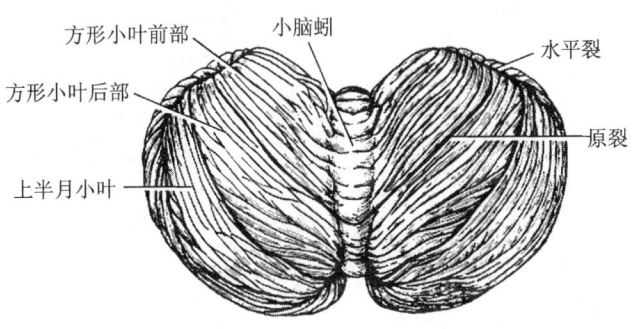

图11-16　小脑(上面)

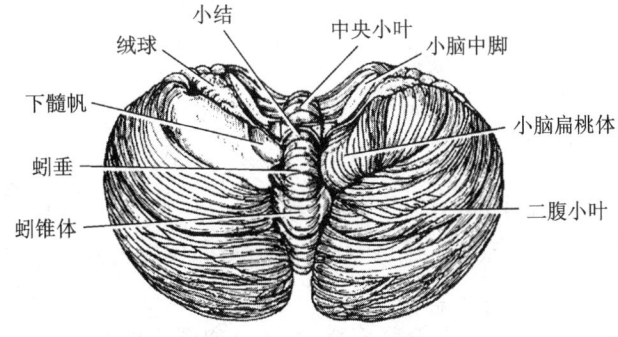

图11-17　小脑(下面)

> **枕骨大孔疝**：延髓位于小脑的前下方，小脑扁桃体位于延髓下段的背侧，其下缘与枕骨大孔的后缘相邻接。当颅内高压或颅后窝有占位性病变时，脑组织被挤压，从高压处向压力低的椎管方向移动，如果脑组织被嵌压在枕骨大孔处，则形成枕骨大孔疝。如疝出的是小脑扁桃体，则为小脑扁桃体疝。延髓内有呼吸中枢和心血管运动中枢，若受挤压，患者可表现为剧烈头痛、反复呕吐、颈项强直、呼吸和循环障碍，甚至发生突然昏迷、呼吸骤停、血压下降、心搏骤停而危及生命。

2. **小脑的分叶**　根据小脑的发生、功能和纤维联系，可分为3叶。

（1）绒球小结叶　位于小脑下面的最前部，由绒球和小脑蚓前端的小结组成。因其种系发生上最古老，故称为**原小脑**。

（2）前叶　位于小脑上部原裂以前的部分，因其在种系发生上较晚，故称为旧小脑。

（3）后叶　为原裂以后的部分，占小脑的大部分，因其在进化过程中是新发生的结构，故称为**新小脑**。

3. **小脑的内部结构**　分布在小脑表面的灰质称为**小脑皮质**(cerebellar cortex)。而位于小脑皮质深面的白质称为**小脑髓质**(cerebellar medulla)。埋在小脑髓质内的灰质团块称为**小脑核**(cerebellar nuclei)（图11-18），小脑核有4对，包括齿状核、顶核、栓状核和球状核，其中齿状核最大。

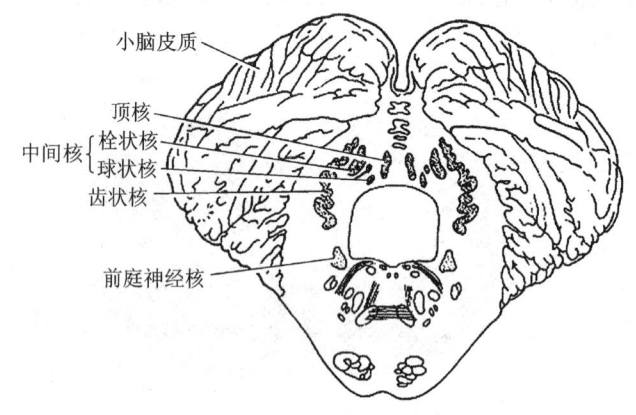

图11-18　小脑核（经小脑中、下部的水平切面）

4. **小脑的功能**　① 维持身体平衡，协调眼球运动。② 调节肌张力。③ 调节骨骼肌的运动。

（三）间脑

间脑(diencephalon)位于中脑与端脑之间，大部分被大脑半球掩盖，仅有部分腹侧部露于脑底。间脑中间的窄腔为**第三脑室**（图11-19）。间脑可分**背侧丘脑、后丘脑、上丘脑、下丘脑**和**底丘脑**5部分。

1. **背侧丘脑**(dersal thalamus)　简称**丘脑**，由一对卵圆形的灰质团块组成，借丘脑间黏合

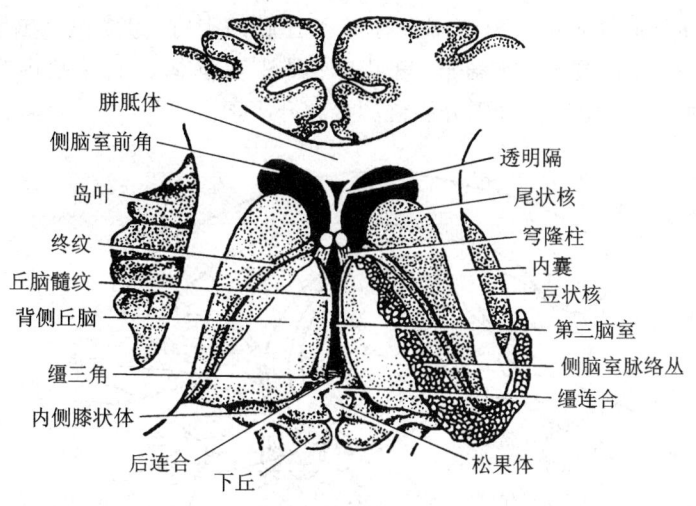

图 11-19 间脑（背面）

相连。背侧丘脑灰质的内部被"Y"形的**内髓板**分隔成 3 个核群,即**前核群、内侧核群**和**外侧核群**。前核群位于内髓板分叉部的前上部,与内脏活动有关;内侧核群位于内髓板的内侧,其功能可能是联合躯体和内脏感觉冲动的整合中枢;外侧核群位于内髓板外侧,可分为背、腹侧两部分,腹侧部分又称为腹侧核群,后者由前向后可分为腹前核、腹中间核和腹后核,其腹后核可分**腹后内侧核群**和**腹后外侧核群**,前者接受三叉丘系及味觉纤维,后者接受脊髓丘系和内侧丘系的纤维(图 11-20)。

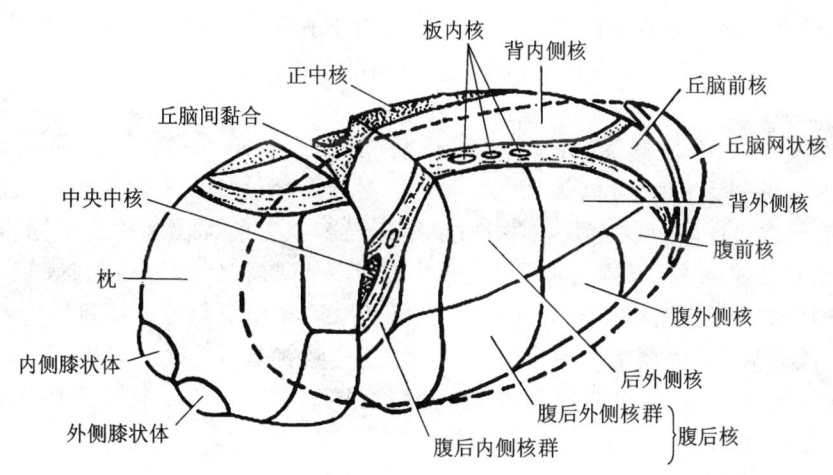

图 11-20 背侧丘脑核团

背侧丘脑是感觉传导通路的中继核,同时也是复杂的整合中枢,其受损时,常表现为感觉丧失、过敏,可伴有剧烈的自发性疼痛。

2. **后丘脑**(metathalamus)　后丘脑位于脑的后下方,包括**内侧膝状体**和**外侧膝状体**(图 11-20)。前者接受来自下丘臂的听觉传导通路纤维,后者接受视束传入纤维。

3. 下丘脑(hypothalamus) 下丘脑位于背侧丘脑的下方,组成第三脑室的下壁和侧壁的下部,其主要结构有**视交叉**、**灰结节**、**乳头体**、**漏斗**和**垂体**。下丘脑内有许多神经核(图11-21),其中**视上核**和**室旁核**分别分泌催产素和升压素。

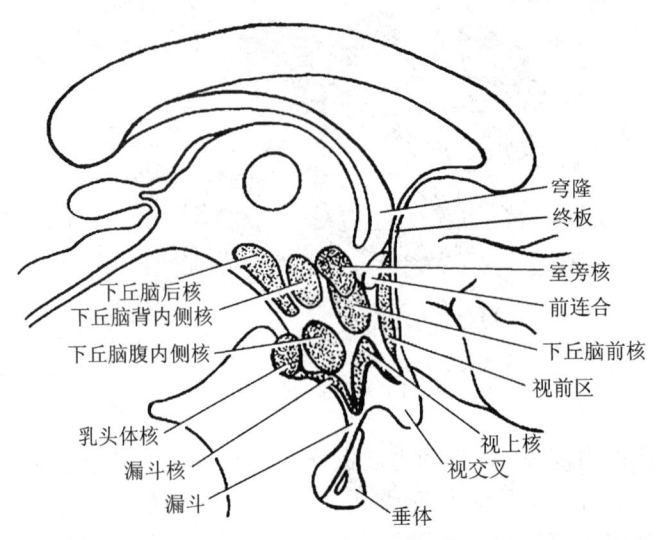

图11-21 下丘脑的主要神经核

下丘脑的功能:下丘脑是神经内分泌中心,也是内脏活动的较高级中枢,能对机体的体温、摄食、生殖、水盐平衡等起调节作用。

4. 第三脑室 第三脑室是位于左、右背侧丘脑和下丘脑之间的狭窄腔隙,其前方借左、右室间孔与左、右侧脑室相通,后方借中脑水管与第四脑室相通。

> 下丘脑综合征:系由肿瘤、先天缺陷、炎症、脑血管疾病、局部手术、放射治疗及创伤等下丘脑病变引起的一组以神经、内分泌代谢障碍为主,伴有自主神经功能紊乱的综合征。表现为:① 内分泌与代谢障碍:根据下丘脑损害的部位和程度不同,可引起一种或多种激素分泌紊乱,以性功能异常、水代谢紊乱与肥胖症最为多见,表现为性欲降低、阳痿、闭经、子宫萎缩、性早熟、肥胖症、生长停滞、多尿及血糖升高等。② 神经系统症状:嗜睡或失眠、多食肥胖或顽固性厌食、消瘦、精神失常、过度兴奋、哭笑无常、幻觉、癫痫样发作等。③ 自主神经功能紊乱症状:体温调节障碍、中枢性高体温及低体温、多汗或无汗等。

(四)端脑

端脑(telencephalon)由两侧大脑半球借胼胝体连接而成,是脑的最发达部分。左、右两大脑半球由大脑纵裂将其分开,大脑纵裂底部有连接两半球的横行纤维,称**胼胝体**。大脑半球表面是灰质,称为**大脑皮质**,深面是白质称大脑髓质。深埋在髓质底部内的一些灰质核团称为**基底核**。大脑半球内部的腔隙称为**侧脑室**。

1. 大脑半球的外形　大脑表面凹凸不平,布满沟回。凹处为大脑沟,凸处为大脑回。

大脑半球借**中央沟**、**外侧沟**和**顶枕沟**分为 5 叶:额叶、顶叶、颞叶、枕叶和岛叶。中央沟前方的部分是**额叶**(frontal lobe);中央沟后方、外侧沟上方的部分是**顶叶**(parietal lobe);外侧沟下方的部分是**颞叶**(temporal lobe);顶枕沟后方较小的部分是**枕叶**(occipital lobe);**岛叶**(insula)则藏于外侧沟的深部。

每一侧大脑半球有 3 个面:上外侧面、内侧面和下面。

(1) 大脑半球上外侧面(图 11-22)

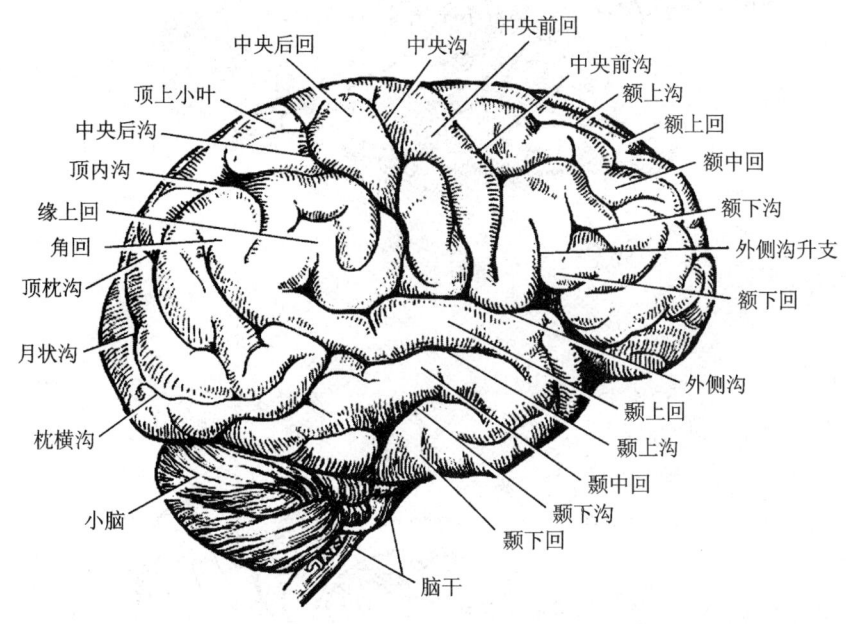

图 11-22　大脑半球(上外侧面)

1) 额叶:在中央沟前方有与之平行的**中央前沟**,两沟间的部分称**中央前回**。自中央前沟有**额上沟**和**额下沟**向前水平走行,将额叶分成**额上回**、**额中回**和**额下回**。

2) 顶叶:在中央沟后方有与之平行的**中央后沟**,两沟间的部分称为**中央后回**。在中央后沟的后部有一前后走向的**顶内沟**。以顶内沟为界,顶内沟以上的部分是**顶上小叶**;顶内沟以下的部分为**顶下小叶**,顶下小叶又分为围绕外侧沟末端的**缘上回**和围绕颞上沟末端的**角回**。

3) 颞叶:**颞上沟**和**颞下沟**与外侧沟平行走向。外侧沟与颞上沟之间的部分是**颞上回**。颞上沟和颞下沟之间的部分是**颞中回**。颞下沟以下的部分为**颞下回**。自颞上回转向外侧沟的两横行脑回是**颞横回**。

4) 枕叶:在外侧面上有些不恒定的沟和回。

5) 岛叶(图 11-23):藏于外侧沟的深部,周围有环状的沟围绕,其表面有长短不等的大脑回。

(2) 大脑半球内侧面(图 11-24)　额、顶、枕、颞叶 4 叶都有部分扩展到大脑半球内侧面。在间脑上方有联络两半球的**胼胝体**(corpus callosum)。胼胝体下方的弓形纤维束称为**穹窿**,其与胼胝体间的薄板称为**透明隔**,在胼胝体上方的沟称为**胼胝体沟**。位于胼胝体沟的上方,有与之平行的**扣带沟**,二沟间的脑回是**扣带回**(cingulate gyrus)。中央前、后回延伸至大脑半球内侧面的部分称为**中央旁小叶**（paracentral lobule）。**距状沟**（calcarine sulcus）位于枕叶，从后端的下方起，呈弓形向后至枕叶后端。顶枕沟与距状沟之间的三角区称为**楔叶**。距状沟以下是**舌回**。

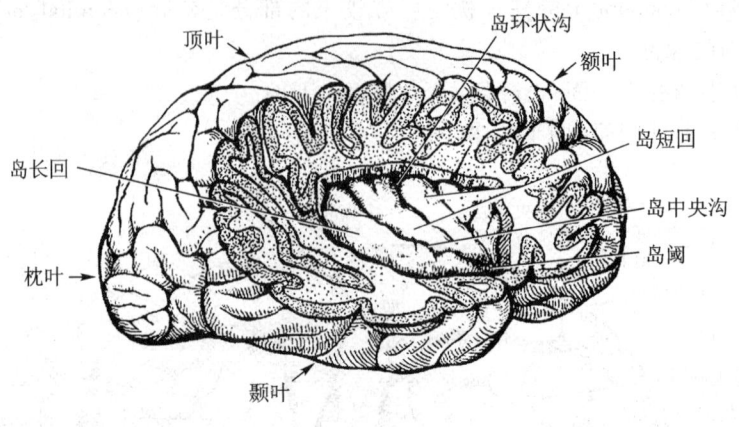

图 11-23　岛叶

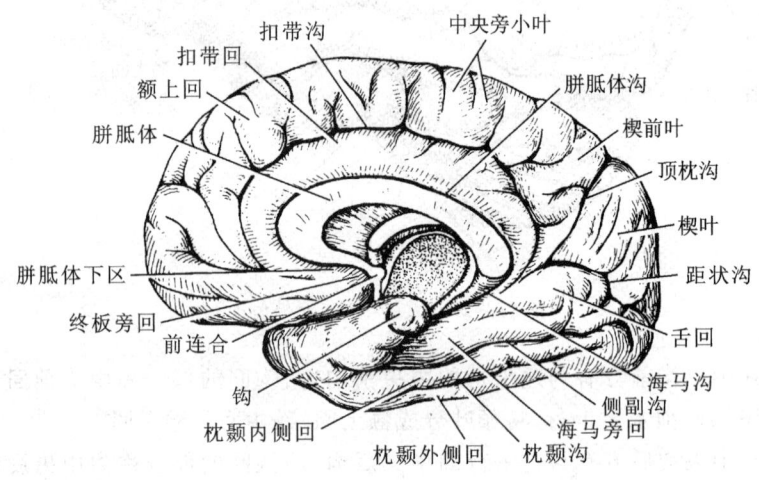

图 11-24　大脑半球（内侧面）

(3) 大脑半球下面　即端脑底面（图 11-25），由额、枕、颞叶组成。额叶下面有纵行的**嗅束**（olfactory tract），其前端膨大为**嗅球**（olfactory bulb），后端扩大为**嗅三角**。颞叶下方有**海马旁回**（parahippocampal gyrus），其前端弯成钩形的部分，称为**钩**（uncus）（图 11-24）。在海马旁回上内侧为**海马沟**，其上方有呈锯齿状窄条皮质，称为**齿状回**。在齿状回的外侧，侧脑室下角底壁有一弓形隆起，称为**海马**（hippocampus）。

2. 大脑半球的内部结构

(1) 大脑皮质　人类的大脑皮质是中枢神经发育最复杂和最完善的部位，总面积约 2 200 cm^2，约有 26 亿个神经细胞，它们按一定的规律分层排列。大脑皮质是高级神经活动的物质基础，机体各种功能的最高级中枢在大脑皮质上都有特定的功能区（图 11-26）。

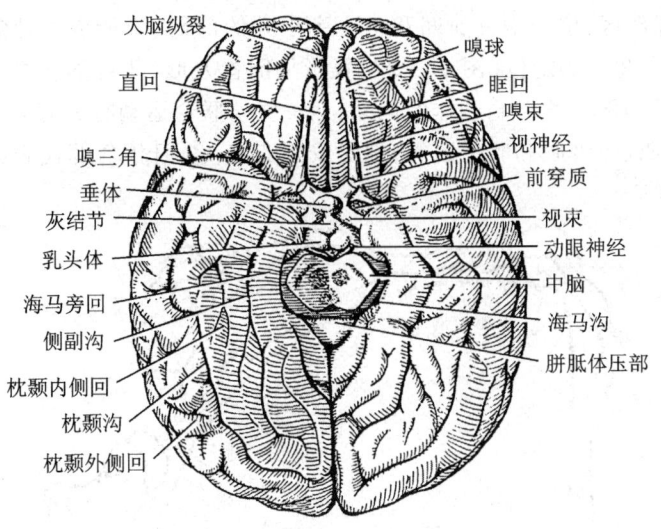

图 11-25 端脑（底面）

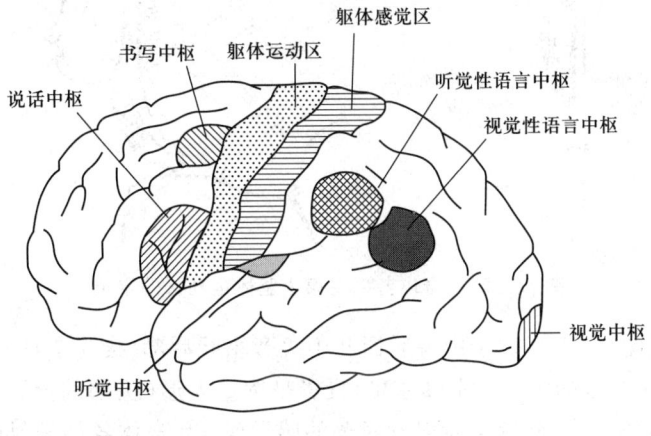

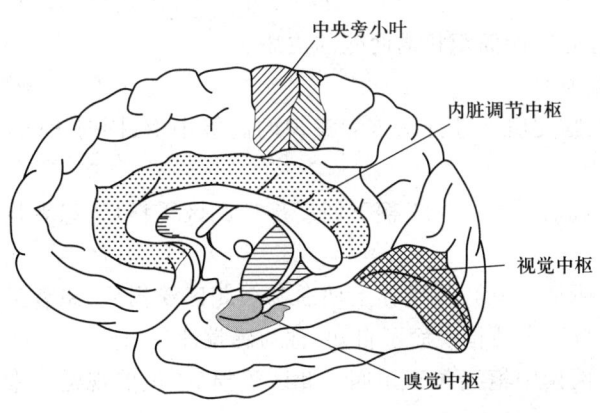

图 11-26 大脑皮质的主要中枢
A. 外侧面；B. 内侧面

1) 第Ⅰ躯体运动区:位于中央前回和中央旁小叶的前部,管理全身骨骼肌的运动。其特点为:① 身体各部在此区的定位(图 11-27)投影呈倒置人形(头部的投影是正位);② 左、右交叉支配,即一侧运动区支配对侧肢体的运动,但一些与联合运动有关的肌,如面上部肌、眼球外肌、咽喉肌、咀嚼肌、呼吸肌和躯干肌等,则受双侧支配;③ 身体各部代表区的大小与运动的灵巧、精细程度有关。

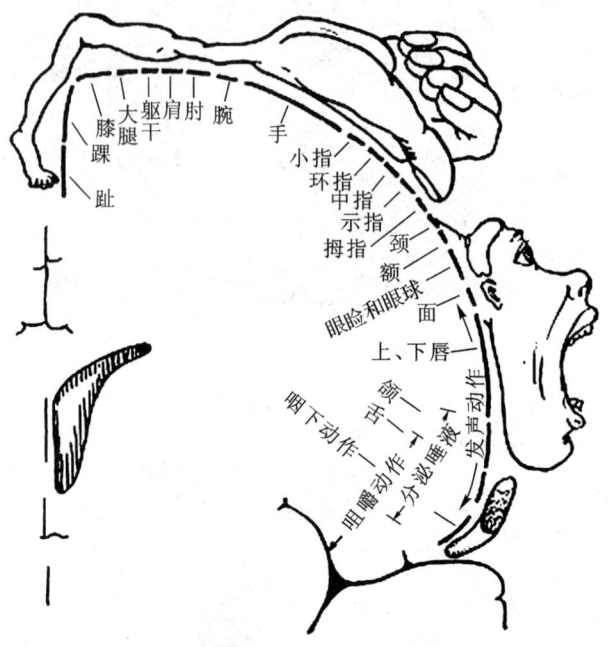

图 11-27　身体各部在第Ⅰ躯体运动区的定位

2) 第Ⅰ躯体感觉区:主要位于中央后回和中央旁小叶后部,接受全身的浅、深感觉。其特点为:① 身体各部在此区的定位(图 11-28)投影呈倒置人形(头部的投影是正位);② 左、右交叉接受,即一侧身体的浅、深感觉投射到对侧的感觉区;③ 身体各部投射区面积的大小与感觉的敏感程度有关。

3) 视觉区:位于枕叶内侧面距状沟两侧的皮质。

4) 听觉区:位于颞横回。

5) 语言区:人类大脑皮质是进行思维和意识的高级中枢,同时大脑皮质上还具有相应的语言中枢(图 11-29)。

运动性语言中枢(说话中枢):位于额下回后部。此区受损后,患者虽能发音,却丧失说话能力,称运动性失语症。

听觉性语言中枢(听话中枢):位于颞上回后部。此区受损后,患者虽然听觉正常,但不能理解别人讲话的意思,自己讲话错误而不自知,称为感觉性失语症。

视觉性语言中枢(阅读中枢):位于角回。此区受损后,虽然视觉正常,但不能理解文字符号的意义,称失读症。

6) 书写中枢:位于额中回后部。此区受损后,虽然手的运动正常,但不能写出正确的文字,称失写症。

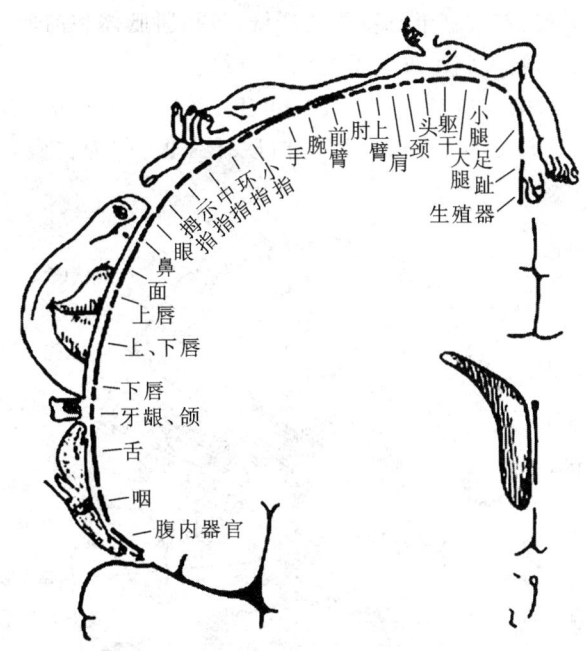

图 11-28　身体各部在第Ⅰ躯体感觉区的定位

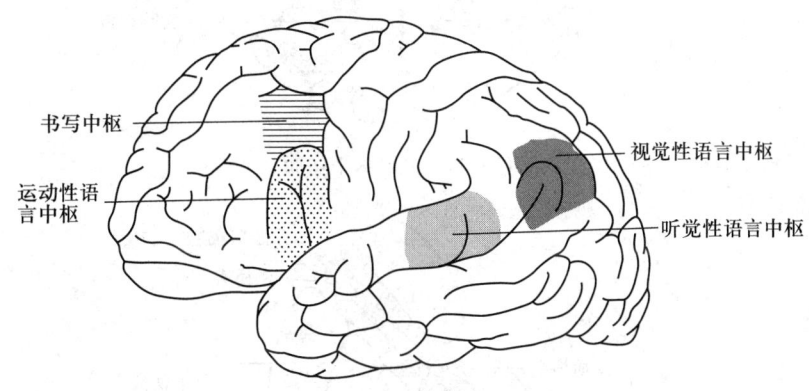

图 11-29　左侧大脑半球的语言中枢

（2）**基底核**（basal nucle）　位于大脑半球白质内的灰质团块，靠近脑底，包括尾状核、豆状核、杏仁体和屏状核。

1）**纹状体**（corpus striatum）：包括尾状核和豆状核。豆状核被白质板分成外周的壳和内部的苍白球。尾状核与壳在种系发生上较晚，合称为**新纹状体**；苍白球较为古老，称为**旧纹状体**。纹状体是锥体外系的重要组成部分，具有维持肌张力，协调肌群运动的功能。

2）**杏仁体**：位于海马旁回的深面，其功能与内脏活动、行为和内分泌有关。

3）**屏状核**：位于豆状核和岛叶之间，其功能不明。

（3）**大脑髓质**　大脑半球的髓质主要由大量的神经纤维组成，可分为 3 种纤维，即联合纤维、联络纤维和投射纤维。

1）联合纤维：是连接左、右大脑半球皮质的纤维，包括胼胝体和前连合等。

2）联络纤维：是联系同侧大脑半球各部之间的纤维。

3）投射纤维：由联系大脑皮质与皮质下结构的上、下行纤维组成。这些纤维绝大部分经过背侧丘脑、尾状核和豆状核之间，形成宽厚的白质纤维板，称为**内囊**（internal capsule）（图 11-30，图 11-31）。

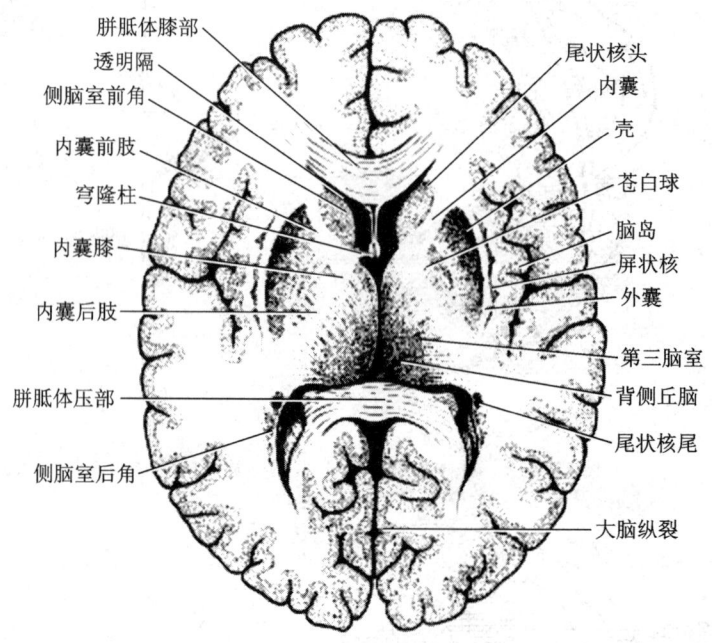

图 11-30 大脑水平切面

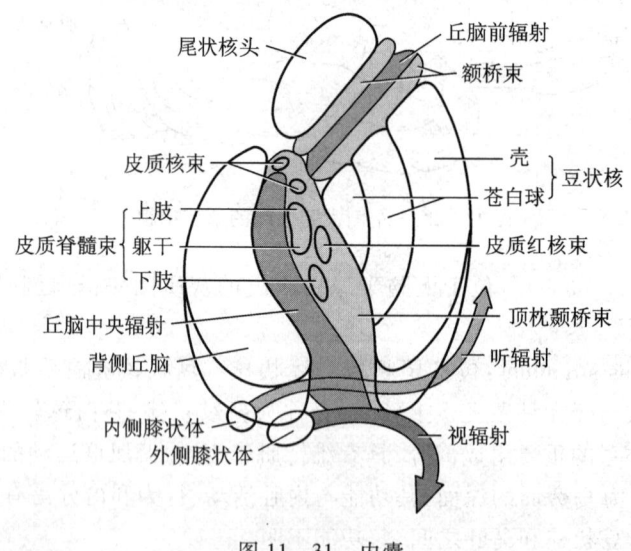

图 11-31 内囊

内囊在大脑水平切面上，左右略呈">＜"形，可分为3部分：前部位于豆状核与尾状核之间,称为内囊前肢,主要有丘脑前辐射和额桥束通过;后部位于豆状核和背侧丘脑之间,称为内囊后肢,主要有皮质脊髓束、皮质红核束、顶枕颞桥束、丘脑中央辐射、视辐射和听辐射通过;前、后肢相交处称内囊膝,有皮质核束通过。当营养内囊的小动脉破裂(脑出血)或栓塞时,可导致内囊膝和后肢的受损,引起对侧半身浅、深感觉障碍(丘脑中央辐射受损),对侧半身随意运动障碍(皮质脊髓束、皮质核束受损)和双眼对侧半视野偏盲(视辐射受损),即临床所谓的"三偏"症状。

3. **边缘系统**(limbic system)　由边缘叶和与其相联系的皮质下结构所组成。在大脑半球的内侧面,由扣带回、海马旁回、海马和齿状回等结构围绕胼胝体等形成一环状结构,称**边缘叶**(limbic lobe)。皮质下结构包括杏仁体、隔核、下丘脑、背侧丘脑的前核和中脑被盖的一些结构。边缘系统参与内脏调节、情绪反应和性活动等功能。

三、脑和脊髓的被膜、血管及脑脊液循环、脑屏障

(一)脑和脊髓的被膜

脑和脊髓的表面由外向内依次有硬膜、蛛网膜和软膜3层被膜,对脑和脊髓起保护、支持和营养的作用。

1. **硬膜**(dura mater)　由厚而坚韧的致密结缔组织构成。包裹脊髓的为硬脊膜,包被脑表面的是硬脑膜。

(1) **硬脊膜**(spinal dura mater)　上端附着于枕骨大孔边缘,与硬脑膜相延续;下端达第2骶椎平面,逐渐变细,包裹终丝,其末端附着于尾骨。两侧在椎间孔处与脊神经外膜相连。**硬膜外隙**(epidural space)是指硬脊膜与椎管内面的骨膜之间的窄隙,其内呈负压,含有脊神经根、疏松结缔组织、脂肪组织、淋巴管和椎内静脉丛等(图11-32)。临床上进行硬膜外麻醉,就是将药物注入此隙,以阻滞脊神经根内的神经传导。

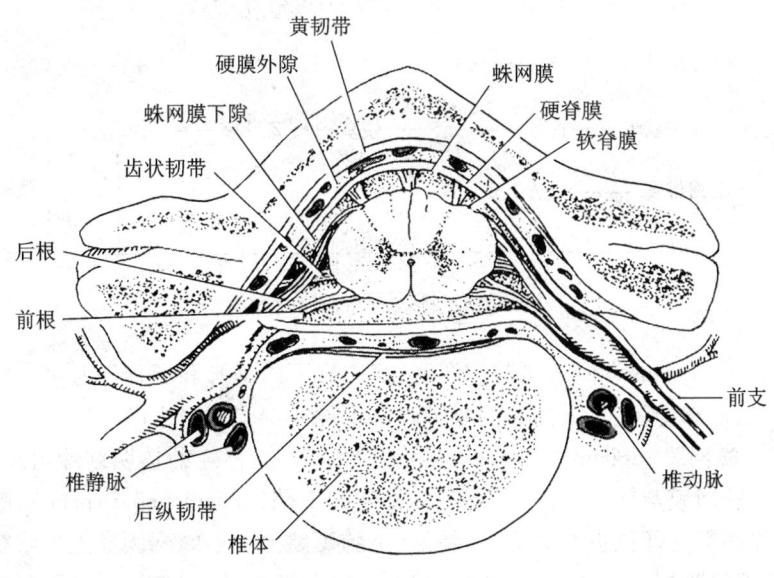

图11-32　脊髓的被膜

(2) **硬脑膜**(cerebral dura mater) 为双层膜,由外层的颅内骨膜和内层的硬膜组成。其外层与颅顶骨结合处较颅底疏松,故颅顶骨骨折易形成硬膜外血肿,而颅底骨折则易撕裂硬脑膜和蛛网膜(两者紧密相贴),造成脑脊液外漏。硬脑膜内层向内折叠,还形成以下特殊的结构(图11-33)。

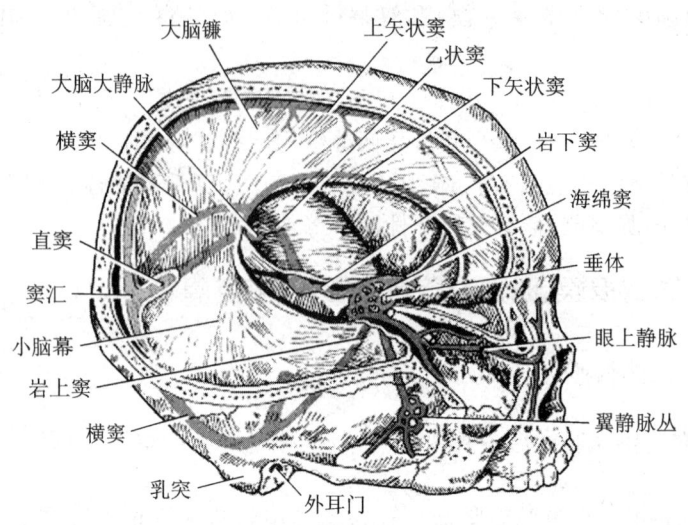

图11-33 硬脑膜及硬脑膜窦

1) **大脑镰** 形似镰刀,以矢状位插入大脑纵裂。
2) **小脑幕** 位于大脑与小脑之间。
3) **硬脑膜窦**(dural sinuses) 为颈内静脉的颅内属支。在某些部位硬脑膜的内、外层分开,并覆以内皮细胞而成。主要的硬脑膜窦有**上矢状窦**、**下矢状窦**、**直窦**、**窦汇**、**横窦**、**乙状窦**和**海绵窦**等(图11-33)。硬脑膜窦内血液流注方向如图11-34。

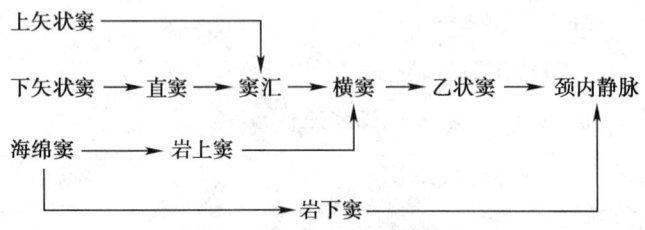

图11-34 硬脑膜窦内血流方向

海绵窦(cavernous sinus)位于蝶鞍的两侧,窦内有颈内动脉和展神经通过。在窦的外侧壁内还有动眼神经、滑车神经、三叉神经的眼神经和上颌神经通过(图11-35)。

2. **蛛网膜** 蛛网膜(arachnoid mater)为一层无血管、无神经的透明结缔组织薄膜,与其外面的硬膜相贴。蛛网膜与软膜之间的窄隙,称**蛛网膜下隙**(subarachnoid space),隙内充满脑脊液。蛛网膜下隙在某些部位扩大为池,如**终池**、**小脑延髓池**等。蛛网膜在上矢状窦内突出形成颗粒状,称为**蛛网膜粒**(arachnoid granulations)(图11-36)。脑脊液通过蛛网膜粒渗入硬脑膜

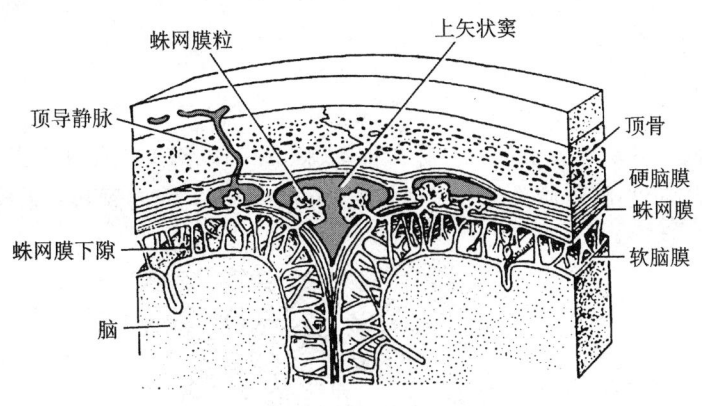

图 11-35 海绵窦

窦内，回流入颈内静脉。

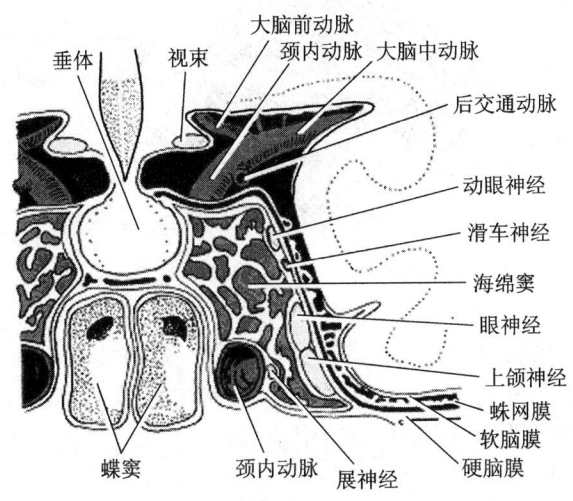

图 11-36 蛛网膜粒和硬脑膜窦

3. **软膜**(pia mater)为一层含有丰富血管的透明结缔组织膜。紧贴脊髓表面的称为**软脊膜**；紧贴脑表面的称为**软脑膜**。软脊膜在脊髓两侧脊神经前根、后根之间形成**齿状韧带**。齿状韧带、终丝和脊神经根均对脊髓起固定作用。软脑膜在脑室壁的一定部位与毛细血管和室管膜上皮共同突入脑室，构成**脉络丛**，是产生脑脊液的主要结构。

> 腰椎穿刺：做腰椎穿刺的目的是采取化验用的脑脊液，或向蛛网膜下隙内注入抗生素、造影剂、麻醉剂，或是测定脑脊液压力。方法如下：于颈部压迫颈内静脉，使静脉回流，借以引起颅内压升高，使颅内的脑脊液向下注入脊髓的蛛网膜下隙。针穿过棘上韧带、棘间韧带、黄韧带，然后穿破硬脊膜，此时将有一种"穿透"的特殊感觉。脑脊液会随即流出。若碰到马尾的神经根，偶尔也可出现根痛，但不会刺断神经根，因为神经根在椎管内不会绷得很紧。

(二) 脑和脊髓的血管

1. 脑的血管

（1）脑的动脉　主要来源于颈内动脉和椎动脉（图 11-37）。脑的动脉分**皮质支**和**中央支**。皮质支供应大脑、小脑皮质及附近髓质，中央支供应基底核、内囊和间脑等。

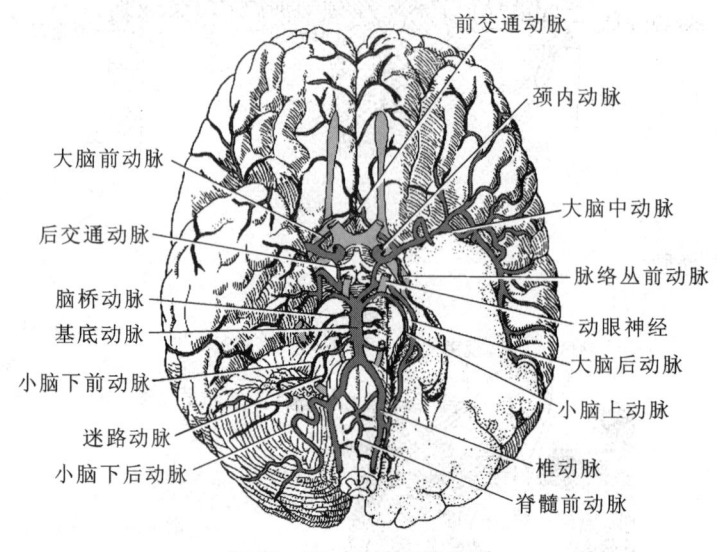

图 11-37　大脑底的动脉

1）颈内动脉　供应大脑半球的前 2/3 和间脑前部。颈内动脉起自颈总动脉，经颈动脉管入颅后，穿海绵窦至视交叉外侧，发出大脑前动脉、大脑中动脉、脉络丛前动脉、眼动脉和后交通动脉等分支（图 11-38，图 11-39）。大脑中动脉途经前穿质时，发出一些垂直向上的细小分支，称为**豆纹动脉**（图 11-40）。

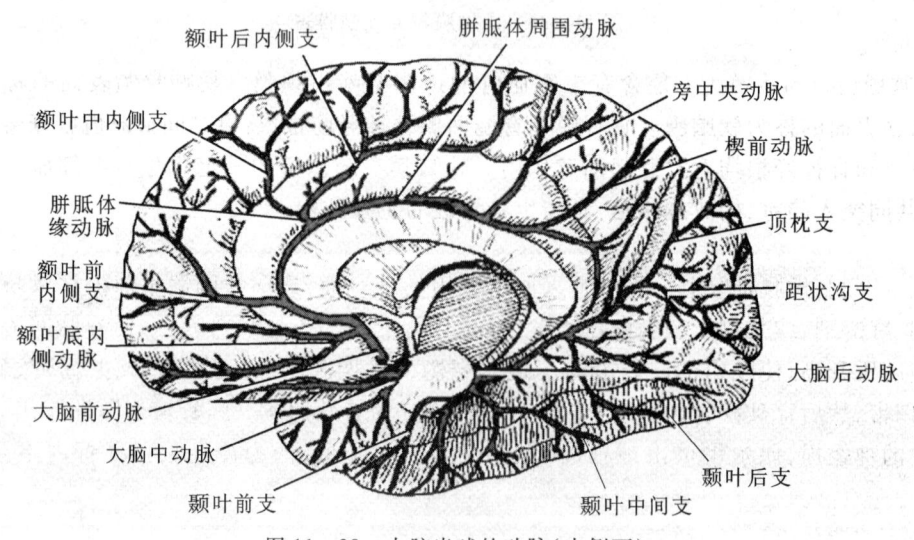

图 11-38　大脑半球的动脉（内侧面）

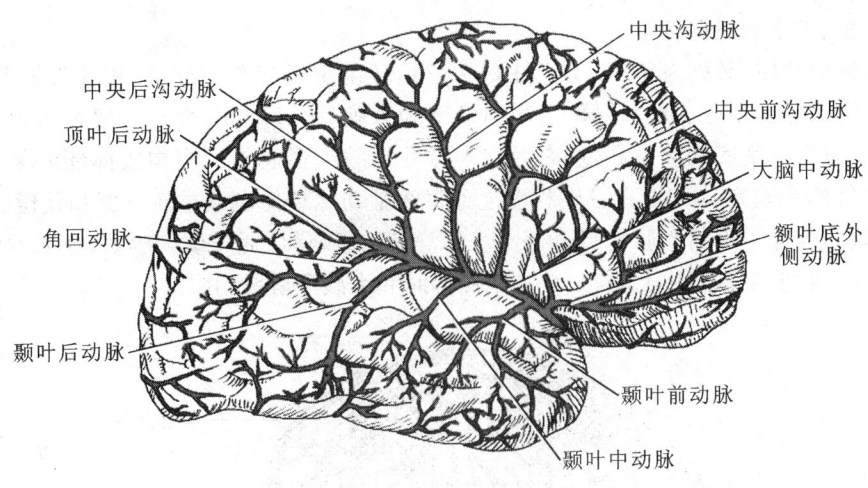

图 11-39　大脑半球的动脉（外侧面）

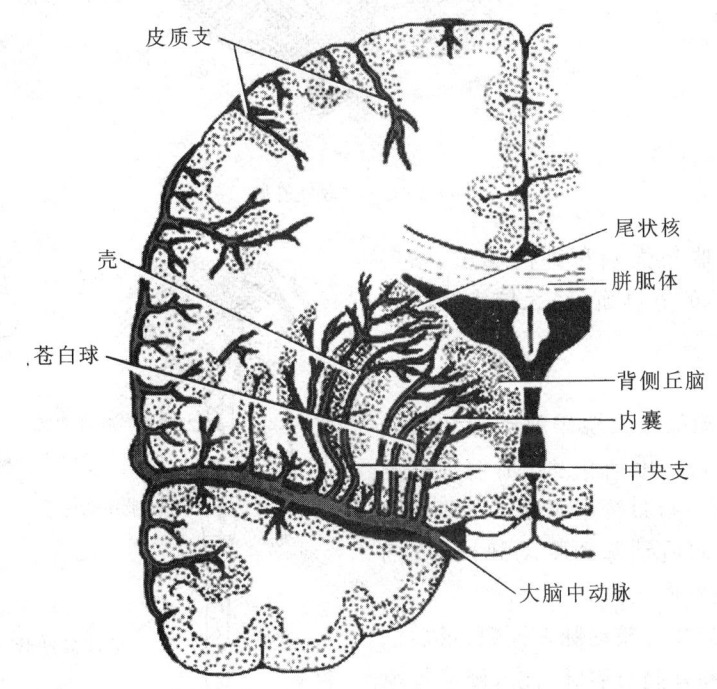

图 11-40　大脑中动脉的皮质支和中央支

> 豆纹动脉营养尾状核、豆状核和内囊。当高血压动脉硬化时，易破裂而导致脑出血，出现"三偏"症状。

2）椎动脉：供应大脑半球后1/3、间脑后部、小脑和脑干。椎动脉起自锁骨下动脉，向上依次穿过第6颈椎至第1颈椎横突孔和枕骨大孔，在脑桥与延髓交界处腹侧，左、右椎动脉汇合成一条基底动脉，沿脑桥基底沟上行至脑桥上缘，分出左、右**大脑后动脉**。基底动脉发出分支,供应小脑、脑干和迷路等。

3) 大脑动脉环:又称为 Willis 环(图 11-37),环绕于视交叉、灰结节和乳头体等周围,由前交通动脉、大脑前动脉、颈内动脉、后交通动脉和大脑后动脉吻合而成。通过大脑动脉环将颈内动脉系与椎-基底动脉系和左、右大脑半球的动脉沟通起来。当构成此环的某一动脉发生意外(血管瘤或阻塞)时,可在一定程度上通过大脑动脉环使血液重新分配和代偿。

(2) 脑的静脉　不与动脉伴行,可分浅、深静脉两组,最后通过硬脑膜窦,注入颈内静脉。

1) 浅静脉:主要有**大脑上静脉**、**大脑中浅静脉**和**大脑下静脉**(图 11-41)。

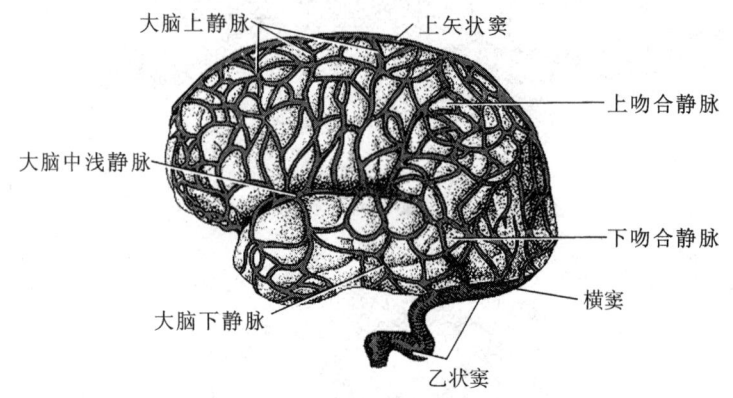

图 11-41　大脑外静脉

2) 深静脉:收集大脑深部的髓质、基底核、间脑和脉络丛的静脉血,经**大脑大静脉**再注入硬脑膜窦(直窦)。

2. 脊髓的血管

(1) 脊髓的动脉　来源于**椎动脉**和**节段性动脉**(图 11-42)。椎动脉发出脊髓前动脉和脊髓后动脉,在下行过程中不断有节段性动脉(颈升动脉、肋间后动脉和腰动脉)分支的加入,以保证脊髓的血液供应。

(2) 脊髓的静脉　较动脉多而粗,最后汇集成脊髓前静脉和脊髓后静脉,注入硬膜外隙的椎内静脉丛。

(三) 脑脊液及其循环

1. **脑脊液**(cerebral spinal fluid,CSF)　是充满脑室和蛛网膜下隙的无色透明液体,成人总量约 150 ml。脑脊液有运输营养物质、带走代谢产物、缓冲压力、减少振荡与保护脑和脊髓的作用。

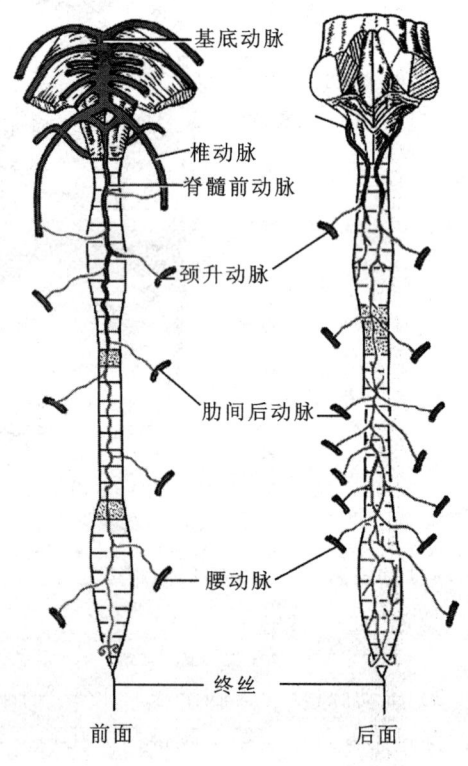

图 11-42　脊髓的动脉

2. **脑脊液循环** 脑脊液循环途径(图11-43)是：左、右侧脑室脉络丛产生的脑脊液通过室间孔进入第三脑室，与第三脑室脉络丛产生的脑脊液一起，向下经中脑水管流入第四脑室，再汇合第四脑室脉络丛产生的脑脊液一起，经第四脑室正中孔和两个外侧孔流入蛛网膜下隙，经蛛网膜粒渗入上矢状窦，最后汇入颈内静脉。

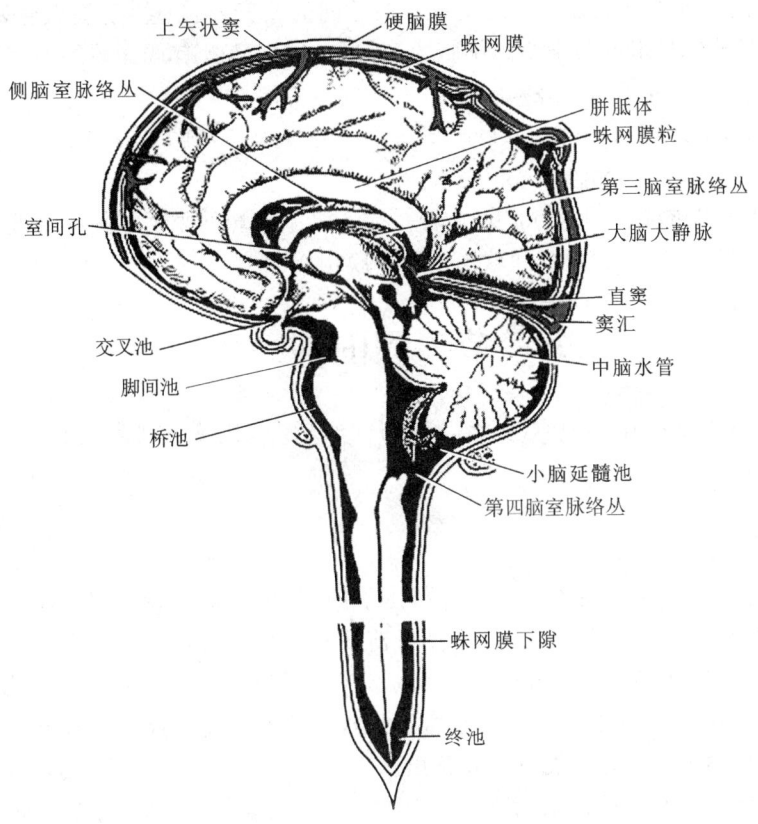

图11-43 脑脊液循环

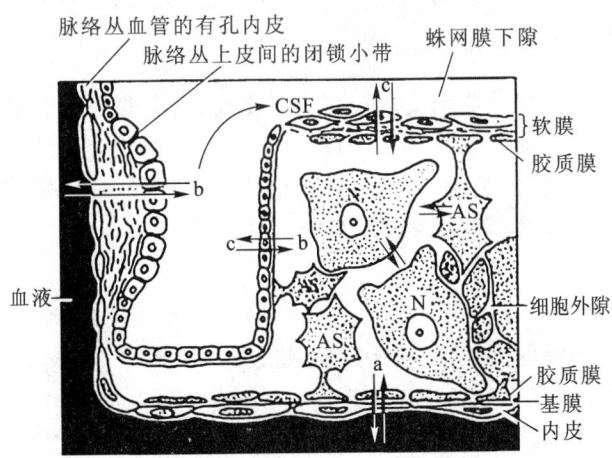

图11-44 血-脑屏障

(四) 脑屏障

脑屏障由血-脑屏障(图11-44)、血-脑脊液屏障和脑脊液-脑屏障3部分组成。

1. **血-脑屏障**(blood-brain barrier) 位于中枢神经系统内,血液与神经细胞之间,其结构是:① 脑和脊髓内的连续毛细血管内皮及其细胞间的紧密连接;② 毛细血管基膜;③ 胶质膜(毛细血管基膜外的星形胶质细胞的细胞膜)。血-脑屏障具有选择性的通透作用,可阻止血液中的有害物质和大分子物质进入脑组织。

2. **血-脑脊液屏障**(blood-CSF barrier) 位于脑室脉络丛的血液与脑脊液之间,由脉络丛上皮与上皮之间闭锁小带相连而成。

3. **脑脊液-脑屏障**(CSF-brain barrier) 位于脑室和蛛网膜下隙的脑脊液与脑、脊髓的神经元之间,由室管膜上皮、软脑膜和软膜下胶质膜构成。

第三节 周围神经系统

周围神经系统是指中枢神经系统以外的神经成分,包括脑神经、脊神经和内脏神经3部分。

一、脊神经

脊神经(spinal nerves)共31对,按其部位不同,分为8对颈神经、12对胸神经、5对腰神经、5对骶神经和1对尾神经。每一脊神经借**前根**和**后根**与脊髓相连。前根内有躯体和内脏两种运动纤维,属运动性。后根内有躯体和内脏感觉纤维,为感觉性,根上有由感觉神经元的胞体聚集而成的膨大,称为**脊神经节**。前根与后根在近椎间孔处合成**脊神经**,分别从椎管经相应的椎间孔、骶前孔、骶后孔及骶管裂孔穿出。

每根脊神经内都有4种纤维成分。① 躯体感觉纤维:分布于皮肤、骨骼肌和关节,传导躯干四肢的深、浅感觉;② 内脏感觉纤维:分布于内脏、心血管和腺体,传导这些部位的感觉;③ 躯体运动纤维:支配躯干四肢的骨骼肌,管理骨骼肌的运动;④ 内脏运动纤维:支配平滑肌、心肌的运动及腺体的分泌(图11-45)。

脊神经出椎间孔后,立即分为前支和后支。后支较小,主要分布于躯干背面的深层肌和皮肤。前支粗大,主要分布于躯干前外侧、四肢肌和皮肤。除胸神经前支一般单独走行外,其他脊神经前支均先交织形成神经丛,再由神经丛发出分支,到达各自的分布区域。

脊神经丛有4对,即颈丛、臂丛、腰丛和骶丛。

(一) 颈丛

颈丛由第1~4颈神经前支组成,位于胸锁乳突肌深层上部。

(1) **皮支** 自胸锁乳突肌后缘中点附近穿出,分别有耳大神经、枕小神经、颈横神经和锁骨上神经,分布于颈部、耳郭及肩部(图11-46)。

(2) **肌支** 主要有**膈神经**,自颈丛分出后,经锁骨下动、静脉间下行入胸腔,沿心包外侧面

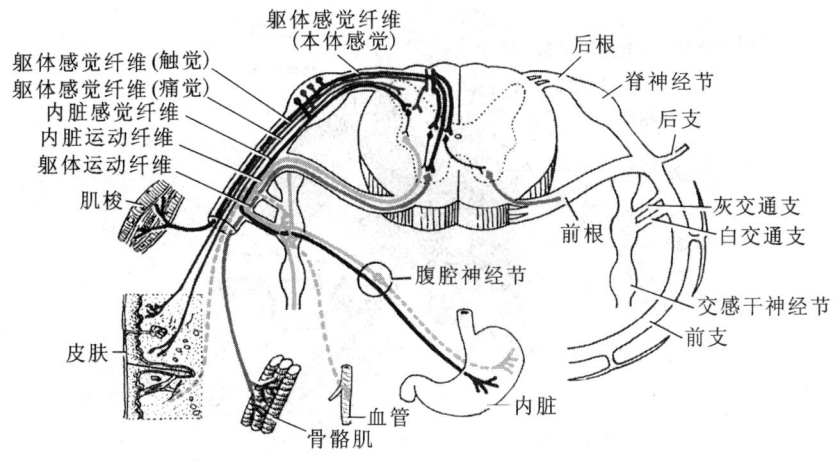

图 11-45 脊神经的组成及分布

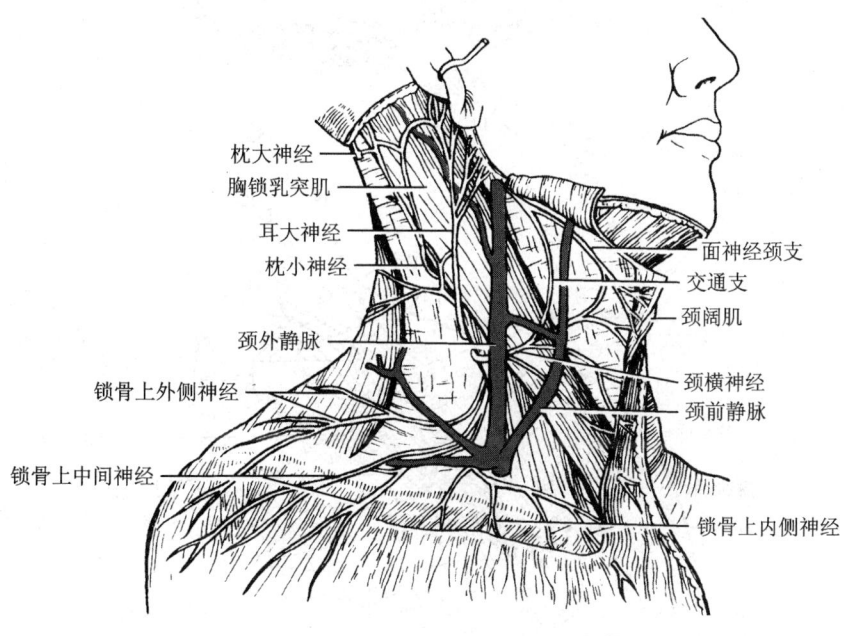

图 11-46 颈丛皮支

下降至膈。其运动纤维支配膈肌,感觉纤维分布于胸膜、心包及膈下腹膜。右膈神经还分布于肝和胆囊。膈神经损伤可致膈肌瘫痪,出现呼吸困难(图 11-47)。

(二)臂丛

臂丛由第 5~8 颈神经前支和第 1 胸神经前支一部分组成(图 11-48)。臂丛经斜角肌间隙伴锁骨下动脉的后上方下降至腋窝。臂丛在腋窝内形成 3 个神经束包绕腋动脉。其主要分支如下。

1. **肌皮神经** 自外侧束发出,斜穿喙肱肌,沿肱二头肌深面下行,沿途发出分支,支配肱

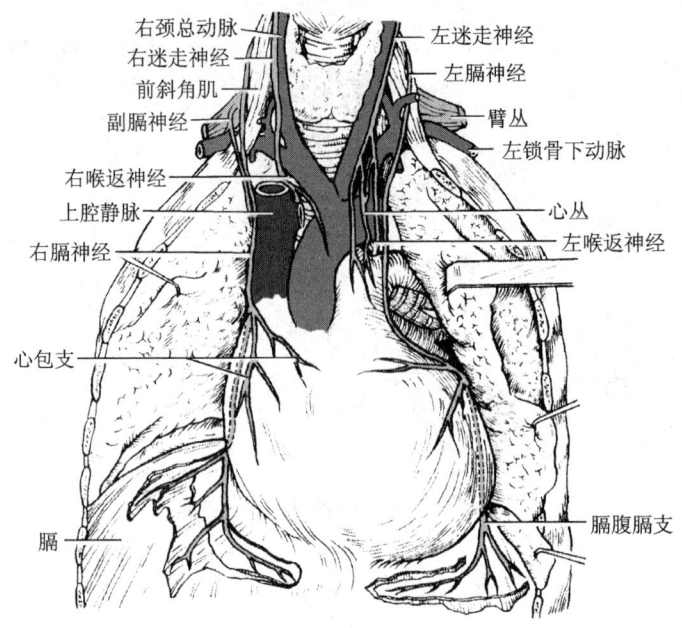

图 11-47 膈神经

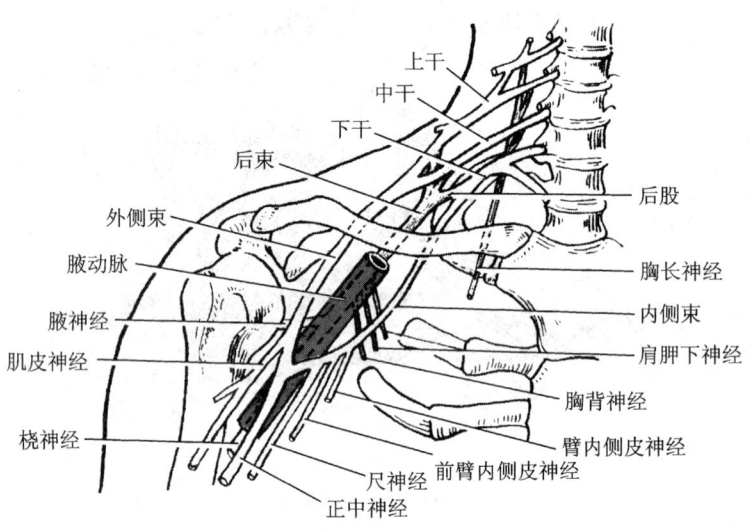

图 11-48 臂丛及其分支

二头肌和肱肌。在肘关节稍下方,穿出深筋膜,改名为前臂外侧皮神经,分布于**前臂外侧部皮肤**(图 11-48)。

2. 正中神经　内外侧根起自内侧束和外侧束,在臂部伴肱动脉下降至肘窝,向下穿旋前圆肌,行于前臂指浅屈肌与指深屈肌之间,经腕入手掌。正中神经在臂部无分支。在前臂发出肌支,支配除肱桡肌、尺侧腕屈肌和指深屈肌尺侧半以外的前臂前肌群。在手掌,其肌支支配手肌外侧群大部分及中间群小部分,皮支分布于手掌桡侧 2/3 及桡侧 3 个半指掌面皮肤。

正中神经损伤可致：① 运动障碍，前臂不能旋前，屈腕力减弱，拇指不能对掌；② 感觉障碍，手掌桡侧半及桡侧3个半指掌面皮肤感觉障碍；③ 肌萎缩，大鱼际肌萎缩，鱼际隆起消失，称为"猿手"。

3. 尺神经　伴肱动脉下行至臂中部，再向后下行，绕过肱骨内上髁后方的尺神经沟至前臂，伴尺动脉下降，经腕入手掌。尺神经在前臂发出肌支，支配尺侧腕屈肌和指深屈肌尺侧半。在手掌，尺神经肌支支配手肌内侧群、中间群的大部分及外侧群的一部分，皮支布于手掌尺侧1/3及尺侧一个半指掌面皮肤。尺神经还发皮支布于手背尺侧半及尺侧两个半指背面皮肤（图11-49，图11-50）。

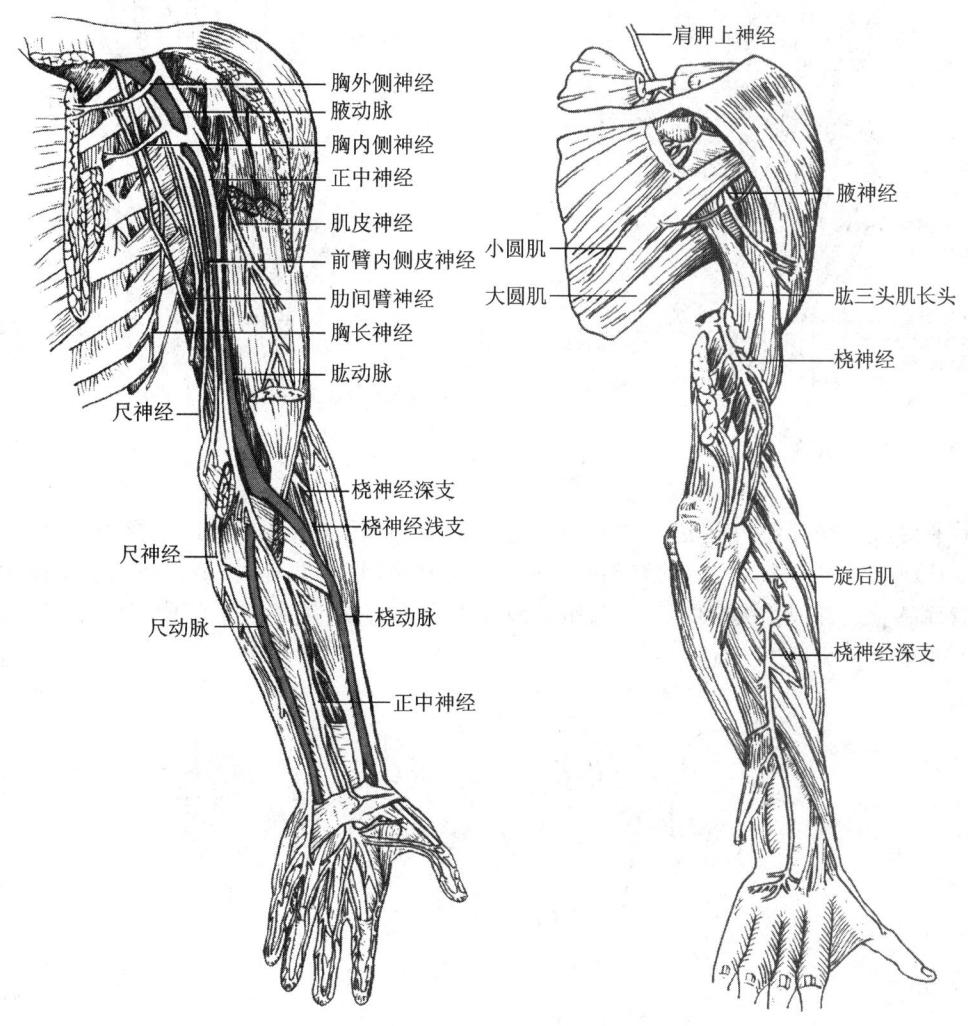

图11-49　前臂与手的神经

尺神经在肱骨内上髁后方的尺神经沟处紧贴骨面，位置表浅，易于触摸。肱骨下端（髁上）骨折时，易损伤尺神经。尺神经损伤可致：① 运动障碍，屈腕力减弱，拇指不能内收，其他各指不能内收与外展；② 感觉障碍，小鱼际及小指感觉丧失；③ 肌萎缩，手肌中间群瘫痪挛缩,掌骨间隙出现深沟,表现为"爪形手"。

4. 桡神经　沿肱骨桡神经沟行向下外,经前臂肌后肌群浅、深两层间下降。桡神经肌支支配臂和前臂后肌群,皮支布于臂和前臂背面、手背桡侧半和桡侧两个半指背面的皮肤(图11-49,图11-50)。

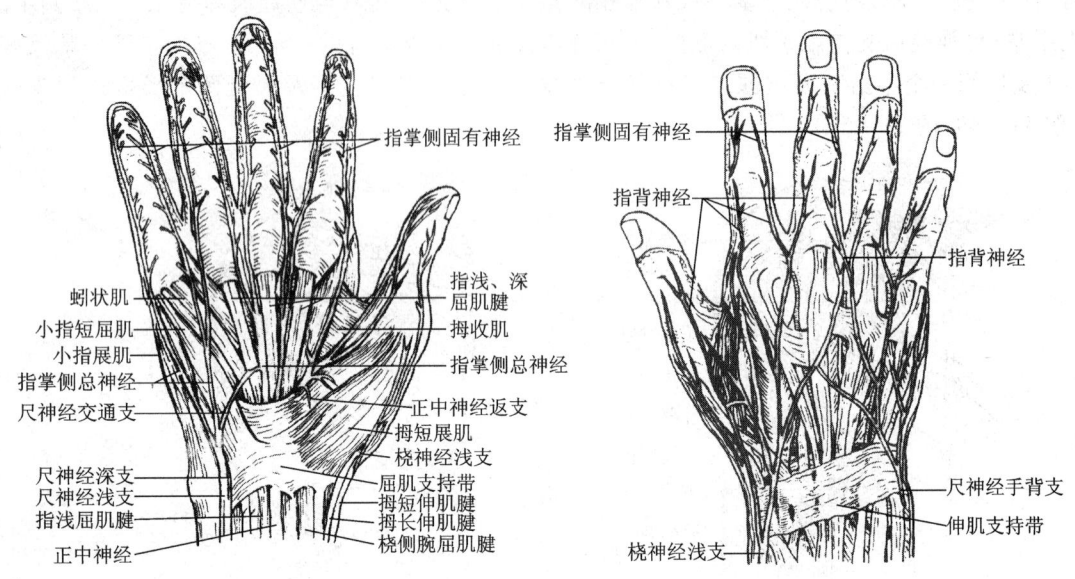

图11-50　手部皮神经分布

桡神经在沿桡神经沟行走时,紧贴肱骨,肱骨中段骨折易损伤桡神经。桡神经损伤可致:① 运动障碍,不能伸腕、伸指,前臂不能旋后;② 感觉障碍,前臂背侧、手背桡侧半及桡侧两个半指背面感觉迟钝或消失;③ 肌瘫痪,由于前臂伸肌群瘫痪,腕关节不能伸,呈"垂腕"征。上肢神经损伤手形见图11-51。

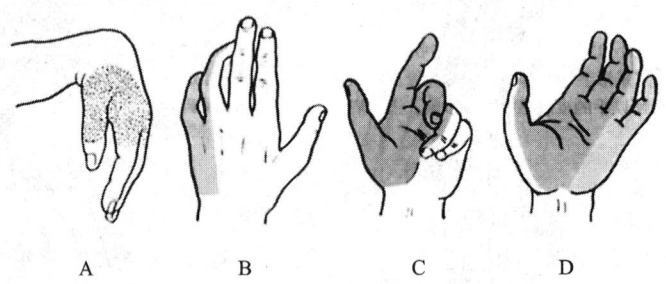

图11-51　上肢神经损伤的手形
A. 垂腕(桡神经损伤);B. 爪形手(尺神经损伤);
C. 正中神经损伤手形;D. 猿手(正中神经与尺神经损伤)

5. 腋神经　绕肱骨外科颈行向后外,支配三角肌、肩关节及肩部皮肤(图11-48)。肱骨外科颈骨折时易损伤腋神经,其主要表现是三角肌瘫痪,上肢不能外展。

（三）胸神经前支

胸神经前支共12对。除第1对大部分加入臂丛、第12对小部分加入腰丛外，其余均不成丛。第1～11胸神经前支分别行于相应的肋间隙内，称为**肋间神经**。第12胸神经前支行于第12肋下方，称为**肋下神经**。肋间神经伴肋间血管在肋间肌之间循肋沟前行，沿途分支支配肋间肌、胸前外侧壁皮肤和壁胸膜。下5对肋间神经和肋下神经离开胸廓后进入腹内斜肌和腹横肌之间前行，分布于腹前外侧壁的肌肉、皮肤及壁腹膜。

胸神经前支在胸腹壁皮肤分布有明显的节段性，如第2胸神经分布于胸骨角平面，乳头平面有第4胸神经前支分布，剑突、肋弓和脐平面分别有第6、第8和第10胸神经前支分布，肋下神经分布于耻骨联合与脐连线中点平面（图11-52）。

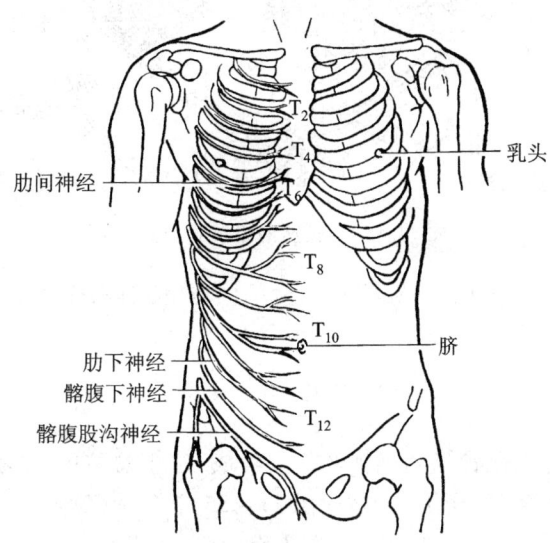

图11-52　肋间神经在胸腹壁的分布

（四）腰丛

腰丛由第12胸神经前支一部分、第1～3腰神经前支和第4腰神经前支一部分组成。第4腰神经其余部分和第5腰神经前支共同组成腰骶干，参与骶丛。腰丛位于腰大肌深面主要分支如下（图11-53）。

1. **髂腹下神经**　经腰大肌前面外下，在髂嵴上方进入腹横肌与腹内肌之间，经腹股沟浅环上方穿出，皮支支配臀外侧部、腹股沟区和腹下区的皮肤；肌支支配腹壁肌。

2. **髂腹股沟神经**　与髂腹下神经并行，分布于腹壁肌以及腹股沟区、阴囊或大阴唇皮肤。

3. **股神经**　经腹股沟韧带深面，于股动脉外侧进入股三角，其肌支支配大腿前肌群。皮支布于大腿前面，最长的皮支称为隐神经，分布于小腿内侧面及足内侧缘皮肤（图11-54，图11-55）。

股神经损伤可致：①大腿前肌群功能障碍，行走时抬腿困难，坐位时不能伸膝关节；②膝腱反射消失；③大腿前面及小腿内侧皮肤感觉障碍；④股四头肌萎缩。

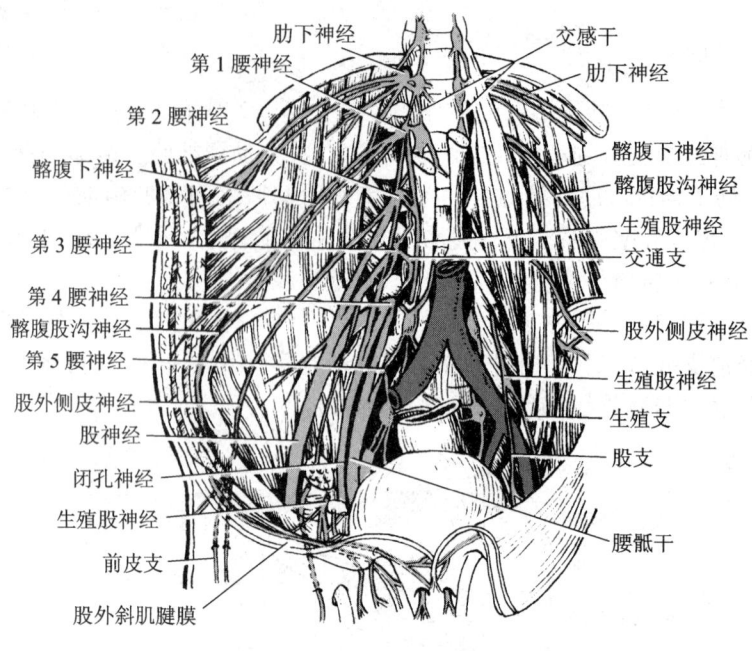

图 11 - 53 腰丛的组成和分支

4. 闭孔神经　沿骨盆侧壁前行,穿闭孔达大腿内侧部,分布于大腿内侧肌群和大腿内侧面皮肤(图 11 - 54)。

(五)骶丛

骶丛由腰骶干和全部的骶神经和尾神经前支组成,位于盆腔内,梨状肌前方,发分支经梨状肌上、下孔出盆,分布于臀部、会阴及下肢(图 11 - 55)。

1. 臀上神经　经梨状肌上孔出盆腔,分布于臀中肌、臀小肌。
2. 臀下神经　从梨状肌下孔出盆,支配臀大肌。
3. 坐骨神经　是全身最粗大的神经,穿梨状肌下孔出盆腔,在臀大肌深面下降,经坐骨结节和股骨大转子之间进入股后部,行至腘窝下方分为胫神经和腓总神经。坐骨神经在股后部发肌支支配大腿后肌群。

坐骨神经的体表投影是自坐骨结节和股骨大转子连线中点到股骨内、外侧髁间中点的连线。坐骨神经痛时,在此投影线上有压痛。

(1)胫神经　在腘窝内与腘血管伴行,经比目鱼肌的深面,行至内踝后方达足底。发出分支分布于小腿后肌群、足底肌和皮肤。

胫神经损伤可致:① 小腿后肌群瘫痪,足不能屈和内翻;② 小腿后面和足底皮肤感觉障碍;③ 因小腿前肌群和外侧肌群的牵拉,足呈背屈外翻畸形,称为"钩状足"(图 11 - 56)。

(2)腓总神经　沿腘窝上外侧,绕过腓骨头的外下方,分为**腓浅神经**和**腓深神经**。腓浅神经分布于小腿外侧肌群、小腿外侧皮肤和足背皮肤。腓深神经主要支配小腿前肌群、足背肌和皮肤。

腓总神经在腓骨头下方位置表浅,易受损伤。腓总神经损伤可致:① 小腿前外侧肌群瘫痪,足不能背屈外翻;② 小腿外侧和足背皮肤感觉障碍;③ 由于小腿后肌群牵拉,足呈跖屈内翻畸形,称为"马蹄内翻足"(图 11-56)。

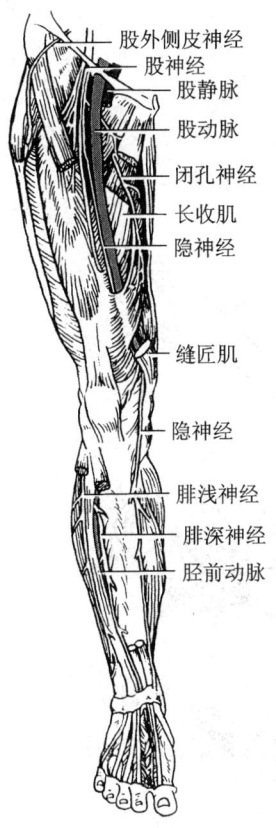

图 11-54 下肢前面的神经

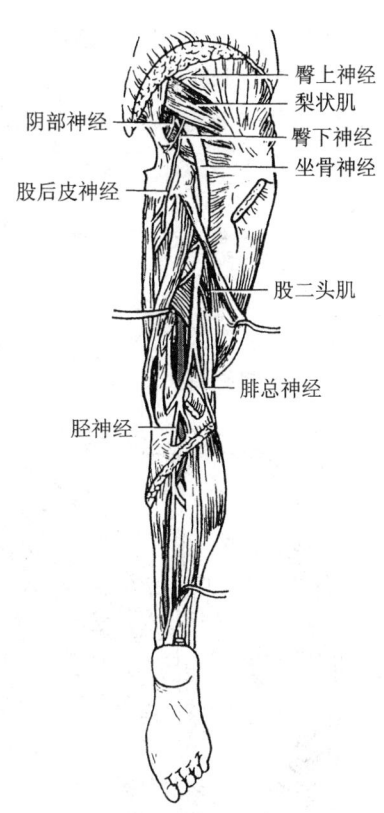

图 11-55 下肢后面的神经

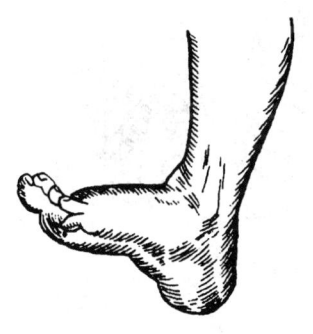

"钩状足"(胫神经损伤)

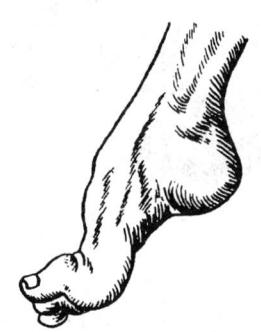

"马蹄内翻足"(腓总神经损伤)

图 11-56 足的畸形

4. 阴部神经　伴阴部内血管经梨状肌下孔出盆腔,绕过坐骨棘,进入坐骨肛门窝,前行至会阴部,分支支配肛门外括约肌等会阴肌,管理会阴部及外生殖器皮肤感觉。

二、脑神经

脑神经(cranial nerves)共12对,其序号用罗马数字表示。12对脑神经的顺序和名称如下:Ⅰ嗅神经,Ⅱ视神经,Ⅲ动眼神经,Ⅳ滑车神经,Ⅴ三叉神经,Ⅵ展神经,Ⅶ面神经,Ⅷ前庭蜗神经,Ⅸ舌咽神经,Ⅹ迷走神经,Ⅺ副神经,Ⅻ舌下神经(图11-57)。

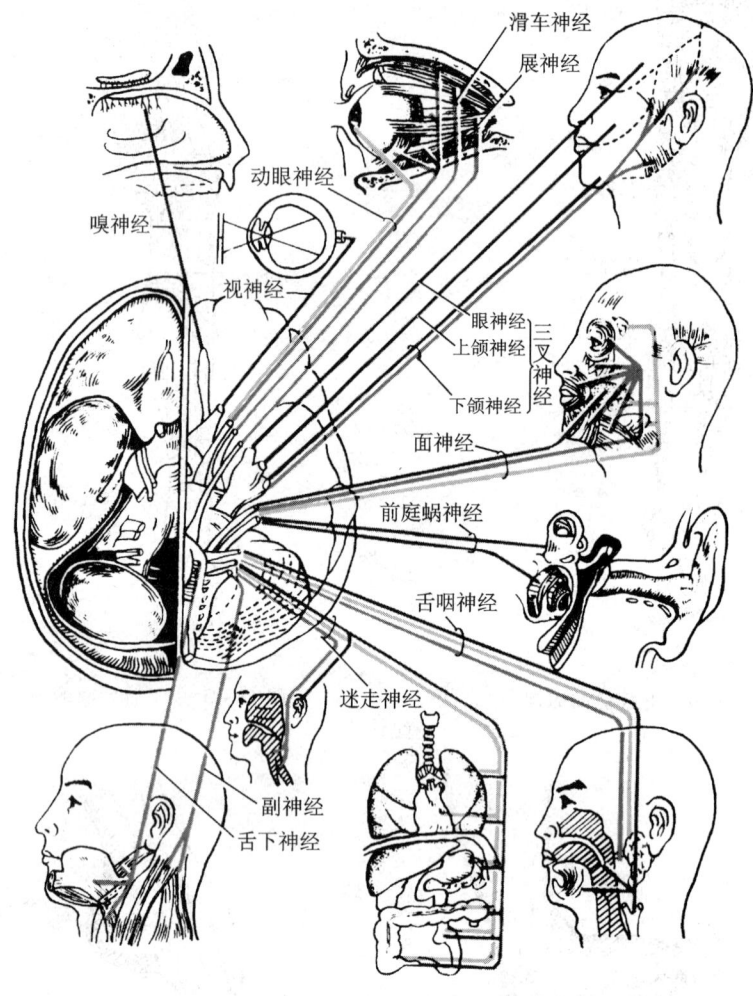

图11-57 脑神经示意图

脑神经也含有4种神经纤维,但每对脑神经内所含神经纤维种类多少有所不同。根据脑神经内所含神经纤维的种类不同,12对脑神经可分为3类,即第Ⅰ、Ⅱ、Ⅷ对脑神经内是感觉纤维,为感觉性脑神经;第Ⅲ、Ⅳ、Ⅵ、Ⅺ、Ⅻ对脑神经内含有运动纤维,是运动性脑神经;第Ⅴ、Ⅶ、Ⅸ、Ⅹ对脑神经内既含有感觉纤维,又有运动纤维,为混合性脑神经。

(一)嗅神经

嗅神经由内脏感觉纤维组成,传导嗅觉。起自鼻黏膜嗅区内的嗅细胞,其轴突组成嗅丝,向上穿过筛孔入颅腔,终于端脑的嗅球(图 11-58)。

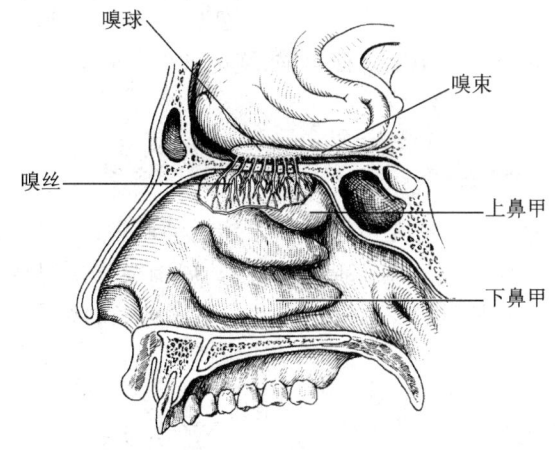

图 11-58　鼻腔和嗅神经

(二) 视神经

视神经内是躯体感觉纤维,由视网膜节细胞的轴突组成。视神经向后经视神经管入颅腔,连于间脑的视交叉,传导视觉冲动(图 11-59)。

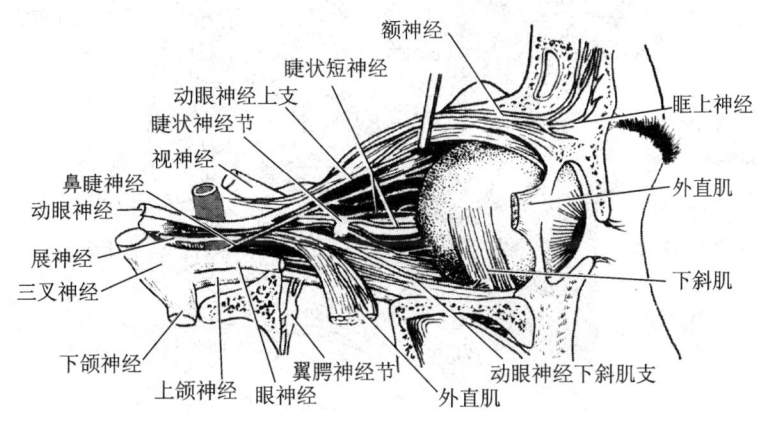

图 11-59　眶内的神经

(三) 动眼神经

动眼神经含有躯体运动和内脏运动两种纤维,为运动性脑神经。其中,躯体运动纤维起自中脑的动眼神经核,内脏运动(副交感)纤维起自动眼神经副核。两种纤维自中脑前面出脑,向前穿过海绵窦,经眶上裂入眶。其躯体运动纤维支配除外直肌和上斜肌以外的眼球外肌,内脏运动纤维支配瞳孔括约肌和睫状肌。动眼神经损伤时可出现:① 提上睑肌瘫痪,眼睑下垂;② 内直肌和下斜肌等瘫痪,眼外下斜视;③ 瞳孔括约肌瘫痪,瞳孔散大及对光反射消失(图 11-59)。

(四) 滑车神经

滑车神经为躯体运动纤维,自中脑背面出脑,绕中脑外侧向前穿过海绵窦,经眶上裂入眶,支配上斜肌(图 11-59)。

(五) 三叉神经

三叉神经为混合性脑神经,含有躯体感觉和躯体运动两种纤维。三叉神经感觉根连有三叉神经节,其中枢突入脑桥终于三叉神经感觉核群;其周围突分别组成眼神经、上颌神经和下颌神经。起自脑桥内的运动根穿过三叉神经节,参与下颌神经的组成(图 11-60)。三叉神经主要分支如下。

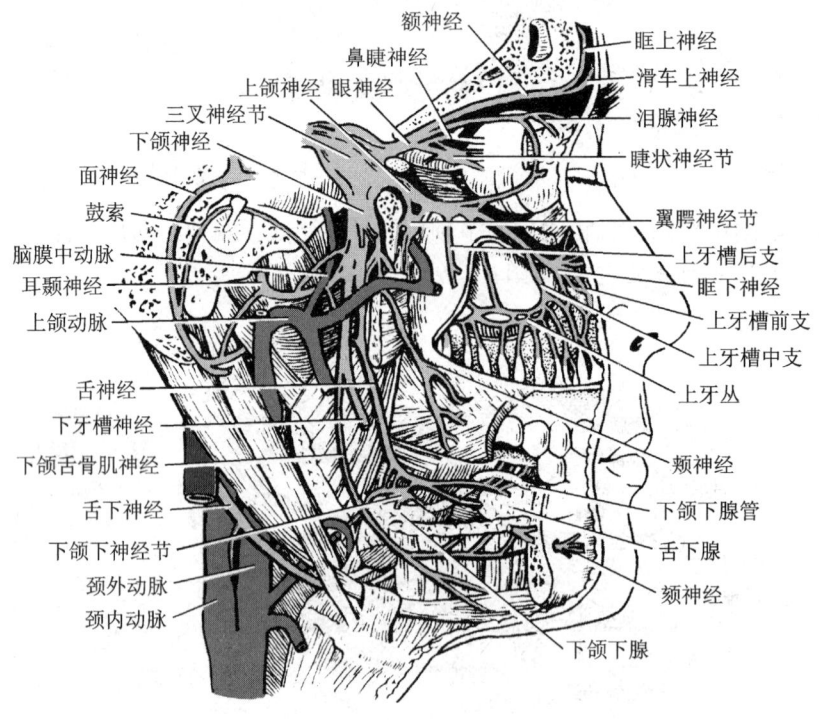

图 11-60 三叉神经的分布

1. **眼神经** 为躯体感觉纤维,分支分布于眼、鼻背及眼裂以上额顶部皮肤。眼神经经眶上裂入眶,与三叉神经节相连。

2. **上颌神经** 为躯体感觉纤维,经圆孔出颅,穿眶下裂、眶下沟、眶下管前行,为眶下神经。上颌神经主要分布于上颌窦、鼻腔和口腔顶黏膜、上颌牙及眼裂与口裂之间皮肤。

3. **下颌神经** 含有躯体运动和躯体感觉两种纤维成分,经卵圆孔出颅,立即分为数支。其中躯体运动纤维支配咀嚼肌;躯体感觉纤维布于口腔底与舌黏膜,下颌牙、口裂以下、耳前和颞部皮肤。

三叉神经损伤:因损伤部位不同而有不同临床表现,三叉神经节以上受损时,可出现头面部及舌的一般感觉障碍,角膜反射消失,患侧咀嚼肌瘫痪萎缩,张口时下颌偏向患侧;三叉神经节以下受损时,可出现各支单独受损的症状。

(六) 展神经

展神经为躯体运动纤维,自延髓脑桥沟出脑,穿过海绵窦,经眶上裂入眶,支配外直肌。

(七) 面神经

面神经为混合性脑神经,含躯体运动、内脏运动及内脏感觉3种纤维。面神经自延髓脑桥沟出脑,经内耳门、面神经管、茎乳孔出颅。内脏运动纤维和内脏感觉纤维在面神经管内分出,其中内脏运动纤维支配泪腺、下颌下腺和舌下腺等腺体的分泌活动;内脏感觉纤维分布于舌前2/3的味蕾,管理舌前2/3的味觉。躯体运动纤维出茎乳孔,穿入腮腺实质内呈放射状走行,分出颞支、颧支、颊支、下颌缘支和颈支(图11-61),管理表情肌的运动。

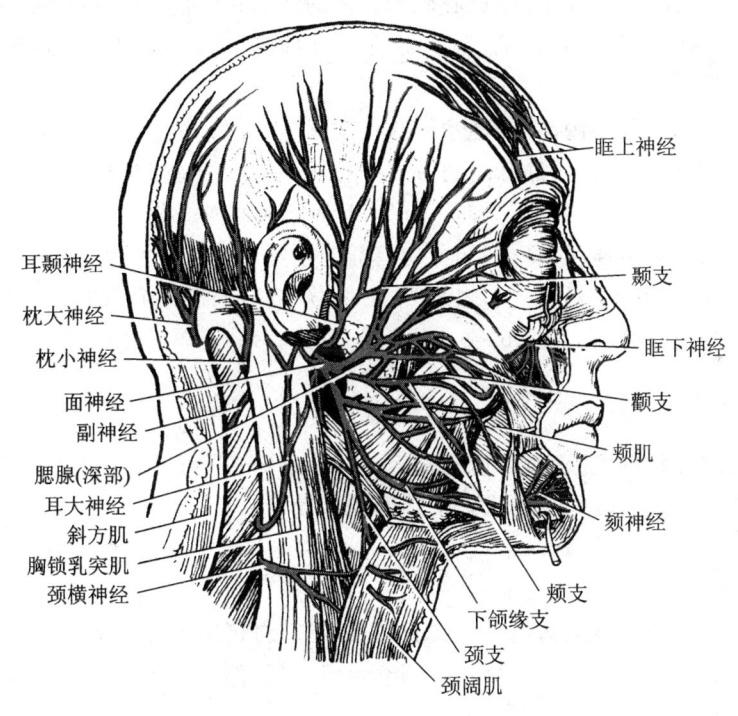

图11-61　面神经在面部的分支

面神经行程长,在面神经管、中耳和腮腺等处易受损伤。如损伤部位在颅外,由于只伤及躯体运动纤维,表现为患侧面肌瘫痪:患侧额纹消失,眼睑不能闭合,鼻唇沟变浅,口角偏向对侧。如损伤部位在面神经管段,除上述表现外,还伴有患侧舌前2/3味觉障碍以及泪腺和涎腺分泌障碍。

(八)前庭蜗神经

前庭蜗神经为躯体感觉纤维,分为前庭神经和蜗神经。前庭神经分布于壶腹嵴、椭圆囊斑和球囊斑,传导平衡觉;蜗神经分布于螺旋器,传导听觉冲动。前庭蜗神经经内耳门入颅腔,在延髓脑桥沟入脑。

(九)舌咽神经

舌咽神经为混合性脑神经,含有躯体运动纤维、内脏运动纤维和内脏感觉纤维。舌咽神经经延髓橄榄后沟上部出脑,经颈静脉孔出颅,向下向前弓行入舌。其躯体运动纤维支配咽肌;内脏运动纤维支配腮腺分泌;内脏感觉纤维分布于舌后 1/3 黏膜的味蕾、咽黏膜和中耳黏膜以及颈动脉窦和颈动脉小球等。

(十)迷走神经

迷走神经为混合性脑神经。迷走神经内含有 4 种纤维成分:① 内脏运动(副交感)纤维,主要分布于胸、腹腔器官,支配平滑肌、心肌和腺体的活动;② 躯体运动纤维,支配腭肌和咽喉肌;③ 内脏感觉纤维,主要分布于胸、腹腔器官,司内脏感觉;④ 躯体感觉纤维,分布于硬脑膜、耳郭和外耳道皮肤。

迷走神经在延髓后外侧沟出脑,经颈静脉孔出颅至颈部,发出分支,分布于咽肌、耳郭后面的皮肤,主干于颈总动脉和颈内静脉间的后方下行入胸腔。在胸腔内,左、右迷走神经分别形成食管前丛和食管后丛,食管前、后丛向下分别延续为迷走神经前、后两干,前、后两干穿过膈的食管裂孔入腹腔。迷走神经在颈部的分支有喉上神经,在胸部的主要分支有喉返神经,在腹部主要分支有胃前支、肝支、胃后支和腹腔等,沿途分支,分布于喉和气管、心、肺、肝、胆、胰、肾及结肠左曲以上的消化管(图 11-62)。

(十一)副神经

副神经为运动性脑神经,含躯体运动神经纤维。自延髓后外侧沟出脑,经颈静脉孔出颅,穿过胸锁乳突肌深面,进入斜方肌,支配上述两肌运动。

(十二)舌下神经

舌下神经为运动性脑神经,含躯体运动神经纤维。自延髓前外侧沟出脑,经舌下神经管出颅,支配舌肌运动。一侧舌下神经损伤,同侧颏舌肌瘫痪,伸舌时舌尖偏向同侧。

三、内脏神经

内脏神经(visceral nerves)主要分布于内脏、心血管和腺体等处,含有内脏感觉神经和内脏运动神经两种纤维成分。内脏感觉神经将来自内脏、心血管等处感受器的神经冲动传入中枢,通过反射调节内脏、心血管等器官的活动。内脏运动神经支配心肌、平滑肌运动和腺体分泌,它不受主观意识控制,又称为自主神经或植物性神经。

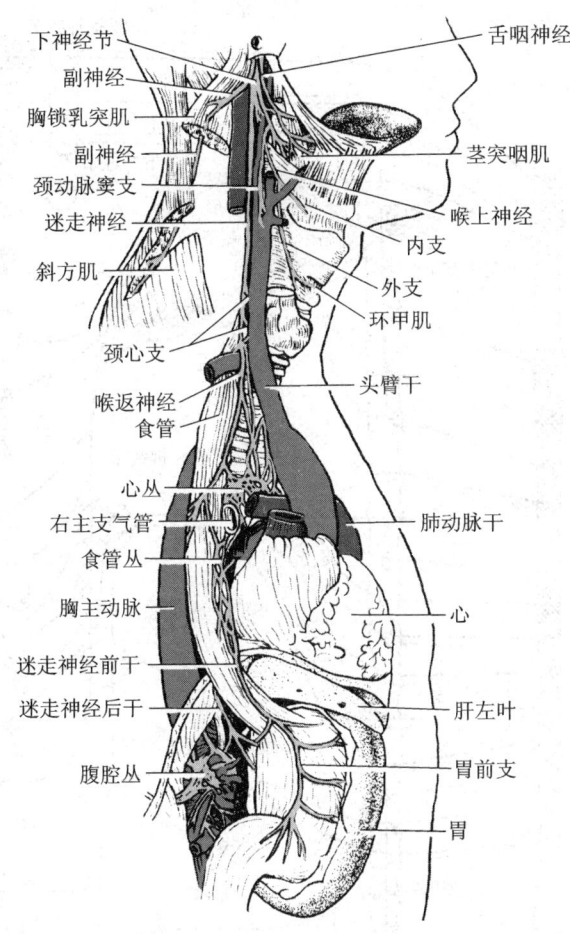

图 11-62　迷走神经(右侧)

(一) 内脏运动神经

内脏运动神经和躯体运动神经一样,受大脑皮质和皮质下各级中枢的调节与管理,两者之间在功能上相互依存,相互协调,维持机体内、外环境的相对平衡。内脏运动神经与躯体运动神经的区别在于:① 躯体运动神经支配骨骼肌,内脏运动神经管理心肌、平滑肌和腺体。② 躯体运动神经从低级中枢到达骨骼肌只需一个神经元,而内脏运动神经从低级中枢到达所支配的效应器则需要两个神经元,第一个神经元称为节前神经元,胞体位于脑干和脊髓内,其轴突称为节前纤维;第二个神经元位于内脏运动神经节内,其轴突称为节后纤维。③ 躯体运动神经一般受主观意识控制,内脏运动神经则不受主观意识的管理。④ 内脏运动神经根据形态结构和功能特点的不同,分为**交感神经**和**副交感神经**两部分(图 11-63)。

1. **交感神经**　交感神经分为中枢部和周围部。中枢部(低级中枢)位于脊髓第 1 胸段至第 3 腰段的侧角内;周围部由**交感神经节**、**交感干**、**神经**和**神经丛**组成。

(1) 交感神经节　有**椎旁节**和**椎前节**之分。椎旁节即交感干神经节,位于脊柱两旁,每侧有 21~26 个;椎前节位于脊柱前方,包括成对的**腹腔神经节**、**主动脉肾神经节**以及单个的**肠系**

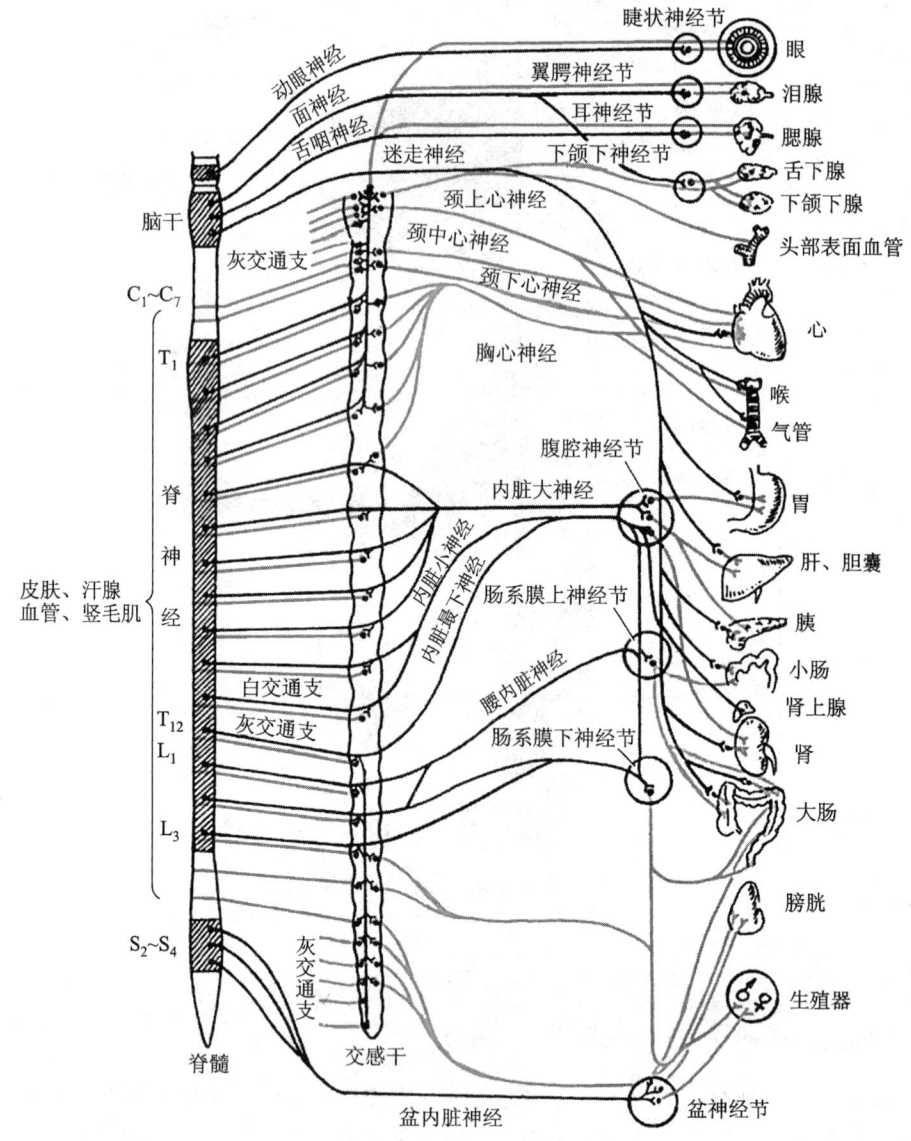

图 11-63 内脏运动神经

膜上神经节和肠系膜下神经节，它们分别位于同名动脉根部附近。

（2）交感干 位于脊柱两旁，由交感干神经节和节间支组成，呈串珠状，左、右各一条，上达颅底，下至尾骨，两干在尾骨前合并。交感干神经节借交通支与相应脊神经相连（图11-64）。

（3）交通支 交感干神经节借交通支与相应的脊神经相连。

（4）节前纤维的走行 由交感神经低级中枢发出的节前纤维经脊神经前根、脊神经、白交通支到交感干后有3种去向：① 在相应的交感干神经节内更换神经元；② 在交感干内上升或下降后更换神经元；③ 穿交感干神经节，至椎前神经节更换神经元。

（5）节后纤维的走行 由交感神经节发出的节后纤维有3种去向：① 经交通支返回脊神经，随脊神经分支分布于血管、汗腺和竖毛肌；② 直达所支配的内脏、心血管或腺体；③ 攀附

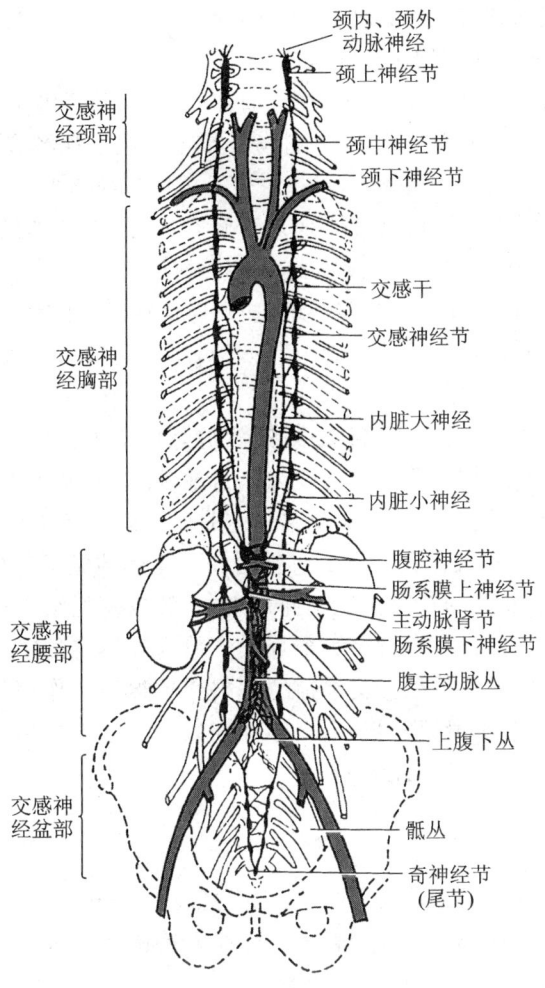

图 11-64 交感干和交感神经节

动脉形成神经丛，并随动脉走行分支支配相应部位的平滑肌、心肌或腺体（图 11-62）。

交感神经的节前与节后纤维的分布有一定规律。来自脊髓胸 1~5 节段侧角细胞的节前纤维，主要在颈部和上胸部的交感干神经节内更换神经元，其节后纤维分布于头、颈、胸壁上部、胸腔脏器和上肢；来自脊髓胸 5~12 节段侧角细胞的节前纤维，主要在下胸部交感干神经节、椎前神经节内更换神经元，其节后纤维分布于胸、腹壁和肝、胰、脾、肾等实质性器官及结肠左曲以上的胃肠道；来自脊髓腰 1~3 节段侧角细胞的节前纤维，主要在腰、骶部交感干神经节和肠系膜下神经节内更换神经元，其节后纤维分布于结肠左曲以下消化管、盆腔脏器、会阴部和下肢。

2. 副交感神经　副交感神经亦有中枢部和周围部。中枢部（低级中枢）为脑干的 4 对副交感神经核和脊髓第 2~4 骶段的骶副交感核；周围部包括**副交感神经节**及进出此节的节前纤维和节后纤维。副交感神经节多位于器官附近或器官壁内，故称为**器官旁节**或**壁内节**。节前纤维在这些副交感神经节内换神经元后，节后纤维分布于心肌、内脏平滑肌和腺体。

（1）颅部的副交感神经

1）由中脑动眼神经副核发出的节前纤维,随动眼神经入眶后,入睫状神经节内换神经元,节后纤维进入眼球,支配瞳孔括约肌和睫状肌。

2）由脑桥上泌涎核发出的节前纤维,加入面神经,一部分纤维至翼腭神经节,更换神经元后,节后纤维布于泪腺和鼻、腭黏膜腺;另一部分纤维至下颌下神经节内换神经元,节后纤维分布于下颌下腺和舌下腺。

3）由延髓下泌涎核发出的节前纤维,加入舌咽神经,随舌咽神经分支至耳神经节内换神经元后,节后纤维分布于腮腺。

4）由延髓迷走神经背核发出的节前纤维,加入迷走神经,沿途分支到达心、肺、肝、胆、胰、肾及结肠左曲以上消化管的器官旁节或壁内节换神经元后,节后纤维分布于上述器官的平滑肌、心肌和腺体。

(2) 骶部的副交感神经　由脊髓第 2~4 骶段的骶副交感核发出的节前纤维加入骶神经前支,出骶前孔离开骶神经,构成盆内脏神经加入盆丛,随盆丛分支到达所支配脏器的器官旁节或壁内节内更换神经元后,节后纤维支配结肠左曲以下消化管和盆腔器官的平滑肌和腺体。

3. 交感神经与副交感神经的比较　交感神经和副交感神经都是内脏运动神经,常共同支配一个器官,形成对内脏器官的双重支配,但两者在来源以及低级中枢和神经节的位置、形态结构、分布范围、功能等方面又各有特点。全身大多数内脏器官的平滑肌、心肌和腺体均接受交感神经和副交感神经的双重支配。交感神经与副交感神经的作用是互相拮抗的,如交感神经兴奋使心率加快、支气管平滑肌舒张,副交感神经兴奋使心率减慢、支气管平滑肌收缩。两者对立统一,共同调节人体的新陈代谢。

(二) 内脏感觉神经

内脏器官除有交感和副交感神经支配外,也有感觉神经分布。内脏感觉神经接受内脏的各种刺激,并传入中枢。在中枢,通过内脏运动神经直接调节内脏活动,也可以通过神经体液间接调节对内脏活动的控制,维持其内部平衡。

1. 内脏感觉的传入通路　内脏感觉神经元胞体位于脑神经节或脊神经节内。其周围突随舌咽神经、迷走神经和交感神经及盆内脏神经分布到内脏器官和血管等处;其中枢突一部分随舌咽神经、迷走神经进入延髓,终于孤束核,另一部分随交感神经和盆内脏神经进入脊髓,终于脊髓后角。内脏感觉冲动进入中枢后,一方面经过一定途径传至背侧丘脑和大脑皮质,另一方面在中枢内借中间神经元与内脏运动神经元联系,形成内脏反射通路。

2. 内脏感觉的特点　由于内脏感觉神经纤维细,痛阈高,感觉比较迟钝,一般内脏活动不引起内脏感觉,但较强烈的内脏活动则能引起内脏感觉,如饥饿时,胃肠道的收缩引起的饥饿感觉;直肠和膀胱充盈时引起的膨胀感觉等。这些内脏感觉的传入神经,伴随副交感神经进入中枢。但极强烈的刺激(如心绞痛等),则是伴随交感神经进入中枢的。内脏对牵拉、膨胀和痉挛等刺激较敏感,因此,外科手术及护理操作牵拉脏器时动作要轻柔。

3. 牵涉性痛　当某些内脏发生病变时,常在体表的一定区域产生感觉过敏或疼痛,这些现象称为牵涉性痛。如心绞痛时,可放射到左胸前区及左臂内侧皮肤,使该区感到疼痛;肝、胆病变时,常在右肩部皮肤感到酸痛。牵涉痛产生的机制目前尚不清楚。一般认为,病变内脏的感觉纤维和被牵涉区皮肤的感觉纤维都进入脊髓同一节段的后角,内脏痛觉冲动可以扩散到邻近的躯体感觉接受区。了解各器官病变时牵涉性痛发生的部位,有一定的诊断意义(图11-65)。

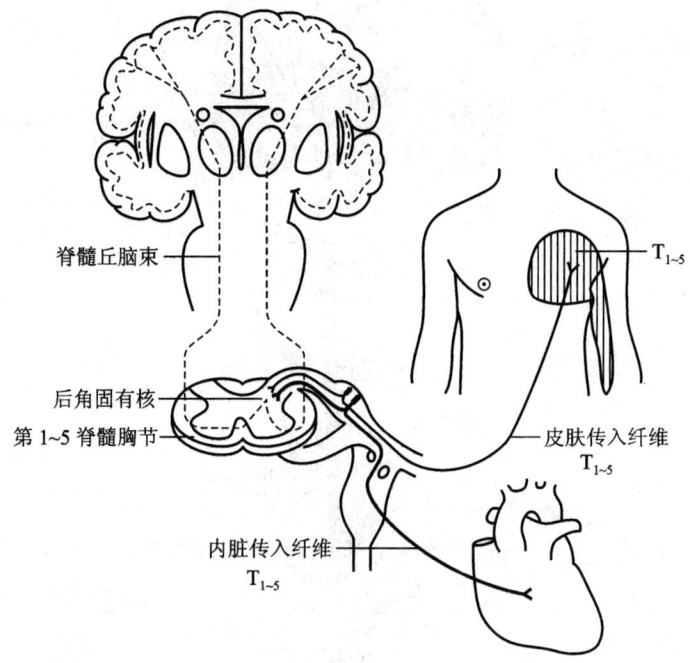

图 11-65　脏器病变牵涉性痛的部位

第四节　神经传导通路

人体在活动过程中,通过感受器不断地感受机体内、外环境的各种刺激,并将刺激转化为神经冲动,然后通过各级中间神经元的轴突组成的上行(感觉)传导通路传至大脑皮质高级中枢,从而产生各种感觉。大脑发出的指令,通过各级中间神经元轴突组成的下行(运动)传导通路经传出神经元至效应器,作出相应的反应。因此,在神经系统中存在着两类传导通路,即感觉(上行)传导通路和运动(下行)传导通路。

一、感觉传导通路

(一)本体感觉和精细触觉传导通路

本体感觉又称为深感觉,指肌、肌腱和关节的位置觉、运动觉和振动觉和精细触觉(即辨别两点之间的距离和感受物体纹理的粗细等)。本体感觉和精细触觉传导通路(图11-66)均由三级神经元组成。本节只叙述躯干和四肢的深感觉传导通路(头面部的尚不清楚)。

1. **第一级神经元**　为脊神经节细胞,其周围突随脊神经分布于肌、腱、关节和皮肤等处,中枢突经脊神经后根进入脊髓后索组成薄束和楔束上行,分别止于延髓的薄束核和楔束核。

2. **第二级神经元**　胞体位于延髓的薄束核和楔束核,两核发出纤维在中央管前方交叉,交叉后的纤维组成内侧丘系上行。

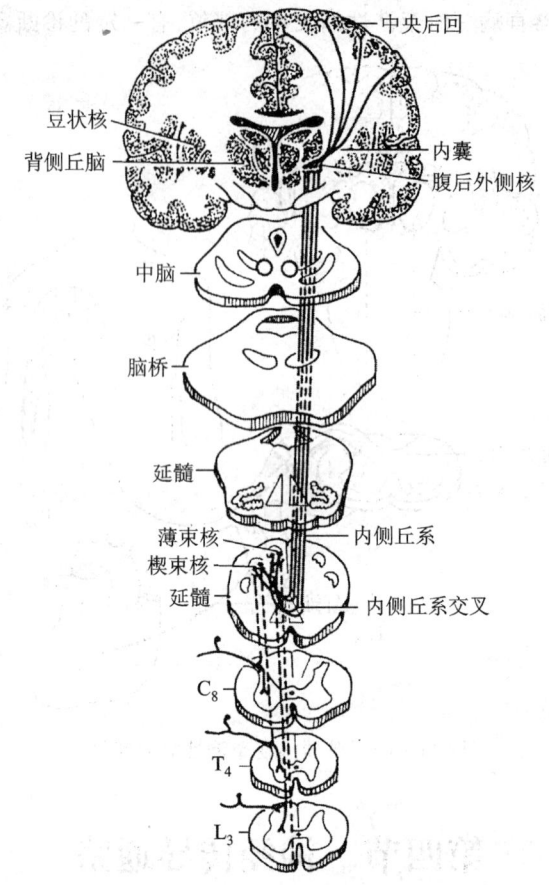

图 11-66 本体感觉和精细触觉传导通路

3. 第三级神经元 胞体位于丘脑腹后外侧核,其轴突组成丘脑中央辐射,大部分纤维经内囊后肢投射到中央后回中、上部和中央旁小叶后部,部分纤维投射到中央前回。

(二)温痛觉、粗触觉和压觉传导通路

传导温痛觉、粗触觉和压觉的传导通路(图 11-67)又称浅感觉传导通路,由三级神经元组成。

1. 躯干和四肢的浅感觉传导通路

(1)第一级神经元 为脊神经节细胞,其周围突随脊神经布于躯干和四肢皮肤内的感受器,中枢突经脊神经后根入脊髓背外侧索,在外侧索内上升1~2个脊髓节段后进入脊髓灰质后角的固有核。

(2)第二级神经元 胞体位于脊髓后角的固有核,由此核发出的纤维交叉后形成脊髓丘脑束,在脊髓的外侧索和前索上行至脑干,止于丘脑腹后外侧核。

(3)第三级神经元 胞体位于丘脑腹后外侧核,由腹后外侧核发出的纤维,经内囊后肢投射到中央后回中、上部和中央旁小叶后部(图 1-67)。

2. 头面部的痛、温觉、粗触觉传导通路

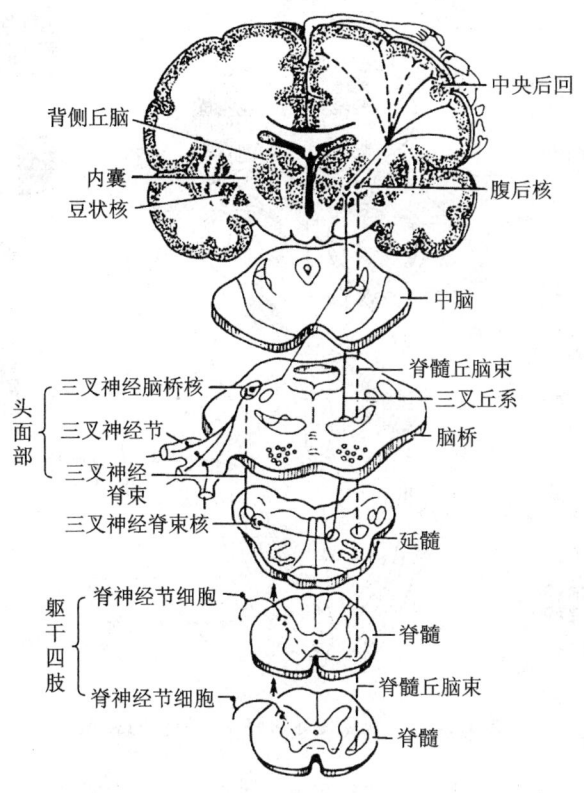

图 11-67 温痛觉、粗触觉和压觉传导通路

(1) 第一级神经元 为三叉神经节,其周围突随三叉神经布于头面部皮肤和黏膜的感受器,中枢突经三叉神经根入脑桥。

(2) 第二级神经元 胞体位于脑干的三叉神经脑桥核和三叉神经脊束核,由此二核发出的纤维交叉后上行组成三叉丘系。

(3) 第三级神经元 胞体位于丘脑腹后内侧核,由此核发出的纤维,加入丘脑中央辐射,经内囊后肢投射到中央后回下部(图 11-67)。

(三) 视觉传导通路及瞳孔对光反射通路

1. 视觉传导通路

(1) 第一级神经元 为视网膜双极细胞,其周围突连接视网膜内的视杆细胞和视锥细胞,中枢突终于节细胞。

(2) 第二级神经元 为视网膜节细胞,其轴突组成视神经,经视神经管入颅腔,两侧视神经在蝶鞍上方形成视交叉,视交叉后延续为视束。在视交叉中,来自视网膜鼻侧半的纤维左右交叉进入对侧视束,来自视网膜颞侧半的纤维不交叉进入同侧视束。

(3) 第三级神经元 胞体为位于间脑的外侧膝状体,发出的纤维组成视辐射,经内囊后肢投射到距状沟两侧的视觉区。视觉传导通路及其损伤的表现见图 11-68。

2. 瞳孔对光反射通路 视束的另一部分纤维经上丘臂至顶盖前区,顶盖前区为瞳孔对光

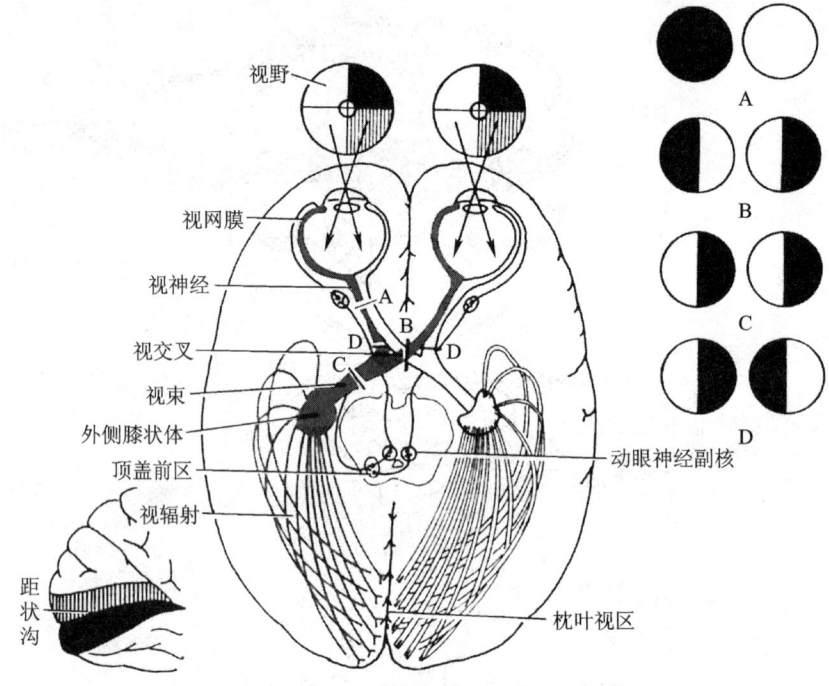

图 11-68 视觉传导通路及其损伤的表现

反射中枢,此处发出纤维到达双侧动眼神经副核,动眼神经副核发出纤维支配瞳孔括约肌,完成**瞳孔对光反射**。

二、运动传导通路

运动传导通路包括锥体系和锥体外系,前者功能是支配各种随意运动,后者主要是调节随意运动。正常情况下,两者相互协调,共同完成各种复杂而精巧的随意运动。

(一) 锥体系

锥体系是最重要运动传导通路,主要支配骨骼肌的随意运动,一般由上、下两级运动神经元组成。上运动神经元为锥体细胞,其胞体位于大脑皮质躯体运动区,其轴突组成皮质核束和皮质脊髓束下行,分别止于脑干的躯体运动核和脊髓前角。下运动神经元胞体位于脑干躯体运动核或脊髓前角,其轴突随脑神经和脊神经走行,支配骨骼肌的运动。

1. 皮质核束(图 11-69) 上运动神经元主要是中央前回下部的锥体细胞,其轴突组成皮质核束,经内囊膝向下至脑干,陆续止于双侧脑神经运动核,但面神经核下部(支配下部面肌的核团)和舌下神经核只接受对侧皮质核束的纤维。下运动神经元胞体位于脑神经运动核,其轴突组成脑神经躯体运动纤维,支配头颈部的骨骼肌。

2. 皮质脊髓束(图 11-70) 上运动神经元的胞体位于中央前回中、上部和中央旁小叶前部,其轴突组成皮质脊髓束,经内囊后肢、中脑大脑脚、脑桥基底部至延髓锥体。在锥体下端,大部分纤维交叉到对侧,称为**锥体交叉**。交叉后的纤维在对侧脊髓外侧索下行,称为皮质

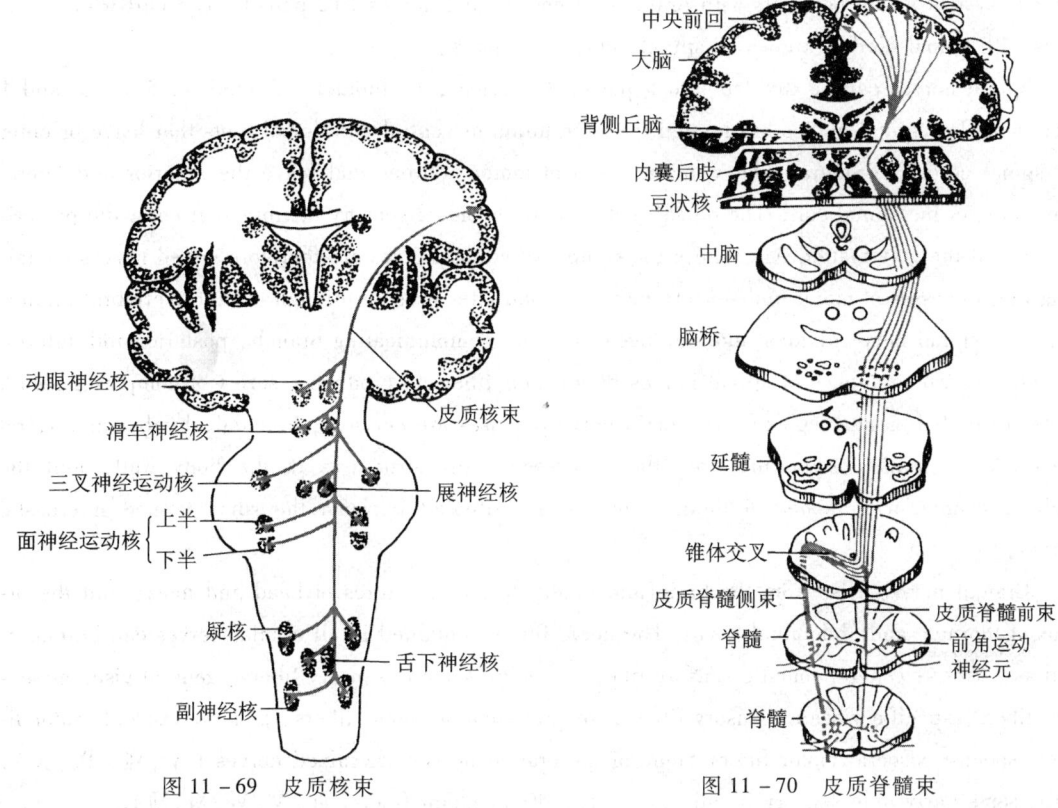

图 11-69 皮质核束　　　　图 11-70 皮质脊髓束

脊髓侧束,小部分未交叉的纤维在同侧脊髓前索下行,称为皮质脊髓前束。皮质脊髓侧束和前束最后止于脊髓前角。下运动神经元即前角运动神经元,其轴突构成脊神经的躯体运动纤维,支配躯干、四肢的骨骼肌。

(二) 锥体外系

锥体外系是锥体系以外的运动传导通路的总称。锥体外系起自大脑皮质的锥体外运动中枢,中途与纹状体、红核、黑质、网状结构和小脑等联系,最后到达脑干躯体运动核或脊髓前角运动神经元。锥体外系的主要功能是调节肌张力、协调肌群运动、维持躯体平衡。锥体系和锥体外系的活动相辅相成,它们的作用不能截然分开。锥体系的损伤常引起明显的随意运动障碍,如肢体瘫痪和面肌瘫痪等;而锥体外系病变则出现平衡失调、肌张力增高或减低和运动失调等,震颤麻痹(帕金森病)是老年人的锥体外系常见病。

Peripheral nervous system attaches to the brain and spinal cord of central nervous system at one end, and connects with the structures and organs all over the body at the other end. The peripheral nervous system can be classified as 2 kinds: cranial nerves and spinal nerves. The part of peripheral nervous system which connects with brain is termed cranial nerves (12 pairs); The part which connects with spinal cord is known as spinal nerves (31 pairs).

Spinal nerves can be divided into 5 parts: 8 cervical, 12 thoracic, 5 lumbar, 5 sacral and 1 coccygeal. The spinal nerves are formed from the union of ventral and dorsal roots that leave or enter the spinal cord. The ventral roots contain axons of motor neurons that leave the anterior and lateral gray horns of the spinal cord. The dorsal roots contain axons of sensory neurons that enter the posterior horns of the gray matter. After these roots join, all spinal nerves are therefore mixed nerves containing the processes of motor and sensory neurons. Soon after passing through the intervertebral foramina, each spinal nerve divides into meningeal branch, communicating branch, posterior and anterior branch. Anterior branches of spinal nerves blend their fibers to produce a series of complex network of nerves called as nerve plexus. The main nerve plexuses are cervical, brachial, lumbar and sacral plexus. Nerve trunks originating from the plexuses supply structures in the body wall, and the limbs. The anterior branches of thoracic nerves are situated between the ribs, termed intercostal nerves.

Cranial nerves arise from the brain and innervate the structures of head and neck, and the organs of thoracic and abdominal cavity. The nerve fibers contained in all cranial nerves can be classified as 7 kinds: general somatic sensory fibers, specific somatic sensory fibers, general visceral sensory fibers, specific visceral sensory fibers, general somatic motor fibers, general visceral motor fibers, specific visceral motor fibers. Some of the cranial nerves are mixed nerves (Ⅴ, Ⅶ, Ⅸ, Ⅹ), while some carry only sensory impulses(Ⅰ, Ⅱ, Ⅷ) or motor fibers(Ⅲ, Ⅳ, Ⅵ, Ⅺ, Ⅻ).

Visceral nerves refer to the part of peripheral nerves which innervates organs within thorax, abdominal cavity, pelvic cavity, structures of cardiovascular system and glands all over the body.

Visceral nerves consists of sensory and motor fibers. The visceral motor fibers are divided further into the sympathetic and parasympathetic nerves.

The nervous pathway includes sensory pathways, carrying afferent impulses from peripheral sensory receptors to the brain, and motor pathways, performing motorfunction. There are three orders of neurons involved in most sensory pathways: the lower sensory neurons, located in the ganglia, and their peripheral and central processes; the intermediate neurons in the spinalcord (or brain stem) and their processes; the upper sensory neurons, namely, the cells of thethalamus and the fibers passing from them to cerebral cortex. Since all of the ascending pathways cross to the other side of the central nervous system, sensory information received byreceptors on the right side of the body is interpreted in the left cerebral cortex and vice versa. To convey different sensory information from differentparts of the body to various centers of the brain is the main function of the sensory pathways. The motor pathways include pyramidal and extrapyramidal system. Concerned with the voluntary movement of the skeletal muscles, the pyramidal system is composed of two orders of neurons: the upperand lower motor neurons. The upper motor neurons are composed of the giant pyramidal cells and other pyramidal cells of various sized. The lower motor neurons include the cranial motor cells of the brain stem and spinal motor cells of the spinal cord. The main functions played by the extrapyramidal system are to regulate the tonicity of the muscles, coordinate the muscular activities, maintain the normal body postureand produce habitual and rhythmic movements. The pyramidal and extrapyramidal systems have the coordinated and dependent functions with each other and can make the skeletal movements coordinated and precise.

The central nervous system is composed of the brain and spinal cord. The brain consists of telencephalon, diencephalon, the brain stem, and cerebellum. The telencephalon, also named the cerebrumcon, consists of right and left cerebralhemispheres. The surface of gray matter outside cerebrum is called the cerebral cortex. Deep inside each cerebral hemisphere are several additional structures of gray matter called thc basal gallglia (or basal nuclei). The gray matter of the cortex is separated from the basal ganglia by while matter, which is composed of tracts of myelinated nerve fibers. The surface of the cerebrum has many rounded ridges called convolutions or gyri. The main functional areas of the cerebral cortex are primary moter area, primary sensory area, visual association area and auditory associatl on area. The diencephalon can be divided into thalalllus, hypothalamus, epithalamus, metathalamus and subthalamus. Located between the diencephalons and the spine cord, brain stem is composed of midbrain, pons and medullaohlongata. The cerebellum includes two cerebellar hemispheres connected in the midline hy the vermis. The surface of the cerebellum consists of a thin cortex of gray matter. The spinal cord passes through the vertebral canal of the vertebrae which is divided into cervical, Ihoracic, lumbar, sacral and coccvgeal segments. Like the brain, the spinal cord also comprises areas of white matter and gray matter. Two main functions are performed by the spinal cord, ① conduct nerve impulses to and from the brain. ② process sensory information in a limited manner and make it possible for the cord to initiate stereotyped reflex actions without input from higher centers in the brain.

The brain and spinal cord are enclosed by the dura mater, the arachnoid and the pia mater, which are continuous at the foramen magnum. The brain receives the blood from the vertebral artery and the internal carotid artery. Arises from the subclavian artery, the Vertebral artery runs upward through foramina of the transverse processes to enter cavity via the foramen magnum, and joins the vertebral artery of the opposite side at the inferior border of the pons to form the basilar artery, which is divided into two posterior cerebral arteries. Arising from the common carotid artery, the internal carotid artery passes upward through the carotid canal to enter the cranial cavity and passes through the cavernous sinus to the brain after giving off the ophthalmic artery. Serving as a cushion for the entire central nervous system, cerebrospinal fluid, a watery fluid with a composition similar to that of blood plasma and interstitial fluid, can protect the soft tissue from jolts and blows.

思 考 题

1. 脊髓白质各个索分别有哪些主要传导束？
2. 脊髓前角有哪些细胞？各有何功能？
3. 脑干内有哪些躯体运动核？它们分别有什么功能？
4. 下丘脑包括哪些主要结构？下丘脑内含哪些核？

5. 一侧内囊损伤可能出现哪些症状？为什么？
6. 试述脑的血液供应？
7. 试述脑脊液的产生和循环途径？
8. 躯干、四肢的痛、温觉传导通路由哪几级神经元组成？各级纤维的名称、走行及交叉部位如何？

（武有祯　田菊霞　余文富）

第十二章 内分泌系统

学习目标

1. 掌握甲状腺、垂体、肾上腺的位置和一般功能。
2. 熟悉甲状旁腺、胸腺的位置和一般功能。
3. 了解内分泌腺的组成和一般功能。

内分泌系统(endocrine system)是机体的重要调节系统,与神经系统共同维持机体内环境的平衡和稳定,调节机体各器官的新陈代谢、生长发育和生殖等活动。内分泌系统由内分泌腺、内分泌组织和散在的内分泌细胞组成。**内分泌腺**结构独立,肉眼可见,包括甲状腺、甲状旁腺、肾上腺和垂体等。**内分泌组织**为分散存在于人体器官或组织内的内分泌细胞团,如胰岛、睾丸间质细胞、卵巢内的卵泡和黄体等。**内分泌细胞**为分散在胃肠道、前列腺、胎盘、心、肝、肺、脑等器官内具有内分泌功能的细胞。

内分泌腺有以下共同特点:① 腺细胞排列常呈索状、网状或围成滤泡状;② 腺细胞周围有丰富的血窦或有孔毛细血管;③ 腺体内无导管,又称为无管腺;④ 内分泌腺的结构和功能活动有显著的年龄变化。其分泌物称为**激素**,直接渗入周围血液、淋巴或组织液,通过血液循环,作用于靶器官、靶组织和靶细胞。激素量少,但作用大,对维持机体功能的协调和内环境的恒定具有重要作用。

第一节 甲 状 腺

一、甲状腺的形态和位置

甲状腺(thyroid gland)呈"H"形,可分为左、右两个侧叶,以及中间的甲状腺峡。约有半数人自甲状腺峡向上伸出一个锥状叶,长者可达舌骨平面。甲状腺位于颈前部。侧叶位于喉下部与气管上部的侧面。甲状腺上平甲状软骨中部,下至第6气管软骨环,后方平对第5~7颈椎高度。峡部位于第2~4气管软骨环前方,少数人甲状腺峡缺如。甲状腺借结缔组织固定于喉软骨,故吞咽时甲状腺可随喉上下移动,临床上可借此判断颈部肿块是否与甲状腺有关。甲状腺平均重量为25 g,是人体最大的内分泌腺(图12-1)。

二、甲状腺的微细结构和功能

甲状腺表面包有薄层结缔组织被膜,其深入腺实质内,将实质分为许多界限不清的小叶。

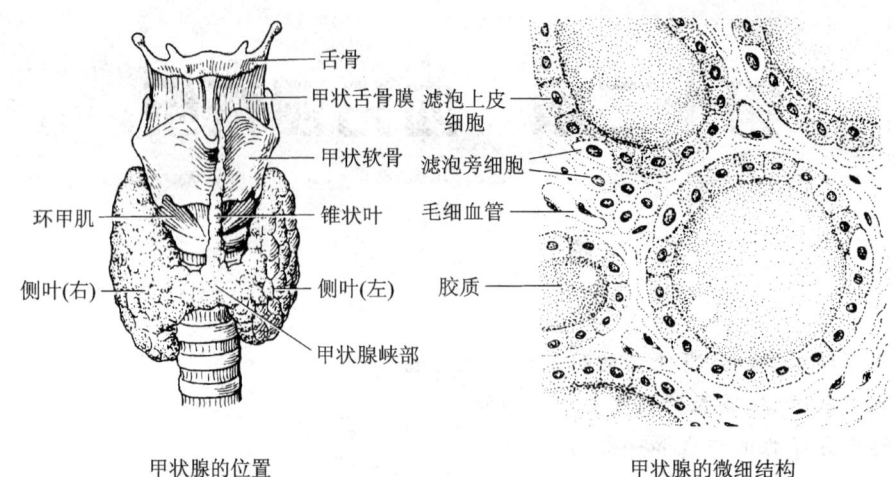

图 12 - 1　甲状腺的位置与结构

每个小叶由 20~40 个大小不等的甲状腺滤泡构成,滤泡之间有少量的滤泡间质,内含少量的结缔组织、丰富的有孔毛细血管及成群的滤泡旁细胞(图 12 - 1)。

(一)甲状腺滤泡

甲状腺滤泡由单层排列的滤泡上皮细胞围成,腔内充满胶质,HE 染色呈均质状、嗜酸性。滤泡上皮细胞具有合成和分泌**甲状腺素**的功能。甲状腺素能促进机体的新陈代谢和生长发育,提高神经的兴奋性,尤其是对婴幼儿的骨骼和中枢神经系统的发育影响较大。若小儿甲状腺功能低下,则导致"呆小症"。

(二)滤泡旁细胞

滤泡旁细胞成群散布于滤泡间质中或常单个嵌在滤泡上皮细胞之间。细胞基部附着于滤泡上皮的基膜,但顶端不伸达腔面。银染法可见胞质中有嗜银颗粒。滤泡旁细胞能分泌**降钙素**,增强成骨细胞活性,使骨盐沉积、血钙浓度降低。

第二节　甲状旁腺

一、甲状旁腺的形态和位置

甲状旁腺(parathyroid gland)甲状旁腺为淡棕黄色扁椭圆形小体,大小似黄豆,通常有上、下两对。位于甲状腺两侧叶的背面,上甲状旁腺位于甲状腺侧叶后缘上、中 1/3 交界处;下甲状旁腺多位于甲状腺侧叶后缘近下端甲状腺下动脉处(图 12 - 2)。有时甲状旁腺可埋入甲状腺实质内。甲状旁腺总重量约 120 mg。

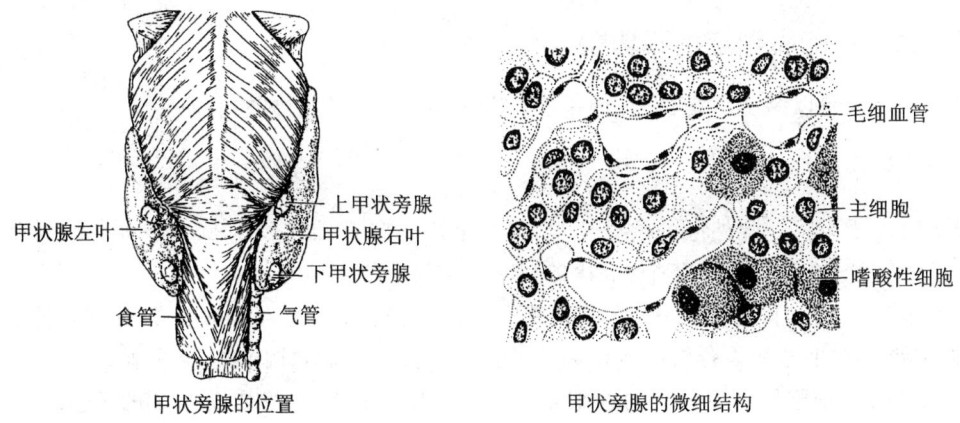

图 12-2　甲状旁腺的位置和结构

二、甲状旁腺的微细结构和功能

甲状旁腺表面有一薄层结缔组织被膜,实质内腺细胞排列成团索状,腺细胞分主细胞和嗜酸性细胞两种(图 12-2)。

1. 主细胞　体积较小,数量较多,能分泌**甲状旁腺激素**,使血钙升高,与降钙素共同协调维持机体血钙的稳定。

2. 嗜酸性细胞　胞体比主细胞大,胞质较多,并含密集的嗜酸性颗粒。目前,此细胞的功能不明。

第三节　肾　上　腺

一、肾上腺的位置和形态

肾上腺(suprareal gland)左右各一,位于腹膜后间隙内脊柱的两侧。呈淡黄色左肾上腺呈半月形,比右侧略高,右肾上腺呈扁三角形。两者分别位于肾的内上方,与肾共同包裹在肾筋膜内(图 12-3)。成人两侧肾上腺共重约 10 g。

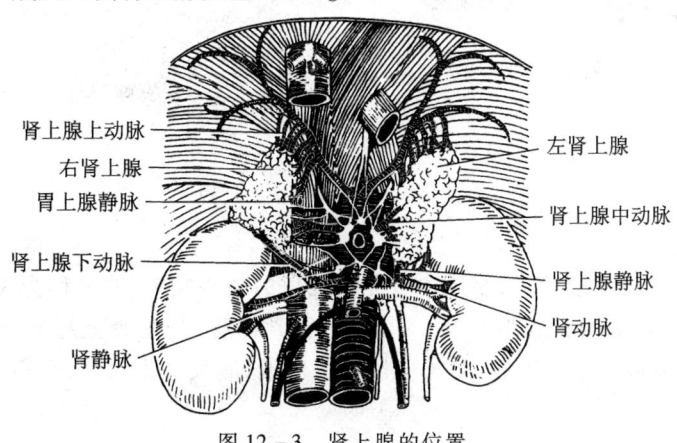

图 12-3　肾上腺的位置

二、肾上腺的微细结构和功能

肾上腺外表包以结缔组织被膜,内部实质分周边的皮质和中央的髓质。

(一) 皮质

肾上腺皮质为肾上腺外层的内分泌腺组织,皮质占肾上腺体积的80%~90%。按细胞的形态和排列特征,皮质分为球状带、束状带和网状带(图12-4)。

1. **球状带** 细胞排列呈球状,位于被膜下方,占皮质总厚度的15%。细胞分泌**盐皮质激素**,能促进肾远端小管和集合管吸收钠离子并排出钾离子,调节体内水、盐平衡。

2. **束状带** 细胞排列成纵行的细胞索,位于球状带深部,占皮质总厚度的78%。细胞分泌**糖皮质激素**,调节糖和蛋白质代谢,降低免疫反应及抗炎。

3. **网状带** 细胞排列呈索状,并相互吻合成网,位于皮质最内层,占皮质总厚度的7%。细胞分泌雄激素及少量雌激素,影响性行为和副性特征。

(二) 肾上腺髓质

肾上腺髓质占肾上腺体积的10%~20%,主要由排列呈团索状的髓质细胞组成,其间有丰富的血窦。髓质中央有中央静脉及少量散在分布的**神经节细胞**(图12-4)。

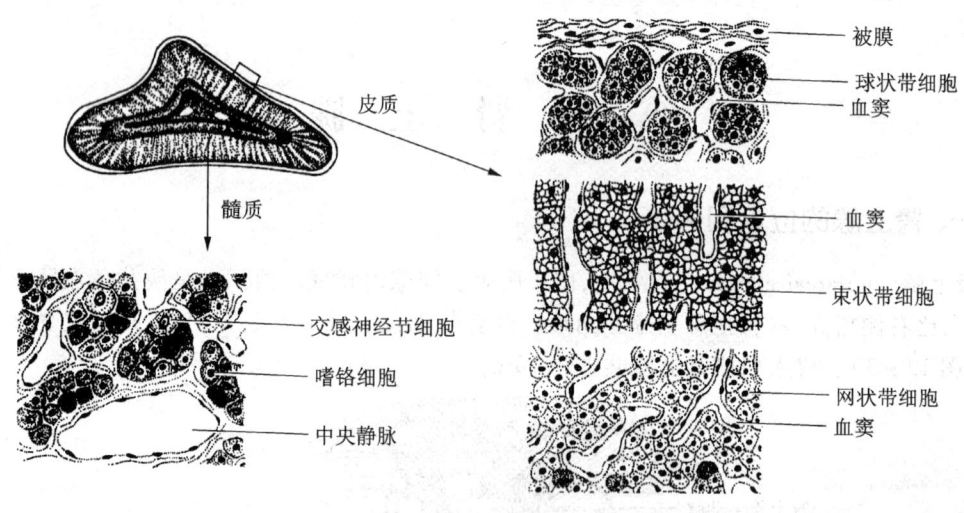

图12-4 肾上腺的微细结构

髓质细胞用铬盐固定液固定,胞质内可见黄褐色的嗜铬颗粒,故又称为**嗜铬细胞**。根据胞质内颗粒不同,可将嗜铬细胞分为两类。① 肾上腺素细胞:分泌**肾上腺素**,能使心搏加快,心收缩力加强;② 去甲肾上腺素细胞:分泌**去甲肾上腺素**,能收缩小动脉,升高血压。

第四节 垂 体

一、垂体的位置和分部

垂体是机体内最重要的内分泌腺,借漏斗与下丘脑相连,在神经系统与内分泌腺的相互作用中处于重要地位。

垂体位于颅底蝶鞍垂体窝内,为卵圆形小体,重 0.5~0.9 g。垂体包括腺垂体和神经垂体两部分。腺垂体又分远侧部、中间部和结节部;神经垂体则分为神经部和漏斗(图 12-5)。远侧部约占垂体的 75%,中间部位于远侧部与神经部之间,结节部围在漏斗周围。远侧部和结节部合称为垂体前叶,而中间部和神经部合称为垂体后叶。

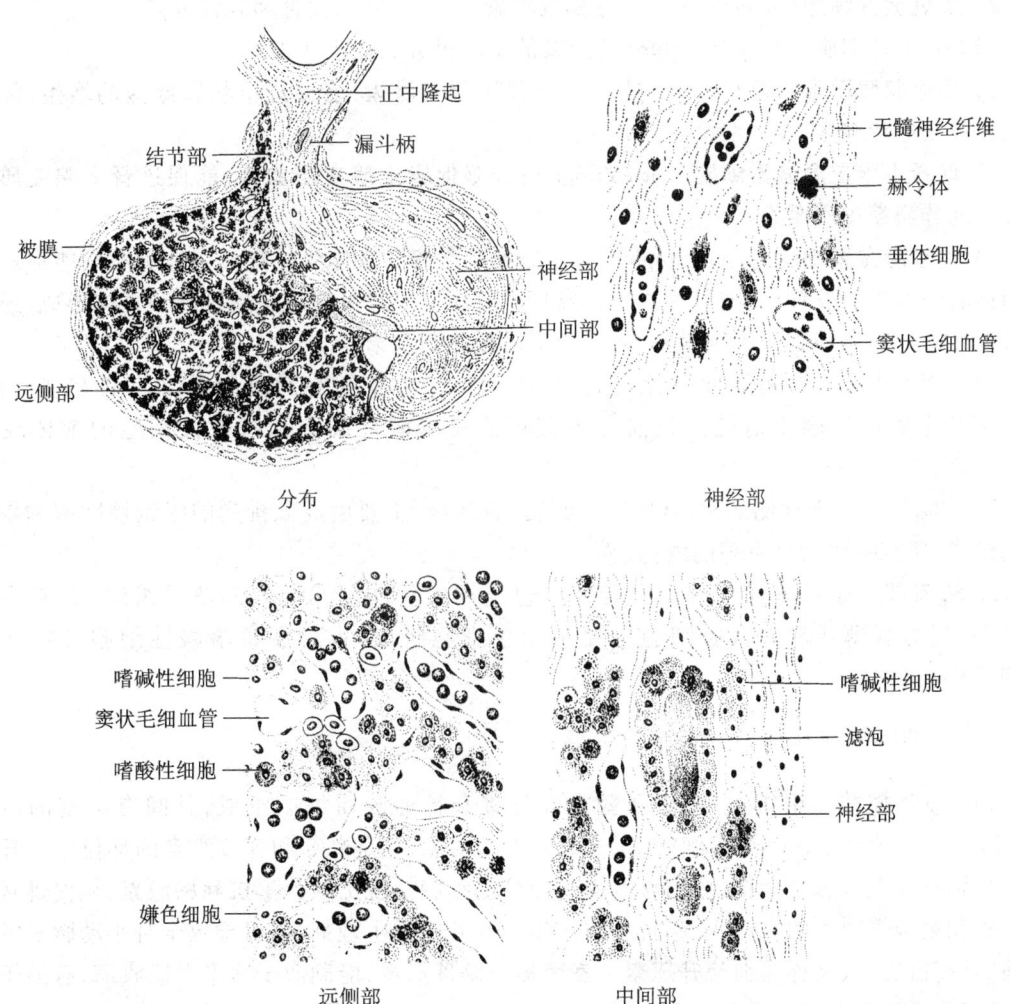

图 12-5 垂体的分部和结构

二、垂体的微细结构和功能

（一）腺垂体

1. 远侧部　腺细胞排列成团索状,其间有丰富的血窦和少量的结缔组织。在 HE 染色切片上,根据细胞的嗜色性可将其分为嗜酸性细胞、嗜碱性细胞和嫌色细胞(图 12-5)。

（1）嗜酸性细胞　数量较多,胞质内充满粗大的嗜酸性颗粒。根据分泌激素的不同,可将嗜酸性细胞分为以下两类:

1）**生长激素细胞**(somatotroph):分泌**生长激素**,能促进体内多种代谢过程,特别是刺激最后软骨增殖使骨骼增长。在幼年时期,生长激素分泌不足可导致"侏儒症",分泌过多则引起"巨人症",成人生长激素分泌过多会引起"肢端肥大症"。

2）**催乳激素细胞**(mammotroph):分泌**催乳素**,能促进乳腺发育和乳汁分泌。

（2）嗜碱性细胞　根据形态和分泌激素的不同可分为以下 3 类。

1）**促甲状腺激素细胞**(thyrotroph):分泌**促甲状腺激素**,能促进甲状腺滤泡的增生,促进合成和释放甲状腺素。

2）**促肾上腺皮质激素细胞**(corticotroph):分泌**促肾上腺皮质激素**,能促进肾上腺皮质束状带细胞分泌糖皮质激素。

3）**促性腺激素细胞**(gonadotroph):分泌**卵泡刺激素**和**黄体生成素**。卵泡刺激素能促进女性卵巢的卵泡生长发育,促进男性精子的发育。黄体生成素可促进女性排卵和黄体形成,还可刺激男性睾丸间质细胞分泌雄激素,故又称**间质细胞刺激素**。

（3）嫌色细胞　约占腺垂体细胞总数的 50%。由于细胞对染料的亲和性较差,HE 染色切片上细胞轮廓不清楚。目前尤为其可能是嗜酸性细胞和嗜碱性细胞的前体或脱颗粒状态。

2. 中间部　位于远侧部和神经部之间的狭长区域,主要由成束排列的嗜碱性细胞和嫌色细胞组成,还有一些大小不等的滤泡(图 12-5)。

3. 结节部　是从垂体前叶向上延伸并包绕神经垂体漏斗周围的薄层组织,在漏斗前方较厚,后方较薄或缺如。腺细胞主要由嫌色细胞组成,也含少量嗜酸性细胞和嗜碱性细胞。

（二）神经垂体及其与下丘脑的关系

神经垂体属神经组织,主要由无髓神经纤维和神经胶质细胞组成,其间有丰富的血窦(图 12-5)。神经垂体不含腺细胞,无合成激素的功能,只是贮存和释放激素的部位。下丘脑前区分别有视上核和室旁核,核内含有神经内分泌细胞。视上核分泌**抗利尿激素**,能促进肾远端小管和集合管对水的重吸收,起抗利尿作用。其若超过生理剂量,可导致全身小动脉平滑肌收缩,升高血压,故又称为**血管升压素**。室旁核分泌**催产素**,能刺激子宫平滑肌收缩,有助于分娩,还可促进乳腺分泌。这些激素由下丘脑的神经内分泌细胞合成,在垂体神经部贮存并释放入血窦,因此下丘脑与神经垂体在功能上是一个整体(图 12-6)。

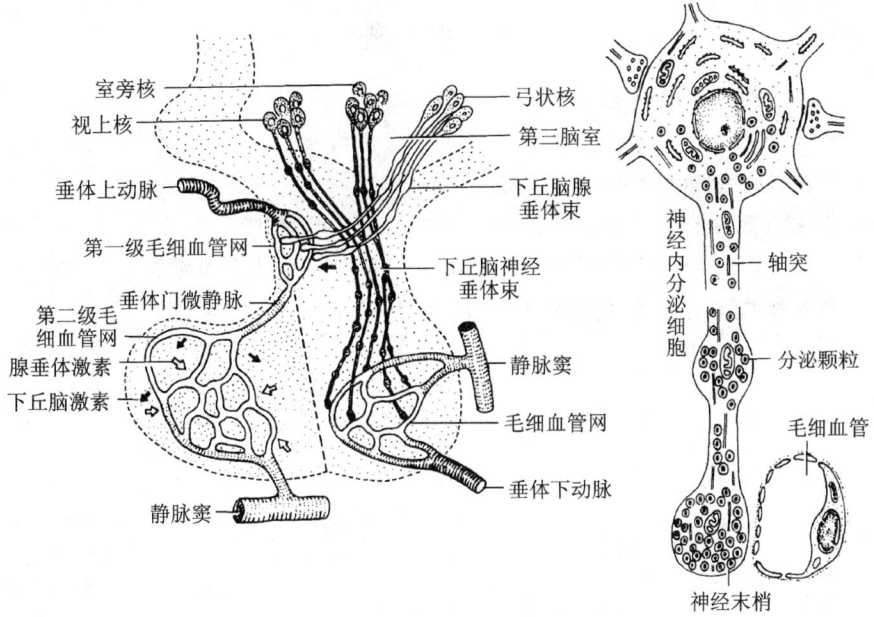

图 12-6 垂体的血管分布及其与下丘脑的关系

Summary

Endocrine System

The endocrine system is a very important control system which includes a group of tissues and organs scattered through the body. They form an integrated group interacted with each other and nervous system, and influence the other tissue through hormones to adjust the development, production, metabolism and the visceral functions of the body, and the homeostasis of the internal environment.

Unlike the exocrine glands which release their secretions directly (or via a duct) onto the surface of the body; all endocrine glands secrete one or more specific substance, the hormones, which release directly into the bloodstream for distribution within the body. The endocrine glands including the hypophysis (pituitary gland), thyroid gland, parathyroid glands, adrenal (suprarenal) glands, the thymus, pineal body, the islets of pancreas, the ovarian follicles, the corpora lutea of the ovary and interstitial tissue of the testes. Besides, there are some endocrine-like tissues such as certain cells of the mucous membrane of the digestive tract which serrate various hormones are also belong to the endocrine system.

The endocrine glands have a rich supply of blood to provide not only for their own metabolic needs but also for the transport of their secretions to other parts of the body.

思 考 题

1. 内分泌腺有哪些结构特点?
2. 甲状腺有哪两类内分泌细胞?分别分泌什么激素?为何现在强制性要求使用碘盐?
3. 为何心情过分激动时可能诱发心脏病?
4. 为什么说下丘脑与神经垂体的结构和功能是一个整体?
5. 腺垂体在 HE 染色切片中可分哪几种细胞?分别分泌什么激素?
6. 是否男性体内只有雄激素?女性体内只有雌激素?

(于 宁)

第十三章 人体胚胎学

学习目标

1. 了解两性生殖细胞的发生和成熟。
2. 熟悉受精的定义、意义及过程。
3. 了解卵裂和胚泡的形成。
4. 掌握胚泡的结构。
5. 熟悉植入的定义及过程。
6. 熟悉植入后子宫内膜的变化及蜕膜的分部。
7. 熟悉三胚层的形成和分化。
8. 熟悉胎盘的组成、结构及功能。
9. 了解胎膜的组成。
10. 了解双胎、多胎和联体双胎。

人体胚胎学(human embryology)是研究人体胚胎发生、发育及其机制的科学。研究内容包括生殖细胞发生、受精、胚胎发育、胚胎与母体关系、先天性畸形等。人胚胎发生从卵子和精子结合形成受精卵开始到胎儿娩出,在母体子宫中发育38周(266天),其过程复杂而又漫长。胚胎学将这个发育阶段分为两个时期:① **胚期**(embryonic period):从受精卵形成到第8周末,在此期内,受精卵由单个细胞经过迅速而复杂的增殖分化,历经胚(embryo)的不同阶段,各器官、系统的原基逐步建立,发育为外形初具雏形的胎儿(fefus);② **胎期**(fetal period):从第9周至胎儿出生,此期内胎儿逐渐长大,各器官、系统进一步发育,多数器官的功能活动也逐步建立,胎儿的体积和重量迅速增加。胎儿出生后,许多器官的结构和功能还需进一步发育、完善。

第一节 人胚的早期发育

人胚的早期发育指胚胎前8周的发育,包括胚前期和胚期。此期胚胎发育分化迅速,易受各种内、外环境因素的影响,对胎儿的正常发育非常重要。

一、生殖细胞和受精

(一)生殖细胞

生殖细胞包括精子和卵子,均为单倍体细胞。精子由男性睾丸生精小管内的精原细胞经两次成熟分裂及形态演变而成,在附睾内发育成熟。通过女性生殖管道时,精子获得释放顶体酶、穿越放射冠和透明带与卵子结合的能力,此过程称为**获能**。卵子的发生在女性卵巢内进行,其过程也需经过两次成熟分裂,但从卵巢排出的次级卵母细胞只有与精子相遇,受到精子穿入的激发,才能迅速完成第二次成熟分裂,成为成熟的卵子。

(二)受精

受精(fertilization)是指精子与卵子结合成为受精卵的过程,多发生在排卵后 12 h 内,受精的部位在输卵管的壶腹部,其过程可分为 3 个步骤:① 精子释放顶体酶,溶解放射冠和透明带,形成进入卵细胞的一条通道;② 精子头部外侧的细胞膜与卵细胞膜相贴并融合,精子核及细胞质进入卵细胞的胞质;③ 在精子穿入的激发下,卵细胞快速完成第二次成熟分裂,生成成熟的卵子(图 13 - 1)。此时,卵子的雌原核和精子的雄原核在细胞中央逐渐靠近并融合,各提供 23 条染色体,同源染色体配对,重新组成二倍体的细胞,即**受精卵**,又称为**合子**(zygote)。

受精的意义:① 受精是两性生殖细胞相互融合和相互激活的过程,能激发卵裂,是新生命的开端;② 受精是双亲遗传基因随机组合的过程,新个体携带双亲的遗传特征,而又有不同于双亲的新个体特征;③ 受精决定新个体的遗传性别。

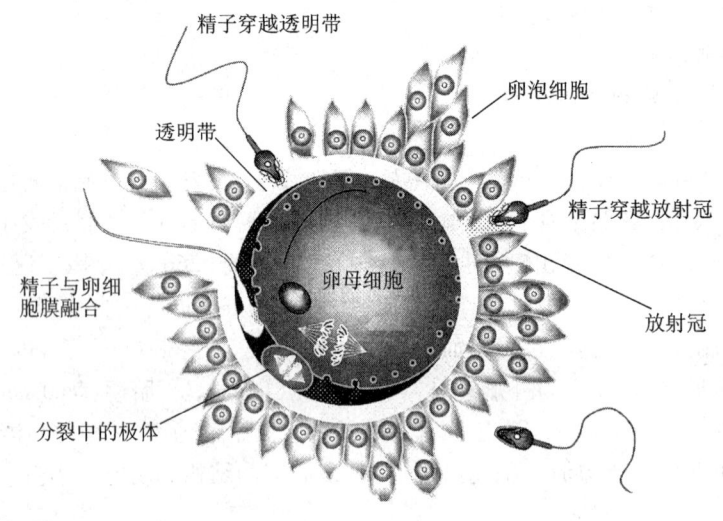

图 13 - 1 受精

二、卵裂和胚泡形成

(一)卵裂

受精卵早期的细胞分裂称为**卵裂**(cleavage)(图 13 - 2)。卵裂产生的子细胞称为**卵裂球**(blastomere)。卵裂球被透明带所包裹,虽然细胞数目增加,但卵裂球体积逐渐变小。受精后 30 h,形成 2 细胞期的卵裂球,受精后第 3 天,卵裂球的数目已达 12~16 个,外观像桑葚,故称为**桑葚胚**(morula),此时已由输卵管运行到了子宫腔。

(二)胚泡形成

受精后第4天,桑葚胚的细胞继续分裂增殖达100多个时,细胞间出现若干小的间隙并逐渐融合成一个大腔,形成囊泡状结构,称为**胚泡**(blastocyst)(图13-2)。胚泡由3部分组成:① 胚泡壁:胚泡的壁由单层细胞围成,可吸收营养,故又称为**滋养层**(trophoblast);② 胚泡腔:由滋养层围成的腔,充满液体;③ 内细胞群:位于胚泡腔一侧的一团细胞,未来发育为胚体和部分胎膜。覆盖在内细胞群表面的滋养层,称为**胚端滋养层**。

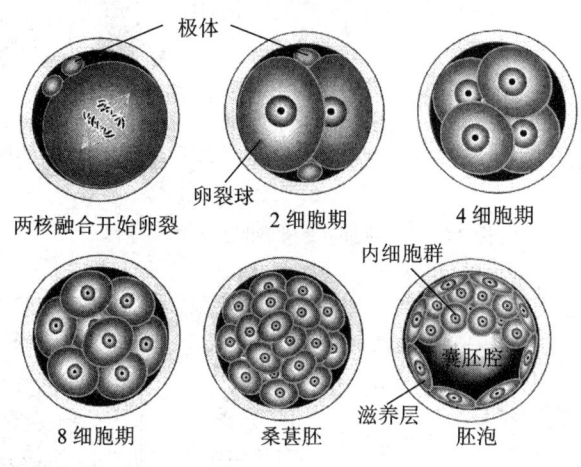

图13-2 卵裂和胚泡形成

三、植入

胚泡进入子宫内膜的过程称为**植入**(implantation),又称为**着床**(imbed)。胚泡形成后,透明带开始溶解(图13-3)。受精后第5天,透明带已完全消失。受精后第6~7天,胚端滋养层最先黏附于子宫内膜表面,分泌蛋白水解酶分解消化子宫内膜,形成一个小缺口,胚泡从缺口处逐渐埋入子宫内膜中。待胚泡全部进入子宫内膜,缺口迅速修复,至第11~12天植入完成。在植入过程中,胚泡滋养层细胞迅速增生,并分化为外层的**合体滋养层**和内层的**细胞滋养层**(图13-4)。

胚泡植入部位通常在子宫内膜体部和底部。如胚泡植入部位在子宫颈内口附近,则形成**前置胎盘**,分娩时胎盘可堵塞产道,导致难产或大出血。若胚泡植入在子宫以外的部位,称为**宫外孕**,常见于输卵管,也可见于肠系膜、卵巢表面等处。宫外孕的胚胎大多早期死亡并被吸收,少数胚胎发育到较大后使植入处组织破裂,引起大出血。

胚泡植入后的子宫内膜称为**蜕膜**(decidua),蜕膜中功能层暂不进行月经周期变化。根据蜕膜与胚泡的位置关系,通常将蜕膜分为3个部分(图13-5)。① 底蜕膜(基蜕膜):位于胚泡深面的蜕膜;② 包蜕膜:覆盖在胚泡浅层的蜕膜;③ 壁蜕膜:其余部位的蜕膜。

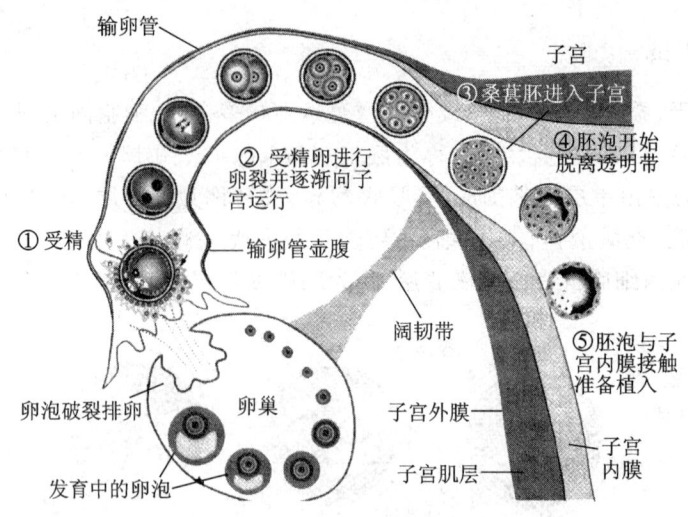

图 13-3　排卵、受精、卵裂及植入过程

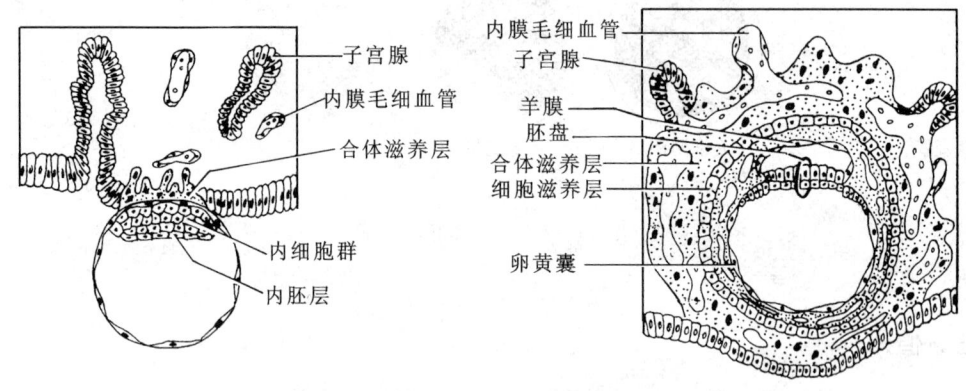

图 13-4　植入过程

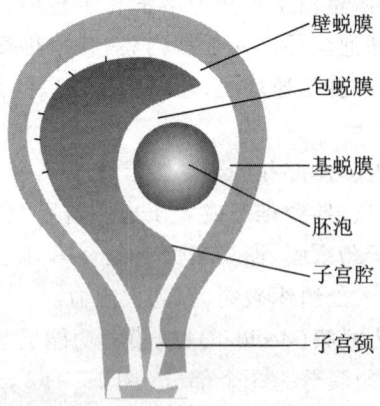

图 13-5　胚泡与子宫蜕膜的关系

四、胚层的形成与分化

(一) 二胚层胚盘和相关结构的形成

受精后第 2 周,内细胞群增殖分化为两层细胞。① **外胚层**(ectoderm):为邻近滋养层的一层柱状细胞,也称为**上胚层**;② **内胚层**(endoderm):是外胚层下方的一层立方形细胞,也称为**下胚层**。两个胚层紧贴在一起,呈扁平圆盘状,故称为**二胚层胚盘**(embryonic disc),它是人体发生的原基。由胚端滋养层细胞增殖分化形成一层扁平的羊膜细胞,贴在滋养层内面,构成羊膜,它与外胚层的周边细胞相延续,形成羊膜囊。羊膜和外胚层围成的腔为羊膜腔;内胚层周边的细胞也增生并向下延伸围成另一个囊,称为卵黄囊(图 13-6)。

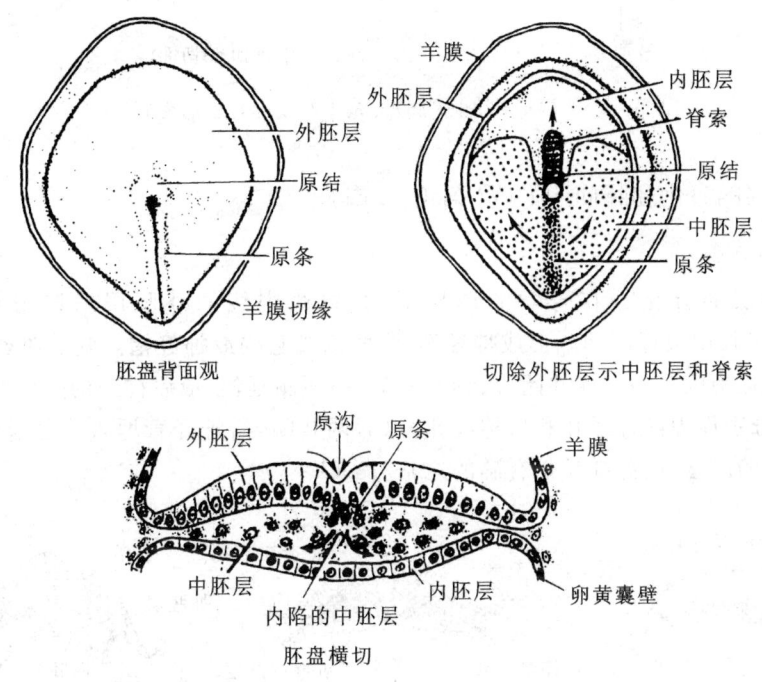

图 13-6 第 16 天胚盘(示原条、中胚层和脊索的形成)

(二) 三胚层胚盘和相关结构的形成

胚胎发育至第 3 周初,二胚层胚盘尾端中线处的外胚层细胞迅速增生,形成一条纵行的细胞索,称为**原条**(primitive streak)。原条作为中轴,使胚盘可区分左右两侧和头尾两端,先出现原条的一端为尾端,而相对的另一端为头端。原条背面中线出现一浅沟,称为**原沟**,沟底的细胞增殖并向周边迁移,在内、外胚层之间形成一层细胞,称为**中胚层**(mesoderm)。原条头端膨大称为**原结**,原结的细胞向头端增生迁移,在内、外胚层之间的中轴线上形成一条与两侧中胚层不相连的细胞索,称为**脊索**(notochord)。此时的胚盘有两个狭小的椭圆形区域,内、外胚层之间无中胚层组织而直接相贴,呈薄膜状,分别是脊索头侧的**口咽膜**和原条尾侧的**泄殖腔膜**(图13-7)。

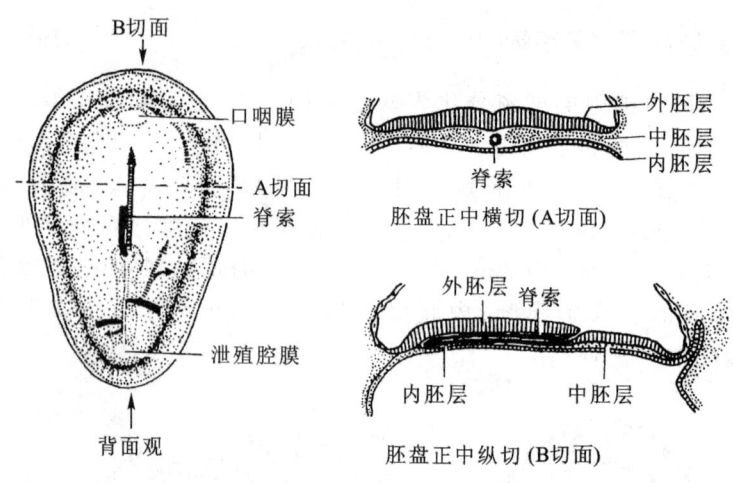

图13-7 第18天胚盘(示中胚层和脊索形成)

(三)胚层的分化和胚体的形成(第4~8周)

1. 胚层的分化

(1) 外胚层的分化 在脊索的诱导下,其背侧中线的外胚层增厚形成**神经板**(图13-8A)。神经板中央逐渐凹陷形成**神经沟**,沟两侧隆起构成**神经褶**。随着神经沟的加深,两侧神经褶首先在中段开始靠拢并闭合,继而向头、尾两侧延伸,最后神经沟完全封闭为**神经管**,头、尾端的孔分别称为前神经孔和后神经孔,以后两孔闭合,神经管埋入中胚层组织。神经管头端膨大为脑的原基,尾部细长是脊髓的原基(图13-8)。

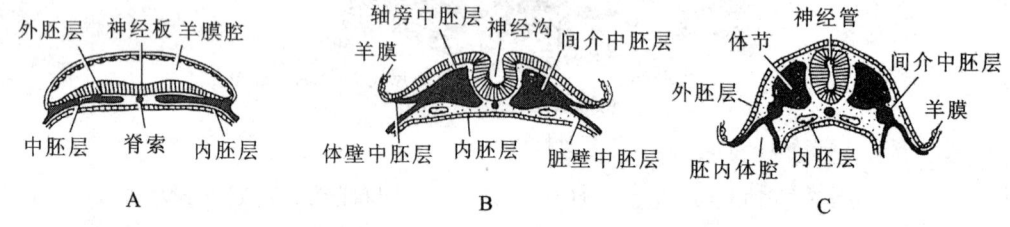

图13-8 中胚层的早期分化及神经管的形成
A. 第17天;B. 第20天;C. 第21天

神经板外侧缘的细胞,在神经管左右背外侧形成两条纵行的细胞索,称为神经嵴,是周围神经系统的原基。表面的外胚层细胞,以后分化为皮肤的表皮及附属器官等。

(2) 中胚层的分化 中胚层由中轴向两侧可依次分化为轴旁中胚层、间介中胚层(图13-8B)和侧中胚层3部分。其余填充在3部分之间的中胚层组织称为间充质,以后分化为结缔组织、肌组织和心血管等。

1) **轴旁中胚层**（paraxial mesoderm）：为中轴线两侧的两条纵行细胞索。胚胎发育至第20天左右，轴旁中胚层由颈部向尾部依次裂为块状细胞团，形成位于中轴线两侧对称的分节状团块，称为**体节**，它将分化为皮肤的真皮、脊柱和骨骼肌等。

2) **间介中胚层**（intermediate mesoderm）：是介于轴旁中胚层和侧中胚层之间的两条纵行的细胞索，可分化为泌尿系统和生殖系统的大部分器官和结构。

3) **侧中胚层**（lateral mesoderm）：位于中胚层最外侧、胚盘的边缘。以后此中胚层组织出现一个腔，称为**胚内体腔**（图13-8C），未来分化为心包腔、胸膜腔和腹膜腔。胚内体腔的出现，将侧中胚层分为两层：紧贴外胚层的称为**体壁中胚层**，未来分化为体壁的骨骼和肌肉；与内胚层相贴的称为**脏壁中胚层**，未来分化为消化管和呼吸道的平滑肌和结缔组织。

(3) 内胚层的分化　在三胚层胚盘期，内胚层为卵黄囊的顶。随着胚盘卷折成桶状，内胚层构成了原始消化管的上皮，其头端始于口咽膜，尾端止于泄殖腔膜，中部则借卵黄蒂与卵黄囊相通连。**原始消化管**未来主要分化为消化系统和呼吸系统的上皮。

2. 胚体的形成　早期胚盘为扁平盘状。胚胎发育至第4周初，由于三胚层各部分生长速度的差异，外胚层生长快于内胚层，导致胚盘的头端和尾端向腹侧卷折，形成**头褶**和**尾褶**，口咽膜和泄殖腔膜也分别转到胚体头和尾的腹侧；同时胚盘向腹侧产生左右**侧褶**。扁平形胚盘被卷折为圆柱形的胚体，外胚层包在胚体的外表，而内胚层被卷入胚体内部，胚体的背侧隆起，凸入羊膜腔（图13-9）。

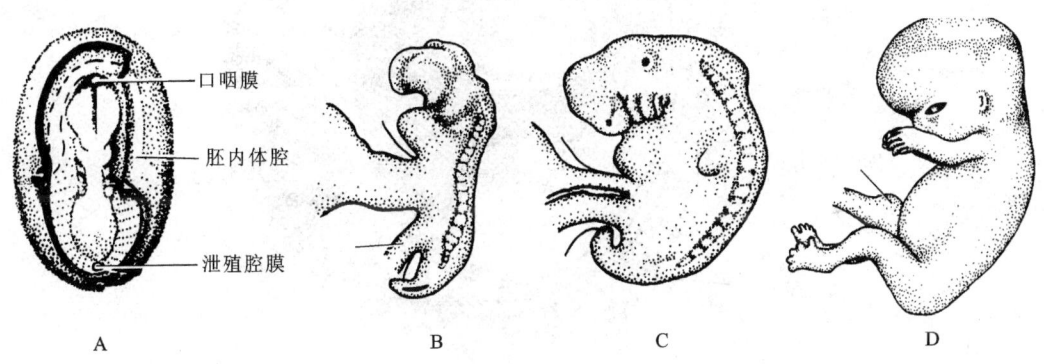

图13-9　胚体外形的形成
A. 约第20天背面观；B. 约第23天侧面观；C. 约第28天；D. 约第56天

第二节　胎膜与胎盘

胎膜和胎盘是胚胎发生时形成的附属结构，来自胚泡，不参与胚胎的构成，但对胚胎具有重要的营养、保护、呼吸、排泄、内分泌、物质交换和屏障功能。

一、胎膜

胎膜（fetal membrane）包括绒毛膜、羊膜、卵黄囊、尿囊和脐带。

1. 绒毛膜 胚胎发育至第2周，卵黄囊与细胞滋养层之间出现了疏松的网状组织，称为胚外中胚层，其内很快出现胚外体腔，使胚外中胚层分为两层，铺衬在羊膜囊外表面和细胞滋养层内表面的壁层以及覆盖在卵黄囊外表面的脏层。随着胚外体腔的扩大，胚盘、羊膜囊及卵黄囊由一束胚外中胚层组织，即**体蒂**悬吊在胚外体腔中。绒毛膜(chorion)由胚外中胚层与滋养层紧密相贴共同构成(图13-10)。绒毛膜上长有许多绒毛。绒毛的结构最初是以细胞滋养层为中轴，外包合体滋养层；随后胚外中胚层长入轴心并出现血管网。胚胎早期，绒毛膜上的绒毛分布是均匀的，胚胎发育至第8周后，位于底蜕膜侧的绒毛因营养丰富而生长茂盛，逐渐变为**丛密绒毛膜**；位于包蜕膜侧的绒毛因缺乏营养而萎缩、退化，逐渐变为**平滑绒毛膜**。如果绒毛滋养层细胞过度增殖，绒毛内结缔组织变性、水肿，血管消失，绒毛呈水泡状，胎儿死亡，整个胎块像串串葡萄，称为**葡萄胎**；如果滋养层细胞过度增生并癌变，称为**绒毛膜上皮癌**。

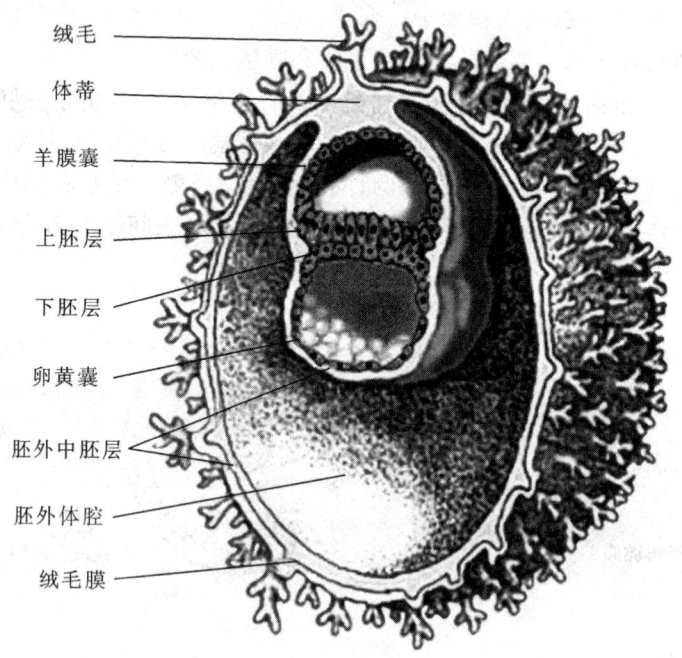

图13-10 胚外中胚层和绒毛膜的形成

2. 羊膜囊(amnion) 由羊膜围成。羊膜薄而半透明，无血管，由羊膜上皮和少量胚外中胚层构成。羊膜腔内充满羊水，胚体被羊膜包绕，浸泡在羊水中。足月时羊水可达500～1 000 ml，羊水过多或过少，常预示胎儿有某种先天畸形。

3. 卵黄囊(yolk sac) 形成于胚胎发育的第2周。随着胚体的卷折，卵黄囊位于脐带内并与原始消化管相通。以后卵黄囊逐渐退化成小泡，残存于脐带根部与胎盘表面的附着处。卵黄囊壁是原始生殖细胞的发源地，也是最早发生造血干细胞和原始血管的部位。

4. 尿囊(allantois) 是卵黄囊的尾侧与胚盘交界处向体蒂内突出形成的一个盲囊，它参与膀胱和脐尿管的形成。尿囊壁的尿囊动、静脉以后演变成脐带内的脐动、静脉。

5. **脐带**（umbilical cord） 是连于胎儿脐部与胎盘间的索状结构，外包羊膜，内有两条脐动脉和一条脐静脉以及退化的卵黄囊、尿囊等，是胎儿与母体间物质交换的唯一通道。若脐带过短，分娩时会引起胎盘过早剥离，造成大出血；若脐带过长，则易发生脐带绕颈，或缠绕肢体，影响胎儿正常发育，甚至导致胎儿窒息、死亡。

胎膜形成和变化见图13-11。

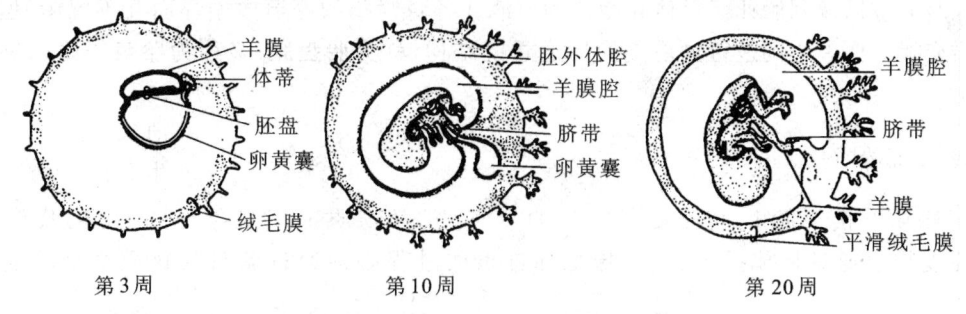

图13-11 胎膜形成和变化

二、胎盘

（一）胎盘的结构

胎盘（placenta）是由胎儿的丛密绒毛膜与母体部的底蜕膜（基蜕膜）紧密结合而构成的圆盘状结构（图13-12），分两个面。① 胎儿面：因有羊膜覆盖而光滑，近中央处有脐带附着，血管从胎盘中央向四周呈辐射状走行；② 母体面：为剥脱后的基蜕膜，因凹凸不平而显粗糙，可见由不规则的浅沟分隔成的15~30个胎盘小叶。

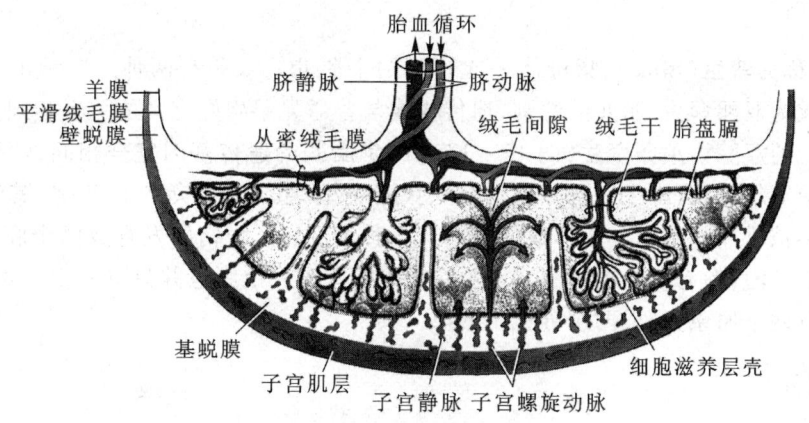

图13-12 胎盘的结构与血液循环

丛密绒毛膜发出40~60个呈树枝状的绒毛干，其间为绒毛间隙。母体的基蜕膜可伸入绒毛间隙形成胎盘膈，由于胎盘膈分隔不完全，故绒毛间隙可相互通连。子宫螺旋动脉和子宫静脉均开口于绒毛间隙，间隙中流动着母体血液，因此绒毛是浸在母血之中的。

(二) 胎盘的血液循环和胎盘膜

胎盘内有母体和胎儿两套血液循环系统。① 母体：动脉血从子宫螺旋动脉流入绒毛间隙后变为静脉血，经子宫静脉流回母体；② 胎儿：静脉血从脐动脉流入绒毛内毛细血管后变为动脉血经脐静脉回流到胎儿。母体和胎儿的血液在各自封闭的管道内循环而互不混淆，但可进行物质交换。两者之间进行物质交换所通过的结构，称为**胎盘膜**，又称为**胎盘屏障**(placental barrier)。

(三) 胎盘的功能

1. 物质交换　胎儿生长发育所需的氧气、营养物质都来自母体，产生的代谢产物 CO_2 等废物也通过母体排出，这一摄取和排出的过程必须通过胎盘的物质交换功能才能实现。

2. 屏障作用　胎盘膜分隔胎儿血和母体血，具有选择性透过作用，因此，能阻挡细菌等有害物质进入胎儿体内。

3. 内分泌功能　胎盘是胎儿和母体共有的一个内分泌器官，能产生多种激素。① 绒毛膜促性腺激素：能使月经黄体发育成妊娠黄体，以维持妊娠。② 胎盘催乳素：能促进母体乳腺的生长发育，促进胎儿的代谢和生长发育。③ 孕激素和雌激素：具有继续维持妊娠的作用。

第三节　双胎、多胎和联体双胎

一、双胎

双胎，又称为**孪生**(twins)，指母体一次娩出两个胎儿。双胎有两种。一种由两个受精卵同时发育而成为**双卵孪生**，胎儿的性别、遗传构成与普通兄弟姐妹之间的关系相同。由一个受精卵发育而成的双胎为**单卵孪生**(图 13-13)，两个胎儿的遗传基因完全相同，性别、血型、组织相容性抗原等均相同，出生后的相貌、体态、代谢类型、生理特点等都极相似，其组织器官可相互移植而不被排斥。单卵孪生形成的原因有 3 种情况：① 受精卵发育成两个胚泡；② 受精卵发育成一个胚泡，但有两个内细胞群；③ 受精卵发育成一个胚泡并只有一个内细胞群，但在一个胚盘上有两个原条，形成两个分化中心。

二、多胎

母体一次娩出两个以上胎儿，称为**多胎**(multiple birth)。发生率很低，四胎以上者更为罕见，且新生儿的死亡率高。其发生原因可以是单卵性、多卵性或混合性，以混合性为多。

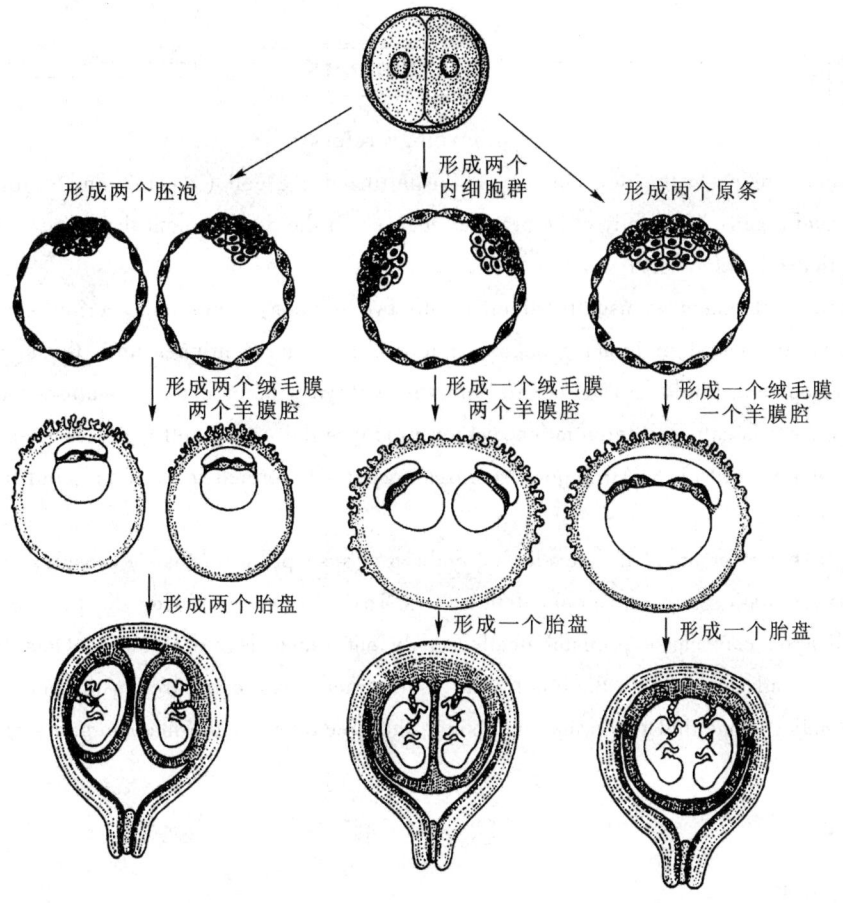

图 13-13　单卵孪生的形成

三、联体双胎

联体双胎(conjoined twins)是指两个未完全分离的单卵双胎。一般有呈对称型的头联双胎、臀联双胎或胸联、腹联双胎等,也有呈不对称型的寄生胎、胎内胎(图 13-14)。另外还有纸样胎等。

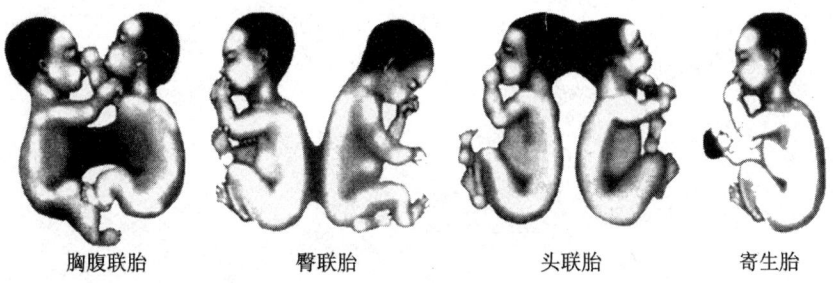

胸腹联胎　　　臀联胎　　　头联胎　　　寄生胎

图 13-14　联体双胎模式

Summary

Embryology refers

Embryology refers to the development of the fertilized egg cell (zygote) and its differentiation into tissues and organs. The study of embryology focuses on the development that occurs in the prenatal period, that is, before birth.

Prenatal development is usually divided into two periods: embryonic period and fetal period. The embryonic period in humans begins at fertilization and continues until the end of the 8th week of development. Rapid growth occurs and the embryo's main external features begin to take form. This process is called differentiation, which produces the varied cell types. The fetal period extends from week 9 until birth. All major structures are already formed in the fetus, but they continue to grow and develop.

During first two months, the developing embryo is susceptible to toxic exposures such as alcohol, infection, radiation and nutritional deficiencies. Toxic exposures during the first two weeks following fertilization may cause prenatal death but do not cause developmental defects. Instead, the body performs a miscarriage. On the other hand, subsequent toxic exposures in the embryonic period often cause major congenital malformations, since the precursors of the major organ systems are developing.

思 考 题

1. 何谓受精？
2. 受精包括哪些过程？
3. 试述胚泡植入的定义、过程、部位以及植入后子宫蜕膜的分部。
4. 试述三胚层的形成及各胚层的分化。
5. 试述胎盘的组成、结构和功能。

（沙佩林）

第十四章 临床应用人体结构

学习目标

1. 熟悉常用骨性标志、肌性标志。
2. 了解头颈部的应用结构:额顶枕部软组织、泪道冲洗术、耳的应用结构。熟悉气管切开术注意要点。
3. 掌握注射技术的应用结构:皮内注射、皮下注射、肌内注射的注意要点。
4. 熟悉穿刺技术的应用结构:掌握浅静脉穿刺、股静脉穿刺;熟悉胸腔穿刺、腹腔穿刺、腰椎穿刺、骨髓穿刺;了解心包腔穿刺、膀胱穿刺、睾丸鞘膜腔穿刺及椎间盘穿刺。
5. 掌握插管技术的应用结构:灌肠术、导尿术。
6. 熟悉常用急救技术的应用结构:掌握指压止血技术;熟悉环甲膜穿刺术、人工呼吸术;了解心内注射。
7. 了解会阴部的应用结构:包皮手术、肛门直肠指诊术。

随着现代医学科技的发展,古老的解剖学发生了巨大的变化,解剖学与多种现代科学及临床应用科学密切相关。如,断层影像学、介入治疗学、显微外科学等。为配合基层医院各种常规诊疗操作的开展,本章的编写主要选择临床治疗上较常遇到的、又需结合人体结构知识加以说明和处理的内容。因此,本章编写内容不追求系统性和完整性,而以服务于临床为宗旨,突出临床应用的针对性。

第一节 表面结构

通过观察和触摸人体表面突起、凹陷的体表标志或通过体表标志线及局部分区来确定某个器官的位置与毗邻关系,用以指导诊疗技术操作的方法称为表面解剖。

一、常用骨性标志

1. 前囟 颅内压增高时前囟膨隆,颅内压降低时前囟内陷。因此,观察和触摸前囟的状态可判断新生儿颅内压高低。
2. 眶上切迹(孔) 眶上神经和血管穿过该切迹(孔)。指尖压迫该处产生明显疼痛,临床上作为鉴别昏迷深、浅度的方法。
3. 甲状软骨 融合处的上端向前突出形成喉结,成年男性明显。
4. 环状软骨 ①喉与气管、咽与食管的分界线;②临床上常在此平面将颈总动脉压向第6颈椎横突上,作为头、颈部出血的临时止血点;③急性喉阻塞时,是环甲正中韧带穿刺的标志之一;④ 是计数气管软骨环和甲状腺触诊的标志。

5. 胸骨角　平对第 2 肋,胸前壁计数肋的标志。

6. 肋弓　肝、胆囊、脾触诊的标志。肋弓与剑突的交角称为剑肋角,左侧剑肋角常作为心包穿刺的进针部位。

7. 棘突　第 7 颈椎棘突是辨认椎骨序数的标志。

8. 肩胛冈和肩胛骨下角　肩胛冈平第 2 肋,肩胛骨下角平第 7 肋,是临床上在背部计数肋的标志。

9. 髂嵴和髂前上棘　髂嵴最高点的连线平对第 4 腰椎棘突,是腰椎穿刺时计数腰椎棘突的标志;右髂前上棘与脐连线的中、外 1/3 交点为阑尾根部的体表投影点。

10. 坐骨结节　是产科测量骨盆径的常用标志。

11. 内踝　内踝前方有大隐静脉,是静脉穿刺术和静脉切开术的常用部位。

二、常用肌性标志

1. 三角肌　肩关节脱位或肱骨外科颈骨折,损伤腋神经可导致三角肌瘫痪,肩关节不能外展。肌内注射可选择该肌中部。

2. 肱二头肌　测量血压时,听诊器放置该肌腱的内侧,即肱动脉的表面。

3. 臀大肌　臀大肌外上 1/4 处是肌内注射常用的部位。

第二节　头、颈部应用结构

一、额、顶、枕部软组织

1. 应用结构学基础　额、顶、枕部软组织由 5 层结构构成,由浅入深依次为,皮肤、皮下组织、帽状腱膜、腱膜下层和颅骨外膜,前 3 层紧密结合,称为"头皮"。

(1) 皮肤　厚而致密,富有血管,有毛发、皮脂腺和汗腺。

(2) 皮下组织　主要是脂肪组织,富有小血管及神经末梢,颅顶软组织的血管网主要位于该层,皮肤内血管丰富,故外伤时出血较多,但创口愈合亦较快。

(3) 帽状腱膜　坚韧致密,前连额肌,后接枕肌,两侧连接耳肌,在颞部变薄成为颞浅筋膜。

(4) 腱膜下层　为一薄层疏松结缔组织,形成一潜在间隙,前至鼻根和眼睑,两侧达颧弓,后达上项线,血管粗而少,有导静脉穿过。因此,头皮或帽状腱膜下间隙的感染可经导血管向颅内蔓延,形成严重的颅内感染,临床上常称此层为颅顶的"危险区"。

(5) 颅骨外膜　与骨面连接疏松,与颅缝内软组织相连。

2. 临床应用要点

(1) 头皮裂伤与帽状腱膜的关系　由于皮肤与帽状腱膜间紧密结合,单一皮肤与皮下组织层裂伤不会使创口明显裂开,尚有腱膜维系。但创口裂开较大时,必有腱膜断裂,帽状腱膜张力较高,需单独一层缝合,以保证创口对合。

(2) 头皮结构对头皮出血的影响　皮下层有丰富的血管网,外伤中容易出血,如组织内出血,由于纤维网结构限制了出血的扩散,形成局限性头皮血肿,故张力高。在头皮裂伤大或开颅术中出血较多,这是由于该层内部分小血管穿行于纤维束中,血管断端受周围的牵拉不易收缩。因此,可采用钳夹腱膜层外翻压迫止血法。

二、泪道冲洗术

泪道冲洗术是将液体注入泪道,疏通阻塞。其可检查泪道有无狭窄和阻塞,也可作为治疗方法,清除泪囊内积存的分泌物。

1. 应用结构学基础
（1）泪点　泪点的变位、异常、外翻、闭锁均可引起泪溢症。
（2）泪小管　眼轮匝肌的肌纤维包绕泪囊和泪小管,可收缩和扩张泪囊,促使泪液排出。
（3）鼻泪管　鼻黏膜与鼻泪管黏膜相延续,故鼻腔炎症可蔓延至鼻泪管。

2. 临床应用要点
（1）患者体位　患者取头正中坐位或卧位,面对操作者。
（2）部位选择　在内眦处将针头插入泪点。
（3）操作技术　患者眼球外展,局麻后,操作者用左手将患者下睑内1/3处皮肤向外下方牵拉,将针头先垂直插入下泪点1.5~2.0 mm,转向水平方向,朝内眦顺泪小管方向推进5~6 mm,达骨壁后稍后退,缓慢注入生理盐水,嘱患者头向前倾,询问患者有无液体流入鼻腔或咽腔。若鼻泪管通畅,则生理盐水即由鼻腔流出;如鼻泪管部分狭窄,则仅有少许生理盐水由鼻腔流出,大部分由上泪点溢出;如泪小管阻塞,则生理盐水由泪点返回。

三、耳的应用结构

1. 应用结构学基础　耳郭似漏斗形,大部分由弹性软骨构成,表面有皮肤覆盖。皮肤相对较薄,皮下组织少,富有血管和神经。由于血管表浅,血流缓慢,易受外伤和冻伤等,且外伤之后,易形成血肿,难以吸收。耳郭软骨抗感染能力差,一旦感染,容易引起软骨坏死,导致耳郭畸形。慎用耳垂采血,穿戴耳环时须严格消毒。

2. 临床应用要点　检查成人鼓膜时,须将耳郭向后上提起;检查婴儿鼓膜时,须将耳郭向下牵拉。外耳道的皮肤与其深面的软骨膜及骨膜黏附紧密,皮下组织稀少,故外耳道炎性肿胀时,常伴有剧烈的疼痛。

四、气管切开术

1. 应用结构学基础　气管颈部前面,由浅入深依次为皮肤、浅筋膜、颈筋膜浅层、锁骨上间隙、舌骨下肌群及气管前筋膜。在行气管切开术时,一般都选用仰卧位,肩下用一小枕垫高,头后仰,使气管向前突起,以使气管固定于正中矢状位上,便于暴露、分离和切开。
（1）切口　有直切口和横切口两种。直切口暴露气管好,但伤口愈合后瘢痕较明显;横切口与颈部皮纹一致,术后瘢痕较小,但是暴露气管较差,而且切口处易有分泌物滞积,所以一般较多采用直切口——颈前正中切口,自甲状软骨下缘至接近胸骨上窝处切开皮肤和皮下组织;若做横切口,则可于环状软骨下缘一横指处切开。
（2）部位　一般要求在第2~4气管软骨环之间。如在甲状腺峡部以上部位切开气管,往往易损伤环状软骨,导致喉狭窄,造成以后拔管困难。若低于第5气管软骨环,头部过于后仰或向下分离过深,均易伤及颈根部大血管和胸膜顶。气管切开时不要切入过深,以免损伤气管后壁和食管前壁,造成气管食管瘘。

2. 临床应用要点

(1) 幼儿　胸腺和左侧头臂静脉往往高出胸骨上切迹,故在幼儿进行气管切开时,应注意避开左侧头臂静脉和其他结构。幼儿右侧胸膜顶突向颈部较左侧为高,术中暴露气管时,不应过于向下分离,以免损伤胸膜顶。

(2) 术中损伤出血　气管切开术造成出血的原因除损伤颈前静脉或甲状腺外,常见的有甲状腺最下动脉和甲状腺下静脉的损伤。甲状腺最下动脉损伤的出现率为10%左右。该动脉起点各异,经气管前方上行,此特点对气管切开或甲状腺手术均有重要意义,尤其是起于无名动脉、右锁骨下动脉,横过或斜跨气管软骨环到对侧的甲状腺最下动脉者更易造成术中损伤出血。

甲状腺下静脉是甲状腺恒定的静脉之一,静脉干粗而短,且距大静脉近,该静脉起于甲状腺侧叶下1/3和甲状腺峡部。在气管切开术所经过的部位,有较粗大的甲状腺下静脉或其吻合支存在。损伤该静脉可能是气管切开术中出血的主要原因之一。

第三节　注射技术应用人体结构

常用注射技术有:皮内注射、皮下注射、肌内注射及静脉注射等。

一、皮内注射

1. 应用结构学基础　皮肤内富有神经末梢,故皮内注射较痛,应操作熟练,减少失误及缩短注射时间。进针层次是由浅入深斜穿角化层、透明层、颗粒层、棘层、基底至真皮浅层。针头斜面向上,针与皮肤呈5°斜行刺入皮内(图14-1)。

2. 临床应用要点　部位选择:用于预防接种常选择上臂三角肌下缘处;用于药物过敏试验常选择前臂掌侧面下1/3处;用于局部麻醉常在需实施局部麻醉处。

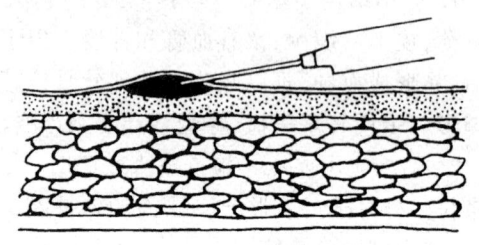

图14-1　皮内注射

二、皮下注射

1. 应用结构学基础　皮下组织中有丰富的血管、神经与淋巴管等。进针层次为表皮、真皮、浅筋膜。针头斜面向上,针与皮肤呈30°~40°斜行刺入皮下组织(图14-2)。

2. 临床应用要点　部位选择:在上臂外侧面三角肌下端,亦可在腹壁股外侧部等处。这些部位皮下组织疏松,摩擦机会少,便于注射。

三、肌内注射

常用的肌内注射部位有臀大肌、三角肌、股外侧肌等。

（一）臀大肌注射

1. 应用结构学基础　2岁以下婴幼儿臀区较小，肌肉不发达，不宜做臀大肌注射，有损伤坐骨神经的危险，应选用臀中肌、臀小肌注射。小儿开始行走后臀肌逐渐发达，方可用于注射。进针层次为注射针穿经皮肤、浅筋膜、臀肌筋膜至臀大肌。针头与皮肤垂直，快速刺入2.5～3.0 cm即达臀大肌，注射的深度因人而异，因臀区皮下组织较厚，成年人注射时针不应短于4.5 cm，注射过浅或针尖达不到肌肉时，易引起皮下硬结及疼痛。

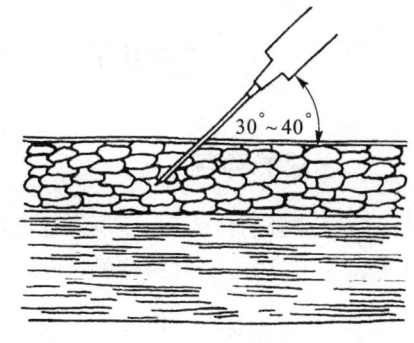

图14-2　皮下注射

2. 临床应用要点

（1）部位选择　①"十"字法：从臀裂顶点向外画一水平横线，再通过髂嵴最高点向下做一垂线，两线"十"字交叉，将一侧臀区分为4区。臀部外上1/4区为臀肌注射部位，选用注射点时应避开此区的内下角，进针时针尖勿向下倾斜。②连线法：将髂前上棘至骶、尾连接处做一连线，将此线分为3等份，其外上1/3为注射区（图14-3，图14-4）。

（2）注意事项　臀大肌注射时，若深达臀大肌下间隙，则药物对臀下神经、坐骨神经等产生刺激，甚至造成一定的损伤，严重时可发生感染，形成深部脓肿，故此区注射不可太深。

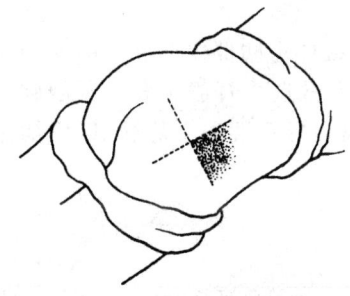

图14-3　臀大肌注射（"十"字法）

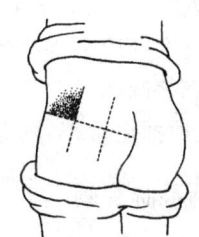

图14-4　臀大肌注射（连线法）

（二）三角肌注射

1. 应用结构学基础　进针层次为皮肤、浅筋膜、深筋膜至三角肌内。针尖勿向前内斜刺，以免伤及腋窝内的血管及臂丛神经。

2. 临床应用要点　部位选择：三角肌区皮肤较厚，皮下组织较薄。以肩峰和三角肌止点的连线作为该肌中线，垂直于该中线再做两条横线将三角肌中线平均分3等份，自上而下将三角肌中线以后分别定为1、2、3区，中线以前分别定为4、5、6区，即六分法。其中2区深部有腋神经和血管经过，而4、5区血管较少，为注射安全区（图14-5）。

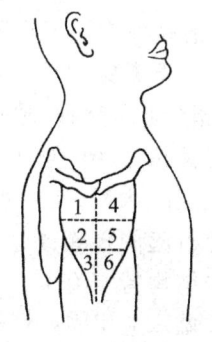

图14-5　三角肌注射区（六分法）

第四节 穿刺技术应用人体结构

一、浅静脉穿刺

浅静脉穿刺的目的：① 采血，用于献血、血液检查；② 输血、补液；③ 注射药物，适用于不宜口服和皮下、肌内注射的药物，或要求迅速产生药效的药物。

（一）头皮静脉穿刺

1. 应用结构学基础　头皮静脉分布于颅外软组织内，数目多，在额部及颞区相互交通呈网状分布，表浅易见。静脉管壁被头皮内纤维隔固定，不易滑动，而且头皮静脉没有瓣膜，正逆方向都能穿刺，故特别适用于小儿静脉穿刺。头皮静脉穿刺常选用额静脉、颞浅静脉、眶上静脉及耳后静脉等。

由于头皮静脉与颅内硬膜静脉窦交通，穿刺时要注意严格消毒，以防止引起颅内感染。要注意与伴行的头皮动脉鉴别，静脉内含静脉血，呈浅蓝色，压力低，无搏动，管壁薄，易被压瘪，血液为向心性流向，注药时阻力小；动脉则有搏动，管壁厚，不易压瘪，血管易滑动，血液呈离心方向流动，注药时阻力大。但在严重脱水、休克或光线较暗的情况下，上述特点不明显，可依靠观察回血和试推注射液来鉴别。进针层次为皮肤、皮下组织、静脉壁。

2. 临床应用要点　部位选择：根据年龄及病情可选择不同部位的静脉。婴幼儿首选头皮静脉和颈外静脉，其次选用手背静脉和足背静脉。成人常选手背静脉和足背静脉。需长期静脉给药者，应先从小静脉如手背静脉网开始，由远心端到近心端选择静脉，以增加血管的使用次数。如果为一次性抽血检查，则选择肘正中静脉。

（二）手、足背静脉穿刺

1. 应用结构学基础　手、足背浅静脉有其不同的特点：手部静脉系统可分成浅层和深层两部分。浅层的静脉回流是主要的，手背的浅静脉远较深静脉重要，外观也明显。从手指末端开始，指背侧的浅静脉汇集手指掌面及侧面的静脉丛回流的血液，到中节指背更为显著，静脉和手指的纵轴平行。足背静脉可由足背静脉网汇入小隐静脉。

一般患者穿刺可选择45°或接近45°进针；对老年患者浅小静脉穿刺，可选择35°进针；对指（趾）背侧静脉穿刺，选择10°~15°进针；对血管壁厚、硬、易滚动的老年患者，穿刺宜选择超过40°进针；对小儿手背及足背浅静脉、指（趾）间静脉，选择10°~45°角进针，肘静脉、大隐、小隐静脉，选择20°~30°进针。增大针头与皮肤之间的进针角度可减轻进针引起的疼痛或达到无痛注射，这与注射时皮肤所承受的压力、皮肤血管神经分布及皮肤结构特点有关。

2. 临床应用要点　部位选择：根据年龄及病情可选择不同部位的静脉。3岁以上的小儿及成人常采用四肢远端浅表静脉，在非特殊情况下，以上肢远端的浅静脉为主要穿刺部位。需长期静脉给药者，应先从小静脉如手背静脉网开始，由远心端到近心端选择静脉，以增加血管的使用次数。如果为一次性抽血检查,选择肘正中静脉。

二、股静脉穿刺

1. 应用结构学基础　股静脉是腘静脉的延续、下肢的静脉主干,其上段居股三角内。股三角的上界是腹股沟韧带;外侧界是缝匠肌的内侧缘;内侧界是长收肌的内侧缘;前壁为阔筋膜;后壁由髂腰肌和耻骨肌及筋膜构成。股三角内由外向内依次为股神经、股动脉、股静脉。进针层次为皮肤、浅筋膜、阔筋膜、股鞘达股静脉。穿刺针可垂直刺入或与皮肤呈 45°刺入。要注意刺入方向和深度,以免伤及股动脉、股神经或穿透股静脉。

2. 临床应用要点　部位选择:穿刺点常选在腹股沟韧带中点下方 3～4 cm 处,此处可摸到搏动的股动脉,于股动脉内侧 0.5 cm 处刺入。

三、胸腔穿刺

1. 应用结构学基础　胸壁由浅入深分为 6 层。① 皮肤:胸部的皮肤各部厚薄不同,胸前部较薄,背部厚。② 浅筋膜:有脂肪组织、血管、皮神经和淋巴管。③ 深筋膜和肌层:深筋膜为薄层的致密结缔组织,覆盖于肌表面及相邻肌之间。④ 肋间隙与肋间结构:肋间隙前部较宽,后部较窄,上部肋间隙较宽,下部较窄。肋间结构包括肋间肌、肋间血管和肋间神经。肋间血管和神经居肋间内、外肌之间,贴肋沟前行。肋间动脉在近肋角处常分出一小支沿下位肋骨上缘前行,因此,胸腔穿刺术若在肋角与腋中线之间进行,应在下位肋骨的上缘进针;若在胸前部进行,应在上、下肋之间进针,以免损伤肋间神经和血管。⑤ 胸内筋膜:是衬覆于胸廓内的一层致密结缔组织薄膜,与壁胸膜间存有少量的疏松结缔组织。⑥ 壁胸膜:位于胸壁的最内层,由间皮和少量结缔组织构成。

进针层次由浅入深依次为:皮肤、浅筋膜、深筋膜、肌层、肋间组织、胸内筋膜、壁胸膜入胸膜腔(图 14-6)。

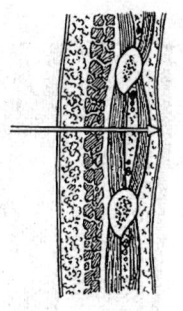 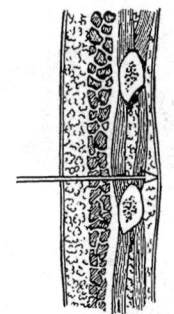

在腋中线之前穿刺　　在肋角与腋中线之间穿刺

图 14-6　胸腔穿刺

2. 临床应用要点　部位选择:胸腔积液穿刺部位,应根据查体及 X 线或超声波检查结果确定。一般常选肩胛下角线的第 7～9 肋间,或腋中线第 6～7 肋间隙的下位肋骨上缘进针。胸腔穿刺抽气多选锁骨中线第 2 前肋间为穿刺点。

四、心包腔穿刺

1. 应用结构学基础　进针层次：心尖区由浅入深依次为皮肤、浅筋膜、深筋膜、肌层、肋间组织、胸内筋膜、纤维心包和浆膜心包壁层入心包腔。

2. 临床应用要点　部位选择：心包腔积液或积脓的穿刺部位，应根据查体及 X 线或超声波检查结果确定。常以心尖区为穿刺点。一般在左侧第 5 肋间锁骨中线外，心浊音界内 2 cm 处进针，也可选剑突与左肋弓缘夹角下方进针。① 在剑突下进针时，应使针头与腹壁皮肤保持 30°～40°，向上、向后并稍向左刺入心包腔的后下部；② 在心尖区进针时，应使针头由下而上，向脊柱方向刺入心包腔。

五、腹腔穿刺

1. 应用结构学基础　腹前外侧壁进针层次：皮肤、浅筋膜、肌层、腹横筋膜、腹膜外脂肪、壁腹膜，进入腹膜腔。

2. 临床应用要点　部位选择常用的有：① 左下腹部穿刺点：脐与左髂前上棘连线的中、外 1/3 交界处，此处可避免伤及腹壁下动脉；② 下腹部正中旁穿刺点：脐与耻骨联合上缘间连线的中点外侧偏左或偏右 1.5 cm 处，此处无重要器官，穿刺较安全；③ 侧卧位穿刺点：脐平面与腋前线或腋中线交点处，此处较安全，适宜于诊断性穿刺（图 14 - 7）。

六、腰椎穿刺

1. 应用结构学基础　腰椎的棘突呈板状水平后伸，棘突间隙较宽，成人在第 1 腰椎体下缘以下的椎管内无脊髓；新生儿在第 3 腰椎体下缘以下的椎管内无脊髓。蛛网膜下隙在上述平面以下扩大形成终池。因此，在第 3 腰椎以下进行穿刺较安全，不易损伤脊髓。

进针层次：皮肤、皮下组织、棘上韧带、棘间韧带、黄韧带、硬脊膜外腔、硬脊膜、蛛网膜达蛛网膜下隙（图 14 - 8）。

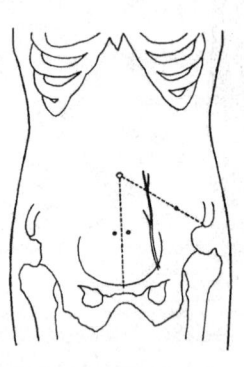

图 14 - 7　腹腔穿刺点

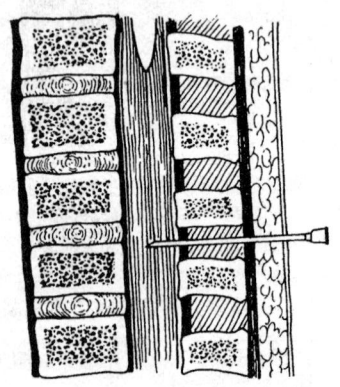

图 14 - 8　腰椎穿刺的解剖层次

2. 临床应用要点

（1）部位选择　穿刺点的确定和患者采用正确的体位是穿刺成功的关键。常选择第 4 与第 5 腰椎或第 3 与第 4 腰椎棘突间隙为穿刺点。左、右髂嵴最高点的连线平对第 4 腰椎棘突,在该棘突的下方或上方均可作为穿刺点。

(2) 体位　患者常采取双手抱膝侧卧位,使棘突间隙尽可能扩大,有利于穿刺。

七、骨髓穿刺

1. 应用结构学基础　胎儿和婴幼儿的骨髓都是红骨髓。随年龄的增长,红骨髓逐渐减少,成年人的红骨髓主要存在于长骨的两端、短骨、不规则骨和扁骨的骨松质内。

进针层次:以髂前上棘穿刺为例,依次经皮肤、浅筋膜、髂前上棘处刺入骨松质内,即可吸取骨髓液。

2. 临床应用要点

(1) 部位选择　① 髂前上棘穿刺点:位于髂前上棘后 1 cm 左右,此部位骨面较平坦,易于固定,操作简便,较安全。② 髂后上棘穿刺点:位于第 1 骶椎两侧,臀部的后上方突出的部位。③ 腰椎棘突穿刺点:位于腰椎棘突突出处。④ 胸骨穿刺点:胸骨柄或胸骨体相当于第 1、2 肋间隙的位置,胸骨较薄(厚约 1 cm 左右),其后方为心房和大血管,严防穿通胸骨发生意外。但由于胸骨骨髓液含量丰富,当其他部位穿刺失败时,仍需做胸骨穿刺。⑤ 其他穿刺点:如胫骨粗隆穿刺点:跟骨结节穿刺点等。

(2) 体位　若选择胸骨或髂前上棘穿刺时,通常采用仰卧位;腰椎棘突穿刺时,常采用坐位或侧卧位。髂后上棘穿刺时,常采用侧卧位或俯卧位。

第五节　插管技术应用人体结构

一、灌肠术与直肠镜检查

1. 应用结构学基础　清洁灌肠的目的是清除下段结肠中滞留的粪便,以解除便秘或减轻腹胀。患者采取左侧卧位,利用重力作用将液体灌入肠内。结肠灌洗应取右侧卧位,使乙状结肠、降结肠在上方,有利于全程结肠内容物的清除。直肠镜检查一般取膝、胸卧位或左侧卧位。

2. 临床应用要点　插管深度:一般清洁灌肠插管插入肛门 10 ~ 12 cm,保留灌肠时应插入 15 ~ 20 cm,直至直肠以上部位。做治疗灌肠时,根据病变部位不同,深度可达 30 cm 以上。直肠镜检查根据检查目的可插入 3 ~ 20 cm。直肠的内表面有 2 ~ 3 个半月形皱襞,称为直肠皱襞,做直肠镜或乙状结肠镜检查时,应避免损伤直肠横襞。

二、导尿术

导尿术是在无菌操作的原则下,将导尿管经尿道插入膀胱,导出尿液进行疾病的辅助诊断或治疗,亦可用于排尿困难者。

1. 应用结构学基础

(1) 男性尿道　男性尿道长、狭窄而弯曲,尿道结石常易嵌顿在狭窄部位。阴茎自然悬垂时,尿道有两个弯曲:一个称耻骨下弯,位于耻骨联合下方约 2 cm 处,凹向前上,此弯曲是恒定的;另一个弯曲为耻骨前弯,位于耻骨联合前下方,凹向后下。将阴茎向前上提起,耻骨前弯消失变直,此时整个尿道形成一个凹侧向上的大弯曲,为临床上通过尿道向膀胱内插入导尿管时采取此方法。

(2) 女性尿道 较男性尿道短、宽,且无弯曲,易于扩张,但易引起逆行感染。

2. 临床应用要点

(1) 男性导尿 患者仰卧,消毒后将阴茎向上提起,使其与腹壁间成 60°,尿道耻骨前弯消失变直,将导尿管自尿道外口插入约 20 cm,见有尿液流出,再继续插入 2 cm,切勿插入过深,以免导尿管在膀胱内盘曲,损伤膀胱。

(2) 女性导尿 患者仰卧,消毒后分开大、小阴唇,仔细观察尿道外口,将导尿管自尿道外口插入尿道 4 cm,见有尿液流出后再插入少许。女性尿道外口较小,经产妇和老年女性因会阴部肌肉松弛尿道回缩,而使尿道外口变异,初次操作者可因尿道外口辨认不清而误将导尿管插入阴道,因此,操作者要仔细辨认尿道外口的位置。

第六节 常用急救技术应用人体结构

一、心内注射术

心内注射术是将药物直接注入心室内腔的一种复苏术,以抢救心搏骤停的患者。

1. 应用结构学基础 进针层次:皮肤、浅筋膜、肋间肌、胸内筋膜、心包、右心室前壁至右心室腔。

2. 临床应用要点

(1) 部位选择 进针点第 4 肋间隙胸骨左缘。

(2) 操作技术 紧贴胸骨左缘垂直进针 3~4 cm,有回血后才可注药,避免将药物注入心肌内。

(3) 失误防范 穿刺点不可偏外,以免穿破胸膜造成气胸,或刺伤胸廓内血管。

二、指压止血技术

1. 应用结构学基础 有效止血是急救伤员的一项重要措施。止血方法较多,如加压包扎止血法、止血带止血法、止血粉止血法、止血钳止血法及指压止血法等。指压止血法适用于在体表能摸到搏动的比较表浅的动脉出血,如颞浅动脉、面动脉、颈总动脉、锁骨下动脉、肱动脉、股动脉、胫后动脉及足背动脉等。

2. 临床应用要点

(1) 颞浅动脉 一侧头顶部或颞部出血,可用示指或拇指放在双侧耳屏前方、颞下颌关节处,压迫颞浅动脉的搏动点达深面的颞骨止血。

(2) 面动脉 眼以下颊部及下颌部出血时,可用示指或拇指,在同侧下颌骨下缘,下颌角前方约 3 cm 凹陷(咬肌前缘)处,将面动脉压向下颌骨止血。

(3) 颈总动脉 一侧头面部大出血时,可用拇指或其他 4 指沿胸锁乳突肌前缘,相当于环状软骨的平面向后压,将颈总动脉压于第 6 颈椎横突上止血。

(4) 锁骨下动脉 上臂及肩、腋部外伤出血时,常用拇指压迫同侧锁骨上大窝,将锁骨下动脉压向第 1 肋骨止血。

(5) 肱动脉　前臂和手外伤出血时,可用拇指或其他4指向外压迫肱二头肌内侧沟的肱动脉于肱骨上,即可止血。

(6) 指掌侧固有动脉　第2~5指外伤出血时,不管是自救或互救,均可用拇指、示指分别压迫手指根部两侧偏掌侧面于近节指骨上止血。

(7) 股动脉　股及其以下外伤出血时,可用双手拇指重叠用力压迫股根部、腹股沟韧带中点稍下方的股动脉搏动点上止血。

(8) 胫后动脉和足背动脉　足部受伤出血时,可用双手的示指或拇指,分别压迫内、外踝之间前方的足背动脉的搏动点于距骨,或足舟骨上以及足跟内侧与内踝之间的胫后动脉于跟骨上,即可止血。

三、环甲膜穿刺术

环甲膜穿刺术用于:① 急性喉梗死的抢救,从环甲膜处穿刺或切开,建立临时性呼吸通道;② 治疗下呼吸道和肺部疾病,直接将药物注入喉内、气管内,湿化痰液;③ 注射麻醉药物,为气管内其他操作做准备。

1. 应用结构学基础　喉既是呼吸器官又是发音器官,其前面有舌骨下肌群覆盖,后面是咽的喉部,下续气管。两侧有颈部大血管、神经和甲状腺。成人喉约于第4~6颈椎高度,喉由软骨作支架,借韧带、结缔组织和肌肉连接在一起,内面衬有黏膜。其连接方式有两种,即关节连接和膜性连接。关节有环杓关节和环甲关节;膜性连接主要是环甲膜和甲状舌骨膜。

环甲膜穿刺由浅入深依次为:皮肤、浅筋膜、深筋膜、环甲膜、黏膜下层及黏膜、声门下腔。

2. 临床应用要点

(1) 患者体位　患者取平卧位或斜坡位,头向后仰。

(2) 穿刺部位　穿刺点取颈前正中线,甲状软骨的下方与环状软骨的上方的凹陷处,环甲膜正中部位。

(3) 穿刺技术　用左手食指及拇指触按穿刺部位,将皮肤固定,在皮肤做一小于1 cm的横切口,分离至环甲膜,再行穿刺或直接用16号针头在正中线垂直方向刺入。达到喉腔时有落空感,注射器可有气泡抽出,证实已刺入喉腔,注入少量麻醉剂,然后进行操作。在紧急情况下,如急性、完全性上呼吸道梗死又无手术条件时,可采用任一锐器立即直接切开此处,以迅速建立临时呼吸通道,抢救生命。

(4) 防范失误　① 消除患者紧张情绪:术前做好思想工作,精神过度紧张患者应使用镇静剂,以使患者在术中积极合作。② 施术时患者应取头后仰位:可拉紧皮肤,便于操作,减少操作中的失误,并使操作部位暴露充分。③ 术前做好局麻:沿颈前正中线在穿刺点做好局部浸润麻醉,需深达黏膜层,以防穿刺时刺激迷走神经分支而引起反射性的呼吸抑制。④ 穿刺部位要准确:先摸到甲状软骨,沿甲状软骨正中线向下与环状软骨之间的凹陷处,深面即是环甲膜,在此正中进行穿刺。穿刺方向应与气管长轴垂直,防止针尖向下损伤声带。⑤ 穿刺时不能过深、过猛:若过猛或过深易穿透喉腔。⑥ 必须肯定已刺入喉腔内方能注射麻醉药物,或进行其他治疗。

四、人工呼吸术

人工呼吸术是利用人工方法进行被动呼吸,以维持和恢复肺通气的复苏术,为抢救呼吸停止病人的一项常用急救措施。

1. 应用结构学基础　肺通气是指肺与外界环境之间的气体交换过程。实现肺通气的结构包括呼吸道、肺泡和胸廓等。这里仅简介胸廓与胸膜腔等。

（1）胸廓　胸廓由脊柱胸段、肋、胸骨以及肋间肌和胸壁软组织共同构成。底由膈肌封闭。胸廓富有弹性,当呼吸肌舒缩时,可改变胸廓的前后、左右和上下直径,从而改变胸腔和肺的容积,产生吸气和呼气运动。

（2）呼吸肌　主要的呼吸肌包括膈肌和肋间肌。膈肌位于胸腹腔之间,凸面向上,呈穹隆状,封闭胸廓下口。呼吸肌收缩时,膈穹隆下降,胸腔容积扩大,助吸气;松弛时,膈穹隆上升,胸腔容积变小,助呼气。膈肌下降 1 cm,可使肺容积增加 250～300 ml。平静吸气时,膈下降 1～2 cm,深吸气时,下降可达 7～10 cm。肋间肌位于肋间隙内,分肋间外肌和肋间内肌,肋间外肌助吸气;肋间内肌助呼气。

除了肋间肌和膈肌参与呼吸运动外,当用力深吸气时,还有前斜角肌、胸锁乳突肌、前锯肌和胸大肌等参与呼吸运动;当深呼气时,腹肌也参加呼吸运动。

（3）胸膜和胸膜腔　胸膜分两部,即紧贴于肺表面的脏胸膜和紧贴于胸廓内壁、膈肌和纵隔的壁胸膜。脏、壁胸膜相互移行构成密闭、潜在的胸膜腔(详见胸腔穿刺术内容)。胸膜腔内呈负压,肺随胸腔运动扩张和缩小,产生吸气和呼气。

2. 临床应用要点

（1）口对口人工呼吸法　直接将空气吹入患者口内到肺,利用肺的自动回缩将气体排出(图 14-9)。将患者仰卧,托起下颌,并尽量使头部后仰,以免舌后坠梗阻呼吸道(图 14-10)。吹气的压力应均匀,不可过猛、过大,使患者胸部轻度膨起即可,特别是小儿,以免肺泡破裂。术者右手应捏住患者鼻孔,以防漏气。左手轻按甲状软骨,借以压迫食管,防止空气进入胃内,造成胃胀气。

（2）举臂压胸法　将患者仰卧,头偏向一侧。举臂时,患者胸廓被动扩大,形成吸气;屈臂压胸时,胸廓缩小,形成呼气。

（3）仰卧和俯卧压胸法　将患者仰卧或俯卧,操作者借助身重力挤压患者,推送膈肌上移,把肺内气体驱出,再放松压力,使膈肌回位,胸廓恢复原状,空气随之被吸入。挤压时宜有节奏,不可用力过猛,以免造成肋骨或胸骨骨折。

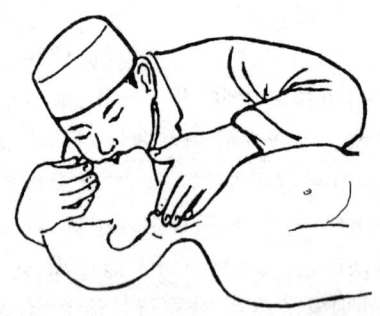

图 14-9　口对口人工呼吸法

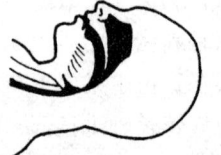 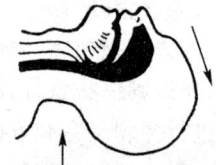

图 14-10　头的位置对呼吸道的影响

第七节　会阴部应用人体结构

肛门直肠指诊术是将手指经肛门插入肛管及直肠,触摸检查肛门、肛管、直肠及间接检查前列腺、精囊腺、阴道、子宫颈及其周围器官的常用方法。

1. 应用结构学基础

(1) 直肠　位于小骨盆的后部,骶骨的前方。上端在第3骶椎平面续接乙状结肠,向下穿盆膈移行为肛管,全长12~15 cm。直肠不直,在矢状面上有两个弯曲;直肠下段肠腔膨大,称为直肠壶腹。直肠腔面有2~3个由环行肌和黏膜共同形成的半月形皱襞,称为直肠横襞,其中最大、位置最恒定的一个位于直肠壶腹的右前壁,距肛门约7 cm。

(2) 肛管　上续直肠,末端终于肛门,长3~4 cm。肛管上段内面有6~10条纵行黏膜皱襞,称为肛柱。肛柱下端连有半月形的黏膜皱襞称为肛瓣。肛瓣与相邻肛柱下部之间形成一环形齿状线,齿状线下方,有一狭窄而隆起的光滑区,称为痔环或肛梳,是由肠壁环行肌增厚形成的。肛梳的下缘距肛门1.5 cm处有浅沟,称为白线,此线相当于肛门内括约肌与肛门外括约肌皮下部的交界处。肛门指诊时,在此平面可触及该浅沟。肛门周围的皮肤较薄,形成放射状皱襞,富有毛囊、皮脂腺、汗腺及皮下脂肪。

(3) 直肠的毗邻　直肠后面贴骶骨前面。在女性,直肠的前面于腹膜反折线以上,与直肠子宫陷凹与阴道穹隆及子宫颈相邻。在腹膜反折线以下与阴道后壁相邻。在男性,直肠前面与膀胱底、前列腺、精囊及输精管壶腹相邻。

2. 临床应用要点

(1) 患者体位　取左侧卧位或膝胸卧位。

(2) 操作技术　戴手套右手食指涂以液状石蜡,先用示指端的掌面以均匀的力量轻抵肛门,使肛门括约肌稍松弛后,示指再慢慢插入肛门。缓慢向四周转动,先检查下段的肛管,渐进直肠腔,直到整个手指进入肛门为止。检查中注意有无质软的肿块,若有,一般多为内痔;触摸前壁时在女性可扪及子宫颈,应注意其硬度和光滑度,推动时有无牵涉痛;在男性可扪及前列腺,注意其大小、硬度、有无触痛。注意肛管有无狭窄,狭窄的程度、性质及距肛门的距离。手退出时,应注意指套上有无血液或黏液。

(3) 失误防范　① 手指插入肛门时,操作需轻柔,若肛门很紧,应嘱患者张口呼吸,或像解大便样用力,使括约肌放松,以便手指易于进入。② 有肛裂者,非急需,一般暂缓该项检查。

第八节　病　例　分　析

病例1:男性,58岁。

病史:病人晨起时感到颈部疼痛并向右臂及右中、示指放射,麻木无力。

检查:颈部压痛;右臂麻木、无力;记忆力减退;时有恶心、胸闷、心悸,双眼视物模糊、干涩疼痛;颈部生理活动度受限;前屈15°,后伸20°,右侧屈10°,左侧屈10°,右侧旋转35°,左侧旋转35°;压颈试验(+),椎间孔挤压试验(+),神经根挤压试验(+)。颈椎MRI示:C3~C6椎间盘均突出。

诊断:颈椎病。

试说明:

(1) 颈椎的形态与颈段脊柱的构成特点。

(2) 颈段脊柱、颈髓及颈神经三者的关系。

(3) 解释右中、示指出现放射、麻木的原因。

病例2:女性,5岁。

病史:因患呼吸道感染伴发热、咳嗽,肌内注射青霉素治疗,2天前在一次左臀部注射后,患者即感觉左腿向下至脚趾麻木、刺痛和烧灼感。翌日,患者以左下肢不能行走、足下垂而入院。

检查:患者左小腿外侧和左足背感觉消失,踝关节不能背屈,足不能外翻,行走时见患者呈"跨阈步态"。

诊断:臀肌注射并发症。

试说明:臀肌注射为什么会伤及神经?应如何避免?

病例3:女性,28岁。

病史:患者上腹部疼痛,4~5 h后固定在右下腹痛,疼痛持续性加重,有恶心、轻度呕吐,呕吐物为食物。测体温为39.2 ℃,脉搏和呼吸均快。

体检:右下腹麦氏点有明显压痛,腹肌紧张,并有反跳痛。结肠充气和腰大肌试验均阳性,WBC计数12×10^9/L(1.2万/mm^3),中性粒细胞90%,尿常规正常。

诊断:急性阑尾炎。

讨论:

(1) 如先考虑保守治疗,经手背静脉网的桡侧滴注庆大霉素,请问庆大霉素经过哪些途径到达阑尾起消炎作用?

(2) 如手术治疗,①如何选定切口位置和刀口方向?②如何寻找阑尾根部?③阑尾切口中,由浅入深,分别要切开什么结构?

病例4:女性,45岁,肥胖。

病史:右上腹阵发性刺痛半年,加重2个月,厌食油腻。疼痛多发生在饱餐或进高脂肪餐后数小时内,或者腹部受到震动后。腹部疼痛时常放射至右肩背,有时伴发热、呕吐症状,小便色黄。

检查:右上腹肌紧张。在深吸气和右上腹触诊时,常可发现吸气中断,即Murphy征(+)。

化验:白细胞总数和中性粒细胞数增加。B超检查提示诊断:胆囊炎。胆总管扩张结石。

诊断:胆道结石。

讨论:

(1) 胆囊的分布和胆囊底的体表投影。

(2) 肝外胆道的组成和胆总管的形态与走行。

(3) 胆汁的产生及其排出途径。

病例 5：男，45 岁。

病史：上班时突感腹部剧痛，并倒地打滚，疼痛呈阵发性，从右腰部放射至右腹股沟部和右大腿前面。排出的尿略呈红色。

检查：腹部 X 线摄片显示第 2 腰椎右侧横突尖端附近有结石阴影。

诊断：尿路结石。

讨论：

(1) 是哪一器官结石？

(2) 结石易滞留于该器官的哪些部位？

(3) 疼痛为什么会这样剧烈？疼痛范围为什么如此广泛？

病例 6：男，62 岁。

病史：近 2 年排尿次数增多，尤其是夜尿次数。排尿困难，尿液量减少，甚至出现排尿中断，排尿后滴沥不尽等症状。近 2 天来偶见尿液变红，下腹胀痛并摸到"肿块"，尿液量明显减少。

检查：肛门指诊前列腺沟消失，经导尿引流出 500 ml 尿液。B 超检查示前列腺增生。

诊断：前列腺增生。

讨论：

(1) 前列腺的解剖结构？

(2) 前列腺增生常发生于哪一叶？

(3) 解释出现以上症状的原因。

病例 7：男，48 岁。

病史：有 8 年的胃溃疡病史，暴食后上腹部突然有刀割样持续性剧痛，很快波及脐周围，以至全腹。

检查：面色苍白、出冷汗、四肢发冷、呼吸浅而快、脉搏细速。病人表情痛苦，仰卧拒动，全腹明显压痛、反跳痛，腹肌紧张，上腹部更明显。X 线立位透视可见膈下半月形游离气体影。WBC 和嗜中性粒细胞增高。

诊断：胃溃疡急性穿孔。

讨论：

(1) 暴食后上腹部突然有刀割样持续性剧痛，很快波及脐周围，以至全腹的可能原因？

(2) 可能是胃前壁还是胃后壁，如胃前壁或后壁穿孔，胃液可能分别会流向何处？

(3) 手术治疗，行胃修补或胃大部切除术时，选择上腹正中切口时分别要切开哪些结构？

病例 8：男性，5 岁。

病史：左耳流脓跳痛 3 天。患儿 2 周前因受凉而出现上呼吸道感染的症状，服药后有所好转，近日体温突然高达 39.9 ℃，并伴有左耳流黄色脓液。

检查：耳后淋巴结肿大，压痛，脓液充盈中耳。

诊断：急性中耳炎。

讨论：
(1) 中耳的解剖结构。
(2) 成人与幼儿的咽鼓管结构特点？
(3) 为什么上呼吸道感染会导致左耳流黄色脓液？

病例 9：男，51 岁。

病史：腰痛伴左下肢麻木半年，近 3 天加重。

检查：生命体征平稳。左下肢直腿抬高试验（+），加强试验（+），棘突间有压痛，腰 5 与骶 1 棘突间有压痛，右侧旁 1 cm 处压之有沿坐骨神经放射痛，腰前屈活动受限，小腿外踝附近，足外侧缘疼痛，触觉减退，踇趾背伸肌力减弱，踝关节反射减弱。

诊断：腰椎间盘突出症。

讨论：
(1) 腰椎间盘突出症原理。
(2) 腰丛、骶丛的组成、走行和分布。

病例 10：女性，59 岁。

病史：有高血压病史 8 年。早晨醒时发现右侧上、下肢不能运动。检查：右侧上、下肢不能活动。浅感觉消失，意识性本体觉消失，右侧鼻唇沟消失，口角歪向左侧，舌尖偏向右侧，视野缩小，右眼颞侧和左眼鼻侧视物模糊。经磁共振检查：内囊出血。

诊断：内囊出血。

讨论：
(1) 内囊位置与结构？
(2) 病变在左侧还是在右侧？
(3) 损伤的纤维束有哪些？

第九节　临 床 案 例

一、胸腔穿刺临床案例

患者，女，35 岁，因咳嗽、右下胸痛 1 周于 2012 年 11 月 6 日入院。

患者 1 周前无明显诱因下出现咳嗽，为干咳，伴右下胸痛，深吸气和咳嗽时尤为明显，感胸闷气促，伴有午后发热，体温在 38.5 ℃ 左右，有盗汗，感乏力。近 2 天来感胸痛有所缓解，但胸闷气促明显加剧。体格检查：体温 38.2 ℃，心率 92 次/min，呼吸 24 次/min，血压 106/75 mmHg，精神软，呼吸略促，气管位置居中，右侧胸廓饱满，触觉语颤减弱，右下胸叩诊呈浊音，肺部听诊右下肺呼吸音消失，腹平，软，无压痛。胸片检查示右侧胸腔积液，PPD 试验（+++）。入院时初步诊断为结核性胸膜炎可能，需要进行诊断性胸腔穿刺和胸水检查。

患者取坐位，双上臂靠在椅背上，选择右侧肩胛下角线的第 7~8 肋间为穿刺点，常规消毒铺巾，局部麻醉后，从第 8 肋骨的上缘进针，通过皮肤、浅筋膜、深筋膜、肌层、肋间组织、胸内筋膜、壁胸膜,有一脱空感后说明已进入胸膜腔,抽取胸水,观察外观,送检胸水常规、生化检查、结核菌培养等。

二、腰椎穿刺术临床案例

患儿,男,4岁,因发热、头痛、皮肤瘀斑3天于2012年2月20日入院。

患儿3天前无明显诱因下出现畏寒、发热,体温最高达39.4 ℃,伴有头痛、呕吐数次,为胃内容物,乏力明显,全身酸痛,发现皮肤有淤点、淤斑。体格检查:体温39.2 ℃,心率110次/min,呼吸24次/min,血压118/85 mmHg,意识清楚,精神极度软弱,颈项强直,全身皮肤可见淤点、淤斑,脑膜刺激征阳性,病理反射阳性。实验室检查:血常规示:WBC 22.39×10^9/L,N 89%,RBC 3.35×10^{12}/L,PLT 121×10^9/L;入院时初步诊断为流行性脑脊髓膜炎可能,需要进行脑脊液检查以明确诊断。

考虑患儿存在颅内压增高情况,给予静滴甘露醇30 min后,再行腰椎穿刺术。患儿侧卧于硬板床上,背部与床面垂直,采取双手抱膝侧卧位,由助手在术者对面用一手抱住患儿头部,另一手挽住双下肢腘窝处并用力抱紧,选择左、右髂嵴最高点的连线平对第4腰椎棘突,在该棘突的下方(第4与5腰椎棘突间隙)为穿刺点,常规消毒铺巾,局部麻醉后进针,通过皮肤、皮下组织、棘上韧带、棘间韧带、黄韧带、硬脊膜外腔、硬脊膜、蛛网膜,有一脱空感,说明已达蛛网膜下腔,为防止形成脑疝危及生命,腰穿针的针芯不要完全拔出,让脑脊液慢速滴出,脑脊液标本不可留取过多,进行脑脊液涂片找革兰阴性双球菌,送检脑脊液常规和生化检查。

三、骨髓穿刺临床案例

患者,女,26岁,因乏力、头昏、牙龈出血伴发热1周于2011年8月3日入院。

患者1周前无明显诱因下出现乏力、头昏、心悸,感进行性加重,面色发白,并出现牙龈出血,皮肤有出血点,伴发热,体温最高达39.0 ℃,无胸痛、无腹痛腹泻。体格检查:体温38.7 ℃,心率112次/min,呼吸22次/min,血压115/70 mmHg,精神软,贫血貌,面色苍白,皮肤可见散在出血点,肺部听诊呼吸音粗,未闻及干湿性啰音,腹平,软,无压痛,肝脾肋下未触及。实验室检查:血常规示:WBC 1.28×10^9/L,N1.6%,L 91.4%,RBC 3.11×10^{12}/L,Hb 88.0g/L,网织红细胞绝对值 12×10^9/L,PLT 39×10^9/L。患者外周血三系减少,淋巴细胞比例升高,入院时初步诊断为再生障碍性贫血可能,需要进行骨髓检查以明确诊断。

患者取仰卧位,选择右髂前上棘后1 cm左右为穿刺点,常规消毒铺巾,局部麻醉后进针,通过皮肤、浅筋膜、髂前上棘处骨,有一脱空感,说明已进入骨松质内,即可吸取骨髓液,送检骨髓常规和骨髓活检。

四、腹腔穿刺临床案例

患者,男,58岁,原有肝炎肝硬化病史7年。此次因腹胀、尿少伴发热半月于2012年10月20日入院。

患者半个月前出现腹胀不适,进行性加重,有腹部隐痛感,伴腹泻,每天2~3次,为黄色稀便,尿量减少,双下肢水肿明显,伴发热,体温在 38.5 ℃左右,无咳嗽咳痰。入院时体格检查:体温 38.7 ℃,心率 92 次/min,呼吸 20 次/min,血压 125/88 mmHg,精神软,慢性病容,皮肤巩膜轻度黄染,肝掌,颈部可见蜘蛛痣,肺部听诊呼吸音清,腹隆,腹壁静脉轻度曲张,全腹轻压痛,无明显反跳痛,移动性浊音(++),双下肢水肿(++)。腹部 B 超示肝硬化、脾大、中等量腹水。入院诊断为肝炎肝硬化失代偿期,自发性腹膜炎可能,需要进行腹腔穿刺明确诊断和治疗。

患者取仰卧位,略向左侧偏,选择脐与左髂前上棘连线的中、外 1/3 交界处为穿刺点,常规消毒后进针,通过皮肤、浅筋膜、肌层、腹横筋膜、腹膜外脂肪、壁腹膜,进入腹膜腔,抽取腹水,做常规检查、腺苷脱氨酶(ADA)测定、细菌培养等。

Summary

Chapters of the "Clinical Application of Body Constitution" mainly describe the position、configuration、composition and adjacency relation of the organs with clinical usage and the relationship with the clinical application. With the principle of taking relationship of theory to practice, it combinates the anatomy knowledge with some contents of clinical application closely but pays more attention on practical application. The achievements of clinical operations are based on the normal human anatomy, and mainly on the configurations related with the clinical application. Appling the clinical usage of the body constitution with regional anatomy, it is a bridge of to clinical. Without seeking for systematic and integrated, we aimed to serving the clinical with giving prominence to clinical usage and to enhancing the student's interests with the medical knowledge. To meet the needs of the development of the society, we aimed to bring up practicability qualified persons.

The mainline of the book is the clinical operations and the position、configuration、composition and adjacency relation of the organs are fully elaborated. The major contents include: surface anatomy and basic anatomy related with manipulate skills. The surface anatomy mainly describes the surface marks that have certain positions and adjacency relations with visceral organs. Familiar with these contents will help you to select the right site and body position heavily. The best manipulating sites are easier to operate with higher success ratios. The hurts of the vessels、nerves and other configuration adjacent are avoided, that make the manipulation safer. The sections、depth and angles of the punctures are described as well as the depth、strength and processes of intubattons. Precautionary measures are set forth cause some mistakes happened, it is helpful to reduce the misses and malpractice.

Following the development of the new business、techniques and equipment connecting with medical or nursing care treatments, related anatomy questions are coming out continually, only we experienced deeply to the clinical and nursing care work, can we find and solve it.

思 考 题

1. 常用骨性标志、肌性标志有哪些？
2. 常用的注射技术有哪些？有哪些注意要点？
3. 简述浅静脉穿刺应用结构学基础和临床应用要点。
4. 简述导尿术应用结构学基础和临床应用要点。
5. 指压止血技术适用于哪些动脉？其各有哪些临床注意要点？

（王文香　丁　炜）

英中文名词对照

A

abdominal aorta 腹主动脉
abdominal aorta 腹主动脉
abducentnerve 展神经
abductor pollicis longus 拇长展肌
accessorynerve 副神经
adductor bsrevis 短收肌
adductor canal 收肌管
adductor longus 长收肌
adductor magnus 大收肌
adductor pollicis 拇收肌
adipose capsule 脂肪囊
alimentary canal 消化管
alimentary gland 消化腺
alimentary system 消化系统
ampulla of rectum 直肠壶腹
ampulla of uterine tube 输卵管壶腹
anal cana 肛管
angiological system 脉管系统
angular incisure 角切迹
ankle joint 踝关节
anterior cranial fossa 颅前窝
anterior interventricular branch 前室间支（也称前降支）
anterior tibial artery 胫前动脉
anterior 前
anus 肛门
aorta 主动脉
aortic arch 主动脉弓
aortic glomera 主动脉小球
aortic hiatus 主动脉裂孔
aortic valve 主动脉瓣
aqueous humor 房水
arachnoidmater 蛛网膜

areola of breast 乳晕
arterial ligament 动脉韧带
artery 动脉
articular capsule 关节囊
articular cavity 关节腔
articular disc 关节盘
articular labrun 关节唇
articular surface 关节面
articulation 骨连结
arytenoid cartilage 杓状软骨
ascending aorta 升主动脉
ascending colon 升结肠
atrioventricular bundle 房室束（又称His束）
atrioventricular node 房室结
auditory tube 咽鼓管
auricle 耳郭
axillary artery 腋动脉
axillary cavity 腋腔
axillary lymph nodes 腋淋巴结群
axillary vein 腋静脉
axillarynerve 腋神经

B

azygos vein 奇静脉前臂正中静脉
bare area of liver 肝裸区
basilic vein 贵要静脉
biceps brachii 肱二头肌
biceps femoris 股二头肌
blood circulation 血液循环
bloodbrainbarrier 血-脑屏障
bone marrow 骨髓
bone 骨
bones of cerebral cranium 脑颅骨
bones of facial cranium 面颅骨
bones of hand 手骨

bony labyrinth 骨迷路
bony nasal cavity 骨性鼻腔
bony oral cavity 骨性口腔
bony semicircular canals 骨半规管
bony substance 骨质
brachial artery 肱动脉
brachialis 肱肌
brachialplexus 臂丛
brachiocephalic vein 头臂静脉
brachioradialis 肱桡肌
brainstem 脑干
brain 脑
broad ligament of uterus 子宫阔韧带
bronchi 支气管
buccinator 颊肌
bulb of vestibule 前庭球
bulbocavernosus 球海绵体肌
bulbourethral gland 尿道球腺

C

caecum 盲肠
capillary 毛细血管
cardiac apex 心尖
cardia 贲门
cardinal ligament of uterus 子宫主韧带
cardiovascular system 心血管系统
carotid glomus 颈动脉小球
carotid sinus 颈动脉窦
carpal bones 腕骨
carpal canal 腕管
cartilaginous 软骨连结
cavernous part 海绵体部
celiac trunk 腹腔干
cell 细胞
central artery of retina 视网膜中央动脉
centralnervoussystem 中枢神经系统
cephalic vein 头静脉
cerebellarnuclei 小脑核
cerebellum 小脑
cerebralarterialcircle 大脑动脉环
cerebralduramater 硬脑膜

cerebralspinalfluid 脑脊液
cervical vertebrae 颈椎
cervicalnerve 颈神经
cervicalplexus 颈丛
cheek 颊
choroids 脉络膜
ciliary body 睫状体
cisterna chili 乳糜池
clavicle 锁骨
clinical anatomy 临床解剖学
clitoris 阴蒂
coccygealnerve 尾神经
coccygeus 尾骨肌
coccyx 尾骨
cochlea 耳蜗
cochlear duct 蜗管
cochlearnerve 蜗神经
colon 结肠
common hepatic duct 肝总管
common bile duct 胆总管
common carotid artery 颈总动脉
common hepatic artery 肝总动脉
common iliac vein 髂总静脉
commonperonealnerve 腓总神经
conjunctiva 结膜
conus elasticus 弹性圆锥
coracobrachialis 喙肱肌
cornea 角膜
coronal axis 冠状轴
coronal plane 冠状面
coronary ligament 冠状韧带
coronary sulcus 冠状沟
cortex 皮质
corticonucleartract 皮质核束
corticospinaltract 皮质脊髓束
corticospinaltrac 皮质脊髓束
costal bone 肋骨
cranial bones 颅骨
cranialnerves 脑神经
cranium 颅
cremaster 提睾肌

cricoid cartilage 环状软骨
cubital fossa 肘窝
cystic vein 胆囊静脉
cytology 细胞学

D

dartos coat 肉膜
decussationofpyramid 锥体交叉
deep fascia 深筋膜
deep palmar arch 掌深弓
deep transverse muscle of perineum 会阴深横肌
deltoid 三角肌
dentate line 齿状线
descending colon 降结肠
descending aorta 降主动脉
diaphragm 膈
diencephalon 间脑
distal 远侧
dorsal interossei 骨间背侧肌
ductus deferens 输精管
duodenal bulb 十二指肠球
duodenum 十二指肠
duralsinuses 硬脑膜窦
duramater 硬膜

E

ear 耳
ejaculatory duct 射精管
elbow joint 肘关节
embryology 胚胎学
endocardium 心内膜
endocrine glands 内分泌腺
endocrine system 内分泌系统
epicardium 心外膜
epididymis 附睾
epiduralspace 硬膜外隙
epiglottic cartilage 会厌软骨
erector spinae 竖脊肌
esophageal hiatus 食管裂孔
esophagus 食管
extensor carpi radialis brevis 桡侧腕短伸肌
extensor carpi radialis longus 桡侧腕长伸肌
extensor carpi ulnaris 尺侧腕伸肌
extensor digiti minimi 小指伸肌
extensor digitorum longus 趾长伸肌
extensor digitorum 指伸肌
extensor hallucis longus 长伸肌
extensor indicis 示指伸肌
extensor pollicis brevis 拇短伸肌
extensor pollicis longus 拇长伸肌
external acoustic meatus 外耳道
external acoustic pore 外耳门
external carotid artery 颈外动脉
external ear 外耳
external iliac artery 髂外动脉
external iliac vein 髂外静脉
external jugular vein 颈外静脉
external nose 外鼻
external vertebral plexus 椎外静脉丛
external 外
exteroceptor 外感受器
extrapyramidalsystem 锥体外系
eye 眼
eyeball 眼球
eyelids 眼睑

F

facial artery 面动脉
facial vein 面静脉
facialnerve 面神经
factory organ 嗅器
falciform ligament of liver 镰状韧带
fascia 筋膜
fasciculuscuneatus 楔束
fasciculusgracilis 薄束
fasciculus 纤维束
femal reproductive system 女性生殖系统
female pudendum 女阴
female urethra 女尿道
femoral artery 股动脉
femoral triangle 股三角
femoral vein 股静脉

femoralnerve   股神经
femur   股骨
fibrous capsule   纤维囊
fibrous joint   纤维连结
fibula   腓骨
flat bone   扁骨
flexor hallucis longus   长屈肌
flexor carpi radialis   桡侧腕屈肌
flexor carpi ulnaris   尺侧腕屈肌
flexor digitorum longus   趾长屈肌
flexor digitorum profundus   指深屈肌
flexor digitorum superficialis   指浅屈肌
flexor pollicis longus   拇长屈肌
fovea centralis   中央凹
frontal axis   额状轴
frontal plane   额状面
frontallobe   额叶

G

gallbladder   胆囊
ganglion   神经节
gastrocnemius   腓肠肌
gastrocolic ligament   胃结肠韧带
gastrophrenic ligament   胃膈韧带
gastrosplenc ligament   胃脾韧带
glossopharyngealnerve   舌咽神经
gluteus maximus   臀大肌
gluteus medius   臀中肌
gluteus minimus   臀小肌
gracilis   股薄肌
graymater   灰质
great saphenous vein   大隐静脉
greater curvature of stomach   胃大弯
greater lip of pudendum   大阴唇
greater omentum   大网膜
greater vestibular gland   前庭大腺
gustatory organ   味器

H

heart   心
hepatic vein   肝静脉
hepatoduodenal ligament   肝十二指肠韧带
hepatogastric ligament   肝胃韧带
hepatorenal recess   肝肾隐窝
hilum of lung   肺门
hip bone   髋骨
hip joint   髋关节
histology   组织学
horizontal plane   水平面
hormone   激素
human anatomy   人体解剖学
humerus   肱骨
hypoglossalnerve   舌下神经
hypophysis   垂体
hypothenar   小鱼际

I

ileal arteries   回肠动脉
ileocecal valve   回盲瓣
ileocolic artery   回结肠动脉
ileum   回肠
iliopsoas   髂腰肌
ilium   髂骨
inferior artery   直肠下动脉
inferior gluteal artery   臀下动脉
inferior mesenteric artery   肠系膜下动脉
inferior mesenteric vein   肠系膜下静脉
inferior thyroid artery   甲状腺下动脉
inferior vena cava   下腔静脉
inferior vesical artery   膀胱下动脉
inferior   下
infrahyoid muscles   舌骨下肌群
infraspinatus   冈下肌
infundibulum of uterine tube   输卵管漏斗
inguinal canal   腹股沟管
inguinal ligament   腹股沟韧带
insula   岛叶
interatrial septum   房间隔
intercostales externi   肋间外肌
intercostales interni   肋间内肌
internal acoustic meatus   内耳道
internal carotid artery   颈内动脉

internal ear 内耳
internal iliac artery 髂内动脉
internal iliac vein 髂内静脉
internal jugular vein 颈内静脉
internal pudendal artery 阴部内动脉
internal thoracic artery 胸廓内动脉
internal vertebral plexus 椎内静脉丛
internal 内
internalcapsule 内囊
internodal tract 结间束
interoceptor 内感受器
interstitial cell 间质细胞
interureteric fold 输尿管间襞
interventional radiolgyj 介入放射学
interventricular septum 室间隔
iris 虹膜
irregular bone 不规则骨
ischiocavernosus 坐骨海绵体肌
ischium 坐骨
isthmus of uterine tube 输卵管峡
isthmus offauces 咽峡

J

jejunal arteries 空肠动脉
jejunum 空肠

K

kidney 肾
knee joint 膝关节

L

lacrimal ductile 泪小管
lacrimal gland 泪腺
lacrimal punctum 泪点
lacrimal sac 泪囊
lactiferous ducts 输乳管
lacunar ligament 腔隙韧带(陷窝韧带)
large intestine 大肠
laryngeal cavity 喉腔
larynx 喉
lateral pterygoid 翼外肌

lateral 外侧
laterallemniscus 外侧丘系
latissimus dorsi 背阔肌
left atrium 左心房
left bundle branch 左束支
left colic artery 左结肠动脉
left common iliac artery 左髂总动脉
left coronary artery 左冠状动脉
left gastric artery 胃左动脉
left gastric vein 胃左静脉(胃冠状静脉)
left pulmonary artery 左肺动脉
left ventricle 左心室
left,right trianguiar ligament 左、右三角韧带
lens 晶状体
lesser curvature of stomach 胃小弯
lesser lip of pudendum 小阴唇
lesser omentum 小网膜
levator ani 肛提肌
levator scapulae 肩胛提肌
ligaments 韧带
ligamentum teres hepatic 肝圆韧带
limbiclobe 边缘叶
limbicsystem 边缘系统
linea alba 白线
lingual artery 舌动脉
liver 肝
lobes of mammary gland 乳腺叶
locomotor system 运动系统
long bone 长骨
ltibialisanterior 胫骨前肌
lumbar vertebrae 腰椎
lumbarnerve 腰神经
lumbarplexus 腰丛
lumbricales 蚓状肌
lung 肺
lymph nodes 淋巴结
lymphatic capillary 毛细淋巴管
lymphatic duct 淋巴导管
lymphatic system 淋巴系统
lymphatic trunk 淋巴干
lymphatic vessel 淋巴管

lymphoid organ 淋巴器官

M

macroanatomy 巨视解剖学
macula lutea 黄斑
major duodenal papilla 十二指肠大乳头
male genital system 男性生殖系统
male urethral cath 男导尿术
male urethra 男性尿道
mamma, breast 乳房
mammary papilla 乳头
mandible 下颌骨
masseter 咬肌
mastoid antrum 乳突窦
mastoid cells 乳突小房
maxillary artery 上颌动脉
medial pterygoid 翼内肌
medial 内侧
mediallemniscus 内侧丘系
median antebrachial vein
median cubital vein 肘正中静脉
mediannerve 正中神经
mediastinum 纵隔
medullaoblongata 延髓
medulla 髓质
membranous labyrinth 膜迷路
membranous part 膜部
mesentery 肠系膜
mesoappendix 阑尾系膜
metacarpal bones 掌骨
metatarsal bones 跖骨
microanatomy 微视解剖学
midbrain 中脑
middle colic artery 中结肠动脉
middle cranial fossa 颅中窝
middle ear 中耳
middle suprarenal artery 肾上腺中动脉
middle suprarenal vein 肾上腺中静脉
mitral valve 二尖瓣（又称左房室瓣）
mons pubis 阴阜
muscle 肌

myocardium 心肌膜

N

nasal cavity 鼻腔
nasal vestibule 鼻前庭
nasolacrimal duct 鼻泪管
nerve 神经
nervoussystem 神经系统
nlnarnerve 尺神经
nose 鼻
nucleus 神经核

O

obliquus externus abdominis 腹外斜肌
obliquus internus abdominis 腹内斜肌
obturator artery 闭孔动脉
obturatornerve 闭孔神经
occipitallobe 枕叶
occipitofrontal m 枕额肌
oculomotornerve 动眼神经
olfactorynerve 嗅神经
omental bursa 网膜囊
omental foramen 网膜孔
omentum 网膜
opponeus pollicis 拇对掌肌
optic disc 视神经盘
opticnerve 视神经
oral cavity 口腔
oral lips 口唇
orbicularis oculi 眼轮匝肌
orbicularis oris 口轮匝肌
orbit 眶
organ 器官
osteology 骨学
ovarian artery 卵巢动脉
ovarian vein 卵巢静脉
ovary 卵巢

P

pacemaker cell（P细胞） 起搏细胞
palate 腭

palatine tonsil　腭扁桃体
palmar interossei　骨间掌侧肌
palmaris longus　掌长肌
pancreas　胰
papillae of tougue　舌乳头
paranasal sinuses　鼻旁窦
parasympatheticnerve　副交感神经
parathyroid gland　甲状旁腺
paraumbilical vein　附脐静脉
parietal peritoneum　壁腹膜
parietallobe　顶叶
parotid gland　腮腺
patella　髌骨
pectineal ligament　耻骨梳韧带
pectinus　耻骨肌
pectoralis major　胸大肌
pectoralis minor　胸小肌
pelvic diaphragm　盆膈
pelvis　骨盆
penis　阴茎
pericardial cavity　心包腔
pericardium　心包
perineum　会阴
periostium　骨膜
peripheralnervoussystem　周围神经系统
peritoneal cavity　腹膜腔
peritoneum　腹膜
peroneus brevis　腓骨短肌
peroneus longus　腓骨长肌
phalanges of fingers　指骨
phalanges of toes　趾骨
pharynx　咽
philtrum　人中
phrenicnervek　膈神经
phrenicocolic ligament　膈结肠韧带
phrenicosplenic ligament　膈脾韧带
piamater　软膜
pineal body　松果体
piriform recess　梨状隐窝
piriformis　梨状肌
platysma　颈阔肌

pleura　胸膜
pleural cavity　胸膜腔
pons　脑桥
popliteal artery　腘动脉
popliteal fossa　腘窝
porta hepatis　肝门
portal vein of hepatis　肝门静脉
posterior cranial fossa　颅后窝
posterior gastric vein　胃后静脉
posterior tibial artery　胫后动脉
posterior　后
profundal　深
pronator quadratus　旋前方肌
pronator teres　旋前圆肌
proper nasal cavity　固有鼻腔
proprioceptor　本体感受器
prostate gland　前列腺
prostatic part　前列腺部
proximal　近侧
pubic symphysis　耻骨联合
pubis　耻骨
pulmanary veins　肺静脉
pulmonary circulation　肺循环（也称小循环）
pulmonary trunk　肺动脉干
pulmonary valve　肺动脉瓣
pupilla　瞳孔
purkinje fiber　（浦肯野纤维）
pyloric valve　幽门瓣
pylorus　幽门
pyramidalsystem　锥体系
pyramidaltract　锥体束
pyramid　锥体

Q

quadratus lumborum　腰方肌
quadriceps femoris　股四头肌

R

radial artery　桡动脉
radialnerve　桡神经
radius　桡骨

radix of mesentery　小肠系膜根
receptor　感受器
rectovesical pouch　直肠膀胱陷凹
rectovesical pouch　直肠子宫陷凹
rectum　直肠
rectus abdominis　腹直肌
regional anatomy　局部解剖学
renal artery　肾动脉
renal columns　肾柱
renal cortex　肾皮质
renal fascia　肾筋膜
renal hilum　肾门
renal medulla　肾髓质
renal papillae　肾乳头
renal pedicle　肾蒂
renal pelvis　肾盂
renal pyramids　肾锥体
renal sinus　肾窦
renal vein　肾静脉
reproductive system　生殖系统
respiratory system　呼吸系统
retina　视网膜
ribs　肋
right atrium　右心房
right bundle branch　右束支
right colic artery　右结肠动脉
right common iliac artery　右髂总动脉
right coronary artery　右冠状动脉
right gastric vein　胃右静脉
right lymphatic duct　右淋巴导管
right pulmonary artery　右肺动脉
right ventricle　右心室
round ligament of uterus　子宫圆韧带

S

saccule　球囊
sacralnerve　骶神经
sacralplexus　骶丛
sacroiliac joint　骶髂关节
sacrum　骶骨
sagittal axis　矢状轴

sagittal plane　矢状面
salivary gland　唾液腺
sartorius　缝匠肌
scapula　肩胛骨
sciaticnerve　坐骨神经
sclera　巩膜
scrotum　阴囊
segmental anatomy　断层解剖学
semen　精液
semicircular ducts　膜半规管
semimembranosus　半膜肌
seminal vesicle　精囊
seminiferous tubule　生精小管
semitendinosus　半腱肌
sensory organs　感觉器
serratus anterior　前锯肌
sheath of rectus abdominis　腹直肌鞘
short bone　短骨
shoulder joint　肩关节
sigmoid colon　乙状结肠
sigmoid arteries　乙状结肠动脉
sigmoid mesocolon　乙状结肠系膜
sinuatrial node　窦房结
sinus venous sclerae　巩膜静脉窦
skeletal muxcle　骨骼肌
skin　皮肤
small intestine　小肠
small saphenous vein　小隐静脉
soleus　比目鱼肌
somaticnerves　躯体神经
spermatic cord　精索
sphincter ani externus　肛门外括约肌
sphincter of urethra　尿道括约肌
spinalcord　脊髓
spinalduramater　硬脊膜
spinalganglion　脊神经节
spinalnerves　脊神经
spinothalamictracf　脊髓丘脑束
spinothalamictract　脊髓丘脑束
spleen　脾
splenic artery　脾动脉

splenic vein 脾静脉
splenorenal ligament 脾肾韧带
sternocleidomastoid 胸锁乳突肌
sternum 胸骨
stomach 胃
subclavian artery 锁骨下动脉
subclavian vein 锁骨下静脉
sublingual gland 舌下腺
submandibular gland 下颌下腺
superficial fascia 浅筋膜
superficial palmar arch 掌浅弓
superficial temporal artery 颞浅动脉
superficial transverse muscle of perineum 会阴浅横肌
superficial vein 颞浅静脉
superficial 浅
superior gluteal artery 臀上动脉
superior mesenteric artery 肠系膜上动脉
superior mesenteric vein 肠系膜上静脉
superior rectal artery 直肠上动脉
superior thyroid artery 甲状腺上动脉
superior vena cava 上腔静脉
superior 上
supinator 旋后肌
suprahyoid muscles 舌骨上肌群
supraorbital vein 眶上静脉
supraspinatus 冈上肌
supratrochlear vein 滑车上静脉
surface anatomy 表面解剖学
sympatheticnerve 交感神经
synostosis 骨性结合
synovial bursa 滑膜囊
synovial joint 滑膜关节
system 系统
systematic anatomy 系统解剖学
systemic circulation 体循环（也称大循环）

T

tarsal bones 跗骨
taste bud 味蕾
teeth 牙
telencephalon 端脑

temporalis 颞肌
temporallobe 颞叶
temporomandibular joint 颞下颌关节
tendinous sheath 腱鞘
tendo calcaneus 跟腱
tensor fasciae latae 阔筋膜张肌
teres major 大圆肌
teres minor 小圆肌
testicular artery 睾丸动脉
testicular vein 睾丸静脉
testis 睾丸
thenar 鱼际
thoracic aorta 胸主动脉
thoracic aorta 胸主动脉
thoracic cage 胸廓
thoracic cavity 胸腔
thoracic duct 胸导管
thoracic vertebrae 胸椎
thoracicnerve 胸神经
thoracolumbar fascia 胸腰筋膜
thymus 胸腺
thyrocervical trunk 甲状颈干
thyroid cartilage 甲状软骨
thyroid gland 甲状腺
tibialis posterior 胫骨后肌
tibialnerve 胫神经
tibia 胫骨
tissue 组织
tongue 舌
tonsilofcerebellum 小脑扁桃体
trachea 气管
transitional cell（T细胞） 过渡细胞
transverse colon 横结肠
transverse mesocolon 横结肠系膜
transverse pane 横断面
transversus abdominis 腹横肌
trapezius 斜方肌
triceps brachii 肱三头肌
triceps surae 小腿三头肌
tricuspid valve 三尖瓣（又称右房室瓣）
trigeminallemniscus 三叉丘系

trigeminalnerve 三叉神经
trigone of bladder 膀胱三角
trochlearnerve 滑车神经
tympanic cavity 鼓室
tympanic membrane 鼓膜

U

ulnar artery 尺动脉
ulna 尺骨
ureter 输尿管
urinary bladder 膀胱
urinary system 泌尿系统
urogenital diaphragm 尿生殖膈
uterine artery 子宫动脉
uterine tube 输卵管
uterosacral ligament 子宫骶韧带
uterus 子宫
utricle 椭圆囊
uvula 腭垂

V

vaginal vestibule 阴道前庭
vagina 阴道
vagusnerve 迷走神经
vein 静脉
vena caval foramen 腔静脉孔

venous angle 静脉角
venous valve 静脉瓣
vermiform appendix 阑尾
vertebrae 椎骨
vertebral arch 椎弓
vertebral artery 椎动脉
vertebral body 椎体
vertebral column 脊柱
vertical axis 垂直轴
vesicouterine pouch 膀胱子宫陷凹
vestibularnerve 前庭神经
vestibule 前庭
vestibulocochlear organ 前庭蜗器
vestibulocochlearnerve 前庭蜗神经
visceral peritoneum 脏腹膜
visceralnerves 内脏神
visual organ 视器
vitreous bod 玻璃体
vocal cord 声带

W

whitemater 白质
wrist joint 腕关节

X

X-ray anatomy X线解剖学

参考文献

1. 柏树令,应大君.系统解剖学.第8版.北京:人民卫生出版社,2013
2. 邹仲之,李继承.组织学与胚胎学.第8版.北京:人民卫生出版社,2013
3. Susan Standring.格氏解剖学.第39版.北京:北京大学医学出版社.2008
4. 田菊霞.正常人体结构.北京:高等教育出版社,2009
5. 牟兆新,夏广军.人体形态与结构.北京:人民卫生出版社,2014
6. 窦肇华,吴建清.人体解剖学与组织胚胎学.第7版.北京:人民卫生出版社,2014
7. 丁国芳,张建国.人体解剖学.第2版.北京:人民卫生出版社,2011
8. 陈尚.护理技术操作解剖学.西安:西安交通大学出版社,2014
9. 高英茂,李和.组织学与胚胎学.第2版.北京:人民卫生出版社,2010
10. 林乃祥.护理应用解剖学.北京:人民卫生出版社,2007
11. 田菊霞.基础医学概论.杭州:浙江大学出版社,2007
12. 徐达传.系统解剖学.第3版.北京:高等教育出版社,2012
13. 丁自海,范真.人体解剖学.第2版.北京:人民卫生出版社,2012
14. 王滨.正常人体结构学.第2版.北京:高等教育出版社,2010
15. 周瑞祥,杨桂姣.人体形态学.第3版.北京:人民卫生出版社,2012
16. 李金钟.人体解剖学.第2版.北京:人民卫生出版社,2008
17. 张本斯,杨新文,王勇,李光忠(主编).人体解剖学.北京:高等教育出版社,2013
18. 张晓春.护理应用解剖学.北京:高等教育出版社,2013
19. 杨壮来.人体结构学.北京:高等教育出版社,2010

郑重声明

高等教育出版社依法对本书享有专有出版权。任何未经许可的复制、销售行为均违反《中华人民共和国著作权法》，其行为人将承担相应的民事责任和行政责任，构成犯罪的，将被依法追究刑事责任。为了维护市场秩序，保护读者的合法权益，避免读者误用盗版书造成不良后果，我社将配合行政执法部门和司法机关对违法犯罪的单位和个人给予严厉打击。社会各界人士如发现上述侵权行为，希望及时举报，本社将奖励举报有功人员。

反盗版举报电话：（010）58581897/58581896/58581879
反盗版举报传真：（010）82086060
E-mail: dd@hep.com.cn
通信地址：北京市西城区德外大街4号
　　　　　高等教育出版社打击盗版办公室
邮　　编：100120

购书请拨打电话：（010）58581118